Impressum

Die Garniertüte

ISBN-Nummer: 978-3-00-040319-4

Auflage 2012-01

© 2012 Eigenverlag Heinrich Fischer Darmstadt
Bundesrepublik Deutschland

Fotos, Grafiken und Gestaltung............. Heinrich Fischer
Druck.. Lasertype GmbH, Holzhofallee 19 – 21, 64295 Darmstadt

Bezug über den Buchhandel oder im Direktvertrieb über www.garniertuete.de

Hergestellt und gedruckt in Deutschland

DIE GARNIERTÜTE

Professionelle und kreative Arbeitstechniken für Konditorei und Patisserie

Autor: Heinrich Fischer

Eigenverlag Heinrich Fischer Darmstadt

Vorwort

Das Buch „Die Garniertüte" soll Sie als Leser und Betrachter in die Lage versetzen, sich ohne Vorkenntnisse und fremde Hilfe alle Arbeitstechniken für das Arbeiten mit der Garniertüte anzueignen! Dieses Buch bietet eine große Anzahl an praktischen Beispielen, um für zahlreiche Anlässe die handwerkliche Kunst mit der Garniertüte kreativ und künstlerisch anzuwenden sowie eigene Ideen zu entwickeln und zu verwirklichen. Auch sind sehr viele Hilfsmittel und Lösungsmöglichkeiten für schwierigste Anwendungen und rationelles Arbeiten nicht nur beschrieben und abgebildet, sondern auch in Form von über 7.000 Garniervorlagen und Bastelbögen als Datei zum Ausdruck auf dem USB-Stick zum Buch abgespeichert.

In meiner langjährigen Tätigkeit als Koch und Konditor war nicht nur ich von der Garniertüte und ihren vielfältigen Gestaltungsmöglichkeiten begeistert, sondern fast alle Kolleginnen und Kollegen aus diesen Berufen, mit denen ich zusammentraf. Später stellte ich als Fachlehrer an einer beruflichen Schule diese Begeisterung auch bei einer großen Zahl von Auszubildenden aus den Berufen Koch, Konditor und Bäcker fest. Nicht wenige dieser Schüler wollten mehr Wissen und Anwendungsbeispiele haben. So entwickelte ich ein Info- und Übungsblatt nach dem anderen. Durch fachliche Gespräche mit Berufskolleginnen und -kollegen, und vor allem auch mit Auszubildenden und vom Backen begeisterten Frauen und Männern, traf ich auf immer mehr und außerordentlich interessante Anwendungsmöglichkeiten. Irgendwann entschloss ich mich dann, diese Loseblattsammlung in ein Buch zu pressen, ohne zu ahnen, welch enormer Arbeitsaufwand dies erforderte! Aber je mehr ich mich mit den Anwendungsmöglichkeiten der Garniertüte beschäftigte, umso mehr stieg meine Begeisterung für dieses „Werkzeug". Kaum ein anderes Werkzeug bietet so viele Voraussetzungen, sich kreativ und künstlerisch zu betätigen und durch Speisen nicht nur dem Gaumen einen Genuss zu bereiten, sondern auch dem Auge. Groß kann dann auch die eigene Begeisterung und das Lob der anderen für entstandene und gelungene Kunstwerke sein.

Als Krönung dieses Werks sehe ich die mehrstöckige Hochzeitstorte an. Sie vereint die schwierigsten Arbeitstechniken in einem für das Auge außerordentlich attraktiven Produkt. Eine große Zahl von Betrachtern stand erst einmal fassungslos vor dieser Torte und wollte einfach nicht glauben, dass ich alles sichtbar Weiße daran aus Puderzucker selbst hergestellt und keine ungenießbaren Materialien, wie z. B. Draht, eingesetzt hatte. Viele Schüler waren im Unterricht begeistert dabei, eine solche Torte herzustellen. Für Ausbilder empfehle ich, diese Torte in Etappen als Projekt über die gesamte Lehrzeit zu erstellen. Die Auszubildenden werden sicherlich begeistert bei der Arbeit sein und schwierigste Arbeitstechniken sehr motiviert erlernen!

Eine eindringliche Bitte an Sie, wenn Ihnen das Garnieren sehr viel Spaß machen sollte und Sie vor Ideen übersprudeln: Dekorierte Nahrungsprodukte sollen stets zum genussvollen Verzehr anregen und alle Sinne des Menschen positiv ansprechen und nicht in einer Vitrine verstauben – allerdings können Ausnahmen, z. B. bei der Hochzeitstorte, diese Regel brechen!

Für mich zählt das Arbeiten mit der Garniertüte zu einer Kulturtechnik der Menschheit, die es zu bewahren gilt!

Mein besonderer Dank im Zusammenhang mit diesem Buch gilt folgenden Personen:

Herrn Werner Kuhn, Küchenchef im Darmstädter „Hotel Weinmichel" 1973, der mich für den Beruf des Patissiers und Konditors begeisterte.

Herrn Karl-Heinz Senn, der mir als Studienrat und gelernter Konditor in vielen fachlichen Gesprächen Arbeitstechniken, Gestaltungsgrundsätze und Anregungen für diese Publikation vermittelte.

Herrn Detlef Dörsam, der mein fachliches Können und Wissen damals als auszubildender Konditor in der Berufsschule mit vielen kreativen Ideen herausforderte und dem ich später viele tolle Ideen für dieses Werk verdankte, besonders für die Hochzeitstorte (er war unter anderem Patissier der deutschen Nationalmannschaft der Köche).

Weiterer Dank gebührt den vielen Gesprächspartnern, die durch die Vielzahl ihrer kleinen Anregungen den Inhalten und Anwendungen in diesem Buch die „richtige Würze" gaben.

Sofern Sie Ergänzungsideen haben, wenden Sie sich bitte an mich auf www.garniertuete.de !

Darmstadt, im Mai 2012

Heinrich Fischer

Der Autor

Heinrich Fischer erlernte von 1970 bis 1973 den Beruf des Kochs und von 1973 bis 1975 den Beruf des Konditors. In beiden Berufen legte er erfolgreich seine Gesellenprüfungen ab. 1979 besuchte er die damalige Bundesfachschule für das Konditorenhandwerk in Wolfenbüttel und legte danach im gleichen Jahr in Braunschweig die Meisterprüfung im Konditorenhandwerk ab. 1988 folgte die Meisterprüfung im Bäckerhandwerk in Darmstadt. Von 1981 bis 2012 unterrichtete er als Fachlehrer für Ernährung an einer beruflichen Schule in Darmstadt. Das Buch „Die Garniertüte" erarbeitete und erprobte er in seiner Zeit als Fachlehrer zusammen mit seinen Schülern für den praktischen Unterricht in den Klassen der Konditoren, Bäcker, Köche und Berufsfachschule.

Auszeichnung

Im Jahr 2002 wurde das Buch „Die Garniertüte", Autor Heinrich Fischer (Darmstadt), erschienen 2001 im Matthaes Verlag GmbH (Stuttgart), von der Gastronomischen Akademie Deutschlands E. V (GAD) mit der Goldmedaille ausgezeichnet. Das Ihnen jetzt vorliegende Fachbuch „Die Garniertüte" ist das erheblich überarbeitete Nachfolgewerk des vom GAD ausgezeichneten Buches und erscheint jetzt im Eigenverlag Heinrich Fischer Darmstadt.

GRUSSWORT

Liebe Leserin, lieber Leser

„Das Auge isst mit" – diesen Satz kennt jeder Fachmann.
Und wie einfach es ist, mit wenig Aufwand etwas Großes zu erreichen, zeigt das Buch „Die Garniertüte".

Heinrich Fischer ist nicht nur ein Meister seines Handwerks, sondern vor allem Idealist. Dies dokumentiert die ausführliche Beschreibung und genaue fachliche Ausarbeitung. Es werden alle Einsatzbereiche und rationelle Arbeitsweisen der Garnierung mit der Spritztüte aufgezeigt.

Die Schablonenvorlagen, die der Autor bis ins Detail ausgearbeitet hat, erlauben auch ein wirtschaftliches Arbeiten, das sehr viel Spaß macht und vor allem den Stellenwert dieser Technik wieder zu neuem Leben erweckt.

Trotz der jahrelangen Arbeit an seinem Erstlingswerk hat der Verfasser nie die so wichtige Motivation verloren und erprobte genauestens jeden Arbeitsschritt und jedes Rezept. Er wollte ein Fachbuch erarbeiten, das sowohl dem Lehrling als auch dem Profi in hohem Maße dient. Dies ist ihm auf eindrucksvolle Weise gelungen.

Ich wünsche Ihnen als Leser viel Spaß beim Arbeiten mit der Garniertüte und Herrn Fischer, dass dieses Buch auch die Anerkennung bekommt, die es verdient.

Detlef Dörsam
Chef Patissier der deutschen Köche-Nationalmannschaft

Hinweis:
Grusswort von Detlef Dörsam zur 1. Auflage des Fachbuches „Die Garniertüte".
Abgedruckt mit freundlicher Genehmigung von Detlef Dörsam.
Erschienen 2001 im Matthaes Verlag GmbH, Stuttgart

ZUM GELEIT

Mein ehemaliger Fachlehrer und Freund Heinrich Fischer hat sich mit diesem Buch nicht nur einen lange Jahre gehegten Wunsch erfüllt, sondern auch auf dem Büchermarkt einen Meilenstein in der Dekortechnik mit der Garniertüte geschaffen.

Egal ob für Auszubildende oder gestandene Meister, jeder, der in der Konditorei eine Garniertüte in die Hand nimmt, sollte vorher zu seinem Buch greifen, denn genauer und verständlicher als hier wird die Kunst des Garnierens nirgendwo sonst zu finden sein.

Selbst ein berufsfremder Anfänger könnte nach Lektüre und Übung der Schritt-für-Schritt-Abbildungen dieses Werks eine Torte garnieren.

Auch Köche, die sich von dieser Materie faszinieren lassen, können für ihre Küche nicht nur schöne Dessertkreationen herstellen, sondern auch dank der erprobten Rezepte herzhafte Gebäckschöpfungen, die sie vom Amuse-Bouche über das Hauptgericht bis hin zum Käsegang verwenden können.

Umfassend ist nicht nur der erprobte Rezeptteil, in dem die Anweisungen ausführlich beschrieben sind. Auf die Zutaten und deren Verhalten untereinander wird ebenfalls eingegangen.

Der Vorlagenteil bietet eine große Auswahl für jeden Gebrauch, sei es eine einfache Petits-Fours-Garnierung, eine täglich zu verwendende Schrift oder eine außergewöhnliche Hochzeitsgarnierung, die es sogar erlaubt, dank der Schneideschablonen dreidimensional zu arbeiten.

Es freut mich besonders, dass man all diese Dekore ohne große finanzielle Aufwendungen erstellen kann, so dass auch ein Auszubildender für seine Prüfung ohne Probleme ein besonderes Dekorelement anfertigen kann.

Für den geübten Konditor stellt das Werk Heinrich Fischers im täglichen Gebrauch einen Ideenpool dar, der es ihm ermöglicht, auf vorgefertigte industrielle Dekorelemente zu verzichten, sich von seinen Mitbewerbern abzusetzen und seinen Kunden auf eindrucksvolle Weise zu demonstrieren, ein wahrer Meister seines Handwerks zu sein.

Ich bin mir sicher, dass dieses Buch nicht das letzte ist, welches wir von Heinrich Fischer zu lesen bekommen werden. Schade finde ich nur, dass ich „Die Garniertüte" nicht schon während meiner Lehre zu Verfügung hatte, denn dann wäre auch für mich vieles einfacher gewesen.

Ich wünsche dem Verlag und vor allem dem Autor den gebührenden Erfolg für ihr Engagement.

Bernd Siefert
Weltmeister der Konditoren

Hinweis:
Geleitwort von Bernd Siefert zur 1. Auflage des Fachbuches „Die Garniertüte".
Abgedruckt mit freundlicher Genehmigung von Bernd Siefert.
Erschienen 2001 im Matthaes Verlag GmbH, Stuttgart.

Tipps, wie Sie das Buch optimal nutzen können

<u>Mein wichtigster Rat an dieser Stelle:</u> Nehmen Sie sich die Zeit, das Buch vollständig zu lesen und zu studieren, auch wenn Sie vielleicht meinen, fast alles über die Garniertüte zu wissen. Ich habe zum Beispiel bei den Recherchen zu diesem Buch derart viel dazugelernt, dass ich extrem erstaunt war, als ich zum Schluss ein Buch mit etwa 300 Seiten und über 8.000 Garnier- und Ausschneidevorlagen hatte! Für viele Inhalte musste ich langwierig recherchieren oder ich musste für spezielle Anwendungen neue Rezepte erfinden, die auf den Punkt genau das ermöglichen, was ich wollte! Einige Beispiele:

- Wie bekommt man ganz natürlichen Glanz auf Dekore aus Eiweißspritzglasur?
- Wie fertigt man Massen an, mit denen lange Bögen aus Eiweißspritzglasur so elastisch sind, dass sie bei stärkeren Berührungen oder Stößen nicht brechen?
- Wie stellt man weiße Torteneindeckmasse kostengünstig selbst her?
- Wo erhält man einen Grundkurs in Gelatinezucker?
- Wie erstellt man dreidimensionale Biege- und Garnierschablonen?
- Wie erstellt man Ausstecher aus Bandeisen und/oder Kunststoff?
- Wie transportiert man die Hochzeitstorte?
- Wie kann man den Tortenständer der Hochzeitstorte schnell und einfach verändern?

Dieses Buch hat sowohl Auszubildende als auch gestandene Profis als Zielgruppen. Da viele Menschen mittlerweile mehr mit Bildern lernen und bei vielen Fachleuten und Auszubildenden elementare Fertigkeiten und Grundkenntnisse fehlen, wurden hier über 600 grafische Zeichnungen erstellt, die die Sachverhalte möglichst gut verständlich darstellen. Im Prinzip können Sie die wichtigsten Inhalte nur durch das Betrachten der Grafiken erfahren. Manchmal werden aber sicherlich noch weitere Erklärungen nötig sein, um die dargestellten Sachverhalte der Grafiken besser zu verstehen. Stellenweise sind die Erklärungen extrem umfangreich, was ich aber aufgrund meiner Erfahrungen mit vielen Schülern für den größtmöglichen Lernerfolg für notwendig erachte. Ein Freund hat mal scherzhaft gemeint: „Jetzt musst Du nur noch schreiben, wie man dabei atmen muss!"

Manchmal wiederholen sich in den verschiedenen Kapiteln scheinbar wichtige Textpassagen. Allerdings sind die scheinbaren Wiederholungen in der Regel an das jeweilige Kapitel angepasst und richten den Blick gezielt auf die dortigen Inhalte, z. B. die Beschreibung der Garniermassen. Diese scheinbaren Wiederholungen sollen auch ein Arbeiten mit diesem Buch ermöglichen, ohne dass das Buch komplett gelesen wurde – allerdings fehlen dann unter Umständen wichtige Informationen! Deshalb finden Sie sehr viele Verweise auf andere Seiten, so dass für das notwendige Wissen alles in jedem Kapitel komplett beisammen ist, auch wenn man dann auf anderen Seiten nachschlagen muss.

Die Hochzeitstorte ist ein Beispiel vieler einzelner spezieller Arbeitstechniken, die als Höchstleistung in handwerklicher Hinsicht und in Bezug auf Präzision zu sehen sind. Die Beschreibung der Hochzeitstorte erscheint stellenweise übertrieben detailliert. Allerdings werden Sie schnell erkennen, dass nahezu jedes Detail der Hochzeitstorte seine spezielle Schwierigkeit, Technik und Lösung hat. Hier werden also viele unterschiedliche Techniken so beschrieben, so dass es ein attraktives Ganzes ergibt. Diese ausführliche Beschreibung dieser unterschiedlichen Schwierigkeiten, Techniken und Lösungen soll Sie befähigen, eigene kreative Ideen zu entwickeln und diese mit den dargebotenen Lösungsmöglichkeiten umzusetzen.

Viele Menschen haben in der Vergangenheit gemeint, dieses Buch sei nur etwas für Konditoren. Dies ist meiner Meinung nach falsch! Auch die meisten Bäcker haben einen sehr hohen Anspruch an ihre Arbeit und benötigen oft die Garniertüte zur Dekoration ihrer Produkte. Z. B. bekommt ein Schaustück aus Teig erst den richtigen Pepp, wenn Details mit Spritzschokolade umrandet oder mit Ausfüllmassen gestaltet werden. Auch in der Küche wird die Garniertüte benötigt – und nicht nur für süße Dekorationen in der Patisserie! Gerade hier in der Gastronomieküche benötigt der Patissier die Garniertüte ganz besonders, da in der Regel bei Produkten die Erwartung der Kundschaft in Bezug auf handwerkliche Dekoration extrem hoch ist und Patissiers gerne auf Wettbewerben ihr Können zur Schau stellen! Der Gastronomie ist deshalb ein eigenes Kapitel gewidmet.

Für Ausbilder und Lehrkräfte bietet dieses Buch die Gelegenheit, Auszubildende selbständig lernen zu lassen. Geben Sie einfach Arbeiten oder Projekte vor, die bis zu einem bestimmten Zeitpunkt erfüllt werden müssen – die Hochzeitstorte dürfte hier das geeignete Projekt mit vielen Zwischenschritten sein. Sicherlich wird sich bei einem solch interessanten Projekt bei den Auszubildenden schnell eine hohe Motivation erreichen lassen, die zu engagiertem eigenen Handeln, zu eigenen Lösungswegen und zu schnellen Erfolgserlebnissen führt! Dabei können Sie jeden Auszubildenden auch sein individuelles Lern- und Arbeitstempo selbst bestimmen lassen. Meist lässt sich dadurch die Hilfe des Ausbilders auf ein Minimum reduzieren. Mit dieser Methode können Sie Fachkräfte ausbilden die Spitzenleistungen erbringen!

Und nun viel Spaß beim Lesen und beim Umsetzen Ihrer ganz persönlichen Ideen!

Inhaltsverzeichnis

Das Fachbuch „Die Garniertüte", Eigenverlag Heinrich Fischer, Darmstadt. Adresse: **www.garniertuete.de**

I

Das Fachbuch „Die Garniertüte", Eigenverlag Heinrich Fischer, Darmstadt. Adresse: **www.garniertuete.de**

Kapitel 7 – Auflegedekors und Schaustücke *81*

III

Kapitel 8 – Hochzeitstorte als Schaustück 123

Das Fachbuch „Die Garniertüte", Eigenverlag Heinrich Fischer, Darmstadt. Adresse: **www.garniertuete.de**

V

Das Fachbuch „Die Garniertüte", Eigenverlag Heinrich Fischer, Darmstadt. Adresse: **www.garniertuete.de**

Kapitel 11 – Garniervorlagen Auswahlkatalog....................... *211*

Das Fachbuch „Die Garniertüte", Eigenverlag Heinrich Fischer, Darmstadt. Adresse: **www.garniertuete.de**

Das Fachbuch „Die Garniertüte", Eigenverlag Heinrich Fischer, Darmstadt. Adresse: **www.garniertuete.de**

Kapitel 1 – Grundlagen

Grundlagen für das Arbeiten mit der Garniertüte

Übersicht

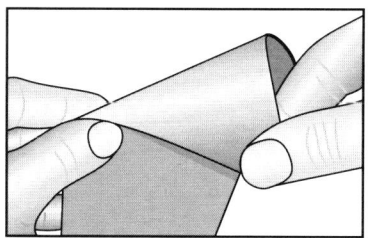

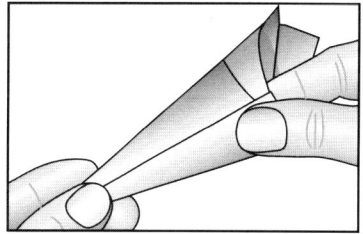

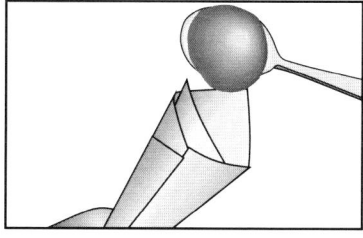

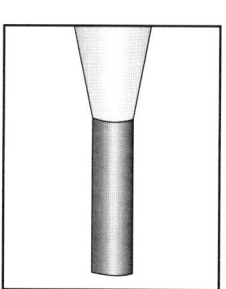

Das Fachbuch „Die Garniertüte", Eigenverlag Heinrich Fischer, Darmstadt. Adresse: **www.garniertuete.de**

1

Vorbemerkungen für das Arbeiten mit der Garniertüte

Die Garniertüte – wofür man sie braucht

Nahezu alle Torten und Desserts, aber auch viele Gebäckarten und Pralinen werden dekoriert, um dem Menschen geschmacklich und optisch einen Genuss zu bereiten und den späteren Kunden zum Kauf anzuregen. Eines dieser Werkzeuge zum Dekorieren ist die Garniertüte. Sie wird meist aus wasserabstoßendem Papier „gedreht" und kann mit vielen verschiedenen Dekormassen gefüllt werden, z. B. mit weicher und spritzfähiger Schokolade, Eiweißspritzglasur, Konfitüre, backfähigen Massen (z. B. Brandmasse und Hippenmasse), Tortenkrems usw. Oft wird die Garniertüte auch als „Spritztüte" oder „Cornet" (französischer Ausdruck) bezeichnet.

Dekors werden entweder direkt auf Produkte aufgarniert oder als Auflegedekors z. B. mit flüssiger Schokolade auf Papier garniert, darauf erstarren gelassen und danach vom Papier abgelöst und auf das Produkt aufgelegt.

Besonders erwähnenswert ist, dass man mit der Garniertüte Buchstaben und Worte so garnieren kann, als wenn diese mit einem Stift geschrieben wären. Dadurch bietet die Garniertüte sehr vielseitige Einsatzmöglichkeiten.

Um die Garniertüte optimal anwenden zu können, erfordert es sehr viel Körperbeherrschung, Übung, Kreativität und Wissen über Gestaltungsgrundsätze und Einsatzmöglichkeiten von Lebensmitteln. Allgemein ermöglicht es die Garniertüte, eine Garniermasse in hauchdünnem Garnierfaden mit sehr viel Gefühl auf ein Produkt aufzutragen. Mit einem Garnierbeutel und Lochtülle ließe sich dagegen nur ein wesentlich dickerer Garnierfaden erreichen, den man wegen der Größe des Garnierbeutels nur mit wesentlich weniger Feingefühl garnieren kann. Die Dekors können dann nicht mehr klein und filigran sein.

Die Garniertüte – wie man sie herstellt

Vorbemerkungen zum Papier und zu verschiedenen Herstellungsverfahren

Normalerweise wird die Garniertüte erst bei Bedarf aus einem dreieckigen Stück Spezialpapier hergestellt. Selten gibt es fertige Tüten zu kaufen. Die Verwendung eines Garnierbeutels aus Gewebe oder Folie ist wegen der oben erwähnten Gründe nicht möglich oder nicht ratsam. Für die fachliche Herstellung der Garniertüte gibt es verschiedene Techniken. Nachfolgend zeige ich eine vereinfachte für den Anfänger und eine für den alltäglichen Gebrauch.

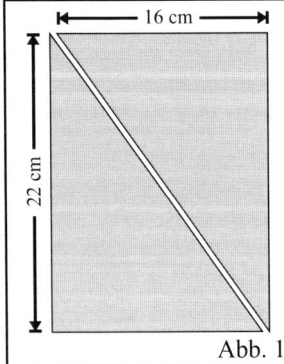

Abb. 1

Als Material dient normalerweise Pergaminpapier. Das ist wasserabstoßendes und meist durchsichtiges Papier, womit in der Konditorei z. B. Sahneprodukte und Torten beim Verpacken abgedeckt werden. Auch wird es als Klarsichtfenster für Briefumschläge verarbeitet. Als Alternative eignen sich sogenanntes Butterbrotpapier und Backpapier. Das Papier muss wasserfest sein, eine Stärke von 40 bis 60 g je Quadratmeter haben und möglichst keine groben und langen Papierfasern enthalten (diese beeinträchtigen später einen gleichmäßigen Garnierfaden).

Für eine normale Garniertüte (nicht die für Anfänger) benötigt man ein Stück Papier mit den Maßen von etwa 16 × 26 cm. Das Verhältnis Breite zu Länge beträgt 1 zu 1,4. Dieses Papier wird diagonal halbiert **(Abb. 1)**. Dadurch entstehen zwei ungleichseitige Papierdreiecke. Die drei Seiten eines jeden Dreieckes stehen in einem bestimmten Verhältnis zueinander. Dieses Verhältnis ist sehr wichtig, damit man eine Tüte in einer vorteilhaften Form mit bestimmten Eigenschaften erhält. Sofern Sie eine kleinere oder größere Tüte benötigen, sollten Sie darauf achten, dass Sie das gleiche Verhältnis der einzelnen Seiten zueinander erhalten.

Die zuerst dargestellte Verfahrensweise ist für Anfänger gedacht, die mit dem „Tütendrehen" beträchtliche Schwierigkeiten haben, damit diese schnell zu einer brauchbaren Garniertüte kommen und erste Garniererfahrungen machen können. Danach folgt die etwas schwierigere Technik für Fortgeschrittene. Empfehlenswert ist es allerdings, gleich mit der Methode für Fortgeschrittene zu beginnen! Da es hier bei der Herstellung zu einem erheblichen optischen Unterschied bei Links- und Rechtshändern kommt, ist diese Arbeitsweise zuerst für Rechtshänder und anschließend genauso ausführlich für Linkshänder dargestellt.

Nun viel Spaß und Erfolg!

Das Fachbuch „Die Garniertüte", Eigenverlag Heinrich Fischer, Darmstadt. Adresse: **www.garniertuete.de**

Herstellen einer Garniertüte für Anfänger

Diese Methode, eine Garniertüte herzustellen, ist eine sehr stark vereinfachte und sollte auch dem Anfänger keine Schwierigkeiten bereiten. Auf den dann folgenden Seiten ist eine Methode sowohl für Rechts- als auch für Linkshänder dargestellt, die für die Praxis bessere Ergebnisse bringt, aber schwieriger zu erlernen ist.

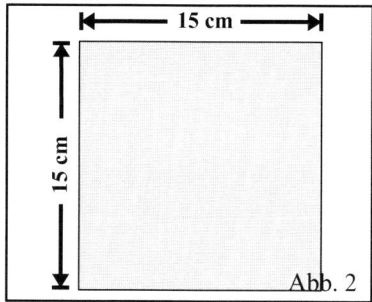

Abb. 2: Schneiden Sie ein Papierquadrat 15 × 15 cm aus wasserabstoßendem Papier (Pergamin, Butterbrot- oder Backpapier).

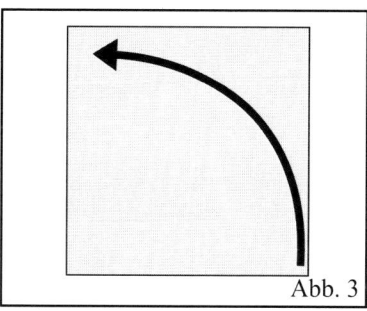

Abb. 3: Legen Sie die untere rechte Papierecke diagonal auf die gegenüberliegende und falzen den entstehenden Knick fest mit den Fingern.

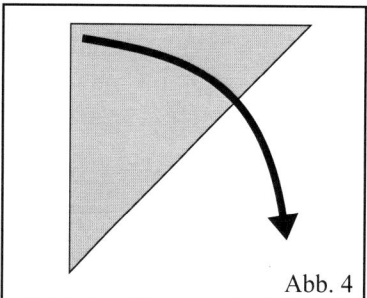

Abb. 4: Entfalten Sie das geknickte Papier, so dass es wieder quadratisch vor Ihnen liegt.

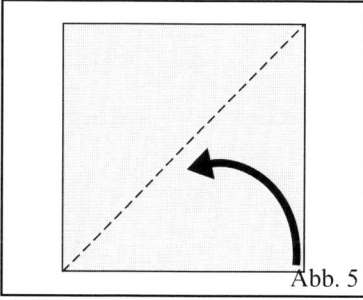

Abb. 5: Legen Sie die untere rechte Ecke bis zum Mittelknick und falzen den entstehenden Knick fest mit den Fingern.

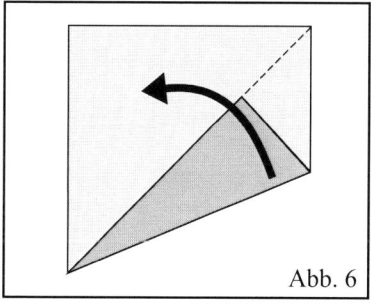

Abb. 6: Falten Sie die beiden übereinander liegenden Papierschichten am Mittelknick des Papierquadrates hin auf das obere Papierteil.

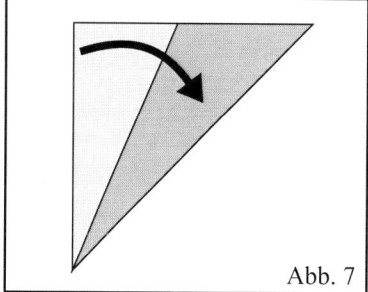

Abb. 7: Legen Sie die obere linke Ecke auf die übereinander liegenden Schichten und falzen den entstehenden Knick fest mit den Fingern.

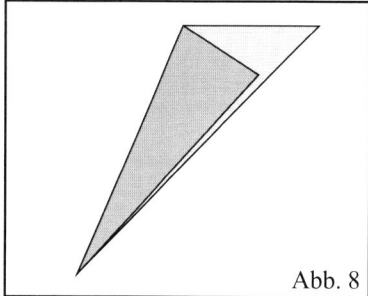

Abb. 8: Die zuletzt umgeknickte Papierfläche liegt meist nicht exakt auf den darunter liegenden Papierschichten – was aber erwünscht ist.

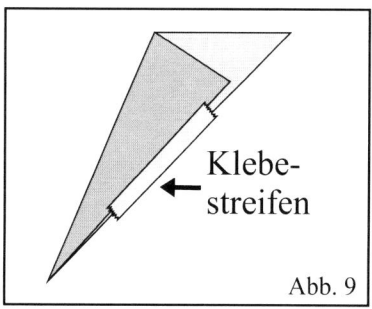

Abb. 9: Kleben Sie die zuletzt umgeknickte Papierfläche mit einem Klebestreifen auf die darunter liegenden Papierschichten fest.

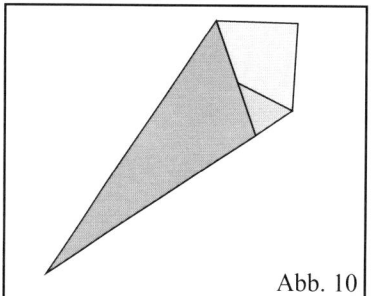

Abb. 10: Achten Sie bei der fertigen Garniertüte darauf, dass die Tütenspitze maximal eine Öffnung von 0,5 mm hat.

Das Fachbuch „Die Garniertüte", Eigenverlag Heinrich Fischer, Darmstadt. Adresse: **www.garniertuete.de**

3

Herstellen einer Garniertüte für Fortgeschrittene (Rechtshänder)

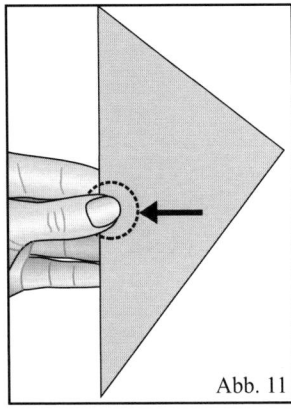
Abb. 11

Bevor Sie beginnen, lesen Sie bitte die Tipps auf der gegenüberliegenden Seite 5 durch!

Abb. 11: Nehmen Sie das Papierdreieck für die Herstellung der Garniertüte genauso in die linke Hand, wie es auf dieser Abbildung dargestellt ist. Sofern Sie es anders halten (höher, tiefer, weiter in der Papiermitte), bekommen Sie Probleme beim weiteren Formen der Tüte und erzielen nicht die gewünschte Tütenform, was später evtl. zu Garnierproblemen führt!

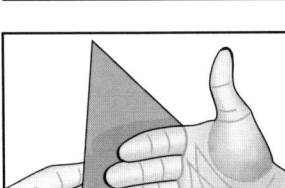
Abb. 12

Abb. 12: Halten Sie die rechte Hand im Abstand von etwa 5 cm entsprechend der Abbildung vor das Papierdreieck. Neigen Sie die obere Papierecke so, dass diese auf dem Zeigefinger der rechten Hand aufliegt **(Abb. 13).**

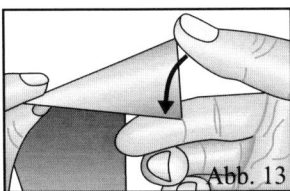
Abb. 13

Abb. 13: Nehmen Sie die Papierecke in die rechte Hand: Daumen oberhalb, Zeigefinger unterhalb des Papiers.

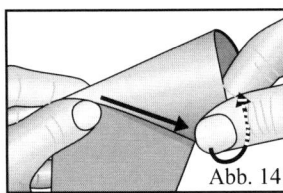
Abb. 14

Abb. 14: Ziehen Sie mit der rechten Hand die Papierecke nach außen (langer Pfeil) und drehen die Hand gegen den Uhrzeigersinn (gebogener Pfeil). Es bildet sich zwischen Zeige- und Mittelfinger der linken Hand eine Tütenspitze.

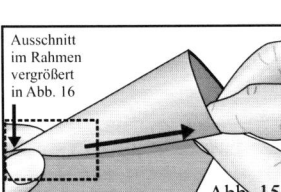
Ausschnitt im Rahmen vergrößert in Abb. 16
Abb. 15

Abb. 15: Straffen Sie mit der rechten Hand das Papier (langer Pfeil). Es muss sich dadurch zwischen Zeigefinger und Daumen der linken Hand eine geschlossene Spitze bilden (kurzer Pfeil). Der kleine Rahmen stellt **Abb. 16** dar.

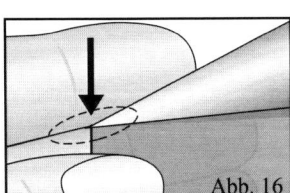
Abb. 16

Abb. 16: Die Spitze der entstandenen Tüte legen Sie in die Mulde zwischen **fest zusammenliegendem** Mittel- und Zeigefinger der linken Hand – **nicht die Spitze zwischen beiden Fingern einklemmen!**

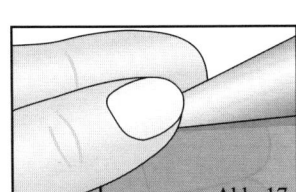
Abb. 17

Abb. 17: Nun pressen Sie mit leichtem Druck den Daumen der linken Hand auf die Tütenspitze. Die Position der Spitze dürfen Sie nicht verändern (siehe **Abb. 16**)! **Die Tütenspitze darf dabei nicht zerdrückt werden!**

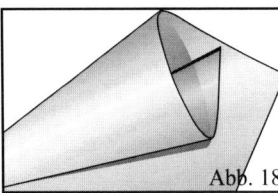
Abb. 18

Abb. 18: Halten Sie die Papiertüte in der linken Hand (siehe auch **Abb. 17**). Entfernen Sie die rechte Hand von der Papiertüte. Es muss die abgebildete Form entstanden sein, die sich nicht selbstständig entfalten darf; evtl. die Form mit der rechten Hand korrigieren.

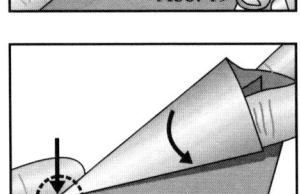
Abb. 19

Abb. 19: Nehmen Sie die Papiertüte in die rechte Hand: Daumen in der Tüte, Mittel- und Zeigefinger pressen von außen gegen Papier und Daumen.

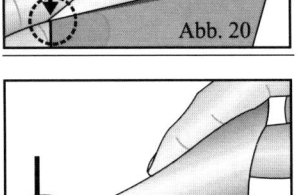
Abb. 20

Abb. 20: Lösen Sie den Druck des Daumens auf die Tütenspitze. Drehen Sie die Tüte gegen den Uhrzeigersinn (Pfeil). **Die Spitze muss an ihrer Position bleiben** – sowohl auf der Papierfläche als auch in der Fingermulde (Kreis mit Pfeil)!

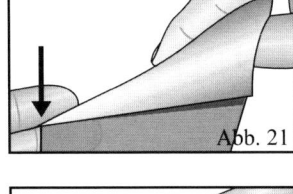
Abb. 21

Abb. 21: Sobald Sie Ihre Hand nicht mehr weiter drehen können, pressen Sie wieder den Daumen der linken Hand auf die Tütenspitze **(Abb. 22)** – die Tütenspitze muss immer noch an der gleichen Stelle des Papiers und der Fingermulde liegen (Pfeil).

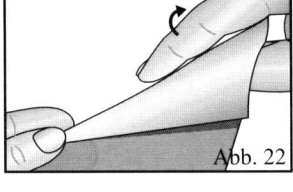
Abb. 22

Abb. 22: Lassen Sie die Papiertüte mit der rechten Hand los und drehen die Hand wieder so weit zurück (Pfeil), dass Sie weiteres Papier aufrollen können.

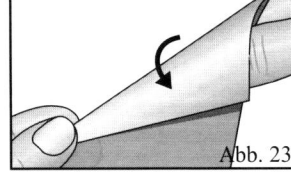
Abb. 23

Abb. 23: Jetzt wiederholt sich der Arbeitsvorgang von **Abb. 19 bis 22,** bis alles Papier aufgerollt ist: Die Tüte mit der rechten Hand festhalten; Festhaltedruck des linken Daumens auf die Spitze lösen; weiteres Papier aufrollen usw.

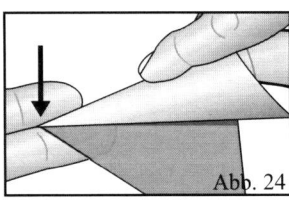
Abb. 24

Abb. 24: Wichtig beim weiteren Aufrollen des Papiers: **Die Tütenspitze muss an ihrer Position bleiben** – sowohl auf der Papierfläche als auch in der Mulde der Finger (Pfeil) –, sie darf auch keinesfalls zwischen den Fingern zerdrückt werden!

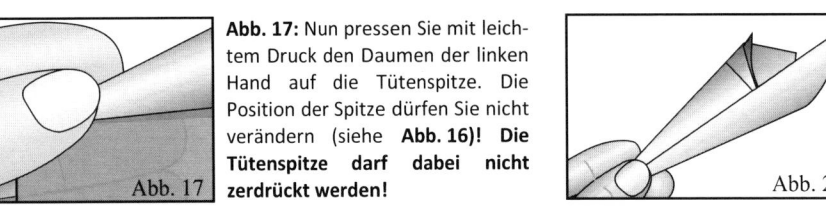
Abb. 25

Abb. 25: Sobald Sie das gesamte Papier aufgerollt haben, erhalten Sie eine Tüte, die in etwa der in dieser Abbildung gleicht. Sieht die Tüte wesentlich anders aus, betrachten Sie sich intensiv die Abbildungen, und lesen Sie ausführlich den Text dazu.

Das Fachbuch „Die Garniertüte", Eigenverlag Heinrich Fischer, Darmstadt. Adresse: **www.garniertuete.de**

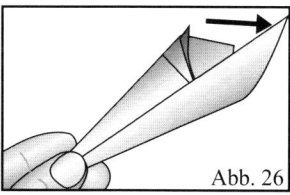

Abb. 26: Ein wichtiges Merkmal einer gelungenen Papiertüte ist die Papierecke, die über die Tütenöffnung hinausragt (Pfeil). Sofern die Tüte sehr locker ist und die Spitze eine Öffnung aufweist, straffen Sie die Tüte **(Abb. 27).**

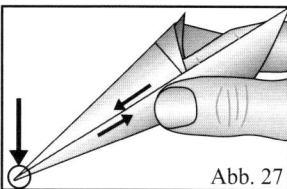

Abb. 27: Greifen Sie mit dem Zeigefinger der rechten Hand in die Tüte und pressen den Daumen von außen dagegen. Verschieben Sie das Papier gemäß den Pfeilen, bis die Tütenspitze geschlossen und das Papier straff gespannt ist.

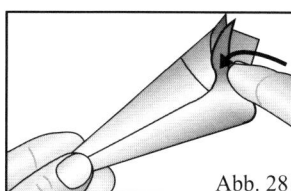

Abb. 28: Nehmen Sie die Papiertüte in die linke Hand und knicken die überstehende Papierecke mit dem Zeigefinger der rechten Hand in die Tüte (Pfeil).

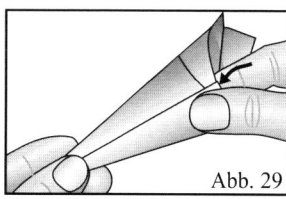

Abb. 29: Pressen Sie den Daumen von außen und den Zeigefinger von innen gegeneinander und schieben die umgeknickte Papierecke mit dem Zeigefinger weiter in die Tüte, bis diese straff gespannt ist (Pfeil). Dann den Knick fest falzen.

Abb. 30: Auf der Papiertüte ist ein Schlitz erkennbar. Dieser darf fast keine Wölbung aufweisen (gegeneinander gerichtete Pfeile). Je mehr Wölbung – umso lockerer ist die Tüte gerollt, was später zu Problemen beim Garnieren führt.

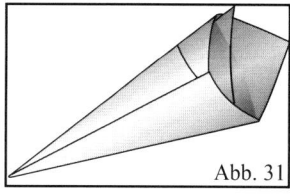

Abb. 31: Die fertige Garniertüte hat in etwa das Aussehen dieser Abbildung. Die einzelnen Papierlagen können bei Ihnen möglicherweise etwas anders übereinander liegen, was aber meist ohne Bedeutung ist.

Tipps für das Herstellen einer Garniertüte

Allgemein

- Schauen Sie sich zunächst alle Abbildungen an.
- Halten Sie sich exakt an die Abbildungen.
- Kleinere Unterschiede bei der Lage der einzelnen Papierschichten können Sie ignorieren.
- Probieren Sie die Technik mehrmals, bauen Sie dann auf dem bereits Gelernten auf, lesen Sie sich die Texte der Stellen genau durch, wo Sie Probleme haben.
- Sofern Sie nicht zu dem gewünschten Ergebnis kommen, betrachten Sie sich intensiv die Abbildungen und lesen Sie ausführlich den Text dazu!

Fachlich

- Behandeln Sie die entstehende Tütenspitze so vorsichtig wie möglich.
- Klemmen Sie die Tütenspitze nicht zwischen den Fingern ein.
- Achten Sie darauf, dass die Position der Tütenspitze auf der Papierfläche nicht verändert wird.
- Verformen Sie die Tütenspitze nicht durch zu viel Druck.
- Versuchen Sie, die Tüte so fest wie möglich zu straffen.
- Locker gerollte Garniertüten führen später beim Garnieren zu Problemen.
- Beachten Sie, dass die Tütenspitze geschlossen ist oder höchstens eine Öffnung von 0,5 mm hat.

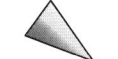

Das Fachbuch „Die Garniertüte", Eigenverlag Heinrich Fischer, Darmstadt. Adresse: **www.garniertuete.de**

Herstellen einer Garniertüte für Fortgeschrittene (Linkshänder)

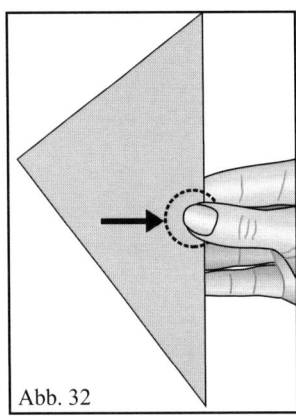
Abb. 32

Bevor Sie beginnen, lesen Sie bitte die Tipps auf der gegenüberliegenden Seite 7 durch!

Abb. 32: Nehmen Sie das Papierdreieck für die Herstellung der Garniertüte genauso in die rechte Hand, wie es auf dieser Abbildung dargestellt ist. Sofern Sie es anders halten (höher, tiefer, weiter in der Papiermitte), bekommen Sie Probleme beim weiteren Formen der Tüte und erzielen nicht die gewünschte Tütenform, was später evtl. zu Garnierproblemen führt!

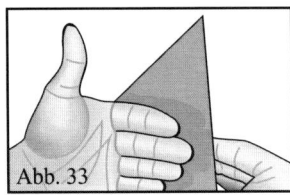
Abb. 33

Abb. 33: Halten Sie die linke Hand im Abstand von etwa 5 cm entsprechend der Abbildung vor das Papierdreieck. Neigen Sie die obere Papierecke so, dass diese auf dem Zeigefinger der linken Hand aufliegt **(Abb. 34).**

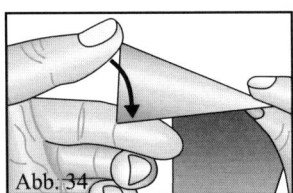
Abb. 34

Abb. 34: Nehmen Sie die Papierecke in die linke Hand: Daumen oberhalb, Zeigefinger unterhalb des Papiers.

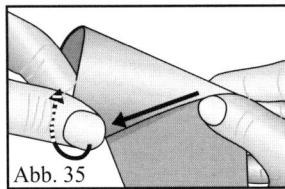
Abb. 35

Abb. 35: Ziehen Sie mit der linken Hand die Papierecke nach außen (langer Pfeil) und drehen die Hand dabei im Uhrzeigersinn (gebogener Pfeil). Es bildet sich zwischen Zeige- und Mittelfinger der rechten Hand eine Tütenspitze.

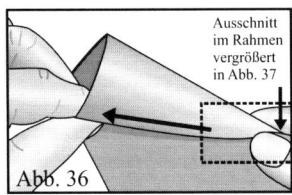
Ausschnitt im Rahmen vergrößert in Abb. 37
Abb. 36

Abb. 36: Straffen Sie mit der linken Hand das Papier (langer Pfeil). Es muss sich dadurch zwischen Zeigefinger und Daumen der rechten Hand eine geschlossene Spitze bilden (kurzer Pfeil). Der kleine Rahmen stellt **Abb. 37** dar.

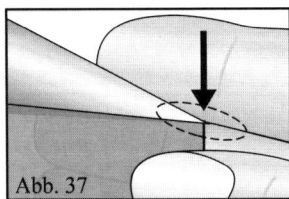
Abb. 37

Abb. 37: Die Spitze der entstandenen Tüte legen Sie in die Mulde zwischen **fest zusammenliegendem** Mittel- und Zeigefinger der rechten Hand – **nicht die Spitze zwischen beiden Fingern einklemmen!**

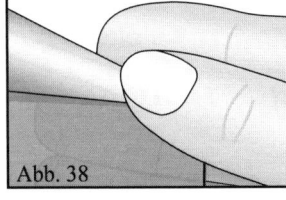
Abb. 38

Abb. 38: Nun pressen Sie mit leichtem Druck den Daumen der rechten Hand auf die Tütenspitze. Die Position der Spitze dürfen Sie nicht verändern (siehe **Abb. 37)! Die Tütenspitze darf dabei nicht zerdrückt werden!**

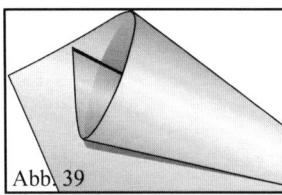
Abb. 39

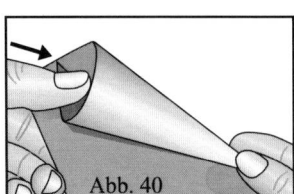
Abb. 40

Abb. 39: Halten Sie die Papiertüte in der rechten Hand (siehe auch **Abb. 38).** Entfernen Sie die linke Hand von der Papiertüte. Es muss die abgebildete Form entstanden sein, die sich nicht selbstständig entfalten darf. Evtl. die Form mit der linken Hand korrigieren.

Abb. 40: Nehmen Sie die Papiertüte in die linke Hand: Daumen in der Tüte, Mittel- und Zeigefinger pressen von außen gegen Papier und Daumen.

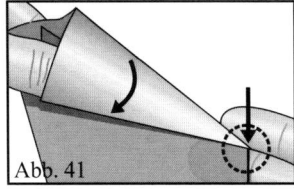
Abb. 41

Abb. 41: Lösen Sie den Druck des Daumens auf die Tütenspitze. Drehen Sie die Tüte im Uhrzeigersinn (Pfeil). **Die Spitze muss an ihrer Position bleiben** – sowohl auf der Papierfläche als auch in der Fingermulde (Kreis mit Pfeil)!

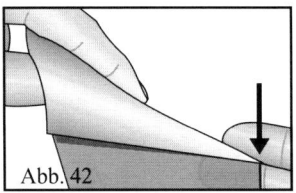
Abb. 42

Abb. 42: Sobald Sie Ihre Hand nicht mehr weiterdrehen können, pressen Sie wieder den Daumen der rechten Hand auf die Tütenspitze **(Abb. 43)** – diese muss immer noch an der gleichen Stelle des Papiers und der Fingermulde liegen (Pfeil).

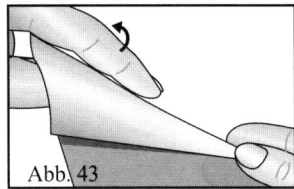
Abb. 43

Abb. 43: Lassen Sie die Papiertüte mit der linken Hand los und drehen die Hand wieder so weit zurück (Pfeil), dass Sie weiteres Papier aufrollen können.

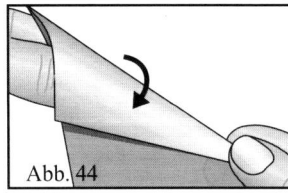
Abb. 44

Abb. 44: Jetzt wiederholt sich der Arbeitsvorgang von **Abb. 40 bis 43,** bis alles Papier aufgerollt ist: Die Tüte mit der linken Hand festhalten; Festhaltedruck des rechten Daumens auf die Spitze lösen; weiteres Papier aufrollen usw.

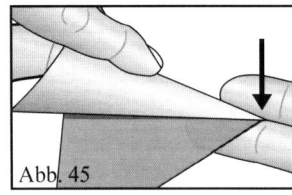
Abb. 45

Abb. 45: Wichtig beim weiteren Aufrollen des Papiers: **Die Tütenspitze muss an ihrer Position bleiben** – sowohl auf der Papierfläche als auch in der Mulde der Finger (Pfeil) –, sie darf auch keinesfalls zwischen den Fingern zerdrückt werden!

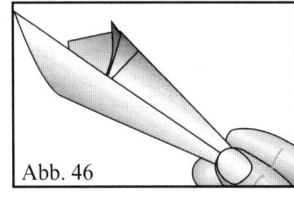
Abb. 46

Abb. 46: Sobald Sie das gesamte Papier aufgerollt haben, erhalten Sie eine Tüte, die in etwa der in dieser Abbildung gleicht. Sieht die Tüte wesentlich anders aus, betrachten Sie sich intensiv die Abbildungen, und lesen Sie ausführlich den Text dazu!

Das Fachbuch „Die Garniertüte", Eigenverlag Heinrich Fischer, Darmstadt. Adresse: **www.garniertuete.de**

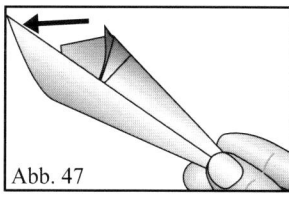

Abb. 47: Ein wichtiges Merkmal einer gelungen Papiertüte ist die Papierecke, die über die Tütenöffnung hinausragt (Pfeil). Sofern die Tüte sehr locker ist und die Spitze eine Öffnung aufweist, straffen Sie die Tüte **(Abb. 48).**

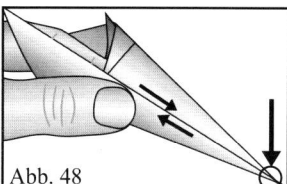

Abb. 48: Greifen Sie mit dem Zeigefinger der linken Hand in die Tüte und pressen den Daumen von außen dagegen. Verschieben Sie das Papier gemäß den Pfeilen, bis die Tütenspitze geschlossen und das Papier straff gespannt ist.

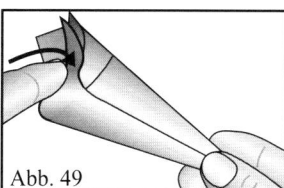

Abb. 49: Nehmen Sie die Papiertüte in die rechte Hand und knicken die überstehende Papierecke mit dem Zeigefinger der linken Hand in die Tüte (Pfeil).

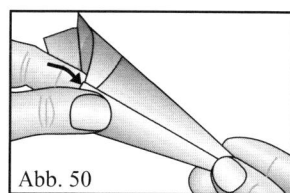

Abb. 50: Pressen Sie den Daumen von außen und den Zeigefinger von innen gegeneinander und schieben die umgeknickte Papierecke mit dem Zeigefinger weiter in die Tüte, bis diese straff gespannt ist (Pfeil). Dann den Knick fest falzen.

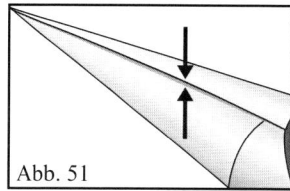

Abb. 51: Auf der Papiertüte ist ein Schlitz erkennbar. Dieser darf fast keine Wölbung aufweisen (gegeneinander gerichtete Pfeile). Je mehr Wölbung – umso lockerer ist die Tüte gerollt, was später zu Problemen beim Garnieren führt.

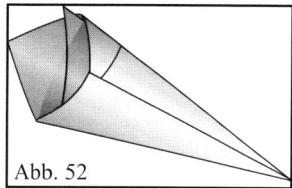

Abb. 52: Die fertige Garniertüte hat in etwa das Aussehen dieser Abbildung. Die einzelnen Papierlagen können bei Ihnen möglicherweise etwas anders übereinander liegen, was aber meist ohne Bedeutung ist.

Tipps für das Herstellen einer Garniertüte

Allgemein

– Schauen Sie sich zunächst alle Abbildungen an.
– Halten Sie sich exakt an die Abbildungen.
– Kleinere Unterschiede bei der Lage der einzelnen Papierschichten können Sie ignorieren.
– Probieren Sie die Technik mehrmals, bauen Sie dann auf dem bereits Gelernten auf, lesen Sie sich die Texte der Stellen genau durch, wo Sie Probleme haben.
– Sofern Sie nicht zu dem gewünschten Ergebnis kommen, betrachten Sie sich intensiv die Abbildungen, und lesen Sie ausführlich den Text dazu!

Fachlich

– Behandeln Sie die entstehende Tütenspitze so vorsichtig wie möglich.
– Klemmen Sie die Tütenspitze nicht zwischen den Fingern ein.
– Achten Sie darauf, dass die Position der Tütenspitze auf der Papierfläche nicht verändert wird.
– Verformen Sie die Tütenspitze nicht durch zu viel Druck.
– Versuchen Sie, die Tüte so fest wie möglich zu straffen.
– Locker gerollte Garniertüten führen später beim Garnieren zu Problemen.
– Beachten Sie, dass die Tütenspitze geschlossen ist oder höchstens eine Öffnung von 0,5 mm hat.

Das Fachbuch „Die Garniertüte", Eigenverlag Heinrich Fischer, Darmstadt. Adresse: **www.garniertuete.de**

Herstellen einer Garniertüte für dicke Garnierfäden

Für viele Zwecke benötigt man einen Garnierfaden, der stärker als ein dicker Zwirnsfaden ist. Bei einer Stärke von mehr als 1 mm besteht das Problem, dass der Garnierfaden nicht mehr exakt rund wird. Das ist durch die physikalischen Eigenschaften des Papiers bedingt. Für dicke Garnierfäden einen Spritzbeutel mit einer normalen Lochtülle zu verwenden, ist aber nicht ratsam, weil man bei einem Spritzbeutel meist nicht das notwendige Feingefühl beim Garnieren hat und für die großen Tüllen sehr viel Garniermasse benötigt.

Um die Vorteile der Garniertüte mit den Vorteilen der Tüllen zu verbinden, gibt es eine einfache Möglichkeit. Verwenden Sie als Düse eine Garniertülle aus Kunststoff oder Metall der Größe 00 (1 mm Ø) oder 0 (2 mm Ø).

Diese kürzen Sie mit einer Säge **(Abb. 53 A)**. Danach schneiden Sie eine Garniertüte entsprechend ab **(Abb. 53 B),** stecken die abgesägte Tüllenspitze hinein **(Abb. 53 C)** und erhalten die fertige Garniertüte **(Abb. 53 D).**

Sofern die Tüllenöffnung noch nicht den richtigen Durchmesser hat, können Sie diese sehr leicht erweitern. Verwenden Sie dazu z. B. einen Nagel mit dem entsprechenden Durchmesser und stoßen diesen durch die Düse, bis diese sich entsprechend geweitet hat und der Nagel hindurchpasst **(Abb. 54)**. Eine weitere Möglichkeit besteht darin, die Düse mit einer Metallfeile so lange abzufeilen, bis diese den notwendigen Durchmesser hat **(Abb. 55)**.

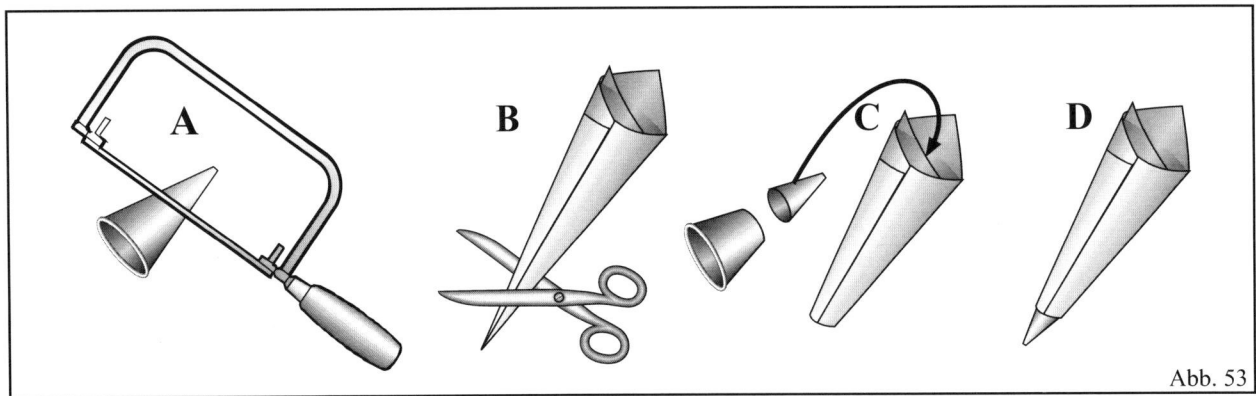

Abb. 53

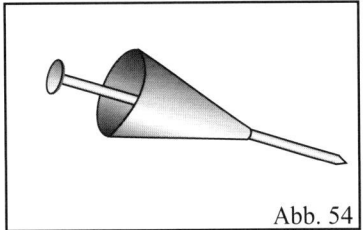

Abb. 54

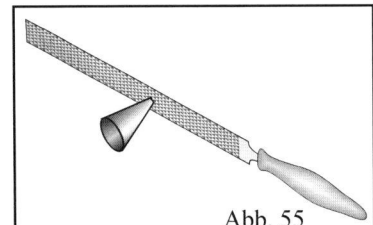

Abb. 55

Das Fachbuch „Die Garniertüte", Eigenverlag Heinrich Fischer, Darmstadt. Adresse: **www.garniertuete.de**

Die Garniertüte – wie man sie füllt und schließt

Es gibt sehr viele Garniermassen, die in die Garniertüte gefüllt werden können, z. B. Spritzschokolade, Eiweißspritzglasur und Massen, die gebacken werden müssen, z. B. Brandmasse und Hapiolamasse (siehe Rezeptteil).

Tipp: Für Übungszwecke ist eine Nussnugatmasse, wie sie für Brotaufstriche angeboten wird, sehr vorteilhaft. Diese Masse muss nicht erwärmt werden, damit sie garnierfähig

ist, und wird folglich auch bei längeren Garnierübungen in der Garniertüte nicht fest.

Beim Füllen und Schließen einer Garniertüte sind einige Punkte zu beachten, damit es später beim Garnieren keine Probleme gibt. Halten Sie sich deshalb zunächst genau an die nachfolgende Beschreibung!

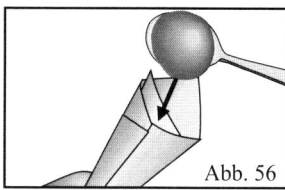

Abb. 56: Füllen Sie eine Garniermasse mittels Teelöffel in die Tüte. Dabei nicht zu viel Masse einfüllen, sonst quillt diese beim Zufalten aus der Tüte.

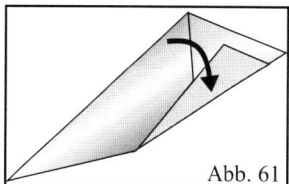

Abb. 61: Achten Sie beim Falten darauf, dass die Tüte zum Schluss etwa Daumenbreite hat. Bei breiteren Tüten benötigen Sie beim Garnieren mehr Kraft!

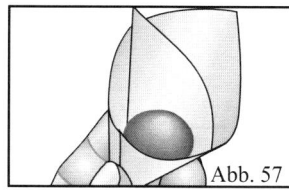

Abb. 57: Meist genügt ein Teelöffel Garniermasse. Bei mehr Masse brauchen Sie beim Garnieren sehr viel Kraft, wodurch Sie schneller ermüden!

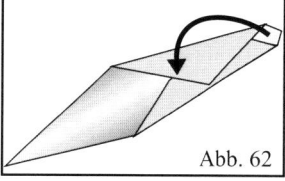

Abb. 62: Nachdem die Ecken entsprechend der Abbildung gefaltet sind, knicken Sie das offene Ende der Tüte Richtung Spitze (Pfeil).

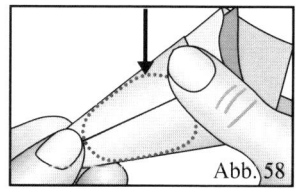

Abb. 58: Vor dem Zufalten drücken Sie die Tüte flach. Die Garniermasse soll dabei Richtung Spitze gedrückt werden und sich gleichmäßig verteilen.

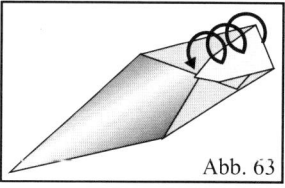

Abb. 63: Rollen Sie nun das offene Ende der Tüte entsprechend der Abbildung fest in Richtung Tütenspitze.

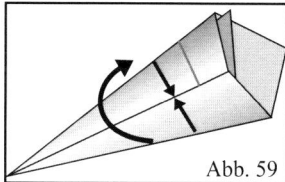

Abb. 59: Beim Flachdrücken der Tüte sollte der Tütenschlitz in der Mitte liegen (gegeneinander gerichtete Pfeile). Danach wenden Sie die Tüte.

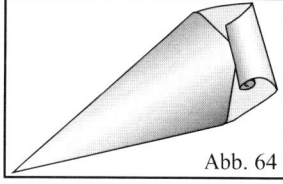

Abb. 64: Die fertige Tüte sollte, von der Rückseite aus betrachtet, der Abbildung entsprechend aussehen und straff und prall gespannt sein.

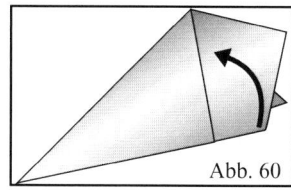

Abb. 60: Falten Sie nun die Ecken der Tüte Richtung Mitte (Pfeil).

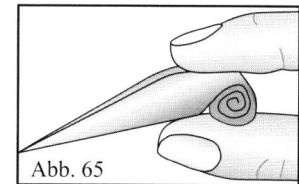

Abb. 65: Zum Garnieren nehmen Sie die Tüte straff gespannt zwischen Daumen und Zeigefinger. Zu locker zugerollte Tüten bringen Probleme beim Garnieren!

Tipps für das Füllen und Schließen einer Garniertüte

- Füllen Sie so wenig wie möglich Garniermasse in die Tüte.
- Der Tütenschlitz muss in Längsrichtung in der Tütenmitte liegen.
- Die Tüte sollte nach dem Zufalten nur noch Daumenbreite haben.
- Die Tüte muss so zugerollt sein, dass sie straff gespannt und prall in den Fingern liegt.
- Für Übungszwecke ist eine Nussnugatmasse (Brotaufstrichmasse) am besten geeignet.

Das Fachbuch „Die Garniertüte", Eigenverlag Heinrich Fischer, Darmstadt. Adresse: **www.garniertuete.de**

9

Die Garniertüte – wie man die Stärke des Garnierfadens bestimmt

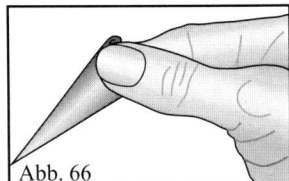
Abb. 66

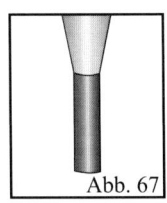
Abb. 67

Die Garniertüte sollten Sie jetzt gefüllt, geschlossen und prall gespannt so zwischen Daumen und Zeigefinger halten, dass deren Spitze nach unten zeigt **(Abb. 66)**. Drücken Sie mit beiden Fingern auf die Tüte. Wenn Sie Glück haben, tritt aus deren Spitze ein dünner Garnierfaden aus, wie Sie ihn für Ihre Garnierzwecke benötigen **(Abb. 67, [stark vergrößert])**. Meist wird allerdings eine Garniertüte entstanden sein, deren Fadenstärke nicht optimal ist.

Bildet sich ein **Faden**, der für Ihre Zwecke **zu dick** ist, so ist diese Tüte unbrauchbar. Sie müssen eine neue Garniertüte herstellen und die Masse aus der unbrauchbaren Tüte in die neue umfüllen (reißen Sie dazu die Spitze der unbrauchbaren Garniertüte etwa 2 cm hoch ab, so dass sich die Garniermasse schnell und einfach umfüllen lässt).

Für Garnierzwecke ist es ideal, wenn die Garniertüte so hergestellt wurde, dass deren Spitze eine Öffnung aufweist, mit der sich ein Garnierfaden in optimaler Stärke garnieren lässt. Eine solche Öffnung wird im Normalfall das Aussehen wie in **Abb. 68** (stark vergrößert) haben. Eine ideale kreisrunde Öffnung (gestrichelte Linie) ist aus technischen Gründen auf keinen Fall erzielbar! Tritt keine Garniermasse aus der Spitze aus, ist der Garnierfaden zu dünn, oder der Garnierfaden kringelt sich, müssen Sie die Tütenspitze mit einer <u>scharfen</u> Schere verändern. Allerdings kann dies für die Garniertüte ungünstig sein.

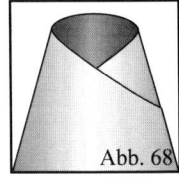
Abb. 68

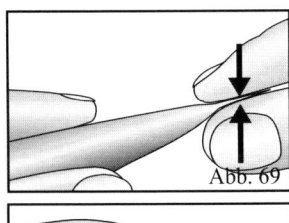
Abb. 69

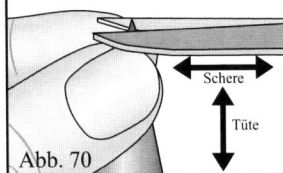
Abb. 70

Sofern Sie die Tütenspitze abschneiden müssen, drücken Sie diese zunächst mit Daumen und Zeigefinger flach **(Abb. 69)**. Halten Sie danach die Tüte so zwischen Daumen und Zeigefinger, dass deren Spitze soweit über die Finger hinausragt, wie sie abgeschnitten werden muss. Nehmen Sie nun eine <u>scharfe</u> Schere, halten diese waagerecht und schneiden

die Tütenspitze entsprechend der Abbildung ab **(Abb. 70)**. Schneiden Sie sicherheitshalber lieber etwas zu wenig als zu viel ab! Haben Sie von der Spitze zu viel abgeschnitten, wird der Garnierfaden zu dick, und die Garniertüte ist unbrauchbar – Sie müssen dann wieder eine neue Garniertüte herstellen! Formen Sie nach dem Abschneiden die Tütenspitze mit den Fingern wieder rund und überprüfen, ob Sie die gewünschte Fadenstärke erzielt haben. Wiederholen Sie gegebenenfalls das Abschneiden.

Abb. 71 zeigt stark vergrößert die Öffnung einer Garniertüte nachdem die Tütenspitze abgeschnitten wurde: Die Öffnung ist teilweise keilförmig – ergibt aber dennoch einen brauchbaren Garnierfaden. **Abb. 72** zeigt

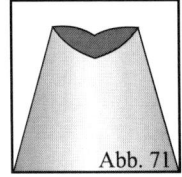
Abb. 71

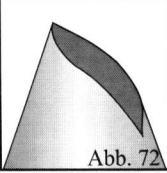
Abb. 72

eine Garniertüte mit schräg abgeschnittener Spitze. Hier tritt später an der rechten Seite mehr Garniermasse aus, wodurch sich der Garnierfaden kringelt. Hier muss die Spitze nochmals, aber gerade, abgeschnitten oder gar eine neue Garniertüte hergestellt werden!

In der Praxis werden Sie hauptsächlich mit den vier nachfolgend beschriebenen Typen von Garnierfäden konfrontiert sein: **Abb. 73** zeigt einen optimalen Garnier-

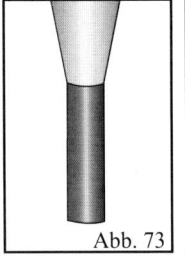
Abb. 73

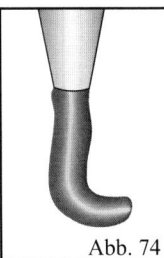
Abb. 74

faden. In **Abb. 74** ist der am häufigsten entstehende Garnierfaden dargestellt: Es hat sich ein kleiner „Haken" am Anfang gebildet, ansonsten kommt der Garnierfaden aber gleichmäßig aus der Tütenspitze. Diese Art des Fadens führt schon zu sichtbaren Garniermängeln, weshalb Sie

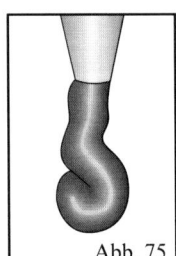
Abb. 75

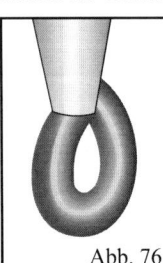
Abb. 76

ihn korrigieren sollten. In der Praxis wird er aber meist noch akzeptiert. In **Abb. 75** dreht sich der Faden spiralförmig; in **Abb. 76** biegt sich der Faden nach oben (er kringelt sich). In beiden Fällen müssen Sie entweder mit der Schere korrigieren oder eine neue Tüte herstellen, da es hier zu erkennbaren Garnierfehlern kommt.

Das Fachbuch „Die Garniertüte", Eigenverlag Heinrich Fischer, Darmstadt. Adresse: **www.garniertuete.de**

Kapitel 2 – Arbeiten mit der Garniertüte

Übersicht

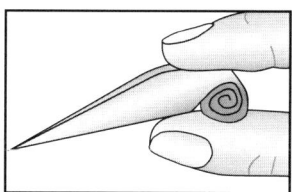

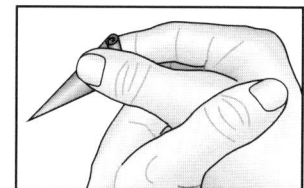

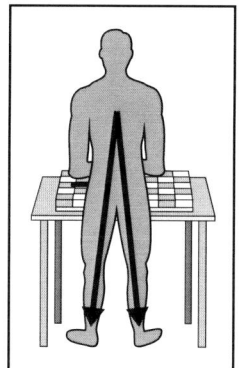

Das Fachbuch „Die Garniertüte", Eigenverlag Heinrich Fischer, Darmstadt. Adresse: **www.garniertuete.de**

11

Die Körperhaltung

Die stehende Körperhaltung

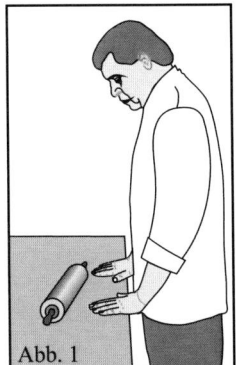

Abb. 1

Bevor Sie mit der Garniertüte arbeiten, sollten Sie sich über die richtige Körperhaltung informieren und sich dieser auch bewusst werden – denn hier geht es um **IHRE** Gesundheit!

Die üblichen Arbeitstische sind für alltägliche Handarbeiten geplant, z. B. für Arbeiten mit dem Rollholz **(Abb. 1)**. Diese haben normalerweise eine Arbeitshöhe von etwa 80 cm. Eine solche Höhe ist zum Arbeiten mit der Garniertüte zu niedrig. Um beim Garnieren möglichst mit den Augen sehr nahe an dem zu garnierenden Objekt sein zu können, muss man zwangsläufig den Rücken sehr stark krümmen **(Abb. 2)**. Eine solch ungünstige Körperhaltung führt dazu, dass der Körper schnell ermüdet. Auch können starke Rückenschmerzen entstehen. Arbeitet man über Jahre oft in einer solch ungesunden Körperhaltung, kann die Bandscheibe und die Wirbelsäule einen erheblichen und sehr schmerzhaften Schaden erleiden!

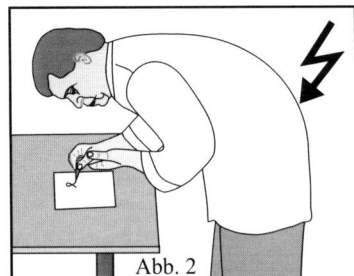

Abb. 2

Damit Sie in einer optimalen Körperhaltung garnieren können, sollten Sie die Arbeitsfläche erhöhen. Schön ist es, wenn man einen Tisch hat, den man hochkurbeln kann. Im Nahrungsgewerbe haben sich solche Tische leider noch nicht überall durchsetzen können, obwohl dies auch eine erhebliche Hilfe für sehr kleine oder sehr große Menschen wäre – deren Arbeitsleistung würde sich mit Sicherheit erheblich verbessern! Deshalb sollten wir hier mit einfachen, aber sicheren Mitteln die Arbeitsfläche erhöhen. Dafür verwenden Sie am besten Hilfsmittel, z. B. Schüsseln, Töpfe und Eimer. Für spezielle Zwecke empfiehlt sich ein höhenverstellbarer Stativtisch. Halten Sie sich so genau wie möglich an die nachfolgend dargestellten Verfahrensweisen – Ihre Gesundheit wird es Ihnen danken. **Ständige Fehlhaltungen machen sich leider meist erst nach Jahren durch Schmerzen bemerkbar!**

Abb. 3

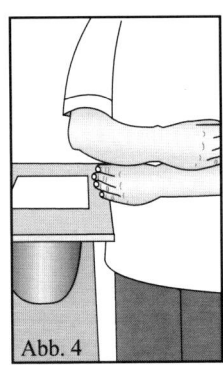

Abb. 4

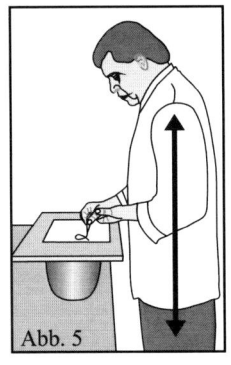

Abb. 5

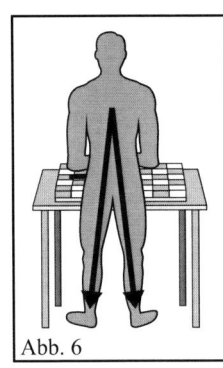

Abb. 6

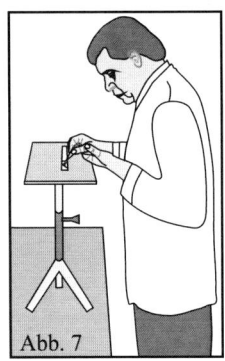

Abb. 7

Abb. 3: Stellen Sie eine oder mehrere Schüsseln auf Ihren Arbeitstisch. Legen Sie ein stabiles Brett so darauf, dass es keinesfalls kippen kann.

Abb. 4: Die richtige Arbeitshöhe: Zwischen Ellenbogen eines angewinkelten Armes und Arbeitsfläche bleibt eine Handbreite Höhenunterschied.

Abb. 5: Nun können Sie in einer gesunden und entspannten Körperhaltung arbeiten. Ihren Körper müssen Sie bewusst aufrecht und gerade halten (Pfeil).

Abb. 6: Die richtige Haltung von rückwärts: Körper senkrecht, Beine leicht gespreizt, Füße nach außen gewinkelt und beide Beine gleich belastet.

Abb. 7: Für sehr exakte Arbeiten müssen evtl. die Augen sehr nahe bei dem zu garnierenden Objekt sein. Hier bietet sich ein höhenverstellbarer Stativtisch an.

Arbeits- und Gesundheitstipp

Abweichungen von den dargestellten Körperhaltungen führen zu schnellerer Ermüdung des Körpers und dadurch zu schlechteren Arbeitsergebnissen auch wenn sie nur kurzzeitig angewandt werden! Über Jahre praktiziert, führen falsche Körperhaltungen evtl. zu sehr schmerzhaften Haltungs- und Gesundheitsschäden.

Das Fachbuch „Die Garniertüte", Eigenverlag Heinrich Fischer, Darmstadt. Adresse: **www.garniertuete.de**

Einbeziehen des gesamten stehenden Körpers bei größeren Garnierarbeiten

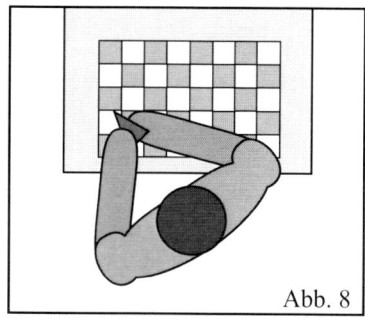

Abb. 8

Abb. 9

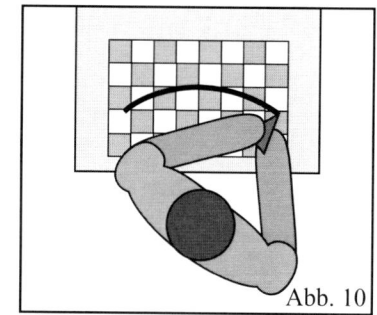

Abb. 10

Umfangreiche Garnierarbeiten, z. B. das Dekorieren einer größeren Anzahl Dessertstücke, erledigt man zweckmäßigerweise im Stehen. Diese Garnierarbeiten kann man meist mit dem gesamten Körper unterstützen.

Bei größeren Dekorarbeiten garniert man üblicherweise in einer geraden Linie von links nach rechts. Würde man nur den Körper um seine eigene Achse drehen, ergäbe sich eine gebogene und damit sehr ungünstige Arbeitslinie, wie in **Abb. 8 bis Abb. 10** aus der Vogelperspektive dargestellt. Die Garnierarbeit muss deshalb mit Veränderungen der Arme, der Hände und/oder des Körpers unterstützt werden. Hier lassen sich im Wesentlichen zwei Möglichkeiten unterscheiden:

1. Ständige Positionsveränderungen der Arme und der Hände

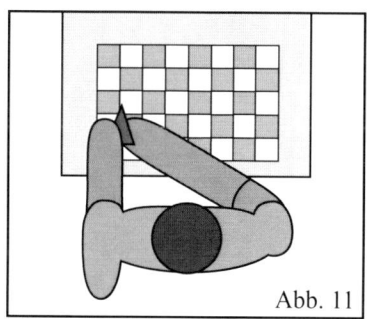

Abb. 11

Abb. 12

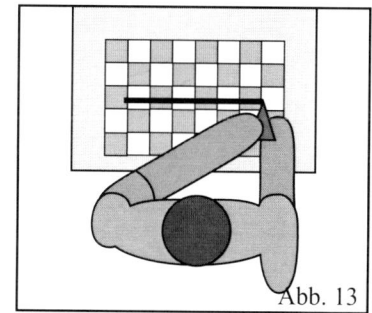

Abb. 13

Durch die **Abb. 11 bis 13** soll das Garnieren einer geraden Linie von links nach rechts dargestellt werden. Dabei bleibt der Körper in seiner Position unverändert. Die Garnierbewegung wird hier lediglich durch Veränderung der Position der Arme und der Hände bewirkt. Die Abbildungen zeigen die dadurch notwendigen umfangreichen Veränderungen der Arme. Zu Beginn der Garnierarbeit liegt der Ellenbogen des linken Armes hinter dem Körper, der rechte Arm ist höchstmöglich zur linken Hand hin gestreckt **(Abb. 11)**. Um die Linie über die gesamte Länge gerade garnieren zu können, muss der linke Arm gestreckt und der rechte Arm zurückgezogen und dadurch gebeugt werden. Ebenfalls verändert sich die Position der beiden Hände zu den jeweiligen Armen, was an den vereinfachten Darstellungen nicht zu erkennen ist.

Bei dieser Arbeitstechnik sind sehr viele Aktivitäten von Muskeln und Gelenken beteiligt – was evtl. zu einem erheblichen Zittern der garnierenden Hand und zu ungenauem Platzieren der Dekors führt. Somit ist diese Technik für lange, zusammenhängende Garnierarbeiten wenig geeignet. Nur für kleine Dekors ist diese Technik bedingt zu empfehlen. Der Vorteil liegt bei dieser Technik darin, dass man die Stehposition der Beine unverändert lässt und damit den größten Teil der Körpermasse nicht bewegen muss.

Das Fachbuch „Die Garniertüte", Eigenverlag Heinrich Fischer, Darmstadt. Adresse: **www.garniertuete.de**

13

2. Bewegung des gesamten stehenden Körpers von links nach rechts

Die gebräuchlichste Garniertechnik mit Körperunterstützung bei größeren Garnierarbeiten sehen Sie in **Abb. 14 bis Abb. 16**. Bei dieser Technik beugt man den gesamten Körper von links nach rechts. Die Position der Arme und der Hände verbleibt dabei in einer stabilen Stellung nahezu unverändert. Die Oberarme können dabei meist noch am Körper anliegen. Diese Garnier-

technik ist z. B. bei vielen kleinen Dessertstückchen zweckmäßig, die in Linien aufgereiht und mit gleichen oder ähnlichen Dekors geschmückt werden. Die Abbildungen mit dem Zusatz „a" hinter den Abbildungsnummern stellen die Vogelperspektive dar und die Bilder darunter mit dem Zusatz „b" die gleiche Ansicht, aber von der Körper Rückseite.

Abb. 14 a

Abb. 15 a

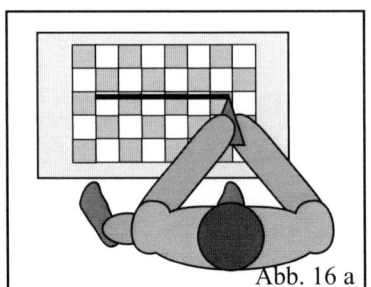

Abb. 16 a

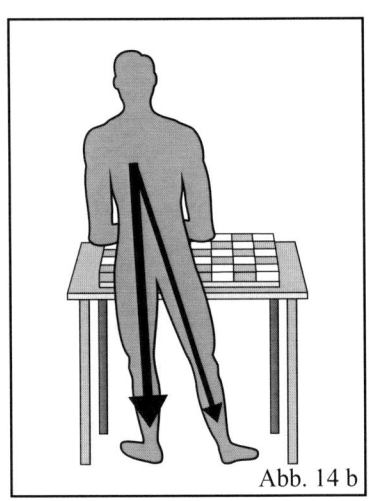

Abb. 14 b

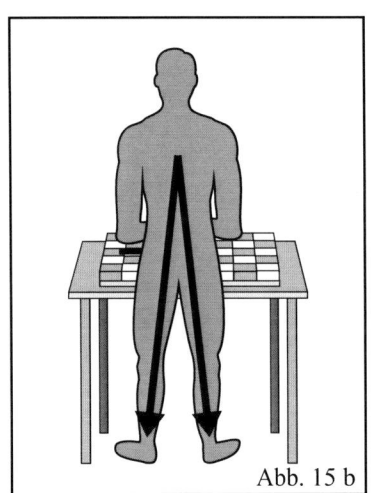

Abb. 15 b

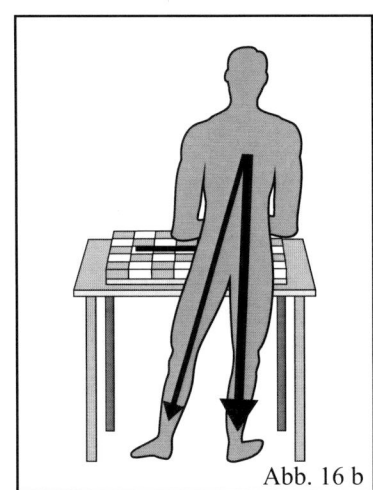

Abb. 16 b

Zunächst belastet man als Rechtshänder den linken Fuß mit dem Schwerpunkt des Körpers **(Abb. 14)**. Linkshänder belasten rechts! In den Abbildungen bedeuten dicke Linien mit Pfeil viel Gewicht, dünne Linien wenig Gewicht, bei gleich dicken Linien **(Abb. 15 b)** ist das Gewicht gleichmäßig verteilt. Bei fortschreitender Garnierarbeit wechselt man auf den rechten, Linkshänder auf den linken Fuß **(Abb. 16)**. Dabei muss man entweder den unbelasteten Fuß strecken oder das Knie des belasteten Beines einknicken – Letzteres sollte man vermeiden, weil die Knie dabei ungesund belastet werden!

Diese Körpertechnik hat den Vorteil, dass die Arme und Hände in ihrer Position zum Oberkörper kaum verändert werden müssen. Dadurch entsteht eine sehr stabile

Arbeitsposition, die ein Zittern der Garnierhand vermindern hilft und damit exaktere Dekors zur Folge hat.

Allerdings ist diese Art der Einbeziehung des Körpers in Garnierarbeiten nur in Ausnahmefällen zu empfehlen und nur dann, wenn die Körperpositionen, also von links nach rechts und wieder zurück, sich sehr schnell verändern und wiederholen. Belastet man über längere Zeit einseitig nur überwiegend einen Fuß, so wird dieser schnell ermüden, und man wird sich nach einer solchen Arbeit verkrampft und unwohl fühlen. Arbeitet man über Jahre in solch ungesunden Positionen, überlastet man die Füße und die Wirbelsäule – **Plattfüße und Haltungsschäden könnten die Folge sein!**

Arbeitstipp

Größere Garnierarbeiten sollten bei Rechtshändern mit einer Bewegung des gesamten Körpers von links nach rechts unterstützt werden – bei Linkshändern umgekehrt. Die Arme und Hände bleiben dabei nahezu unverändert in einer stabilen Haltung.

Das Fachbuch „Die Garniertüte", Eigenverlag Heinrich Fischer, Darmstadt. Adresse: **www.garniertuete.de**

Ausführen einer sehr großen Garnierarbeit, die aus vielen Einzelteilen besteht

Sehr häufig werden größere Mengen gleichförmiger Desserts mit der Garniertüte dekoriert. Diese sind meist nebeneinander in einer Reihe und in mehreren Reihen hintereinander auf einem Transportblech oder einem Ablaufgitter für Dekorzwecke platziert. Wenn es für einen Dekor keine Rolle spielt, von welcher Seite man ihn auf ein Dessertstück garniert, kann man sich die Garnierarbeit erheblich erleichtern.

In **Abb. 17** ist eine solche Garnierarbeit dargestellt: 48 Dessertstücke auf einer beweglichen Unterlage mit den

Maßen etwa 50 × 40 cm in 6 Reihen mit jeweils 8 Stück. Würde man alle Desserts auf einmal dekorieren, also von links oben nach rechts unten, so müsste man sich anfangs erheblich über die Dessertstücke beugen. Dadurch könnten Desserts beschädigt werden, und nach der Garnierarbeit würde möglicherweise der Rücken schmerzen. Deshalb wird zunächst die dem Körper zugewandte untere Hälfte der gesamten Garnierarbeit dekoriert **(Abb. 17 und 18)**, danach die Unterlage gedreht **(Abb. 19)** und zum Schluss in bequemer Stellung die zweite Hälfte garniert **(Abb. 20 und 21)**.

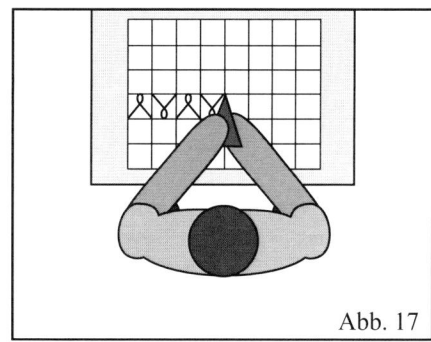

Abb. 17

Abb. 18

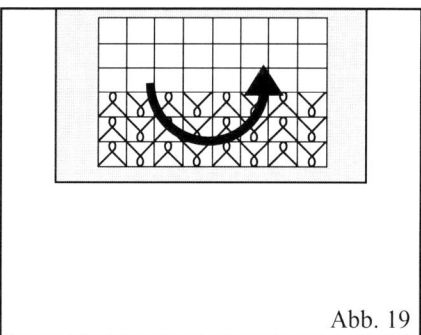

Abb. 19

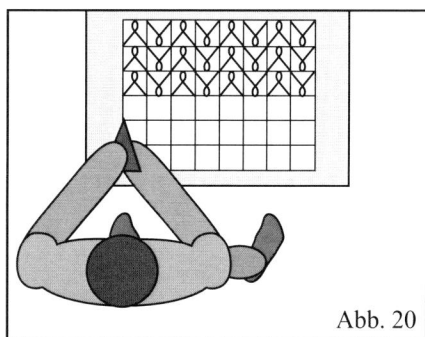

Abb. 20

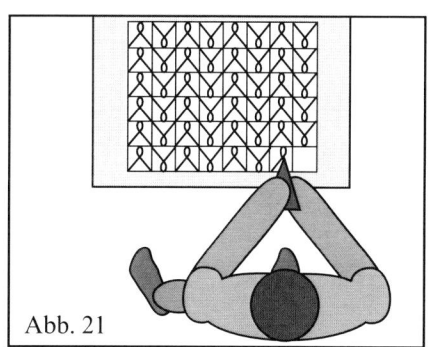

Abb. 21

Das Fachbuch „Die Garniertüte", Eigenverlag Heinrich Fischer, Darmstadt. Adresse: **www.garniertuete.de**

Die sitzende Körperhaltung

Abb. 22

Das Garnieren im Sitzen ist nur in Ausnahmefällen zu empfehlen, da es die notwendige Bewegungsfreiheit des Körpers einschränken kann. Diese Bewegungsfreiheit des Körpers ist aber, wie auf den vorangegangenen Seiten beschrieben, bei Garnierarbeiten sehr wichtig.

Durch das Sitzen werden erhebliche Teile der Muskulatur nicht beansprucht, die beim Stehen notwendig wären. Durch die geringere Anzahl von belasteten Muskeln und die stabilere Körperhaltung vermindert sich zum einen das allgemeine natürliche Zittern – die Garnierarbeiten können deshalb exakter ausgeführt werden! Zum anderen ermüdet der Körper durch das Sitzen erheblich weniger. Deshalb kann man über längere Zeit mehr und bessere Dekorarbeiten leisten!

Anzuraten ist das Garnieren im Sitzen bei besonders kleinen Dekors (z. B. Buchstaben der Druckschrift), sehr feinen Dekors (bei denen auch geringfügiges ungenaues Garnieren sofort auffällt) und bei besonders zeitaufwendigen Garnierarbeiten **(Abb. 22)**. Die notwendige Bewegungsfreiheit des Körpers muss allerdings erhalten bleiben, sonst überwiegen die entstehenden Nachteile!

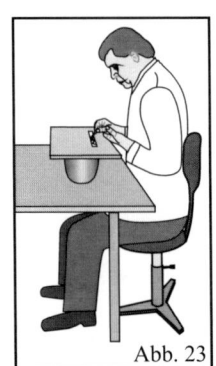

Abb. 23

Beim Garnieren im Sitzen bietet sich ein weiterer Vorteil: Gegenüber dem Garnieren im Stehen ist der Abstand zwischen Kopf und Garnierarbeit geringer. Muss der Abstand zur Garnierarbeit besonders klein sein, kann man eine ungesunde Krümmung des Rückens akzeptieren, was nur in sehr kurzzeitigen Ausnahmefällen geschehen sollte. Muss man über längere Zeit mit den Augen sehr nahe an dem zu garnierenden Objekt sein, sollte man die Garnierarbeit z. B. auf eine Schüssel stellen. Damit verringert man den Abstand der Garnierarbeit zu den Augen **(Abb. 23)**, und man kann aufrecht sitzen.

Worauf Sie achten sollten, wenn Sie im Sitzen garnieren möchten

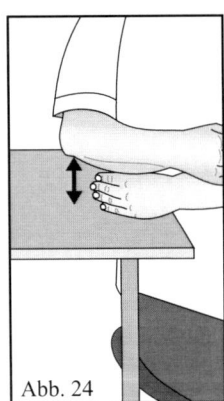

Abb. 24

Abb. 24 und 25 sollen Ihnen die wichtigsten Punkte verdeutlichen, die Sie beim Arbeiten im Sitzen beachten sollten. In **Abb. 25** sind Zahlen angegeben und Linien mit und ohne Pfeile dargestellt. Sofern Zahlen direkt bei einer Linie stehen, so beziehen sie sich auf diese Linie. Die Linien sollen Körperhaltungen und Eigenschaften des Stuhles hervorheben und dadurch verdeutlichen. In dem nachfolgenden erklärenden Text stehen die Zahlen dann an der entsprechenden Stelle in Klammern fett gedruckt.

Verwenden Sie einen Stuhl mit folgenden Eigenschaften (z. B. Bürostuhl): höhenverstellbar **(1)**, mit Rückenlehne **(2)** und drehbarem Sitz **(3)**. Der drehbare Sitz verbessert erheblich die Bewegungsfreiheit des Körpers und damit das Garnieren. Verwenden Sie einen Tisch, unter dem Sie Ihre Beine uneingeschränkt bewegen können **(4)**. Halten

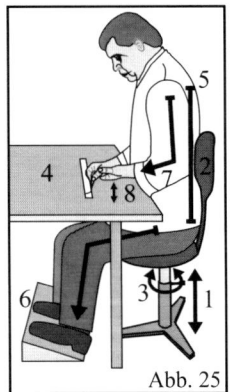

Abb. 25

Sie Ihren Oberkörper unbedingt aufrecht gerade **(5)**. Stellen Sie Ihre Beine nach vorne gespreizt so unter den Tisch, dass diese den Körper nach vorne abstützen können. Verwenden Sie möglichst einen Fußkeil unter den Füßen **(6)**. Richten Sie Ihre Sitzhöhe so ein, dass Ihre Hände etwa eine Handbreite unter Ellenbogenhöhe garnieren können **(7 + Abb. 24)**. Vermeiden Sie es, die Hände beim Garnieren auf dem Tisch abzustützen **(8)**, außer bei sehr exakt auszuführenden Arbeiten. Diese Beschreibung mag sehr umfangreich und umständlich erscheinen – je mehr Sie aber davon umsetzen, umso leichter wird es ihnen fallen, entspannt und kräfteschonend mit der Garniertüte zu arbeiten!

Arbeits- und Gesundheitstipp

Abweichungen von der dargestellten Sitzposition und den Arbeitsbedingungen führen zu schnellerer Ermüdung des Körpers und erschweren die Garnierarbeiten und können langfristig zu Gesundheitsschäden führen!

Das Fachbuch „Die Garniertüte", Eigenverlag Heinrich Fischer, Darmstadt. Adresse: **www.garniertuete.de**

Arbeiten mit der Garniertüte – wie man sie in der Hand hält

Sie sollten die Garniertüte beim Garnieren so halten, dass alle gewünschten Bewegungen der Hand für das Garnieren möglich sind und alle unerwünschten Bewegungen (z. B. Zittern) unterbunden werden. Folgende Eigenschaften sollten Sie anstreben:

– größtmögliche Bewegungsfreiheit für die Finger, welche die Garniertüte halten (Daumen und Zeigefinger);
– größtmögliche Bewegungsfreiheit für die garnierende Hand;
– das natürliche Zittern der Hand sollte unbedingt unterbunden werden;

– ständig die Tütenspitze im Auge behalten und beobachten, wie der Garnierfaden sich legt;
– der Kontakt der Hände mit der zu garnierenden Oberfläche (z. B. der Torte) muss ausgeschlossen sein.

Nachfolgend wird eine Handhaltung der Garniertüte für Rechtshänder empfohlen, die sich in der Praxis bewährt hat. Linkshänder sollten die Garniertüte in die linke Hand nehmen, also die Bilder spiegelbildlich sehen!

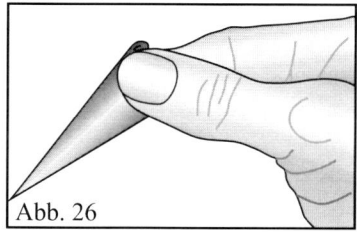

Abb. 26: Nehmen Sie die gefüllte, prall gespannte Garniertüte zwischen Daumen und Zeigefinger der rechten Hand, so dass deren Spitze schräg nach unten weist.

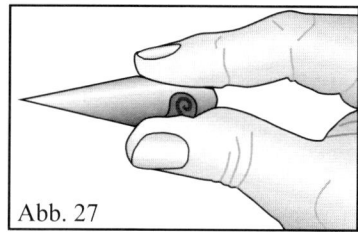

Abb. 27: Diese Abbildung zeigt von oben gesehen, wie Sie die Garniertüte halten sollten.

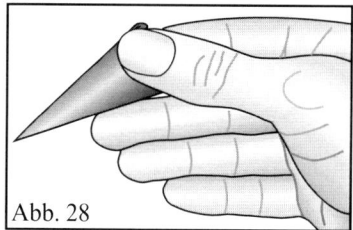

Abb. 28: Sie brauchen zum Halten der Tüte Zeigefinger und Daumen. Die restlichen drei Finger ballen Sie zur Faust **(Abb. 29)**.

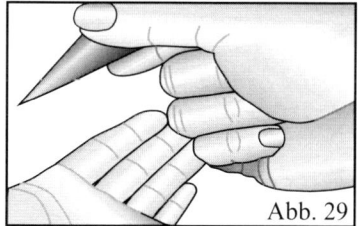

Abb. 29: Legen Sie die Hand mit der Garniertüte in die offene linke Hand.

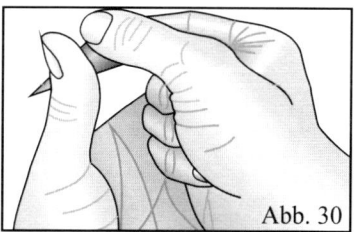

Abb. 30: Umfassen Sie mit dem Daumen der linken Hand die rechte Hand unterhalb des Daumengelenks. Dadurch können beide Hände nicht mehr zittern.

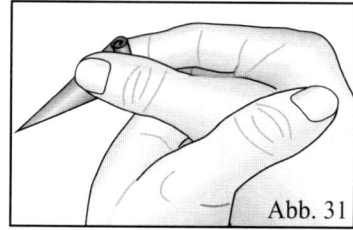

Abb. 31: Sofern Sie die Garnierhand anders festhalten, bekommen Sie beim Garnieren evtl. Probleme.

Tipps für das Halten einer Garniertüte

– Die gefüllte Garniertüte muss prall gespannt sein.
– Halten Sie die Garniertüte nur mit Daumen und Zeigefinger.
– Umfassen Sie die garnierende Hand mit der anderen, damit eventuelles Zittern unterbunden wird.
– Die Bewegungsfreiheit der Finger und der Garnierhand muss erhalten bleiben.

Das Fachbuch „Die Garniertüte", Eigenverlag Heinrich Fischer, Darmstadt. Adresse: **www.garniertuete.de**

17

Die Garniertüte – wie man sie führt

Das Garnieren mit der Garniertüte ist eine Möglichkeit, Produkte aus Lebensmitteln zu verschönern. Es erfordert zunächst sehr viel Übung, damit Sie auch eine **Verschönerung** und keine **Verunstaltung** erreichen! Die Garnierübungen sollten Sie systematisch und mit höchster Sorgfalt durchführen.

Als Garniermasse eignet sich besonders ein Nussnugatkrem, der normalerweise als Brotaufstrich dient. Diese Masse können Sie ohne Vorbereitung direkt vom Glas in die Garniertüte einfüllen.

Zunächst sollten Sie mit der Garniertüte erst einmal „Bekanntschaft" machen und anschließend mit ihr „Freundschaft" schließen. Hierfür führen Sie mit der entsprechend vorbereiteten und gefüllten Garniertüte einfache und wahllose Garnierübungen durch. Nehmen Sie hierbei unbedingt die richtige Körperhaltung ein und halten die Garniertüte richtig in der Hand (siehe vorangegangene Seiten). Probieren Sie auch aus, was passiert, wenn Sie die Garniertüte falsch halten und den Garnierfaden falsch führen, ihn z. B. beim Garnieren von Geraden zu sehr durchhängen lassen.

Die Voraussetzung für alle Dekors sind im Prinzip drei Techniken: gerade Linie, Schleife und spitzer Winkel. Von der Schleife leiten sich dann noch die enge und die weite Kurve ab. Diese drei Grundtechniken sind auf den nächsten Seiten sehr ausführlich dargestellt.

Bereiten Sie nun eine gefüllte Garniertüte vor und legen sich eine abwaschbare flache Garnierunterlage zurecht, z. B. eine Glas- oder Kunststoffscheibe, einen Tortenteller usw. Schlagen Sie nun die Seiten der ersten Grundtechnik auf (gerade Linie). Üben Sie diese Grundtechnik nun auf der einfachen Garnierunterlage, bis Sie die Technik einigermaßen beherrschen. Erst dann gehen Sie zur nächsten Grundtechnik weiter. Sobald Sie die Grundtechniken beherrschen, üben Sie mit den **„Garniervorlagen für erste Garnierübungen"**. Diese finden Sie auf dem USB-Stick zum Buch im Verzeichnis „**Arbeitsvorlagen**" Unterverzeichnis „**Grundtechniken Übungen**".

Für die ersten gezielten Garnierübungen mit der Garniervorlage **„Garniervorlage Grundtechniken"** und auch für alle weiteren Garnierübungen benötigen Sie eine abwaschbare zweiseitig offene Klarsichthülle DIN A4. In diese schieben Sie die Seite mit der jeweiligen Garniervorlage. Üben Sie nun die grundlegenden Garniertechniken **„gerade Linie"**, **„Schleife und Bogen"**, **„Zickzack-Linie"** und die Kombinationsübung **„Bögen und Winkel"**, indem Sie direkt auf die Klarsichthülle garnieren. Überprüfen Sie Ihre Garnierergebnisse und Ihre Arbeitstechnik ständig. Sofern Sie nicht zu dem gewünschten Ergebnis kommen, betrachten Sie sich intensiv die Abbildungen, und lesen Sie ausführlich den Text dazu!

Bei Ihren ersten Garnierübungen achten Sie unbedingt darauf, dass Sie die Garniertüte richtig vorbereiten und halten, wie es ausführlich auf den vorangegangenen Seiten dargestellt wurde. Nachfolgend kurz das Wichtigste:

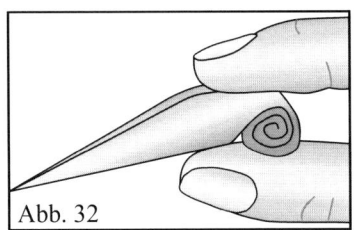 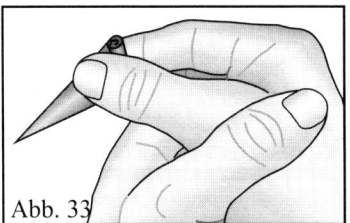 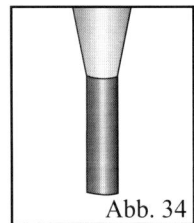 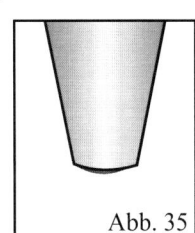

Abb. 32   Abb. 33   Abb. 34   Abb. 35

Zum Garnieren nehmen Sie die Tüte straff gespannt zwischen Daumen und Zeigefinger **(Abb. 32)**. Zu locker zugerollte Tüten bringen Probleme beim Garnieren! **Abb. 33** zeigt Ihnen die richtige Handhaltung mit der richtigen Tütenhaltung. **Linkshänder nehmen die Garniertüte in die linke Hand – alles sieht dann spiegelbildlich aus!**

Achten Sie darauf, dass der Garnierfaden gleichmäßig aus der Tütenspitze austritt **(Abb. 34)**, das heißt, er soll sich weder drehen noch kringeln. Bevor Sie mit dem Garnieren beginnen, streifen Sie evtl. aus der Tütenspitze herausgetretene und überschüssige Garniermasse an einem Tuch vorsichtig ab, ohne die Tütenöffnung dabei zu

beschädigen. Es darf danach kaum noch Garniermasse aus der Tütenspitze herausragen **(Abb. 35). Die Tütenspitze niemals ablecken oder ablutschen – durch den feuchten Speichel würde diese unbrauchbar, und es ist auch äußerst unhygienisch!**

Bei diesen ersten Garnierübungen können Sie Ihre Hände entsprechend den nachfolgenden Abbildungen noch auf der Übungsfläche auflegen. Dies erleichtert das Lernen für das Ansetzen des Garnierfadens, das Erreichen der richtigen Arbeitshöhe und das Absetzen des Garnierfadens. Direkt neben der jeweiligen Handhaltung ist das Garnierergebnis zu sehen.

Das Fachbuch „Die Garniertüte", Eigenverlag Heinrich Fischer, Darmstadt. Adresse: **www.garniertuete.de**

Die nachfolgend beschriebene und abgebildete **Handhaltung mit Auflegemöglichkeit ist nur für die ersten Übungen vorgesehen – im praktischen Alltag sollte sie nicht eingesetzt werden, da sie meist nicht möglich ist und das Garnieren erheblich behindern kann!**

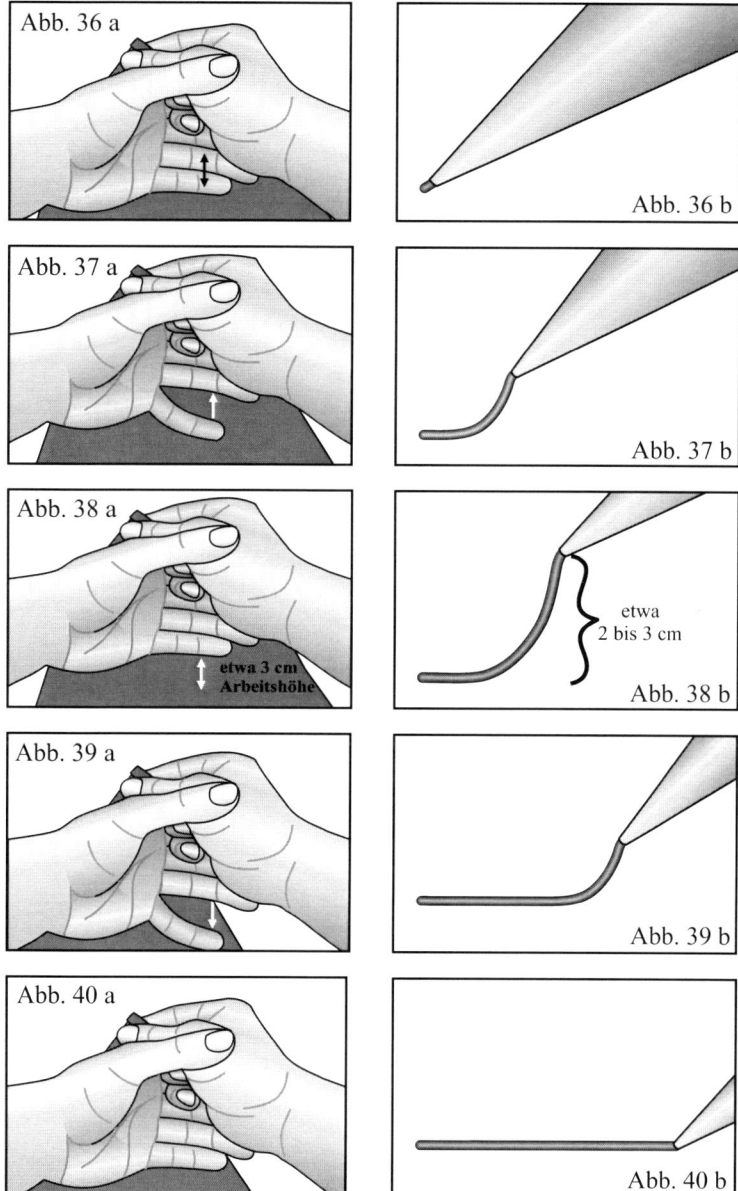

Abb. 36 a

Abb. 36 b

Abb. 37 a

Abb. 37 b

Abb. 38 a

etwa 3 cm Arbeitshöhe

etwa 2 bis 3 cm

Abb. 38 b

Abb. 39 a

Abb. 39 b

Abb. 40 a

Abb. 40 b

Für die ersten Garnierübungen nehmen Sie die Garniertüte entsprechend den **Abb. 32 und 33** der vorangegangenen Seite in die rechte Hand (Linkshänder in die linke Hand). Legen Sie danach beide Hände auf die Garnierfläche **(Abb. 36 a)** und beginnen den Garnierfaden auf der Garnierfläche **(Abb. 36 b)**. Nun spreizen Sie den kleinen Finger langsam von den übrigen Fingern weg **(Abb. 37 a)**, ohne dass er den Kontakt zur Garnierfläche verliert. Dadurch werden die Hände mit der Garniertüte langsam angehoben. Bei diesem Anheben drücken Sie vorsichtig Garniermasse so aus der Tütenspitze, dass ein gleichmäßiger Garnierfaden entsteht, der weder durch zu starkes Ziehen gedehnt wird noch locker von der Tütenspitze zur Garnierfläche hängt **(Abb. 37 b)**. Sobald Sie die richtige Garnierhöhe erreicht haben (etwa 2 bis 3 cm), heben Sie den kleinen Finger ruckfrei an **(Abb. 38 a)** und garnieren freihändig weiter **(Abb. 38 b)**.

Zum Beenden des Garniervorgangs spreizen Sie den kleinen Finger langsam von den übrigen Fingern weg, bis er Kontakt mit der Garnierfläche hat **(Abb. 39 a)**. Dabei üben Sie keinen Druck mehr auf die Garniertüte aus – es sollte also keine Garniermasse mehr aus der Tütenspitze austreten. Nun senken Sie die Hände mit der Garniertüte zur Garnierfläche ab **(Abb. 39 a, 39 b, 40 a, 40 b)**. Die Geschwindigkeit des Absenkens kontrollieren Sie mit dem kleinen Finger. Die Tütenspitze berührt zum Schluss fast die Garnierfläche. Dadurch verklebt das Ende des Garnierfadens mit der Garnierunterlage und Sie können die Garniertüte wegnehmen, ohne dass sich eine lange Spitze aus Garniermasse bildet.

Mit zunehmender Übung beginnen, führen und beenden Sie den Garnierfaden freihändig – Sie legen also die Hände dann nicht mehr auf der Garnierfläche auf. Bei einer richtigen Torte können Sie das später ja auch nicht mehr tun!

Sollten die ersten Garnierergebnisse nicht Ihren Vorstellungen entsprechen und Sie möchten am liebsten die Garniertüte auf Nimmerwiedersehen in die nächste Ecke werfen, so beenden Sie Ihre ersten Übungen und machen erst dann weiter, wenn Sie sich wieder beruhigt haben –

mit Wut und der Einstellung „und jetzt erst recht" kommen Sie keinesfalls weiter. Auch lernen Ihr Verstand und Ihre Hände über Nacht „im Schlaf" auch ohne dass Sie etwas tun – meist geht es am nächsten Tag überraschend sehr viel besser und erste wirkliche Erfolge stellen sich dann schnell wie von selbst ein!

Nun viel Spaß bei den ersten Garnierübungen – und nicht verzagen, es ist noch kein Meister vom Himmel   gefallen!

Das Fachbuch „Die Garniertüte", Eigenverlag Heinrich Fischer, Darmstadt. Adresse: **www.garniertuete.de**

Kapitel 3 – Grundtechniken

Dekorieren mit der Garniertüte – Grundtechniken

Übersicht

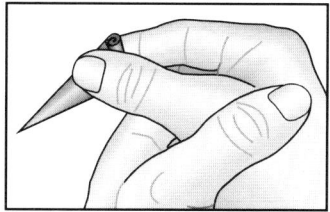
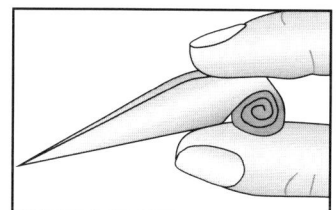

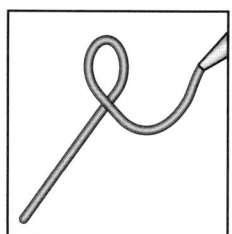
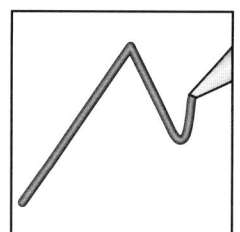
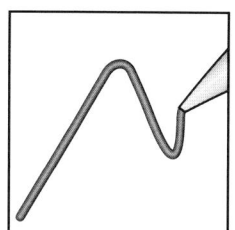
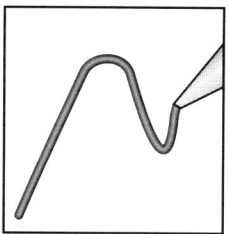

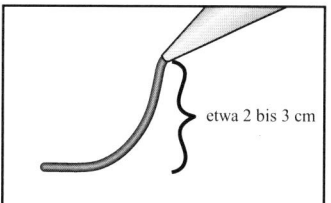

Das Fachbuch „Die Garniertüte", Eigenverlag Heinrich Fischer, Darmstadt. Adresse: **www.garniertuete.de**

21

Der Garnierfaden – Grundtechniken

Auf den nächsten Seiten lernen Sie die verschiedenen Grundtechniken für das Garnieren mit der Spritztüte kennen. Mit diesen lassen sich sämtliche Dekorarbeiten ausführen. Nehmen Sie diese Informationen als Arbeitsgrundlage für **„Erste Garnierübungen"**, die auf **Seite 30** am Ende dieses Kapitels beschrieben sind.

Grundtechnik: gerade Linien

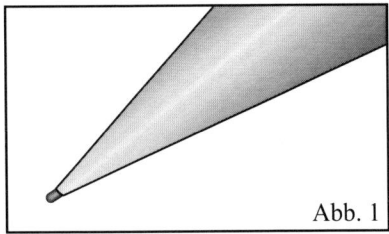

Abb. 1

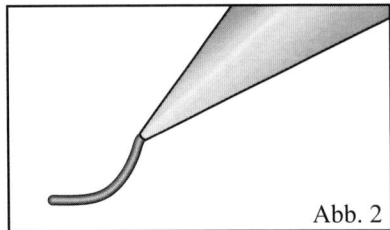

Abb. 2

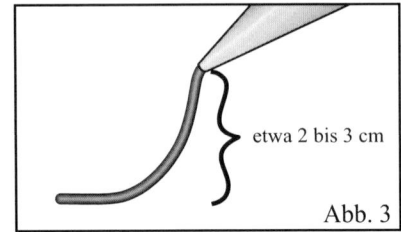

etwa 2 bis 3 cm

Abb. 3

Abb. 1: Zum Garnieren gerader Linien senken Sie die Garniertütenspitze bis fast auf die Garnierfläche ab. Berühren Sie dabei möglichst **nicht** mit der Tütenspitze die Garnierfläche, denn die empfindliche Tütenöffnung könnte dadurch beschädigt werden. Mit einer beschädigten Tütenöffnung können Sie keine sauberen Linien mehr garnieren.

Zuerst pressen Sie vorsichtig etwas Garniermasse aus der Tüte heraus. Diese erste Garniermasse muss sich mit der zu garnierenden Fläche verbinden, damit der Garnierfaden sich beim weiteren Garnieren nicht mehr verschiebt. Danach heben Sie die Garniertüte langsam an

(Abb. 2). Dabei drücken Sie vorsichtig auf die Tüte und damit auf die Garniermasse. Es muss nun ein gleichmäßig runder Garnierfaden entstehen, der weder dickere noch dünnere Abschnitte aufweist. Heben Sie die Garniertüte jetzt weiter an mit entsprechendem Druck auf Tüte und Garniermasse, bis eine **optimale Garnierhöhe von etwa 2 bis 3** cm über der zu garnierenden Fläche erreicht ist **(Abb. 3).** Eine niedrigere Garnierhöhe kann zu ungleichmäßigen und verwackelten Linien führen. Der Garnierfaden soll dabei nicht gezogen werden und auch nicht locker durchhängen, sondern entsprechend der Abbildung leicht gespannt geführt werden.

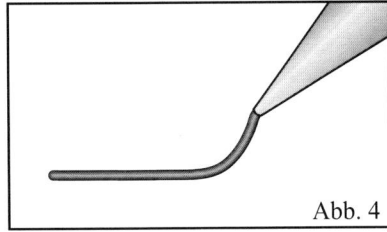

Abb. 4

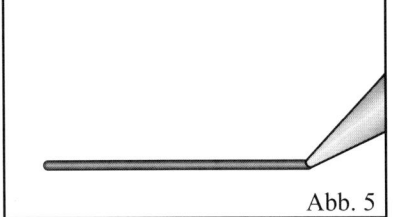

Abb. 5

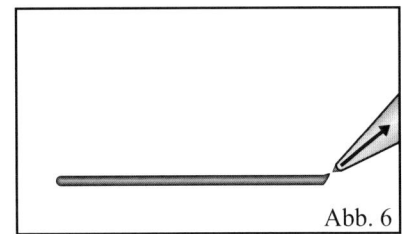

Abb. 6

Um die Linie zu beenden, senken Sie die Garniertüte langsam wieder bis auf die Garnierfläche ab **(Abb. 4 und Abb. 5). Wichtig:** Dabei möglichst keine weitere Garniermasse mehr aus der Tüte herauspressen und den Garnierfaden nicht dehnen! Dies ist der problematischste Teil der Garnierarbeit: Wird zu viel Garniermasse aus der Tüte herausgepresst, so wird der Garnierfaden länger als gewünscht und der Dekor ungleichmäßig oder es entsteht eine Verdickung am Ende des Garnierfadens. Garniermasse kann man immer noch nachpressen, aber nicht mehr in die Tüte zurückholen!

Zum endgültigen Beenden des Garniervorgangs senken Sie die Tütenspitze bis fast auf die Garnierfläche ab, ohne die Garnierfläche mit der Tütenspitze zu berühren **(Abb. 5).** Der Garnierfaden muss sich dadurch bis kurz vor der Tütenöffnung mit der Garnierfläche verbinden. Der Sinn dieser Verbindung liegt darin, dass Sie danach die Tütenspitze seitwärts in Pfeilrichtung wegziehen können **(Abb. 6)** und das Ende des Garnierfadens kurz und jedes Mal gleichmäßig abreißt. Wird das Garnierfadenende mit der Garnierfläche nicht verbunden, so entstehen unsaubere, unterschiedlich lange und meist dünner werdende Enden. Beim Beenden des Garniervorgangs dürfen Sie selbstverständlich keinen Druck mehr auf die Garniermasse ausüben, sonst entstehen sehr lange und ungleichmäßige Endspitzen!

Das Fachbuch „Die Garniertüte", Eigenverlag Heinrich Fischer, Darmstadt. Adresse: **www.garniertuete.de**

Allgemeine Garniertipps für das Garnieren gerader Linien

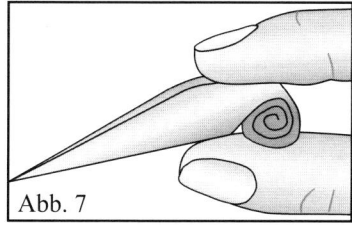

Abb. 7

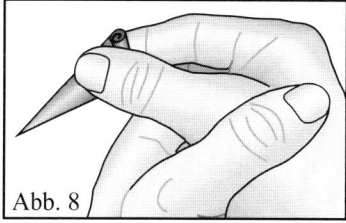

Abb. 8

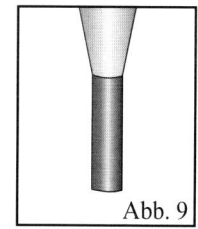

Abb. 9

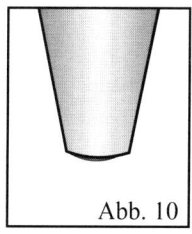

Abb. 10

Zum Garnieren nehmen Sie die Tüte straff gespannt so zwischen Daumen und Zeigefinger, wie in **Abb. 7** dargestellt. Zu locker zugerollte Tüten bringen Probleme beim Garnieren! **Abb. 8** zeigt Ihnen die richtige Handhaltung mit der richtigen Tütenhaltung. Linkshänder nehmen die Garniertüte in die linke Hand – alles sieht dann spiegelbildlich aus!

Achten Sie darauf, dass der Garnierfaden gleichmäßig aus der Tütenspitze austritt, das heißt, er soll sich nicht drehen oder kringeln **(Abb. 9)**. Bevor Sie mit dem Garnieren beginnen, streifen Sie evtl. aus der Tütenspitze herausgetretene und überschüssige Garniermasse an einem Tuch vorsichtig ab, ohne die Tütenöffnung dabei zu beschädigen. Es darf danach kaum noch Garniermasse aus der Tütenspitze herausragen **(Abb. 10)**. **Die Tütenspitze niemals ablecken oder ablutschen – durch den feuchten Speichel würde diese unbrauchbar, und es ist auch äußerst unhygienisch!**

Tipps für das Garnieren von geraden Linien

Zur Garniertüte:

- Die Garniertüte straff gespannt zurollen und fest zwischen Daumen und Zeigefinger halten.
- Darauf achten, dass der Garnierfaden sich nicht kringelt.
- Darauf achten, dass sich keine tropfenförmige Verdickung an der Tütenspitze gebildet hat.
- Darauf achten, dass sich keine Garnierfadenreste an der Tütenspitze befinden.

Zum Garnieren:

- Zum Ansetzen des Garnierfadens die Tütenspitze bis fast auf die Garnierfläche absenken.
- Mit der Spitze der Garniertüte nicht die Garnierfläche berühren – die Tütenspitze könnte beschädigt werden.
- Den Garnierfaden sauber beginnen – ohne Verdickungen und ohne Garnierfadenreste.
- Den Anfang des Garnierfadens mit der Garnierfläche rutschfest verbinden.
- Den Garnierfaden mit leichter Spannung legen – nicht locker durchhängen lassen und nicht durch Ziehen dehnen.
- Die optimale Garnierhöhe für z. B. Petits Fours: Tütenspitze etwa 2 bis 3 cm über der Garnierfläche führen.
- Zum Beenden des Garniervorgangs: Mit dem Druck auf die Garniermasse aufhören und die Tütenspitze mit dem Garnierfaden mit leichter Spannung bis zur Garnierfläche absenken – dabei mit der Tütenspitze die Garnierfläche nicht berühren.
- Den Garnierfaden beim Beenden des Garniervorgangs nicht durch zu starkes Ziehen dehnen und möglichst keine Garniermasse mehr nachpressen.
- Das Garnierfadenende mit der Garnierfläche verbinden – erst dann den Garnierfaden „abreißen".
- Den Garnierfaden ohne Verdickungen und mit der vorgesehenen Länge sauber beenden.

Grundtechnik: Schleifen

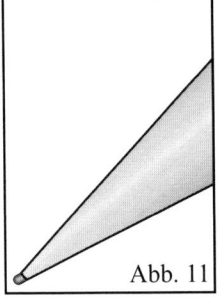
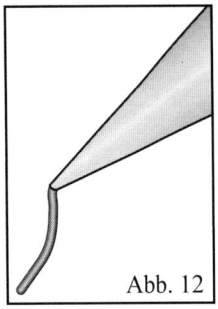
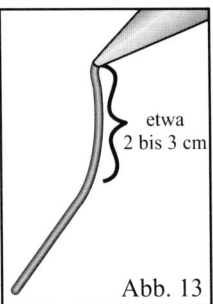
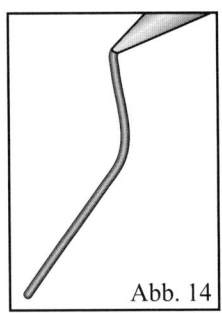
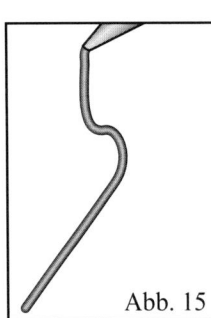

Abb. 11 | Abb. 12 | Abb. 13 | Abb. 14 | Abb. 15

Abb. 11: Zum Garnieren von Schleifen senken Sie die Garniertütenspitze zunächst bis fast auf die Garnierfläche ab. Berühren Sie dabei möglichst mit der Tütenspitze **nicht** die Garnierfläche, denn die empfindliche Tütenöffnung könnte dadurch beschädigt werden. Mit einer beschädigten Tütenöffnung können Sie keine sauberen Schleifen mehr garnieren!

Danach pressen Sie vorsichtig etwas Garniermasse aus der Tüte heraus. Diese erste Garniermasse muss sich mit der zu garnierenden Fläche verbinden, damit sich der Garnierfaden beim weiteren Garnieren nicht mehr verschiebt **(Abb. 11)**.

Nun heben Sie die Garniertüte langsam an **(Abb. 12)**. Dabei drücken Sie vorsichtig auf die Tüte und damit auf die Garniermasse. Es muss nun ein gleichmäßig runder Garnierfaden entstehen, der weder dickere noch dünnere Abschnitte aufweist. Heben Sie die Garniertüte nun weiter an mit entsprechendem Druck auf Tüte und Garniermasse, bis eine optimale Garnierhöhe von etwa 2 bis 3 cm über der zu garnierenden Fläche erreicht ist **(Abb. 13)**. Eine niedrigere Garnierhöhe kann zu un-

gleichmäßigen und verwackelten Schleifen führen. Der Garnierfaden soll dabei nicht gezogen werden und auch nicht locker durchhängen, sondern entsprechend der Abbildung leicht gespannt geführt werden. Dieser Arbeitsvorgang ist bis hierher identisch den **Abb. 1 bis Abb. 3** der „Grundtechnik: gerade Linien".

In **Abb. 14** beginnt das Garnieren des Schleifenbogens. Bis jetzt wurde der Garnierfaden mit leichter Spannung geführt. Nun wird der Garnierfaden locker geführt, das heißt, er hängt fast senkrecht und fast ohne Führung von der Tütenspitze bis auf die Garnierfläche herab. Durch das lockere Führen bildet sich automatisch eine bogenförmige Abweichung von der bis jetzt geraden Linie. Diese bogenähnliche Abweichung muss natürlich mit ganz wenig Führung in die gewünschte Richtung dirigiert (geführt) werden **(Abb. 15 und 16)**. Wichtig beim Garnieren eines solchen Bogens ist es, dass die Garnierhöhe weder vermindert noch erhöht wird – also über den gesamten Garniervorgang des Schleifenbogens gleich bleibt und dass der Garnierfaden während dieses Garniervorgangs locker geführt und nicht gezogen wird!

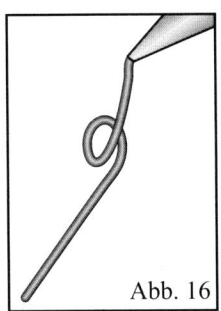
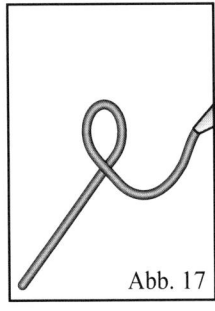
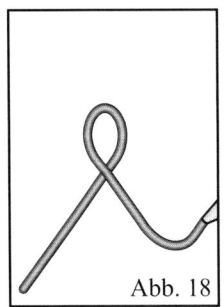
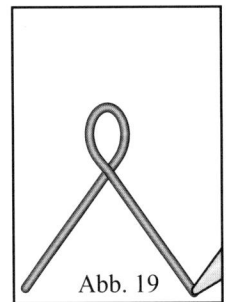
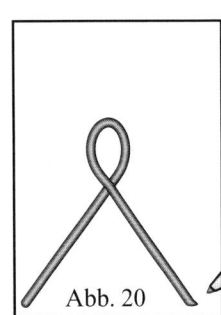

Abb. 16 | Abb. 17 | Abb. 18 | Abb. 19 | Abb. 20

Sobald die entsprechende Schleife garniert wurde, wird der Garnierfaden wieder leicht gespannt **(Abb. 17)**, da die Schleife genauso endet, wie sie begonnen hat – nämlich als gerade Linie.

Zum Beenden des Schleifendekors senken Sie die Garniertüte langsam wieder bis auf die Garnierfläche ab **(Abb. 18 und Abb. 19)**. **Wichtig:** Dabei möglichst keine weitere Garniermasse mehr aus der Tüte herauspressen und den Garnierfaden nicht dehnen! Dies ist der problematischste Teil der Arbeit: Wird zu viel Garniermasse aus

der Tüte herausgepresst, so wird der Garnierfaden länger als gewünscht und der Dekor ungleichmäßig, oder es entsteht eine Verdickung am Ende des Garnierfadens. Garniermasse kann man immer noch nachpressen, aber nicht mehr in die Tüte zurückholen!

Zum endgültigen Beenden des Garniervorgangs senken Sie die Tütenspitze bis fast auf die Garnierfläche ab, ohne die Garnierfläche mit der Tütenspitze zu berühren **(Abb. 19)**. Der Garnierfaden muss sich dadurch bis kurz vor der Tütenöffnung mit der Garnierfläche verbinden.

Das Fachbuch „Die Garniertüte", Eigenverlag Heinrich Fischer, Darmstadt. Adresse: **www.garniertuete.de**

Der Sinn dieser Verbindung liegt darin, dass Sie danach die Tütenspitze in die Richtung wegziehen können, in welche die garnierte Linie zuvor zeigt (**Abb. 20**) und das Ende des Garnierfadens kurz und jedes Mal gleich abreißt. Wird das Garnierfadenende mit der Garnierfläche nicht verbunden, so entstehen unsaubere, unterschiedlich lange und meist dünner werdende Enden. Beim Beenden des Garniervorgangs dürfen Sie selbstverständlich keinen Druck mehr auf die Garniermasse ausüben, sonst entstehen sehr lange und ungleichmäßige Endspitzen!

Allgemeine Garniertipps für das Garnieren von Schleifen

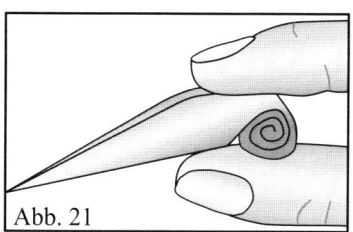
Abb. 21

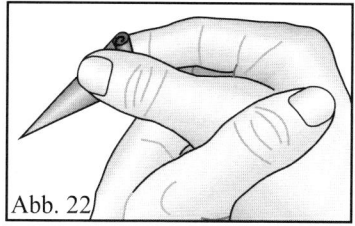
Abb. 22

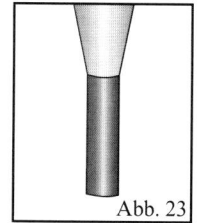
Abb. 23

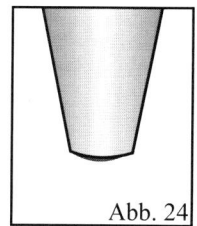
Abb. 24

Zum Garnieren nehmen Sie die Tüte straff gespannt zwischen Daumen und Zeigefinger. Zu locker zugerollte Tüten bringen Probleme beim Garnieren (**Abb. 21**)! **Abb. 22** zeigt Ihnen die richtige Handhaltung mit der richtigen Tütenhaltung. Linkshänder nehmen die Garniertüte in die linke Hand – alles sieht dann spiegelbildlich aus!

Achten Sie darauf, dass der Garnierfaden gleichmäßig aus der Tütenspitze austritt, das heißt, er soll sich nicht drehen oder kringeln (**Abb. 23**). Bevor Sie mit dem Garnieren beginnen, streifen Sie evtl. aus der Tütenspitze herausgetretene und überschüssige Garniermasse an einem Tuch vorsichtig ab, ohne die Tütenöffnung dabei zu beschädigen. Es darf danach kaum noch Garniermasse aus der Tütenspitze herausragen (**Abb. 24**). **Die Tütenspitze niemals ablecken oder ablutschen – durch den feuchten Speichel würde diese unbrauchbar, und es ist auch äußerst unhygienisch!**

Tipps für das Garnieren von Schleifen

Zur Garniertüte:

- Die Garniertüte straff gespannt zurollen und fest zwischen Daumen und Zeigefinger halten.
- Darauf achten, dass der Garnierfaden sich nicht kringelt.
- Darauf achten, dass sich keine tropfenförmige Verdickung an der Tütenspitze gebildet hat.
- Darauf achten, dass sich keine Garnierfadenreste an der Tütenspitze befinden.

Zum Garnieren:

- Zum Ansetzen des Garnierfadens die Tütenspitze bis fast auf die Garnierfläche absenken.
- Mit der Spitze der Garniertüte nicht die Garnierfläche berühren – die Tütenspitze könnte beschädigt werden.
- Den Garnierfaden sauber beginnen – ohne Verdickungen und ohne Garnierfadenreste.
- Den Anfang des Garnierfadens mit der Garnierfläche rutschfest verbinden.
- Den Garnierfaden mit leichter Spannung legen – nicht locker durchhängen lassen und nicht durch Ziehen dehnen.
- Optimale Garnierhöhe z. B. für Petits Fours: Den Garnierfaden etwa 2 bis 3 cm über der Garnierfläche führen.
- Zum Garnieren des Schleifenbogens den Garnierfaden locker führen.
- Beim Garnieren des Schleifenbogens die Garnierhöhe gleichbleibend auf 2 bis 3 cm halten.
- Nach dem Beenden des Schleifenbogens den Garnierfaden wieder leicht spannen.
- Beim Beenden des Garniervorgangs keinen Druck mehr auf die Garniermasse ausüben und den Garnierfaden mit leichter Spannung bis zur Garnierfläche absenken – dabei mit der Tütenspitze die Fläche nicht berühren.
- Den Garnierfaden beim Beenden des Garniervorgangs nicht durch Ziehen dehnen und möglichst keine Garniermasse mehr nachpressen.
- Das Garnierfadenende mit der Garnierfläche verbinden – erst dann den Garnierfaden „abreißen".
- Den Garnierfaden ohne Verdickungen und mit der vorgesehenen Länge sauber beenden.

Das Fachbuch „Die Garniertüte", Eigenverlag Heinrich Fischer, Darmstadt. Adresse: **www.garniertuete.de**

25

Grundtechniken: spitze Winkel, enge und weite Bögen

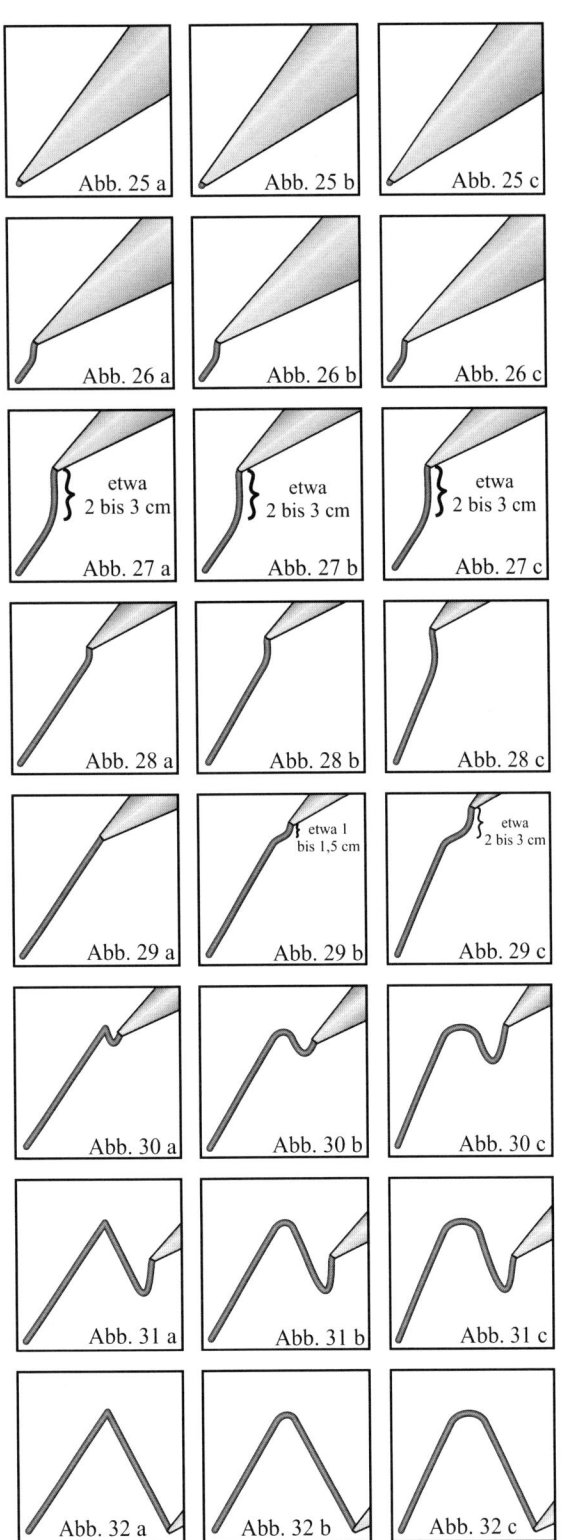

Abb. 25 a   Abb. 25 b   Abb. 25 c

Abb. 26 a   Abb. 26 b   Abb. 26 c

etwa 2 bis 3 cm   etwa 2 bis 3 cm   etwa 2 bis 3 cm
Abb. 27 a   Abb. 27 b   Abb. 27 c

Abb. 28 a   Abb. 28 b   Abb. 28 c

Abb. 29 a   etwa 1 bis 1,5 cm Abb. 29 b   etwa 2 bis 3 cm Abb. 29 c

Abb. 30 a   Abb. 30 b   Abb. 30 c

Abb. 31 a   Abb. 31 b   Abb. 31 c

Abb. 32 a   Abb. 32 b   Abb. 32 c

In der linken Spalte wird der Garniervorgang eines spitzen Winkels, in der mittleren Spalte der eines engen Bogens und in der rechten Spalte eines weiten Bogens dargestellt.

Der Anfang ist bei allen drei Garniertechniken gleich (**Abb. 25 a, b, c bis 27 a, b, c**) und wurde ausführlich bei den Grundtechniken „gerade Linien" und „Schleifen" beschrieben: Die Garniertüte bis fast zur Garnierfläche absenken, den Garnierfaden ansetzen, Garniermasse aus der Tüte herauspressen, den entstehenden Garnierfaden mit leichter Spannung führen und die Tütenspitze 2 bis 3 cm über die Garnierfläche anheben (**Abb. 27 a, b, c**).

In den Abbildungen **Abb. 28 a, b, c bis 30 a, b, c** werden die eigentlichen Unterschiede zwischen dem Garnieren von Winkeln, engen und weiten Bögen gezeigt.

Bei spitzen Winkeln wird nun die Tütenspitze mit dem Garnierfaden bis fast auf die Garnierfläche zu dem Punkt abgesenkt, an dem der Winkel entstehen soll (**Abb. 28 a und 29 a**). Dabei soll keine weitere Garniermasse aus der Tüte herausgepresst werden. Ohne dass der Garnierfaden dort abreißt, wird nun die Garnierrichtung entsprechend geändert, wieder Garniermasse aus der Tüte herausgepresst und die Tütenspitze bis zur optimalen Garnierhöhe von 2 bis 3 cm angehoben (**Abb. 30 a und 31 a**).

Bei engen Bögen wird die Tütenspitze ebenfalls hin zu dem Punkt abgesenkt, wo der Bogen entstehen soll. Sie wird aber nicht so weit abgesenkt wie bei spitzen Winkeln – hier wäre etwa eine Garnierhöhe von etwa 1 bis 1,5 cm für den dargestellten engen Bogen richtig. Dabei wird der Garnierfaden locker geführt, wie unter **„Grundtechniken Schleifen"** ausführlich beschrieben, und weiter Garniermasse aus der Tüte herausgepresst (**29 b und 30 b**). Sobald der enge Bogen gelegt ist, wird die Tütenspitze wieder auf die optimale Garnierhöhe von 2 bis 3 cm angehoben (**31 b**).

Weite Bögen werden ähnlich garniert wie enge. Der entscheidende Unterschied liegt darin, dass die Garnierhöhe, also die Entfernung der Tütenspitze zur Garnierfläche, beim Garnieren dieser weiten Bögen wesentlich höher liegt – hier etwa bei 2 bis 3 cm (**Abb. 29 c und 31 c**). Somit kann die optimale Garnierhöhe von 2 bis 3 cm vom Anfang bis zum Ende nahezu unverändert bleiben (**Abb. 27 c bis 31 c**).

Zum Beenden aller drei Techniken den Garnierfaden und die Tütenspitze bis fast auf die Garnierfläche absenken (**Abb. 32 a, b, c**), wie unter den Grundtechniken „gerade Linien" und „Schleifen" ausführlich beschrieben.

Allgemeine Garniertipps für das Garnieren von spitzen Winkeln, engen und weiten Bögen

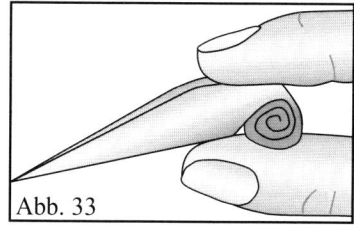

Abb. 33

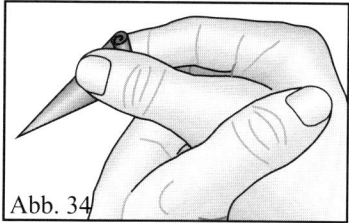

Abb. 34

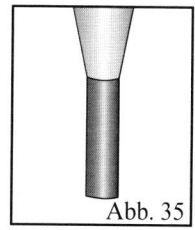

Abb. 35

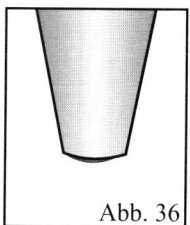

Abb. 36

Zum Garnieren nehmen Sie die Tüte straff gespannt zwischen Daumen und Zeigefinger. Zu locker zugerollte Tüten bringen Probleme beim Garnieren **(Abb. 33)**! **Abb. 34** zeigt Ihnen die richtige Handhaltung mit der richtigen Tütenhaltung. Linkshänder nehmen die Garniertüte in die linke Hand – alles sieht dann spiegelbildlich aus!

Achten Sie darauf, dass der Garnierfaden gleichmäßig aus der Tütenspitze austritt, das heißt, er soll sich nicht drehen oder kringeln **(Abb. 35)**. Bevor Sie mit dem Garnieren beginnen, streifen Sie evtl. aus der Tütenspitze herausgetretene und überschüssige Garniermasse an einem Tuch vorsichtig ab, ohne die Tütenöffnung dabei zu beschädigen. Es darf danach kaum noch Garniermasse aus der Tütenspitze herausragen **(Abb. 36)**. **Die Tütenspitze niemals ablecken oder ablutschen – durch den feuchten Speichel würde diese unbrauchbar, und es ist auch äußerst unhygienisch!**

Tipps für das Garnieren von spitzen Winkeln, engen und weiten Bögen

Zur Garniertüte:

– Die Garniertüte straff gespannt zurollen und fest zwischen Daumen und Zeigefinger halten.
– Darauf achten, dass der Garnierfaden sich nicht kringelt.
– Darauf achten, dass sich keine tropfenförmige Verdickung an der Tütenspitze gebildet hat.
– Darauf achten, dass sich keine Garnierfadenreste an der Tütenspitze befinden.

Zum Garnieren:

– Zum Ansetzen des Garnierfadens die Tütenspitze bis fast auf die Garnierfläche absenken.
– Mit der Spitze der Garniertüte nicht die Garnierfläche berühren – die Tütenspitze könnte beschädigt werden.
– Den Garnierfaden sauber beginnen – ohne Verdickungen und ohne Garnierfadenreste.
– Den Anfang des Garnierfadens mit der Garnierfläche rutschfest verbinden.
– Den Garnierfaden mit leichter Spannung legen – nicht locker durchhängen lassen und nicht durch Ziehen dehnen.
– Die optimale Garnierhöhe für z. B. Petits Fours: Tütenspitze etwa 2 bis 3 cm über der Garnierfläche führen.
– Beim Garnieren von **spitzen Winkeln** die Tütenspitze bis fast auf die Garnierfläche absenken, wobei der Garnierfaden nicht abreißen darf.
– Beim Garnieren von **engen Bögen** die Garnierhöhe konstant auf etwa 1,5 cm halten und den Garnierfaden sehr locker führen.
– Beim Garnieren von **weiten Bögen** die Garnierhöhe konstant auf etwa 3 cm halten und den Garnierfaden locker führen.
– Nach dem Beenden des spitzen Winkels oder des Bogens den Garnierfaden wieder auf etwa 3 cm anheben und leicht spannen.
– Beim Beenden des Garniervorgangs keinen Druck mehr auf die Garniermasse ausüben und den Garnierfaden mit leichter Spannung bis zur Garnierfläche absenken – dabei mit der Tütenspitze die Fläche nicht berühren.
– Den Garnierfaden beim Beenden des Garniervorgangs nicht durch Ziehen dehnen und möglichst keine Garniermasse mehr nachpressen.
– Das Garnierfadenende mit der Garnierfläche verbinden – erst dann den Garnierfaden „abreißen".
– Den Garnierfaden ohne Verdickungen und mit der vorgesehenen Länge sauber beenden.

Das Fachbuch „Die Garniertüte", Eigenverlag Heinrich Fischer, Darmstadt. Adresse: **www.garniertuete.de**

Grundtechniken: spitze Winkel, enge und weite Bögen am Beispiel „ch"

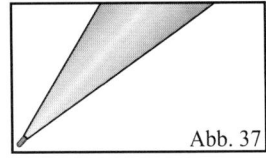

Abb. 37: Die Garniertütenspitze bis fast auf die Garnierfläche absenken und den Garnierfaden ansetzen.

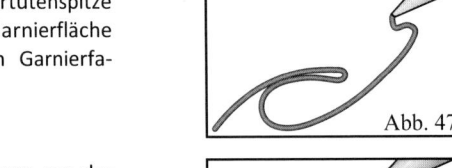

Abb. 47: Die Tüte nach der Schleife wieder auf etwa 3 cm anheben, den Faden dabei leicht spannen.

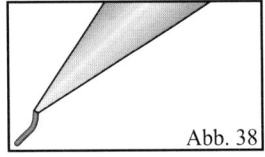

Abb. 38: Garniermasse aus der Tütenspitze herauspressen, die Tüte anheben und den entstehenden Garnierfaden dabei leicht spannen.

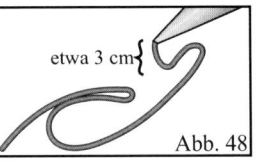

Abb. 48: Den Garnierfaden leicht gespannt hin zum unteren h-Bogen garnieren.

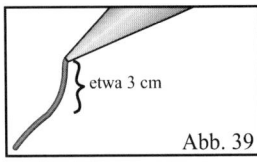

Abb. 39: Die Tütenspitze anheben bis auf etwa 3 cm, den Faden leicht gespannt führen und die gebogene äußere Linie für das „c" garnieren.

Abb. 49: Die Tüte auf etwa 1 cm absenken, den Faden locker führen und den unteren h-Bogen beginnen.

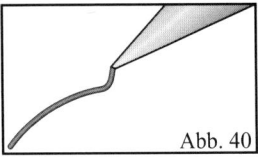

Abb. 40: Die Tütenspitze auf etwa 1 cm absenken, den Garnierfaden locker führen und den engen Bogen hin zum inneren c-Bogen beginnen.

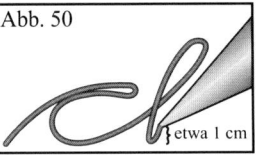

Abb. 50: Den unteren h-Bogen mit locker geführtem Faden garnieren (Tütenspitze etwa 1 cm über der Garnierfläche).

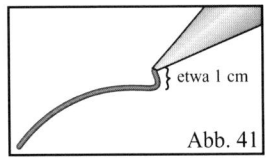

Abb. 41: Den Bogen mit sehr locker geführtem Garnierfaden legen.

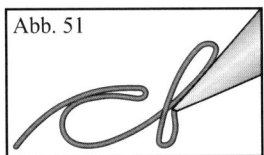

Abb. 51: Nach dem unteren h-Bogen Tüte auf etwa 3 cm anheben, den Faden weiter locker führen und den großen h-Bogen beginnen.

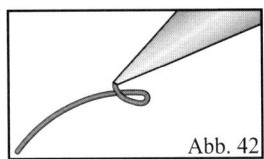

Abb. 42: Die Tüte wieder anheben, den Garnierfaden dabei zunächst leicht gespannt führen und den inneren großen c-Bogen beginnen.

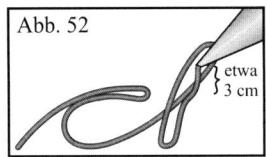

Abb. 52: Den großen h-Bogen mit locker geführtem Faden legen.

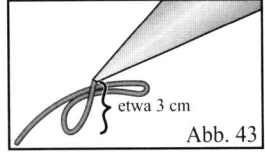

Abb. 43: Die Tüte weiter auf etwa 3 cm anheben, den Faden locker führen und den großen c-Bogen garnieren.

Abb. 53: Den großen h-Bogen mit locker geführtem Garnierfaden beenden.

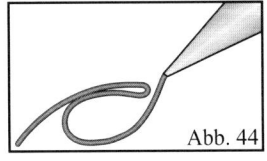

Abb. 44: Die Tütenhöhe nicht verändern und den Garnierfaden nun leicht gespannt hin zur oberen h-Schleife führen.

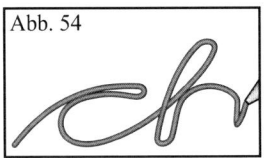

Abb. 54: Die Tüte auf etwa 1 cm absenken und den Faden kaum gespannt hin zum Abschlussbogen führen.

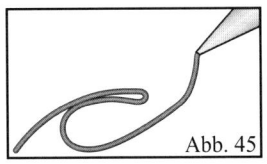

Abb. 45: Die Tüte auf etwa 2 cm absenken, den Faden locker führen und die obere h-Schleife beginnen.

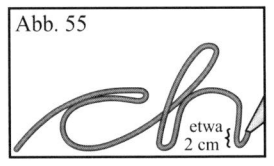

Abb. 55: Die Tüte auf etwa 1 cm Höhe locker führen und damit den Abschlussbogen garnieren.

Abb. 46: Den Faden locker führen und die obere h-Schleife garnieren.

Abb. 56: Die Garniertüte bis fast zur Garnierfläche absenken und den Garniervorgang dadurch beenden.

Das Fachbuch „Die Garniertüte", Eigenverlag Heinrich Fischer, Darmstadt. Adresse: **www.garniertuete.de**

Vergleich beim Garnieren eines „ch": spitze Winkel, enge und weite Bögen

Diesem Vergleich liegen die **Abb. 41 bis 56 auf der gegenüberliegenden Seite 28** zugrunde. Die Abbildungsnummern stellen demzufolge den gleichen Arbeitsschritt dar wie dort. Der Buchstabenzusatz in den nachfolgenden Abbildungen bezieht sich auf die

drei unterschiedlichen Garniertechniken: „a" bei spitzen Winkeln, „b" bei engen Bögen (diese Abbildungen sind identisch mit denen auf der gegenüberliegenden Seite) und „c" bei weiten Bögen. Welche Garniertechnik Sie später verwenden, ist Ihrem persönlichen Geschmack überlassen.

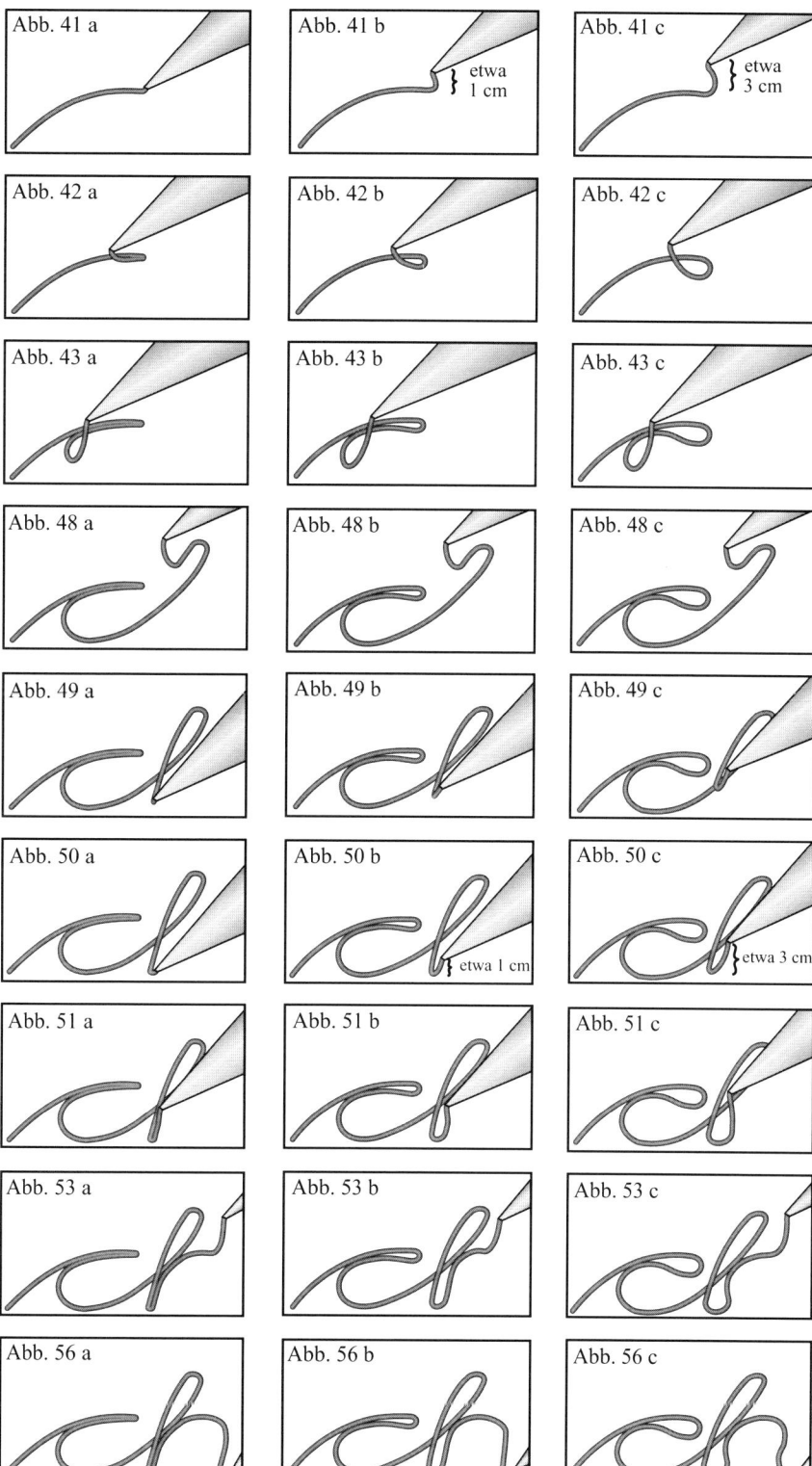

Der Garniervorgang des „ch" ist bis **Abb. 40** der **Seite 28** bei allen drei Techniken nahezu gleich.

In **Abb. 41** ist der erste entscheidende Unterschied zu sehen: Um den kleinen Bogen hin zum großen c-Bogen zu legen, wird bei spitzen Winkeln die Tütenspitze bis fast auf die Garnierfläche abgesenkt **(Abb. 41 a)**, bei engen Bögen bis etwa 1 cm **(Abb. 41 b)**, und bei weiten Bögen verbleibt die Tütenspitze auf der optimalen Garnierhöhe von etwa 3 cm **(Abb. 41 c)**.

Danach wird die Garnierhöhe bei spitzen Winkeln und engen Bögen wieder auf etwa 3 cm angehoben um den großen c-Bogen und die obere h-Schleife zu legen **(Abb. 42 a, b, c bis 48 a, b, c)**.

In **Abb. 49** beginnt der zweite entscheidende Unterschied: Um den kleinen Bogen hin zum großen h-Bogen zu legen, wird bei spitzen Winkeln die Tütenspitze bis fast auf die Garnierfläche abgesenkt **(Abb. 49 a, 50 a)**, bei engen Bögen bis etwa 1 cm **(Abb. 49 b, 50 b)**, und bei weiten Bögen verbleibt die Tütenspitze auf der optimalen Garnierhöhe von etwa 3 cm **(Abb. 49 c, 50 c)**.

Der große h-Bogen wird bei allen drei Techniken wieder auf der optimalen Arbeitshöhe der Tütenspitze von etwa 3 cm garniert **(Abb. 53 a, 53 b, 53 c)**.

Der Abschluss ist bei allen drei Techniken ebenfalls gleich: Die Tütenspitze bis fast zur Garnierfläche absenken und den Garniervorgang dadurch beenden **(Abb. 56 a, b, c)**.

Das Fachbuch „Die Garniertüte", Eigenverlag Heinrich Fischer, Darmstadt. Adresse: **www.garniertuete.de**

29

Erste Garnierübungen auf einer Garniervorlage

Auf dem USB-Stick zum Buch finden Sie im **Verzeichnis „Arbeitsvorlagen"** und dort im **Unterverzeichnis „Grundtechniken Übungen"** die Datei **„Grundtechniken Übungen.jpw"** (stark verkleinert **Abb. 57 und 58**). Auf dieser Garniervorlage sollten Sie die abgebildeten Grundtechniken üben. Sobald Sie die Grundtechniken einwandfrei beherrschen, können Sie nahezu alles garnieren. **Diese Grundtechniken sind die Grundlagen Ihres Arbeitens mit der Garniertüte. <u>Ohne dass Sie diese Grundlagen beherrschen, werden Sie erhebliche Schwierigkeiten bei den praktischen Anwendungen haben und schnell frustrierende Misserfolge erleiden!</u>** Bei den Beschreibungen zu den Garniervorlagen auf dem USB-Stick zu diesem Buch ist in den jeweiligen Abschnitten beschrieben, wie Sie diese einsetzen und was Sie bei den ersten Garnierübungen beachten sollten. Legen Sie am besten zusätzlich diesen ersten Teil des Buches offen daneben und sehen sich die Einzelbilder der einzelnen Grundtechniken der vorangegangenen Seiten vor den Garnierübungen genau an.

Nun viel Spaß und Erfolg!

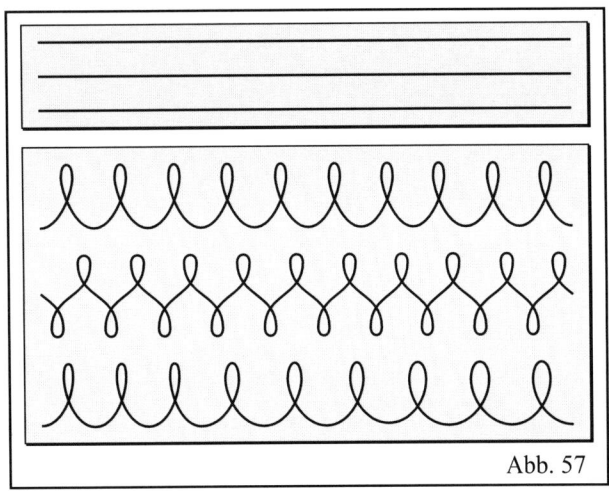

Abb. 57

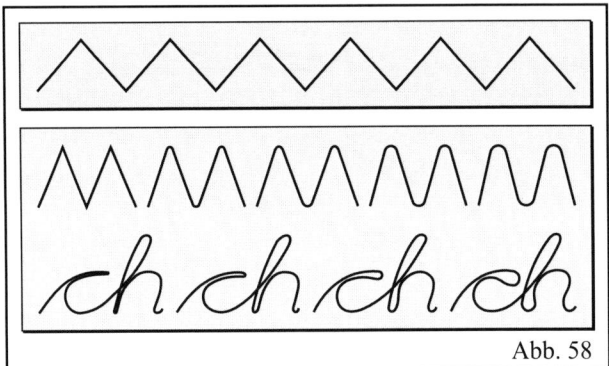

Abb. 58

Das Fachbuch „Die Garniertüte", Eigenverlag Heinrich Fischer, Darmstadt. Adresse: **www.garniertuete.de**

Kapitel 4 – Petits Fours

Petits Fours – kleine Dessertstückchen

Übersicht

  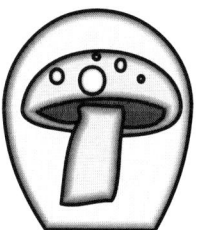

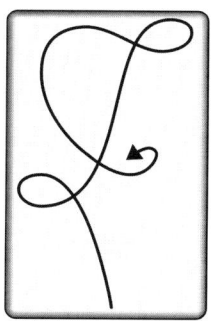   

Das Fachbuch „Die Garniertüte", Eigenverlag Heinrich Fischer, Darmstadt. Adresse: **www.garniertuete.de**

31

Petits Fours garnieren

Vorbemerkungen

Der Begriff „Petits Fours" kommt aus dem Französischen und heißt übersetzt „kleines Backwerk".

Es sind meist sehr kleine Dessertstückchen in vielfältigen Formen, z. B. Quadrat, Rechteck, Trapez. Oft werden Sie auch mittels Formausstechern hergestellt (erhältlich im Konditorei- oder Küchenfachhandel). Ihre Größe hat etwa die Maße von 3 × 3 × 3 cm, selten von 4 × 4 × 3 cm (L × B × H).

Sie setzen sich meist aus mehreren Schichten von gebackenen Massen zusammen, die mit kremigen Massen gefüllt werden, z. B. Marzipan, Schokolade, Butterkrem usw. Über die Arten, Herstellung und Rezepte der gebackenen Massen und möglichen Füllungen müssen Sie sich in anderen Fachbüchern informieren, da eine ausführliche Beschreibung den Rahmen dieses Buches sicherlich sprengen würde! Im Normalfall werden Petits Fours mit heißer Aprikosenkonfitüre und anschließend mit Fondant

überzogen. Dieser Überzugsfondant kann mit Lebensmittelfarbstoffen und Kakao eingefärbt werden. Hier ist allerdings dann evtl. eine Deklarationspflicht der Farbstoffe notwendig! Aus den vorangegangenen Beschreibungen ergibt sich, dass Petits Fours in der Regel sehr süß sind.

Das wichtigste Merkmal von Petits Fours ist, dass sie direkt sehr filigran und meist farbenfroh dekoriert werden – sie sollen als kleine Kunstwerke dem Auge einen optischen Genuss bieten. Sehr oft werden sehr dünn garnierte Dekors als Auflegedekors aus den verschiedensten Materialien hergestellt und dann auf den Petits Fours so aufgelegt, dass sie gut sichtbar in den Raum ragen – bitte informieren Sie sich hierzu im **Kapitel „Auflegedekors und Schaustücke"** ab Seite 107 und im **Kapitel „Rezepte"** ab Seite 193.

Garniermassen für Petits Fours

Vorbemerkungen

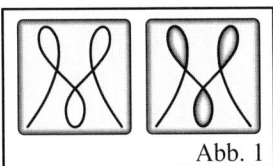

Abb. 1

Für Garnierübungen und später für die speziellen Einsatzzwecke benötigen Sie Massen für Faden- und Fülldekor. Entsprechende Rezepte und ausführliche Hinweise zur Herstellung, Verarbeitung und für den speziellen Einsatzzweck finden Sie im **Kapitel „Rezepte"** ab Seite 193. Nachfolgend gebe ich Ihnen einen kurzen Überblick über die wichtigsten dieser Garniermassen.

Die **Abb. 1** stellt eine typische Dekoration von Petits Fours dar: Links ein Petits Four, das ausschließlich mit Fadendekor garniert wurde, und rechts wurden die Schleifen

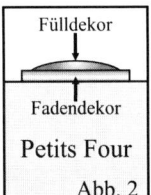

Fülldekor

Fadendekor

Petits Four

Abb. 2

des Dekors mit einer Masse ausgefüllt, z. B. mit roter oder gelber Konfitüre. Beim Ausfüllen von Fadendekors sollten Sie anstreben, dass die eingefüllte Dekormasse sich für einen besseren optischen Eindruck vom Rand her zur Mitte tropfenförmig nach oben wölbt **(Abb. 2)** und eine absolut glatte Oberfläche bildet.

Bei Fadendekor- und Füllmassen, die mit Lebensmittelfarbstoffen eingefärbt werden, ist schnell die Grenze zum Kitsch überschritten, und die Waren müssen zusätzlich mit dem Hinweis deklariert werden, dass diese „unter Verwendung von Farbstoff" hergestellt wurden!

Nussnugatkrem

Nussnugatkrem ist eine fertige Brotaufstrichmasse, die Sie im Lebensmittelhandel erhalten. Diese Masse lagern Sie bei Zimmertemperatur und füllen sie ohne weitere Vorbereitungen mit einem Löffel in eine Garniertüte um. Nussnugatkrem eignet sich hauptsächlich für Übungs-

zwecke. Da er nicht fest wird, können damit garnierte Produkte durch Berührung oder durch die Verpackung verschmieren – er ist für Petits Fours somit weniger gut geeignet.

32

Das Fachbuch „Die Garniertüte", Eigenverlag Heinrich Fischer, Darmstadt. Adresse: **www.garniertuete.de**

Eiweißspritzglasur

Eiweißspritzglasur besteht aus durchgesiebtem Puderzucker und Eiklar.

Bei der Verwendung von Hühnereiern für gewerbliche Zwecke sind unbedingt die Vorschriften der „Hühnereier-Verordnung" in Verbindung mit dem „Lebensmittel- und Bedarfsgegenständegesetz" zu beachten (siehe Kapitel „Rezepte" ab Seite 199).

Frisches Eiklar können Sie durch Eiweißpulver und Wasser ersetzen. Die Zutaten der Eiweißspritzglasur werden miteinander schaumig aufgeschlagen. Rezepte und Herstellungsverfahren für solche Massen finden Sie im **Kapitel „Rezepte" ab Seite 199.** Beachten Sie bitte unbedingt die dort sehr ausführlich beschriebene Eignung eines jeden Rezepts für bestimmte Zwecke. Nicht jedes Rezept ist für alle Garnierarbeiten geeignet!

Eiweißspritzglasur eignet sich sowohl zum direkten Dekorieren von Petits Fours als auch zum Garnieren von Auflegedekors, die Sie auf Petits Fours auflegen können. Die Herstellung von Auflegedekors und viele Garniervorlagen dazu finden Sie im **Kapitel „Auflegedekors und Schaustücke" ab Seite 84.** Besonders erwähnenswert ist, dass sich Eiweißspritzglasur hervorragend mit Lebensmittelfarbstoffen einfärben lässt. Allerdings ist bei farbiger Eiweißspritzglasur schnell die Grenze zum Kitsch überschritten, und die Petits Fours müssen zusätzlich mit

dem Hinweis deklariert werden, dass diese „unter Verwendung von Farbstoff" hergestellt wurden!

Fertige Eiweißspritzglasur muss sich leicht garnieren lassen, und der Garnierfaden darf nicht breit treiben oder beim Garnieren abreißen. Wie Sie diese Eigenschaften erreichen, erfahren Sie sehr ausführlich im **Kapitel „Rezepte", ab Seite 199.**

Eiweißspritzglasur müssen Sie während der Garnierarbeit luftdicht abdecken, z. B. mit einem feuchten Tuch, da die Oberfläche dieser Masse sehr schnell austrocknet. Durch das Austrocknen bilden sich grobe Zuckerkristalle, die das Garnieren sehr beeinträchtigen.

Sehr zweckmäßig ist es, wenn Sie die fertige Eiweißspritzglasur z. B. in einen Spritzbeutel mit einer 3er-Lochtülle geben. Dadurch lässt sie sich am einfachsten in eine Garniertüte umfüllen. Packen Sie während der Garnierarbeit die Tüllenöffnung in ein feuchtes Tuch, damit die Glasur dort nicht antrocknet.

Zum Ausfüllen von Fadendekors eignet sich breiig weiche Eiweißspritzglasur ebenfalls. Rezepte für solche Ausfüllmassen finden Sie im **Kapitel „Rezepte", Seite 203.** Allerdings sollten Sie zum Ausfüllen von Fadendekors Fondant verwenden, da dieser in der Regel besser glänzt und somit ein für den Betrachter besseres Ergebnis erzielt wird.

Garnierschokolade (Schokoladenspritzglasur)

Garnierschokolade besteht in der Regel aus Kuvertüre oder Fettglasur, Honig und Sahne. Die flüssigen Zutaten werden zusammen aufgekocht und die zerkleinerte Kuvertüre oder Fettglasur untergerührt. Garnierschokolade eignet sich ausschließlich für Fadendekor. Diese Garniermasse können Sie über Wochen auf Vorrat in verschließbaren Gläsern im Kühlschrank lagern. Rezepte und Herstellungsverfahren für solche Massen finden Sie im **Kapitel „Rezepte", Seite 194.** Die dort aufgeführten Rezepte unterscheiden sich lediglich in der Qualität der verwendeten Zutaten – die Garniereigenschaften sind bei allen Massen nahezu gleich. Für eine farbliche Gestaltung

empfiehlt es sich, Garnierschokolade aus den drei Schokoladengrundfarben Schwarzbraun, Milchbraun und Weiß herzustellen. Auflegedekors aus Garnierschokolade sind nicht möglich.

Vor dem Garnieren müssen Sie die Garnierschokolade in deren Lagergefäß in einem Wasserbad bei etwa 40 °C oder in einem Mikrowellengerät erwärmen. Dadurch wird diese weich und lässt sich in der Regel sehr leicht garnieren. Nach dem Garnieren kühlt sie ab und wird dadurch so fest, dass sie durch leichtes Berühren oder durch die Verpackung nicht verschmiert wird.

Fondant

Fondant ist eine speziell hergestellte weiße Zuckermasse. Erhältlich ist er normalerweise nur im Fachhandel oder in Konditoreien. Da in der Regel alle Petits Fours mit Fondant überzogen werden, bietet er sich hervorragend dazu an, die Petits Fours auch damit zu gestalten. Für die Gestaltung können Sie ihn in Weiß belassen oder mit Lebensmittelfarbstoffen oder Kakao einfärben. Mit Fondant werden in der Regel nur Fadendekors ausgefüllt.

Fondant erfordert vor dem Einsatz eine spezielle Verarbeitung mit Wärme – das Temperieren. Beachten Sie hierzu unbedingt die Beschreibung im **Kapitel „Rezepte", Seite 204.** Durch dieses Temperieren ergeben sich seine fließfähige Eigenschaft und sein bemerkenswert schöner Glanz. Dieser Glanz lässt die ausgefüllten Flächen besser aussehen als solche, die mit fließfähiger Eiweißspritzglasur ausgefüllt wurden.

Das Fachbuch „Die Garniertüte", Eigenverlag Heinrich Fischer, Darmstadt. Adresse: **www.garniertuete.de**

33

Konfitüre

Konfitüre (ohne Fruchtstücke) ist die wichtigste Masse, um Petits Fours sehr intensiv zu gestalten. Mit ihr können Sie Fadendekors ausfüllen oder einfach nur dekorative Punkte auf der Oberfläche der Petits Fours verteilen.

Konfitüre können Sie mit Wasser oder Alkohol direkt kalt zu einer fließfähigen Masse verrühren oder durch Erhitzen verflüssigen. Kalt verflüssigte Konfitüre sollten Sie durch ein sehr feines Sieb passieren, damit keine Klümpchen später den optischen Eindruck beeinträchti-gen. Sofern Sie der Konfitüre beim Aufkochen Zucker zusetzen, entstehen nach dem Erkalten Oberflächen, die berührt werden können, ohne dass die Masse ver-schmiert. Ein Rezept dafür finden Sie im **Kapitel „Rezepte", Seite 206.**

Zur vielfältigeren Gestaltung können Sie der Konfitüre Lebensmittelfarbstoffe zugeben. Dies muss aber an dem fertigen Produkt durch einen Hinweis kenntlich gemacht werden.

Garnierübungen für Petits Fours

Petits Fours sollen in erster Linie durch ihre filigranen Dekors wirken. Deshalb muss diese Art der Dekoration auch perfekt sein und entsprechend geübt werden. Um Dekors für Dessertstückchen praxisnah üben zu können, sind auf dem USB-Stick zu diesem Buch etliche Garniervorlagen in folgendem Verzeichnis gespeichert: **Arbeitsvorlagen** Unterverzeichnis **Petits Fours.** Eine Übersicht der Garniervorlagen finden Sie auf **Seite 235.**

Bevor Sie mit den nachfolgenden Garnierübungen be-ginnen, sollten Sie die Grundtechniken, die auf den vorangegangenen Seiten im Kapitel 3 dargestellt wurden, ausreichend geübt haben und möglichst auch be-herrschen. Ohne dass Sie diese Grundtechniken können, werden Ihnen diese Garnierübungen sehr schwer fallen, und frustrierende Misserfolge werden sich schnell einstellen!

Für Ihre Garnierübungen schieben Sie die entsprechende Garniervorlage in eine abwaschbare Klarsichthülle aus Kunststoff (Dokumentenhülle) der Größe DIN A4, die an zwei Seiten offen ist (erhältlich im Bürofachgeschäft). Auf dieser Dokumentenhülle können Sie dann direkt garnieren. Verwenden Sie als Garniermasse z. B. einen Nussnugatkrem, da dieser keine Vorbereitung benötigt und sich über lange Zeit garnieren lässt, ohne fest zu werden.

Am Anfang Ihrer Übungen können Sie den Garnierfaden etwas dicker halten, wodurch die Übungen leichter fallen. Mit zunehmender Übung sollte der Garnierfaden dünner werden und zum Schluss nur noch die Stärke eines dicken Nähgarns haben. Dick garnierte Dekors lassen Dessert-stückchen plump und schwer erscheinen, fein garnierte dagegen hochwertig, künstlerisch und attraktiv.

Führen Sie Ihre Garnierübungen möglichst in der Reihen-folge der nachfolgenden Beschreibungen und der Reihenfolge der Garniervorlagen durch, da diese vom Leichten zum Schweren systematisch aufgebaut sind und Sie die Techniken systematisch erlernen lassen. Verän-dern Sie die Position der Garniervorlagen dabei nicht – auch dies würde den Übungserfolg beeinträchtigen!

Beginnen Sie Ihre praxisorientierten Garnierübungen auf der Garniervorlage mit den Dateinamen **„Petits Fours Garniervorlage 01.jpw" (Abb. 3, nächste Seite).** Diese stellen sehr große Petits Fours dar, die auch „Wiener Fours" genannt werden. Zunächst garnieren Sie die dargestellten Dekors einfach nach. Sobald Sie etwas Übung haben, garnieren Sie die gleichen Dekors in die leeren Felder daneben. Mit diesen Dekors können Sie später entsprechende Dessertstückchen dekorieren. Beim Garnieren sollten Sie die Vorlage in ihrer Position nicht mehr verändern, damit Sie mit den verschiedenen Schwierigkeiten und Garnierrichtungen konfrontiert werden.

Danach üben Sie rechteckige Petits Fours, die etwas komplizierter sind. Diese finden Sie in der Datei **„Petits Fours Garniervorlage 03.jpw".** Sollten Sie Gar-nierprobleme bei diesen kompliziert erscheinenden Dekors haben, so können Sie zunächst mit der Garniervorlage **„Petits Fours Garniervorlage 03.jpw"** und **„ … 04.jpw" (Abb. 4, nächste Seite)** üben. Dort sind die Techniken in Einzelschritten ausführlich dargestellt.

Sobald Sie die gezeichneten Dekors auf den Garnier-vorlagen mit den vorgegebenen Dekors nachgarnieren können, beginnen Sie mit der nächsten Schwierig-keitsstufe: Garnieren Sie die zuvor geübten Dekors in die Garniervorlagen, in denen nur die quadratischen oder rechteckigen Felder ohne Dekors dargestellt sind, z.B. die Vorlagen mit der Dateibezeichnung **„Petits Fours Garniervorlage 02.jpw" und „ … 06.jpw".**

Nachdem Sie die Garnierübungen der relativ großen Dekors beherrschen, nehmen Sie sich die Garniervorlagen mit der nächsten Schwierigkeitsstufe vor: **„Petits Fours Garniervorlage 07.jpw" bis „ …15.jpw".** Diese stellen zuerst verschiedene Dekors für kleine quadratische Petits Fours dar **(Abb. 5)** und danach verschiedene Dekors für kleine Petits Fours mit verschiedenen Formen. Schieben

Das Fachbuch „Die Garniertüte", Eigenverlag Heinrich Fischer, Darmstadt. Adresse: **www.garniertuete.de**

Sie diese Garniervorlagen wieder in eine Dokumentenhülle und garnieren die gezeichneten Dekors nach.

Sobald Sie diese gezeichneten Dekors nachgarnieren können, beginnen Sie wieder mit der nächsten Schwierigkeitsstufe: Garnieren Sie die zuvor geübten Dekors in die darunter liegenden leeren Felder. Als größte Schwierigkeitsstufe können Sie die geübten Dekors auf den Garniervorlagen mit leeren Feldern üben, z.B. die Vorlagen mit der Dateibezeichnung **„Petits Fours Garniervorlage 09.jpw"**, **„ …14.jpw"** und **„ …15.jpw"**.

Dort sind die gleichen Garniervorlagen, aber ohne jegliche Abbildung der Dekors dargestellt. Etliche Teile verschiedener Dekors können Sie mit verschiedenfarbigen fließfähigen Konfitüren ausfüllen (dunkel dargestellte Flächen). Etliche Dekors eignen sich auch dafür, dass Sie diese mit fest werdenden Materialien als Auflegedekors garnieren (ausführlich im Kapitel **„Auflegedekors und Schaustücke"** ab **Seite 84** beschrieben). Als Garniermasse eignet sich der im Abschnitt zuvor beschriebene Nussnugatkrem.

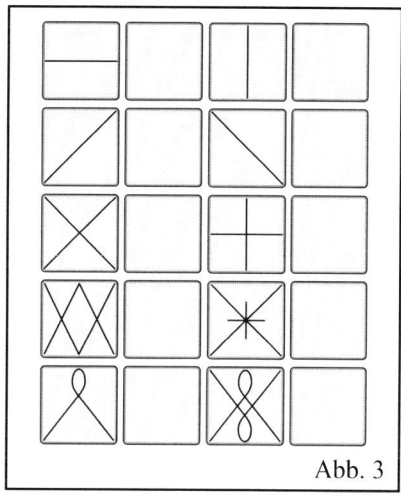

Abb. 3

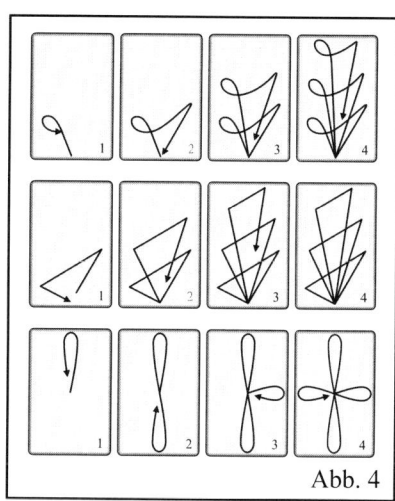

Abb. 4

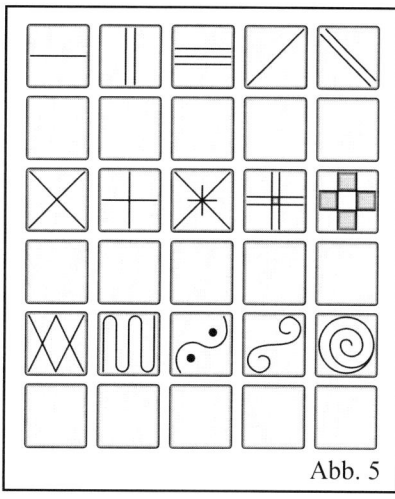

Abb. 5

Abb. 6

Das Fachbuch „Die Garniertüte", Eigenverlag Heinrich Fischer, Darmstadt. Adresse: **www.garniertuete.de**

Das Fachbuch „Die Garniertüte", Eigenverlag Heinrich Fischer, Darmstadt. Adresse: **www.garniertuete.de**

Kapitel 5 – Tortendekoration

Übersicht

Das Fachbuch „Die Garniertüte", Eigenverlag Heinrich Fischer, Darmstadt. Adresse: **www.garniertuete.de**

37

Tortendekoration mit der Garniertüte

Vorbemerkungen

In diesem Kapitel wird ausschließlich die Tortendekoration angesprochen, die mit der Garniertüte direkt auf Torten aufgarniert wird.

Im Normalfall werden Torten, die mit der Garniertüte dekoriert werden, mit Marzipan eingedeckt und evtl. zusätzlich mit Kuvertüre, Fettglasur oder Fondant überzogen. Überzugsfondant können Sie mit Lebensmittelfarbstoffen, Kakao oder Fruchtkonzentraten einfärben. Die Herstellung solcher Torten ist hier jedoch aus Platzgründen hier nicht beschrieben.

Das wichtigste Merkmal solcher Torten ist, dass deren Ober- und Seitenflächen sehr filigran und oft sehr farbenprächtig dekoriert werden – sie sollen als Kunstwerke dem Auge einen optischen Genuss bieten. Bei Torten, die mit Fondant überzogen sind, werden die Fadendekors meist mit farbigen Massen garniert und auch mit eingefärbtem Fondant oder Konfitüre ausgefüllt. Sehr oft werden filigrane Dekors als Auflegedekors aus den verschiedensten Materialien hergestellt und dann auf solchen Torten zusätzlich zu den direkt garnierten Dekors so platziert, dass sie gut sichtbar in den Raum ragen – bitte informieren Sie sich über Auflegedekors im **Kapitel**

„Auflegedekors und Schaustücke" ab Seite 84. Weiter können Sie als Dekormaterial z. B. noch kandierte Früchte oder Geleedekors verwenden.

Direkt auf eine Torte zu garnieren, erfordert ein hohes Maß an handwerklichem Können, viel Übung und vor allem Konzentration. Damit Sie diese Eigenschaften trainieren können, sind auf dem USB-Stick zum Buch viele Garniervorlagen in folgendem Verzeichnis gespeichert: **Arbeitsvorlagen** Unterverzeichnis **Tortenstück**. Diese führen Sie systematisch vom Leichten zum Schweren. Eine Übersicht für die Auswahl der Garniervorlagen finden Sie auf Seite 270.

Die Garniermassen, die für diese Art Tortendekoration geeignet sind, werde ich in diesem Kapitel kurz beschreiben. Rezepte und ausführliche zusätzliche Hinweise finden Sie dann im **Kapitel „Rezepte" ab** Seite 193.

Die Krönung dieser Tortendekoration ist sicherlich die Hochzeitstorte. Diese ist ab Seite 123 im **Kapitel „Hochzeitstorte als Schaustück"** beschrieben und enthält nahezu alle Garniertechniken zu diesem Thema, und zwar in den höchsten Schwierigkeitsstufen.

Garniermassen für Tortendekoration

Vorbemerkungen

Für Garnierübungen und später für die speziellen Einsatzzwecke benötigen Sie Massen für Faden- und Fülldekor.

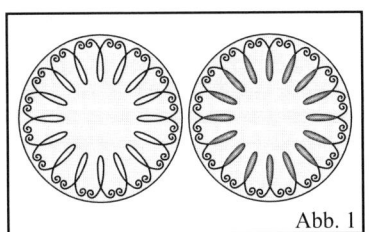

Entsprechende Rezepte und ausführliche Hinweise zur Herstellung, Verarbeitung und für den speziellen Einsatzzweck finden Sie im **Kapitel „Rezepte"**

Abb. 1

ab Seite 193. Nachfolgend gebe ich Ihnen einen kurzen Überblick über die wichtigsten dieser Garniermassen.

Die **Abb. 1** stellt eine typische Dekoration einer Torte mit Fadendekor dar: Links eine Torte, die ausschließlich mit Fadendekor garniert wurde, und rechts wurden die

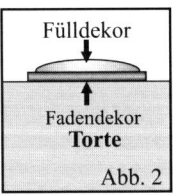

Fülldekor

Fadendekor
Torte

Abb. 2

Schleifen des Dekors mit einer Masse ausgefüllt, z. B. mit roter oder gelber Konfitüre. Beim Ausfüllen von Fadendekors sollten Sie anstreben, dass die eingefüllte Dekormasse sich für einen besseren optischen Eindruck vom Rand her zur Mitte tropfenförmig nach oben wölbt **(Abb. 2)** und eine absolut glatte Oberfläche bildet.

Bei Fadendekor- und Füllmassen, die mit Lebensmittelfarbstoffen eingefärbt werden, ist schnell die Grenze zum Kitsch überschritten, und die Waren müssen zusätzlich mit dem Hinweis deklariert werden, dass diese „unter Verwendung von Farbstoff" hergestellt wurden!

38

Das Fachbuch „Die Garniertüte", Eigenverlag Heinrich Fischer, Darmstadt. Adresse: **www.garniertuete.de**

Nussnugatkrem

Nussnugatkrem ist eine fertige Brotaufstrichmasse, die Sie im Lebensmittelhandel erhalten. Diese Masse lagern Sie bei Zimmertemperatur und füllen sie ohne weitere Vorbereitungen mit einem Löffel in eine Garniertüte um. Nussnugatkrem eignet sich hauptsächlich für Übungs-zwecke. Da er nicht fest wird, können damit garnierte Produkte durch Berührung oder durch die Verpackung verschmieren – er ist für Torten somit weniger gut geeignet.

Garnierschokolade (Schokoladenspritzglasur)

Garnierschokolade besteht in der Regel aus Kuvertüre oder Fettglasur, Honig und Sahne. Die flüssigen Zutaten werden zusammen aufgekocht und die zerkleinerte Kuvertüre oder Fettglasur untergerührt. Garnierschokolade eignet sich ausschließlich für Fadendekor. Diese Garniermasse können Sie über Wochen auf Vorrat in verschließbaren Gläsern im Kühlschrank lagern. Rezepte und Herstellungsverfahren für solche Massen finden Sie im **Kapitel „Rezepte", Seite 194.** Die dort aufgeführten Rezepte unterscheiden sich lediglich in der Qualität der verwendeten Zutaten – die Garniereigenschaften sind bei allen Massen nahezu gleich. Für eine farbliche Gestaltung empfiehlt es sich, Garnierschokolade aus den drei Schokoladengrundfarben Schwarzbraun, Milchbraun und Weiß herzustellen. Auflegedekors aus Garnierschokolade sind nicht möglich.

Vor dem Garnieren müssen Sie die Garnierschokolade in deren Lagergefäß in einem Wasserbad bei etwa 40 °C oder in einem Mikrowellengerät erwärmen. Dadurch wird diese weich und lässt sich in der Regel sehr leicht garnieren. Nach dem Garnieren kühlt sie ab und wird dadurch so fest, dass sie durch leichtes Berühren oder durch die Verpackung nicht verschmiert wird.

Eiweißspritzglasur

Eiweißspritzglasur besteht aus durchgesiebtem Puderzucker und Eiklar.

Bei der Verwendung von Hühnereiern für gewerbliche Zwecke sind unbedingt die Vorschriften der „Hühnereier-Verordnung" in Verbindung mit dem „Lebensmittel- und Bedarfsgegenständegesetz" zu beachten (siehe **Kapitel „Rezepte" ab Seite 193).**

Frisches Eiklar können Sie durch Eiweißpulver und Wasser ersetzen. Die Zutaten der Eiweißspritzglasur werden miteinander schaumig aufgeschlagen. Rezepte und Herstellungsverfahren für solche Massen finden Sie im **Kapitel „Rezepte" ab Seite 199.** Beachten Sie bitte unbedingt die dort sehr ausführlich beschriebene Eignung eines jeden Rezepts für bestimmte Zwecke. Nicht jedes Rezept ist für alle Garnierarbeiten geeignet!

Eiweißspritzglasur eignet sich hauptsächlich für solche Torten, die mit Marzipan eingedeckt oder mit Fondant überzogen wurden. Mit Eiweißspritzglasur können Sie Torten direkt dekorieren oder auch zum Herstellen von Auflegedekors verwenden, die Sie dann auf Torten platzieren. Die Herstellung von Auflegedekors und viele Garniervorlagen dazu finden Sie im **Kapitel „Auflegedekors und Schaustücke" ab Seite 84.** Besonders erwähnenswert ist, dass sich Eiweißspritzglasur hervorragend mit Lebensmittelfarbstoffen einfärben lässt. Allerdings ist bei farbiger Eiweißspritzglasur schnell die Grenze zum Kitsch überschritten, und die Torten müssen zusätzlich mit dem Hinweis deklariert werden, dass diese „unter Verwendung von Farbstoff" hergestellt wurden! Fertige Eiweißspritzglasur muss sich leicht garnieren lassen und der Garnierfaden darf nicht breit treiben oder beim Garnieren abreißen. Wie Sie diese Eigenschaften erreichen, erfahren Sie sehr ausführlich im **Kapitel „Rezepte" ab Seite 199.**

Eiweißspritzglasur müssen Sie während der Garnierarbeit luftdicht abdecken, z. B. mit einem feuchten Tuch, da die Oberfläche dieser Masse sehr schnell austrocknet. Durch das Austrocknen bilden sich grobe Zuckerkristalle, die das Garnieren sehr beeinträchtigen.

Sehr zweckmäßig ist es, wenn Sie die fertige Eiweißspritzglasur z. B. in einen Spritzbeutel mit einer 3er-Lochtülle geben. Dadurch lässt sie sich am einfachsten in eine Garniertüte umfüllen. Packen Sie während der Garnierarbeit die Tüllenöffnung in ein feuchtes Tuch, damit die Glasur dort nicht antrocknet.

Zum Ausfüllen von Fadendekors eignet sich Eiweißspritzglasur ebenfalls. Rezepte für solche Ausfüllmassen finden Sie im **Kapitel „Rezepte" ab Seite 203.** Allerdings sollten Sie zum Ausfüllen von Fadendekors Fondant verwenden, da dieser in der Regel besser glänzt und somit ein für den Betrachter besseres Ergebnis erzielt wird.

Das Fachbuch „Die Garniertüte", Eigenverlag Heinrich Fischer, Darmstadt. Adresse: **www.garniertuete.de**

39

Fondant

Der Fondant ist eine speziell hergestellte weiße Zuckermasse. Erhältlich nur im Fachhandel oder in Konditoreien.

Fondant erfordert vor dem Einsatz eine spezielle Verarbeitung mit Wärme – das Temperieren. Siehe **Kapitel „Rezepte" ab Seite 204.** Durch dieses Temperieren ergibt sich seine fließfähige Eigenschaft und sein bemerkenswert schöner Glanz. Dieser Glanz lässt die ausgefüllten Flächen besser aussehen als solche, die mit fließfähiger Eiweißspritzglasur ausgefüllt wurden.

Fondant eignet sich hervorragend sowohl in Weiß als auch mit Lebensmittelfarben eingefärbt zum Ausfüllen von Fadendekors und damit zum Gestalten von Torten. Allerdings sollte die zu dekorierende Tortenoberfläche fest sein, z. B. sollten Sie die gesamte Torte oder nur deren Oberfläche mit Marzipan eindecken und evtl. mit Fondant überziehen. Torten, die mit Butterkrem oder Sahne eingestrichen sind, eignen sich für die Dekoration mit Fondant weniger gut, da der warme Fondant diese Massen erweichen und darin einsinken kann.

Konfitüre

Konfitüre (ohne Fruchtstücke) ist die wichtigste Masse, um Torten sehr intensiv zu gestalten. Mit ihr können Sie Fadendekors ausfüllen oder einfach nur dekorative Punkte auf der Oberfläche der Torten verteilen.

Konfitüre können Sie mit Wasser oder Alkohol direkt kalt zu einer fließfähigen Masse verrühren oder durch Erhitzen verflüssigen. Kalt verflüssigte Konfitüre sollten Sie durch ein sehr feines Sieb passieren, damit keine Klümpchen später den optischen Eindruck beeinträchtigen. Sofern Sie der Konfitüre beim Aufkochen Zucker zusetzen, entstehen nach dem Erkalten Oberflächen, die berührt werden können, ohne dass die Masse ver-

schmiert. Ein Rezept dafür finden Sie im **Kapitel „Rezepte", Seite 206.** Zur vielfältigeren Gestaltung können Sie der Konfitüre Lebensmittelfarbstoffe zugeben. Dies muss aber an dem fertigen Produkt durch einen Hinweis kenntlich gemacht werden.

Für Torten, die mit Butterkrem oder Sahne eingestrichen sind, eignet sich nur Konfitüre, die Sie auf kaltem Weg garnierfähig machen. Für Konfitüre, die aus optischen und praktischen Gründen erhitzt werden muss, sollte die zu dekorierende Tortenoberfläche fest sein, z. B. sollten Sie eine solche Torte gesamt oder nur deren Oberfläche mit Marzipan eindecken und evtl. mit Fondant überziehen.

Kuvertüre und Fettglasur

Kuvertüre und Fettglasur sind spezielle Arten von Schokoladen, an die bestimmte gesetzliche Anforderungen gestellt werden (siehe **Kapitel „Rezepte" ab Seite 195).** Es gibt sie in der Regel in Schwarzbraun, Milchbraun und Weiß. Durch diese drei Farben lassen sich weitere interessante Mischtöne herstellen. Durch diese Vielfalt an Farben sind diese beiden Materialien ideal für natürliche farbliche Gestaltungen mit intensiven Kontrasten.

Kuvertüre muss und Fettglasur sollte temperiert werden, damit an deren erkalteter Oberfläche ein schöner Glanz entsteht. Näheres über das Temperieren erfahren Sie im **Kapitel „Rezepte", ab Seite 195).** Kuvertüre und Fettglasur werden bei Torten beim direkten Dekorieren aus-

schließlich zum Ausfüllen von Teilen eines Fadendekors oder von größeren Flächen eingesetzt, z. B großen Motiven.

Allerdings ist die direkte Verwendung von Kuvertüre und Fettglasur bei der Tortengestaltung relativ unbedeutend. Beide Schokoladen werden hauptsächlich zum Herstellen von Auflegedekors verarbeitet, die Sie auf Torten zusätzlich zu aufgarnierten Dekors platzieren können. Die Herstellung von Auflegedekors und viele weitere Hinweise über Kuvertüre und Fettglasur finden Sie im **Kapitel „Auflegedekors und Schaustücke aus Kuvertüre", ab Seite 89.** Aus diesem Grunde möchte ich die Beschreibung hier sehr kurz belassen.

Das Fachbuch „Die Garniertüte", Eigenverlag Heinrich Fischer, Darmstadt. Adresse: **www.garniertuete.de**

Randgarnierungen der Oberfläche

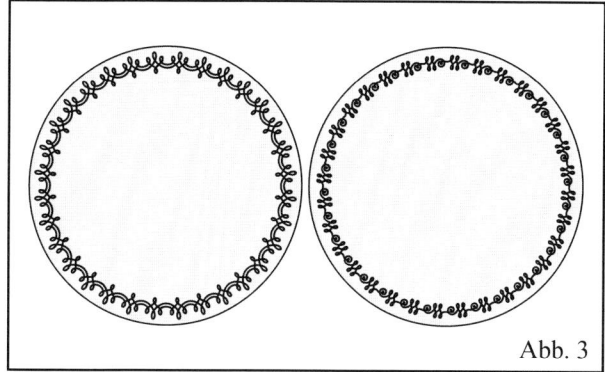

Abb. 3

Tortenrandgarnierungen **(Abb. 3)** werden meist bei Festtagstorten angewandt, um den Rand von deren Oberfläche kunstvoll zu schmücken. Diese Art der Tortendekoration erfordert aber besonders viel Übung und Konzentration. Durch solche Dekors sehen Torten sehr kunstvoll und filigran aus und hinterlassen bei festlichen Anlässen einen hervorragenden Eindruck. Natürlich kann man die abgebildeten Dekors noch mit Kremdekors ergänzen, die mit dem Spritzbeutel garniert werden, und es lassen sich noch Dekors auflegen aus Massen, die fest werden (siehe **Kapitel „Auflegedekors und Schaustücke" ab Seite 84).**

Stückgarnierungen

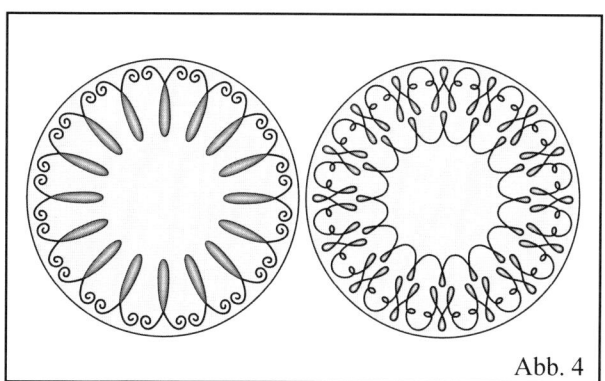

Abb. 4

Tortenstückgarnierungen **(Abb. 4)** sind ebenfalls sehr zeitaufwendig und erfordern ein hohes Maß an Können. Bei dieser Art Tortendekoration wird jedes einzelne Tortenstück mit der Garniertüte gleich dekoriert. Schleifen werden sehr oft noch mit Massen ausgefüllt, z. B. mit fließfähigen Konfitüren mit leuchtenden Farben. Die Dekors kann man noch mit Kremdekors ergänzen, die mit dem Spritzbeutel aufgetragen werden, und es lassen sich noch Dekors auflegen aus Massen, die fest werden (siehe **Kapitel „Auflegedekors und Schaustücke" ab Seite 84).**

Motivgarnierungen

Abb. 5

Für Motivdekors auf einer Torte ist die Garniertüte ein optimales Werkzeug. Motivdekors können z. B. Vereins- oder Firmenwappen sein, eine Abbildung von irgendwelchen Gegenständen aus dem Sport (z. B. Tennisschläger für eine Siegertorte beim Tennisturnier, **Abb. 5, rechts),** Hobby, Alltag, Beruf oder für Geburtstage (z. B. ein Tierkreiszeichen für eine Geburtstagstorte, **Abb. 5, links** oder Comicfiguren für einen Kindergeburtstag) oder

für weitere Anlässe, z. B. ein Computerdekor für einen Computerfreak oder einen Rennwagen für eine bestandene Führerscheinprüfung. Anregungen finden Sie ständig in Form von Bildern und Zeichnungen in Zeitschriften, Büchern und Clip-Art-Sammlungen (Bildersammlungen auf Computer-Disk). Diese Bilder können Sie in der Größe durch einen Kopierer Ihren Wünschen anpassen. Etwas Können gehört natürlich dazu, diese Bilder dann praktikabel mit der Garniertüte umzusetzen.

Für diese Art der Tortendekoration ist es sinnvoll, wenn Sie sich einiger Hilfsmittel bedienen, die es Ihnen erleichtern, das Motiv in der vorgesehenen Form einwandfrei zu garnieren – nicht dass ein Pferd dann wie ein Esel aussieht! Zu diesen Hilfsmitteln gehört das Unterleuchten von festen Massen, z. B. Marzipan, die auf die Torten abgelegt werden, das Projizieren der Umrisse der Motive auf die Torte mit einem Projektor und die Verwendung von Abdruckschablonen. All diese Hilfsmittel werden in einem speziellen Abschnitt in diesem Kapitel ab **Seite 44** ausführlich dargestellt und beschrieben.

Das Fachbuch „Die Garniertüte", Eigenverlag Heinrich Fischer, Darmstadt. Adresse: **www.garniertuete.de**

41

Seitenfläche von Torten dekorieren

Die Tortenseitenfläche ist der Bereich, der dem Betrachter meist sofort ins Auge fällt. Die Seitenfläche können Sie auf drei grundlegenden Arten dekorieren:
– Dekors direkt auf die Seitenfläche garnieren,
– Bögen garnieren, die über den Seitenflächenrand hinausragen oder unter ihm herabhängen,

– feste Dekorteile an den Seitenflächenrand ankleben, die in den Raum ragen.

Diese drei Möglichkeiten werden nachfolgend dargestellt.

Dekors direkt auf die Seitenfläche garnieren

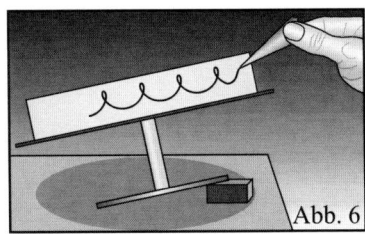

Abb. 6

Abb. 7

Sofern Sie direkt auf die Außenfläche einer Torte garnieren, sind zusammenhängende Dekors rund um die Torte möglich, die Sie sehr filigran garnieren können (**Abb. 7**). Bei dieser Art des Tortendekors müssen Sie die Torte leicht schräg stellen, damit sich der Garnierfaden auf den Rand garnieren lässt (**Abb. 6**).

Bogenrandgarnierungen ober- und unterhalb des Tortenrands

Eine sehr eindrucksvolle optische Wirkung erzielen Sie, wenn Sie z. B. Bögen über den Tortenrand hinausragen

Abb. 8

(**Abb. 8**) oder zusätzlich noch herabhängen (**Abb. 9**). Sie können solche Bogendekors direkt an den Seitenflächenrand angarnieren (**Abb. 10**), oder Sie können auch eigenständige Dekors zunächst auf eine Folie mit Hilfe einer Garniervorlage herstellen und anschließend an die Torte ankleben (**Abb. 11**).

Die Bögen sollten Sie allerdings direkt an den Seitenflächenrand angarnieren (**Abb. 10**). Bei direkt an die Torte angarnierten Bögen hängt der Garnierfaden durch und bildet einen natürlichen, gleichmäßigen Bogen, dessen

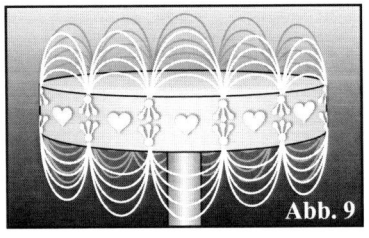

Abb. 9

tiefster Punkt exakt in der Mitte hängt. Bei den auf einer Garniervorlage hergestellten und anschließend an die Torte angeklebten Bögen ist der tiefste Punkt sehr oft nicht exakt in der Mitte. Dadurch wirken die Bögen ungleichmäßig, was das Auge des Betrachters schnell erkennt – die Torte wirkt dann laienhaft! Die an die Torte angarnierten Bögen können auch dünner garniert werden als die zunächst auf Folie hergestellten (auf Folie garnierte Bögen müssen deshalb stärker garniert werden, damit sie beim Ablösen von der Folie und beim Ankleben an die Torte nicht zerbrechen). Die auf Folie

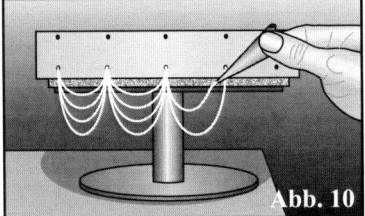

Abb. 10

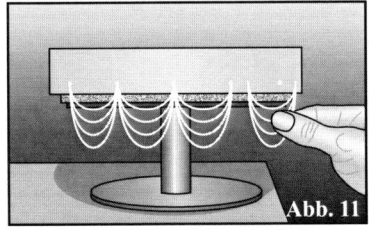

Abb. 11

garnierten Bögen eignen sich aber besonders gut als Ersatzteile für zerbrochene Bögen an der fertigen Torte. Sofern Sie die Bögen direkt an die Torte angarnieren möchten, sollten Sie diese Technik ausreichend an einem Tortenmodell oder an einem Kochtopf üben. Für die Anzahl der Bögen empfehle ich drei, maximal vier Bögen.

Die Dekors der Tortenseitenfläche (Herzen und Krönchen) werden mit Eiweißspritzglasur oder Kuvertüre auf Folie mit Hilfe einer Garniervorlage hergestellt. Hinweise dazu finden Sie im Kapitel **„Hochzeitstorte als Schaustück"**, **Seite 136.** Alle auf Folie garnierten Dekors befestigen Sie später mit Eiweiß oder Schokoladenspritzglasur mit Hilfe der Garniertüte an der Torte.

Sofern Sie die Bögen über den Tortenrand hinausragen lassen, müssen Sie die Torte beim Garnieren der Bögen „auf den Kopf" stellen. Solche Torten müssen deshalb aus sehr festen Tortenböden bestehen, z. B. englischer Hochzeitskuchen, und mit einem sehr fest gehaltenen Marzipan eingedeckt sein. Ein Überzug mit einer Kuvertüre ist empfehlenswert, wenn die Torte nicht marzipanfarben sein soll. Für Hochzeitstorten, die blütenweiß aussehen

42

Das Fachbuch „Die Garniertüte", Eigenverlag Heinrich Fischer, Darmstadt. Adresse: **www.garniertuete.de**

[Abb. 12]

sollen, gibt es spezielle weiße Eindeckteige aus Zucker, die nicht hart werden (fast jede Marzipanfirma bietet mittlerweile einen solchen Spezialteig an, fragen Sie Ihren Fachhändler). Ein Gelatinezuckerrezept für einen solchen Eindeckteig finden Sie im **Kapitel „Rezepte",** **Seite 207.**

Wie Sie solche Bogendekors **(Abb. 12)** an eine Torte angarnieren, ist sehr ausführlich im **Kapitel „Hochzeitstorte als Schaustück" ab** **Seite 180** beschrieben.

In **Abb. 13** sehen Sie vier mögliche Bogendekors zur Auswahl dargestellt. Um einen Eindruck über die optische

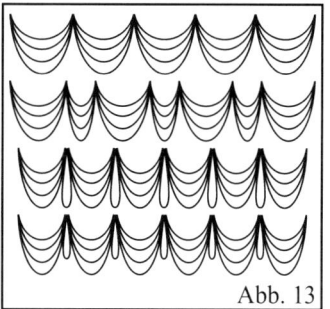

Abb. 13

Wirkung aller vier Möglichkeiten zu erhalten, sollten Sie alle Varianten an einem Tortenmodell üben und Ihren persönlichen Geschmack entscheiden lassen, welche der vier Dekors Sie verwenden und mit welcher Anzahl Bögen. Vielleicht finden Sie auch noch mehr Möglichkeiten, die Ihnen noch besser gefallen!

Sie sollten sich allerdings überlegen, wie Sie solche Torten transportieren, denn die dünnen Bögen brechen sehr leicht ab. Sinnvoll kann es deshalb sein, eine solche Torte erst am Bestimmungsort fertig zu stellen. Ich habe für den Transport mir spezielle Kisten mit Schaumstoffpolster und speziellen Halterungen mit Gummiseilen gebaut.

Randdekors angesetzt

Eine sehr einfache Möglichkeit, Torten auffallend zu gestalten, sind Dekors, die an den Rand der Tortenober- und Seitenfläche angesetzt werden und beide Flächen dadurch verbinden.

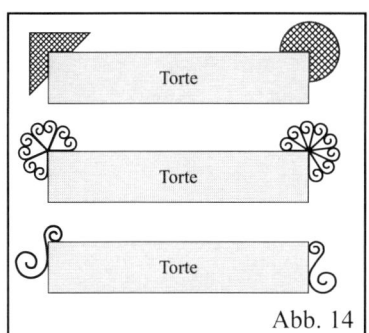

Torte

Torte

Torte

Abb. 14

In **Abb. 14** sind sechs Varianten mit fünf Motiven dargestellt (das Rechteck symbolisiert die Torte). Die Garniervorlagen finden Sie auf dem USB-Stick zum Buch im Verzeichnis **Arbeitsvorlagen** Unterver-

zeichnis **Tortenrand**. Ein Auswahlinfo für diese Dekors finden Sie auf der **Seite 265**. Die Garniervorlagen für jedes Motiv sind in verschiedenen Größen dargestellt **(Abb. 15)**. Dadurch können Sie die Größe des Dekors besser auf die

Abb. 15

Gestaltung der gesamten Torte anpassen. Eine Übersicht der Größen finden Sie in dem genannten Verzeichnis auf dem USB-Stick. Als Garniermaterialien eignen sich alle fest werdenden Garniermassen wie Eiweißspritzglasur, angestockte Kuvertüre oder gebackene Brandmasse (Rezept siehe **Kapitel „Rezepte" ab** **Seite 193)**. Für das Herstellen der Dekors gelten die gleichen Bedingungen wie bei Auflegedekors. Informieren Sie sich bitte darüber im **Kapitel „Auflegedekors und Schaustücke" ab Seite 84.**

Die festen Dekors kleben Sie mit Eiweißspritzglasur, Kuvertüre oder Butterkrem an die Torte.

Hilfsmittel für die Tortendekoration

Viele komplizierte Motive ließen sich ohne Hilfsmittel nicht auf Torten garnieren. Die wichtigsten werde ich in diesem Abschnitt darstellen:
- Unterleuchtung,
- Lichtprojektion,
- Abdruckschablonen aus Silikon, Gummischnur und Eiweißspritzglasur.

Diese Hilfsmittel erfordern meist eine erhebliche Vorbereitungszeit, die sich aber bezahlt macht, wenn Sie außerordentlich exakte Reproduktionen bestimmter Vorlagen benötigen, z. B. Wappen, oder wenn Sie bestimmte Motive öfters brauchen, z. B. Sternzeichen für Geburtstagstorten.

Unterleuchtung

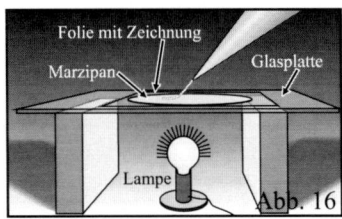

Eine sehr große Hilfe beim Garnieren komplizierter Motivdekors ist es, wenn Sie die Bilder als **Umrisszeichnungen** auf Folie zeichnen.

Diese Folie legen Sie dann auf eine Glasplatte und darauf dünn ausgerolltes Marzipan **(Abb. 16)**. Wenn Sie unter die Glasplatte eine Lampe stellen, erkennen Sie meist die Konturen der Zeichnung durch das Marzipan hindurch sehr gut und können diese dann „einfach" nachgarnieren. Das Marzipan lässt sich dann meist noch zurechtschneiden und auf eine Torte abschieben.

Lichtprojektion

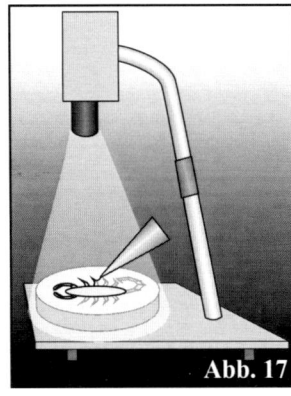

Eine sehr einfache Möglichkeit, schnell alle Arten von Motiven direkt auf einer Torte nachzugarnieren, ist die Projektion des Motivs auf die Torte mit Hilfe eines speziellen Projektors **(Abb. 17)**. Diese Projektoren werden nur im Konditorei Fachhandel und auf Messen angeboten. Im Projektorkopf befindet sich eine sehr lichtstarke Lampe. In diesen Projektorkopf spannt man eine verkleinerte Zeichnung des Motivs ein. Über ein Spiegelsystem wird das von der Zeichnung reflektierte Licht durch eine Linse auf eine Torte projiziert, die unter dem Projektor platziert

ist. Die Größe des projizierten Motivs auf der Torte lässt sich durch das Verändern des Abstands des Projektorkopfes zur Torte variieren. Zeichnungen sind nur dann geeignet, wenn sie sehr kontrastark sind – am besten sind schwarze Umrisszeichnungen. Die auf die Torte projizierte Zeichnung kann man dann meist sehr leicht nachgarnieren – allerdings muss der Arbeitsraum sehr stark abgedunkelt sein, sonst sieht man auch die kontrastreichste Projektion nicht mehr auf der Torte. Ersatzweise kann man ein Vergrößerungsgerät einsetzen, das zum Vergrößern von Negativ- oder Diafilmen für Fotobilder benutzt wird (erhältlich eigentlich nur noch bei Internetauktionen, da diese wegen der Digitalfotografie nicht mehr gebaut werden). Allerdings braucht man dann eine Fotografie auf einem Diafilm, die das Motiv verzerrungsfrei darstellt.

Abdruckschablonen

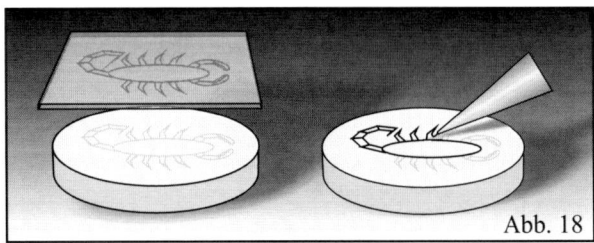

Abb. 18

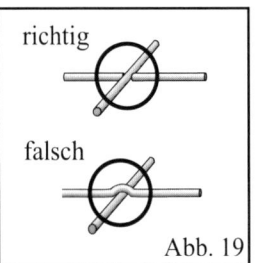

Abb. 19

klebte Gummischnur. Den festen Umriss drücken Sie mit der Platte auf eine Torte leicht auf **(Abb. 18, links)**. Dadurch bleibt der Umriss auf der Torte als Abdruck zurück. Diesen Abdruck garnieren Sie mit einer Garniermasse dann „einfach" nach **(Abb. 18, rechts)**. Allerdings kann es zu Problemen kommen, wenn der Umriss auf der Platte zu dick oder in der Stärke unregelmäßig ist. Sehr wichtig ist auch, dass die Linien sich an Kreuzungspunkten nicht überlagern, was tiefe

Weitere Hilfsmittel, um komplizierte Dekors auf eine Torte zu garnieren, sind Abdruckschablonen. Dies sind Glas- oder Kunststoffscheiben, auf denen sich der Umriss des Dekors in Form eines Fadens aus einer festen Masse befindet, z. B. Silikon Kautschuk oder eine aufge-

44

Das Fachbuch „Die Garniertüte", Eigenverlag Heinrich Fischer, Darmstadt. Adresse: **www.garniertuete.de**

Knoten in die Tortenoberfläche hinterlassen würde **(Abb. 19)**! Auch können die Abdruckkonturen nach dem Garnieren noch erkennbar sein – das Arbeiten mit einer Abdruckschablone ist nicht ganz einfach und erfordert eine Menge Übung!

Abdruckschablonen mit Silikon

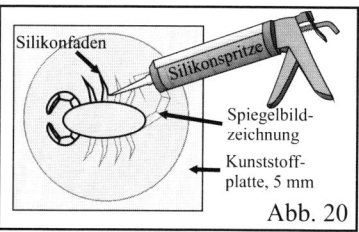

Abb. 20

Für eine Abdruckschablone mit Silikonkautschuk benötigen Sie eine Spezialmasse, die es in Baumärkten als Fugenabdichtmasse für Bäder in speziellen Behältern gibt, so genannten Kartuschen. Mit Hilfe einer speziellen Presse können Sie das Silikon aus dieser Kartusche herauspressen. Als Düse liegt der Kartusche eine aufschraubbare Kunststoffspitze bei. Durch Abschneiden können Sie den Durchmesser der Öffnung der Spitze selbst bestimmen. Um eine Abdruckschablone damit herzustellen, benötigen Sie eine Zeichnung, möglichst eine Umrisszeichnung. Diese legen Sie unter eine Glas- oder Kunststoffplatte von etwa 5 mm Stärke und garnieren mit Silikon die Umrisse der Zeichnung dünn auf die Glasplatte **(Abb. 20)**. Nach einigen Stunden oder spätestens einem Tag ist das Silikon ausgehärtet und die Schablone einsatzbereit.

Bei Silikonmassen müssen Sie unbedingt darauf achten, dass diese keine gesundheitsschädlichen Stoffe enthalten, die beim Arbeiten evtl. auf der Torte zurückbleiben!

Abdruckschablonen mit Gummischnur

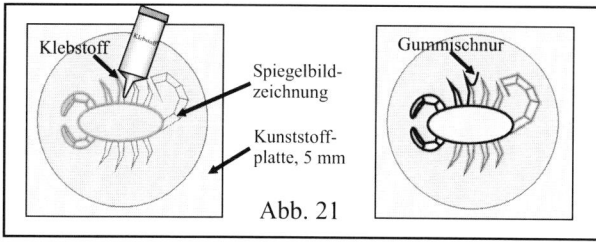

Abb. 21

Sehr schnell lässt sich eine Abdruckschablone mit Gummischnur herstellen. Gummischnur gibt es nur im Fachhandel – ist als nicht so einfach zu besorgen. Sie benötigen eine Gummischnur mit einem Durchmesser von 2 bis 3 mm. Weiter benötigen Sie eine Kunststoffscheibe (etwa 5 mm Stärke), eine Umrisszeichnung und Kontaktklebstoff, z. B. Sekundenkleber. Legen Sie die Zeichnung unter die Kunststoffscheibe. Nun bestreichen Sie dünn die Scheibe und evtl. die Gummischnur mit Klebstoff entlang den Umrissen der Zeichnung **(Abb. 21, links)**. Gemäß der Gebrauchsanleitung des Klebstoffes warten Sie oder drücken die Gummischnur sofort auf den Klebstoff entlang den Umrissen der Zeichnung **(Abb. 21, rechts)**. Damit dürfte die Abdruckschablone innerhalb sehr kurzer Zeit einsatzbereit sein.

Abdruckschablonen mit Eiweißspritzglasur

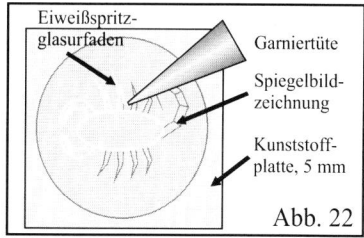

Abb. 22

Für einen einmaligen Einsatz eignet sich eine Abdruckschablone aus Eiweißspritzglasur. Für eine solche Abdruckschablone benötigen Sie Eiweißspritzglasur (Rezepte siehe **Kapitel „Rezepte" ab Seite 199)**, eine Umrisszeichnung und eine Glas- oder Kunststoffscheibe mit etwa 5 mm Stärke. Die Zeichnung legen Sie unter die Glasplatte und garnieren mit Eiweißspritzglasur die Umrisse der Zeichnung auf der Platte nach **(Abb. 22)**. Nach einigen Stunden oder spätestens nach einem Tag ist die Eiweißspritzglasur meist ausgehärtet und die Schablone einsatzbereit.

Das Fachbuch „Die Garniertüte", Eigenverlag Heinrich Fischer, Darmstadt. Adresse: **www.garniertuete.de**

45

Zeichnen auf die Ober- und Seitenflächen von Torten

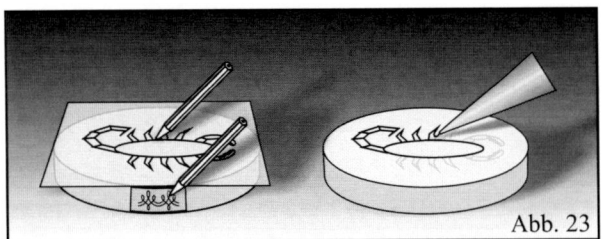

Abb. 23

Wenn Sie sehr schnell ein Motiv auf eine Torte übertragen möchten, können Sie auch auf eine Torte „zeichnen". Fertigen Sie hierfür eine Umrisszeichnung des Motivs auf sehr dünnem Papier an, z. B. auf Seidenpapier. Legen Sie dieses Papier auf die Tortenoberfläche bzw. halten Sie es bei Seitenrandgarnierungen an die

Tortenseitenfläche. Zweckmäßig ist es, wenn die Tortenoberfläche aus einer Eindeckmasse besteht, z. B. Marzipan. Nun zeichnen Sie die Umrisse auf der Zeichnung mit einem spitzen Bleistift oder einem Metallstift, z. B. einem Nagel, nach **(Abb. 23, links)**. Durch den entstehenden Druck übertragen sich die Umrisse des Motivs auf die Torte – allerdings nur sehr leicht, die Sie dann „nur" noch nachgarnieren müssen **(Abb. 23, rechts)**. Wie Sie die Seitenfläche dann garnieren, ist ab **Seite 42** zuvor ausführlich beschrieben. Bei der Zeichentechnik können sich tiefe „Gräben" auf der Tortenoberfläche bilden, die nach dem Garnieren möglicherweise noch zu sehen sind. Diesen hässlichen Fehler sollten Sie durch vorheriges Üben vermeiden!

Garnierübungen auf Garniervorlagen

Bevor Sie mit den nachfolgenden Garnierübungen beginnen, sollten Sie die Grundtechniken, die am Anfang dieses Buches in **Kapitel 3** dargestellt wurden, ausreichend geübt haben und möglichst auch beherrschen. Ohne dass Sie diese Grundtechniken können, werden Ihnen die nachfolgenden Garnierübungen sehr schwer fallen, und frustrierende Misserfolge werden sich schnell einstellen!

Auf dem USB-Stick zu diesem Buch finden Sie die Garniervorlagen zu diesem Kapitel. Hinweise zur Auswahl finden Sie ab **Seite 265**. Die Vorlagen befinden sich auf dem USB-Stick in dem Verzeichnis **„Arbeitsvorlagen"** und dort in den Unterverzeichnissen **„Tortenrand"** und **„Tortenstück"**. Mit diesen können Sie die verschiedenen Garniertechniken für die Tortendekoration praxisnah sehr gut üben.

Vor Ihren Garnierübungen schieben Sie die entsprechende Garniervorlage in eine abwaschbare Klarsichthülle aus Kunststoff (Dokumentenhülle) der Größe DIN A4, die an zwei Seiten offen ist (erhältlich im Bürofachgeschäft). Auf dieser Dokumentenhülle können Sie nun direkt garnieren.

Als Garniermasse empfehle ich einen Nussnugatkrem, der im Lebensmittelhandel als Brotaufstrichmasse angeboten wird. Diese Masse lagern Sie bei Zimmertemperatur und füllen sie ohne weitere Vorbereitungen mit einem Löffel in eine Garniertüte.

Am Anfang Ihrer Übungen können Sie den Garnierfaden etwas dicker halten, wodurch die Übungen leichter fallen. Mit zunehmender Übung sollte der Garnierfaden dünner werden und zum Schluss nur noch die Stärke eines dicken

Nähgarns haben. Dick garnierte Dekors lassen Torten plump und schwer erscheinen, fein garnierte dagegen hochwertig, künstlerisch und attraktiv – **Dekors sollen das Auge „satt" machen, aber nicht den Magen!**

Achten Sie besonders auf die Gleichmäßigkeit bei den sich wiederholenden Dekors – jeder Dekor hat mit dem anderen in Form und Größe identisch zu sein!

Achten Sie weiter auf den Beginn und das Ende der Garnierfäden – diese sollen weder schmaler noch dicker als der normale Garnierfaden sein!

Führen Sie Ihre Garnierübungen möglichst in der Reihenfolge der nachfolgenden Beschreibungen und der Reihenfolge der Garniervorlagen in diesem Buch durch, da diese vom Leichten zum Schweren systematisch aufgebaut sind und Sie die Techniken systematisch erlernen lassen! Verändern sie die Position der Garniervorlagen dabei nicht – auch dies würde den Übungserfolg beeinträchtigen!

Beginnen Sie Ihre praxisorientierten Garnierübungen auf den Garniervorlagen mit den Titeln **„Tortenrand Garnierungen"** (Abb. 24) und gehen dann über zu den Garniervorlagen mit den Titeln **„Tortenstückgarnierungen – Teil ..."** (Abb. 25). Hinweise zur Auswahl der Vorlagen finden Sie ab **Seite 265**.

Sollten Sie bei den Garniertechniken der **Tortenstückgarnierungen** nicht erkennen, wie der Garnierfaden zu führen ist, so können Sie sich hierüber auf einer der darauf folgenden Vorlagen informieren, auf denen der Verlauf des Garnierfadens in Einzelschritten sehr detailliert dargestellt wird **(Abb. 26)**.

46

Das Fachbuch „Die Garniertüte", Eigenverlag Heinrich Fischer, Darmstadt. Adresse: **www.garniertuete.de**

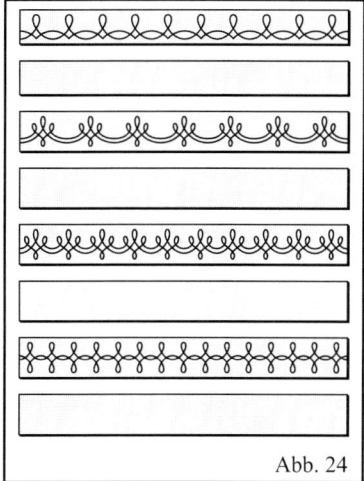

Abb. 24

Abb. 25

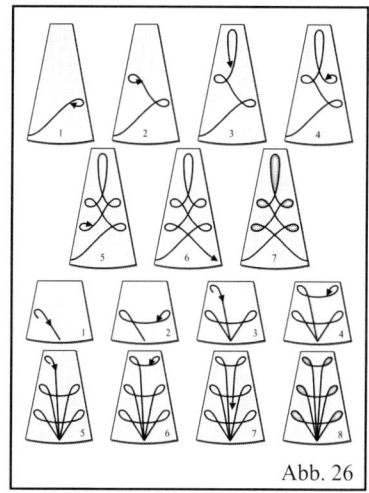

Abb. 26

Sobald Sie die gezeichneten Dekors auf den Garniervorlagen nachgarnieren können, beginnen Sie mit der nächsten Schwierigkeitsstufe: Garnieren Sie die zuvor geübten Dekors in die auf der gleichen Seite vorgesehenen leeren Felder mit der gleichen Größe. Als größte Schwierigkeitsstufe können Sie die geübten Dekors auf den Vorlagen ohne Dekors üben **(Abb. 27, Abb. 28** und **Abb. 29)**.

Etliche Teile der verschiedenen Dekors können Sie mit verschiedenfarbigen fließfähigen Konfitüren ausfüllen, z. B. die Schleifen.

Abb. 27

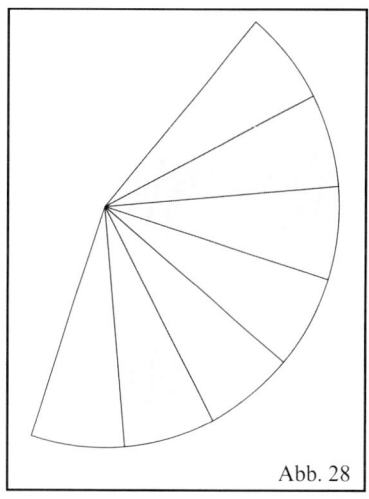

Abb. 28

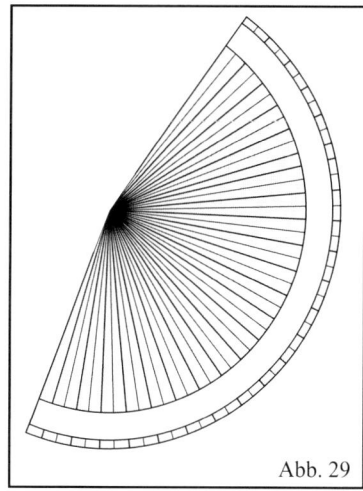

Abb. 29

Das Fachbuch „Die Garniertüte", Eigenverlag Heinrich Fischer, Darmstadt. Adresse: **www.garniertuete.de**

47

Das Fachbuch „Die Garniertüte", Eigenverlag Heinrich Fischer, Darmstadt. Adresse: **www.garniertuete.de**

Kapitel 6 – Schriftdekor

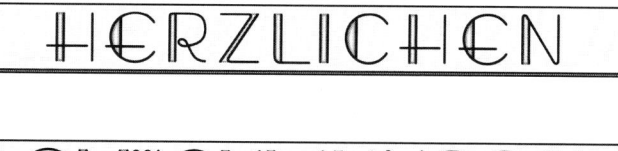

Das Fachbuch „Die Garniertüte", Eigenverlag Heinrich Fischer, Darmstadt. Adresse: **www.garniertuete.de**

Übersicht

Das Fachbuch „Die Garniertüte", Eigenverlag Heinrich Fischer, Darmstadt. Adresse: **www.garniertuete.de**

Schriftdekor

Vorbemerkungen zu Schriftdekors

Eine besondere Form der Dekoration mit der Spritztüte ist das Garnieren von Buchstaben, Zahlen, Wörtern oder Texten. Dadurch erhält eine Torte einen ganz speziellen und persönlichen Bezug, z. B. durch den Text **„Herzlichen Glückwunsch zum Geburtstag"**, oder durch den Namen derjenigen Person, welche die Torte geschenkt bekommen soll. Nicht nur süße Backwaren können Sie beschriften, sondern auch Fleischwaren und Salate, z. B. mit Streichwurst oder Mayonnaise.

Für eine gute Wirkung des Schriftdekors sind viele Einflussfaktoren zu berücksichtigen und miteinander in Einklang zu bringen: Das **Material des Schriftträger** (z. B. Marzipan oder Kuvertüre), die **Art des Schriftträgers** (z. B. Schriftband, Schriftring, Schriftschild oder Motivdekor, z. B. ein Sportwagen zur bestandenen Führerscheinprüfung aus Kuvertüre), die **Schriftart** (Druckschrift mit oder ohne Einlasstechnik oder zusammenhängende Schreibschrift), die **Garnierfadenstärke**, die **Schriftgröße** und **-breite**, der **Zwischenraum** zwischen den Buchstaben und den Worten, der **Abstand zum Rand des Schriftträgers**, der **Anlass** (z. B. Geburtstag oder Jubiläum), der **Text** (z. B. nur eine Zahl oder ein oder mehrere Worte), die übrige

Gestaltung einer Torte (z. B. eine runde Motivtorte oder eine Torte in einer besonderen Form oder eine in 16 gleich große Stücke eingeteilte kreisförmige Torte). Diese recht umfangreiche Aufzählung von Einflüssen auf Schriftdekor, die keinen Anspruch auf Vollständigkeit hat, wird Ihnen sicherlich deutlich machen, dass Sie sich mit der Theorie dazu näher beschäftigen sollten. Auf den nachfolgenden Seiten werden alle zuvor angesprochenen Einflüsse mit praktischen Beispielen näher beschrieben und dargestellt. Diese Beschreibungen beziehen sich nur auf Druckbuchstaben-Garnierschriften mit ausschließlich Großbuchstaben. Kleinbuchstaben werden in der Regel bei Schriftdekors nicht eingesetzt – außer bei der zusammenhängenden Schreibschrift.

Auch lässt sich Text als eine Art Blickfang gestalten, wenn Sie z. B. den Text als große, feste Buchstaben herstellen und diese dann auf einem dreidimensionalen Unterbau platzieren – ein gutes Beispiel mit allen Herstellungstechniken und mit Hinweisen zu Garniervorlagen und Schablonen finden Sie im **Kapitel „Hochzeitstorte als Schaustück" ab Seite 151**.

Eigenschaften von Schriftzeichen und Texten

Bei einer exakten Planung eines Schriftbandes oder Schriftringes sind verschiedene Eigenschaften von Schriftzeichen zu berücksichtigen, um später einen optimalen optischen Eindruck zu erzielen. Die nachfolgenden Darstellungen sollen Ihnen helfen, Schriftdekor optimal zu planen. Die Beschreibungen beziehen sich nur auf Druckbuchstabengarnierschriften mit ausschließlich

Großbuchstaben. Kleinbuchstaben werden in der Regel bei Schriftdekors nicht eingesetzt – außer bei der zusammenhängenden Schreibschrift. Diese Beschreibungen beziehen sich nur auf Besonderheiten beim Garnieren von Schriftdekor – sie sollen nicht die Gesetzmäßigkeiten der Schriftenlehre für Druckerzeugnisse (Typographie) darstellen.

Die Höhe der Buchstaben

Die **Abb. 1** zeigt die allgemeine, relativ grobe Einteilung der Buchstaben, wie sie auch beim Garnieren zu beachten ist. Für ein einheitliches Schriftbild muss die einheitliche Größe der Groß- und der Kleinbuchstaben beachtet

werden. Ferner sind besonders die Unterlängen einzelner Buchstaben unbedingt zu berücksichtigen, da sie sehr selten vorkommen und dann meist sehr „überraschend".

Abb. 1

Das Fachbuch „Die Garniertüte", Eigenverlag Heinrich Fischer, Darmstadt. Adresse: **www.garniertuete.de**

51

Weiter ist bei der Höhe der Buchstaben deren Form zu berücksichtigen. Buchstaben, die unten und/oder oben rund sind, sollten Sie geringfügig höher garnieren als Buchstaben, die unten und/oder oben waagrecht enden, sofern sich zuvor und danach Buchstaben befinden, die ein gedachtes umgebendes Rechteck fast vollständig ausfüllen, z. B das „E". Zu diesen besonders zu beachtenden Buchstaben gehören: „C", „G", „O", „Q" und „S". Das

nachfolgende Beispiel des Wortes „BESEN" (Abb. 2) soll dies am „S" verdeutlichen: Im Wort links sind alle Buchstaben gleich hoch, rechts ist das „S" geringfügig größer. Zur Verdeutlichung der Größe der Buchstaben und deren Abstände zueinander ist das Wort „BESEN" einmal in Kästchen für die wirkliche Größe und die tatsächlichen Abstände und für den optischen Eindruck direkt darüber unverändert ohne Kästchen dargestellt.

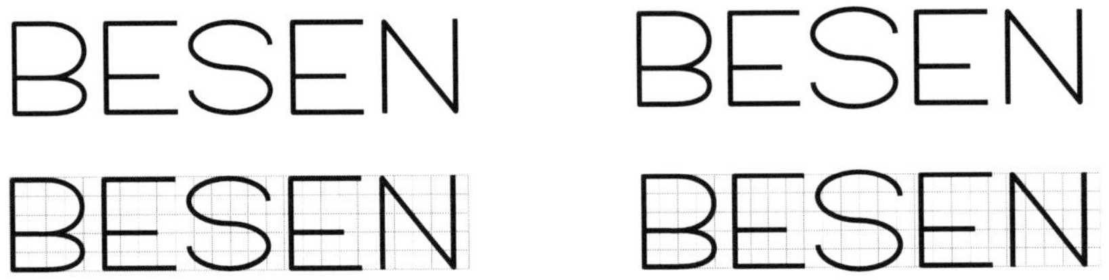

BESEN   BESEN

BESEN   BESEN

Abb. 2

Tipp für die Größe von Buchstaben

Alle Buchstaben in einem Wort oder Text sollen optisch gleich groß wirken, dadurch müssen verschiedene Buchstaben in ihrer tatsächlichen Höhe größer garniert werden.

Die Breite der Buchstaben

Die optische Wirkung der verschiedenen Buchstaben ist aus vielen Gründen recht unterschiedlich und soll hier dargestellt werden. Würde man alle Buchstaben gleich breit zeichnen und garnieren, so würden manche zu übermächtig und manche „verhungert" aussehen. Wie breit ein Buchstabe sein soll, ist teilweise auch Geschmacksache, was die vielen tausend Schriftarten beweisen. Nur unsere Schrift muss sich mit der Spritztüte garnieren lassen und soll für den „Normalmenschen" „gut" aussehen und vor allem **leicht lesbar** sein! Die Schrifttype, mit der hier die Unterschiede dargestellt werden, finden Sie auf dem USB-Stick zu diesem Buch in folgendem Verzeichnis: **Arbeitsvorlagen / Schriftdekor / Garnierschriften**. Auswahlhilfen finden Sie ab **Seite 244**, spezielle ab **Seite 248**. Sie können natürlich auch viele

andere Schrifttypen einsetzen oder die vorhandenen nach Ihren Vorstellungen verändern. Um Ihnen einen nachvollziehbaren Eindruck über die optische und tatsächliche Breite der einzelnen Buchstaben zu geben, sind die Druckschriften einmal mit und einmal ohne Rechtecke mit quadratischen Kästchen dargestellt.

Das vom Autor gewählte Verhältnis der normalen Buchstaben beträgt Breite zu Höhe 4 zu 5. Von dieser Norm weichen nachfolgend dargestellte Buchstaben ab. Würde man das Verhältnis 4 zu 5 bei diesen Ausnahmebuchstaben nicht verändern, entstünde ein ungewohntes Schriftbild. In **Abb. 3** werden diese Buchstaben, außer dem „I", zunächst im Verhältnis 4 zu 5 dargestellt:

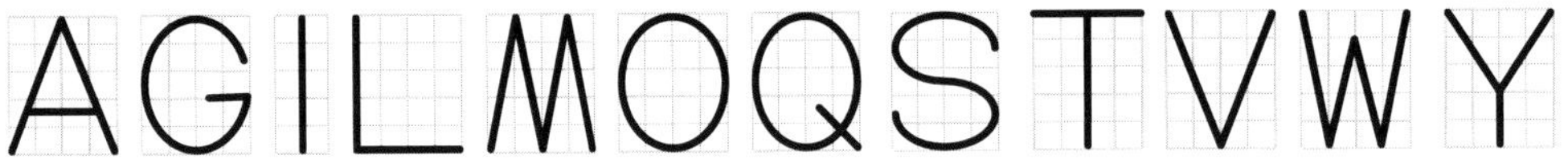

AGILMOQSTVWY

Abb. 3

Die Buchstaben in Abb. 4 sind nach den Vorstellungen des Autors verändert (das „I" lässt sich hier allerdings nicht verändern):

AGILMOQSTVWY

Abb. 4

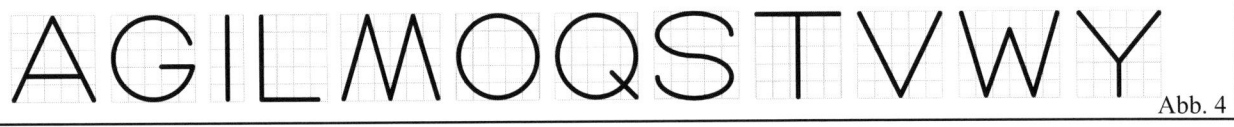
Das Fachbuch „Die Garniertüte", Eigenverlag Heinrich Fischer, Darmstadt. Adresse: **www.garniertuete.de**

Wortbeispiele

Mit den nachfolgenden beiden Wortbeispielen **(Abb. 5)** soll Ihnen die Notwendigkeit verdeutlicht werden, dass nicht alle Buchstaben die gleiche Breite haben sollen. Mit den unveränderten Ausnahmebuchstaben im Verhältnis 4 zu 5 wurde links das für Anschauungszwecke ideale Kunstwort „WAYMOLIE" gebildet. Unter dem Kunstwort ist das Wort „SEGEN" dargestellt. Rechts können Sie anhand der Kästchen nachvollziehen, welche Breite die Buchstaben tatsächlich haben und welcher Abstand zwi-

schen den Buchstaben besteht. Die Buchstaben des Kunstwortes sehen in Bezug auf das Wort „SEGEN" zusammengeschoben aus. Zum Abstand zwischen zwei Buchstaben beachten Sie bitte die nächste Seite! Mit den in ihrer Breite nun veränderten Ausnahmebuchstaben wurde darunter wieder das Kunstwort „WAYMOLIE" und darunter das Wort „SEGEN" dargestellt. Nun ergibt sich ein gewohntes Schriftbild, das im optischen Eindruck mit den „Normalbuchstaben" harmoniert.

Abb. 5

Abstände zwischen Buchstaben in Worten

Vorbemerkungen

Bei Texten mit Druckbuchstaben sind Abstände in und zwischen den einzelnen Worten unumgänglich, damit der Leser einen Text schnell erfassen und verstehen kann. Diese Selbstverständlichkeit ist aber gerade bei der exakten Planung, z. B. für einen Schriftring, komplizierter, als es anfangs erscheint.

Für die Abstände beim Garnieren lassen sich grob zwei Arten von Buchstaben unterscheiden – „normale Buchstaben" und „Ausnahmebuchstaben". Normale Buchstaben füllen ein gedachtes Rechteck um den Buchstaben nahezu gleichmäßig aus, z. B. das **„E" oder das „H"**.

Ausnahmebuchstaben füllen dagegen ein gedachtes Rechteck um den Buchstaben nicht voll aus, es bleibt sozusagen ein optisches Loch in diesem gedachten

Rechteck. Hier kann man grob drei Unterscheidungen machen:

– Buchstaben, die unten breit sind und nach oben hin schmaler werden, z. B. das **„A"**.
– Buchstaben, die unten schmal sind und nach oben hin breiter werden, z. B. das **„V"**.
– Der Buchstabe **„L"**, der nur links und unten optisch erkennbar ist, aber oben und rechts „offen" ist – ein „Loch" hat.

Allgemein sollte man zwischen „normalen" Buchstaben eine freie Fläche lassen, die etwa ein Drittel bis ein Viertel ihrer Breite beträgt. Für den Abstand der Buchstaben zueinander ist letztendlich die gesamte freie Fläche zwischen den Buchstaben entscheidend und nicht deren Abstand in Millimetern zueinander – und Ihr Geschmack!

Das Fachbuch „Die Garniertüte", Eigenverlag Heinrich Fischer, Darmstadt. Adresse: **www.garniertuete.de**

Abstände zwischen „normalen" Buchstaben

Allgemein sollte man zwischen „normalen" Buchstaben eine freie Fläche lassen, die etwa ein Drittel bis ein Viertel ihrer Breite beträgt. **Beispiel**: Konstruiert man einen Buchstaben in einem Rechteck mit quadratischen Kästchen, z. B. Normalbuchstabe 4 Kästchen breit und 5 hoch, so sollte der Abstand zwischen den einzelnen Buchstaben mindestens 1 bis maximal 1½ Kästchen betragen. Im

Beispiel in **Abb. 6** sehen Sie links das Wort „**BRUDER**" 3-mal untereinander. Rechts sehen Sie die gleichen Worte in gleicher Größe und gleichem Abstand zum besseren Vergleich der Abstände in quadratischen Kästchen. Welchen Abstand Sie letztendlich zwischen Buchstaben in Worten lassen, ist Ihrem Geschmack überlassen – sofern man den Text gut und leicht lesen kann.

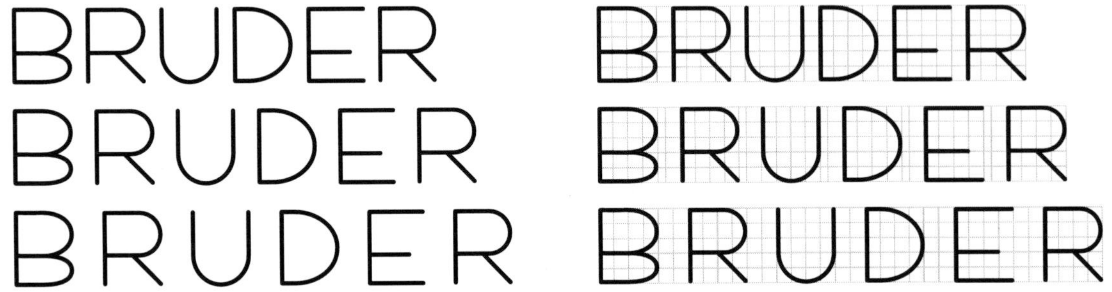

Abb. 6

Abstände zwischen Ausnahmebuchstaben

Die Beispiele zu diesem Abschnitt finden Sie auf der gegenüberliegenden Seite. Ausnahmebuchstaben sind hier die Buchstaben, die ein gedachtes Rechteck um den Buchstaben am Rand nicht gleichmäßig ausfüllen und so genannte „Löcher" bieten. Bei Abständen von Ausnahmebuchstaben in Worten sollten Sie berücksichtigen, dass von der zuvor beschriebenen Regel für normale Buchstaben für ein gleichmäßiges Schriftbild abgewichen werden muss, wenn der eine Buchstabe unten schmal und oben breit ist, z. B. das „V", und der nachfolgende unten breit und oben schmal, z. B. das „A". Würde man nun einen gleich großen Abstand zwischen den Buchstaben lassen, der sich an einem rechteckigen Rahmen um den Buchstaben orientiert, wäre der Abstand zu groß – es entstünde evtl. der Eindruck, dass es sich hier um zwei Worte handelt. Deshalb sollte man hier einen Abstand zwischen den Buchstaben wählen, der eine freie Fläche ergibt, die optisch die gleiche Größe hat wie die übrigen Abstände der anderen Buchstaben des Wortes und des gesamten Textes.

Ein besonderes Problem bereitet der Buchstabe „L", wenn diesem z. B. ein nach oben hin schmaler werdender Buchstabe folgt, z. B. das „A". Zwischen „L" und „A" entsteht durch die Eigenheit der beiden Buchstaben eine sehr große freie Fläche, ein so genanntes „Loch". Dieses Loch ist besonders auffällig bei einem Schriftring. Damit man beim Lesen die einzelnen Buchstaben als ein zusammengehörendes Wort erkennt, muss man entweder die untere waagrechte Linie des „L" verkürzen oder das „L" und das „A" fast aneinander stoßen lassen. Folgt dem „L" z. B. ein nach unten hin schmaler wer-

dender Buchstabe, z. B. das „Y", so sollte man das „L" mit dem „Y" unterschneiden, das heißt, das untere rechte Ende des „L" liegt unter dem linken Anfang des „Y" (siehe Beispiel nächste Seite). Eine weitere Lösung besteht darin, wenn man eine Schrift mit Einlasstechnik verwendet. Bei einer solchen Schrift wird die senkrechte Linie des „L" in einem geringen Abstand doppelt garniert. In den entstanden Zwischenraum füllt man flüssige und evtl. gefärbte Konfitüre. Dadurch wirkt das „L" optisch stärker und kommt besser zur Geltung.

In den Beispielen der gegenüber liegenden Seite wird die Eigenheit von Ausnahmebuchstaben durch Pfeillinien gekennzeichnet. In den dann folgenden „nicht ausgeglichenen" Beispielen besteht ein einheitlicher Abstand von 1 Kästchen zwischen einem angenommenen rechteckigen Rahmen um die jeweiligen Buchstaben. Darunter ist der Abstand ausgeglichen, das heißt, es wurde auf die Eigenheiten der nebeneinander stehenden Buchstaben Rücksicht genommen. Deshalb orientieren sich die ausgeglichenen Abstände nicht an einer bestimmten Anzahl an Kästchen, sondern es wurde versucht, die Größe der freien Flächen zwischen den Buchstaben für das Auge gleich groß und ausgewogen erscheinen zu lassen. Dadurch kann es zu einer Unterschneidung von Buchstaben kommen (das Ende des einen Buchstabens liegt über oder unter dem Anfang des folgenden). Zur Verdeutlichung wurden die Beispiele mit quadratischen Kästchen und daneben ohne dargestellt. Dadurch kann Ihr Auge die tatsächlichen Verhältnisse mit dem optischen Eindruck besser vergleichen.

Ein besonderer Abstand zwischen Buchstaben in Worten ist zu berücksichtigen (Abb. 7):

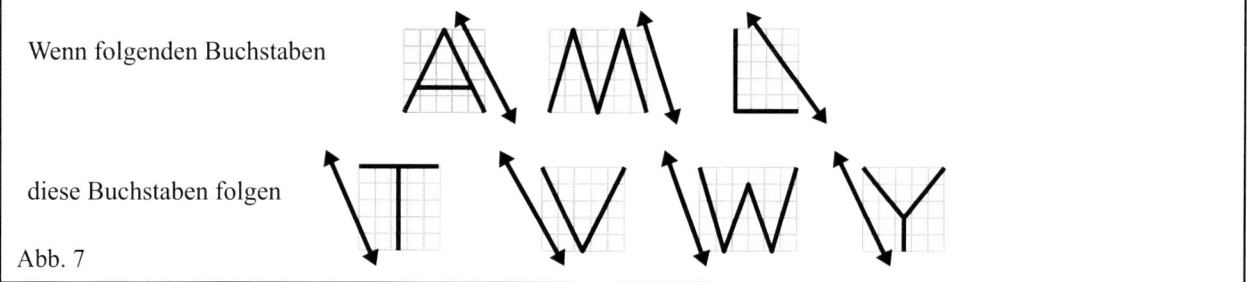

Wenn folgenden Buchstaben	
diese Buchstaben folgen	
Abb. 7	

Beispiel Abb. 8:

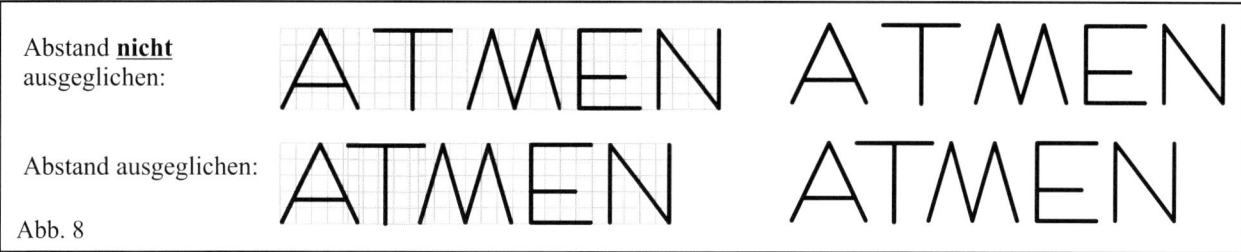

Abstand **nicht** ausgeglichen:	
Abstand ausgeglichen:	
Abb. 8	

Ein besonderer Abstand ist ebenfalls zu berücksichtigen (Abb. 9):

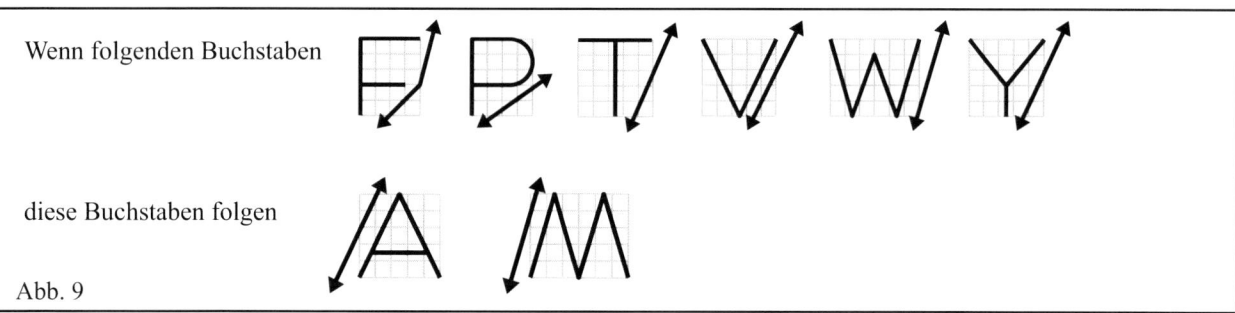

Wenn folgenden Buchstaben	
diese Buchstaben folgen	
Abb. 9	

Beispiel:

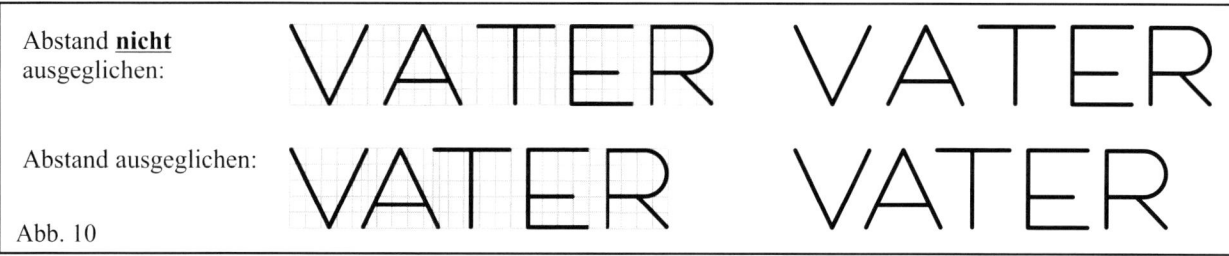

Abstand **nicht** ausgeglichen:	
Abstand ausgeglichen:	
Abb. 10	

Tipps für den Abstand zwischen Buchstaben:

– Der „normale" Abstand zwischen Großbuchstaben beträgt ein Drittel bis ein Viertel ihrer Breite.
– Der Abstand zwischen allen Buchstaben eines Wortes ist so groß zu halten, dass die freie Fläche dazwischen optisch gleich groß wirkt.

Das Fachbuch „Die Garniertüte", Eigenverlag Heinrich Fischer, Darmstadt. Adresse: **www.garniertuete.de**

Abstände zwischen Worten in Texten

Abstände zwischen Worten sind aus den gleichen Gründen notwendig wie zwischen Buchstaben in Worten: Um einen Text schnell lesen, erfassen und verstehen zu können. Diese Abstände sind bei der Großbuchstabendruckschrift besonders wichtig – ohne ausreichenden Abstand könnte man in einem Text mit mehreren Worten weder Anfang noch Ende eines Wortes erkennen.

Allgemein kann man folgende Regel für den Abstand zwischen Worten in Texten aufstellen: Der Abstand zwischen zwei Worten sollte mindestens die Breite eines normalen Buchstabens plus dem Zwischenraum zwischen zwei Buchstaben haben! Hierbei sollte natürlich die Form des letzten Buchstabens des ersten Wortes und des ersten Buchstabens des nachfolgenden Wortes berück-

sichtigt werden, wodurch sich der „Normalabstand" unter Umständen verringern oder erhöhen muss.

Berechnungsbeispiel

Konstruiert man einen Buchstaben in einem Rechteck mit quadratischem Kästchen, z. B. für den „normalen" Buchstaben 4 Kästchen breit und 5 hoch, so sollte der Abstand zwischen den einzelnen Worten folgend berechnet werden (aus optischen Gründen kann von dieser Regel abgewichen werden):

4 Kästchen (Breite eines normalen Buchstabens)
+ 1 Kästchen (Mindestabstand zwischen zwei Buchstaben)
= 5 Kästchen Mindestabstand zwischen zwei Worten

Textbeispiel für den Abstand zwischen Worten

Für einen Vergleich der tatsächlichen Verhältnisse und des optischen Eindruckes ist in **Abb. 11** ein Text mit drei verschieden großen Abständen zwischen den Worten dargestellt. Die erste Textzeile eines jeden der drei Beispiele ist ohne Kästchen und die zweite mit Kästchen

dargestellt. Die Abstände zwischen den Worten sind in beiden Zeilen gleich. Der Abstand der „normalen" Buchstaben innerhalb der Worte beträgt 1 Kästchen, der der anderen ist verschieden. Bitte entscheiden Sie selbst, welches Beispiel Ihnen besser gefällt.

Abb. 11

Tipp für den Abstand zwischen Worten

Der Abstand zwischen zwei Worten in Großbuchstaben sollte mindestens die Breite eines normalen Buchstabens plus den Zwischenraum zwischen zwei Buchstaben haben.

Das Fachbuch „Die Garniertüte", Eigenverlag Heinrich Fischer, Darmstadt. Adresse: **www.garniertuete.de**

Abstand der Buchstaben zum Rand des Schriftträgers

Der Abstand der Schrift zum Rand bei Schriftbändern und Schriftringen ist aus Gründen der Gestaltung und des oft vorgegebenen Platzes meist sehr gering. Er sollte bei einer Buchstabenhöhe von 10 mm mindestens 1 bis 2 mm betragen. Je geringer dieser Abstand geplant ist, umso auffälliger sind auch geringste Unregelmäßigkeiten beim Garnieren der Buchstaben. Besonders die zusammenhängende Schreibschrift ist problematisch. Da die Kleinbuchstaben oberhalb mehr Platz zum Rand haben als die Großbuchstaben, ist deren gleichmäßige Höhe meist schwierig einzuhalten. Ferner können Buchstaben Bereiche haben, die unter der Grundlinie liegen (Unterlängen), z. B. das „g". Da Unterlängen selten vorkommen, können diese Probleme bereiten, wenn man sie nicht berücksichtigt hat und sie „plötzlich und unerwartet" auftauchen. Dadurch kann unter Umständen das gesamte Schriftbild ungünstig beeinflusst werden, und Sie müssen einen neuen Schriftdekor herstellen.

Beispiele:

Die drei Beispielschriftringe **(Abb. 12)** sind verkleinert dargestellt, die optische Wirkung ist aber vergleichbar zu der in der Originalgröße. Die Schriftringe haben in Originalgröße bei einer 10 mm hohen Schrift einen Abstand zum Außen- und Innenrand von etwa 1 mm beim linken, von 2,5 mm beim mittleren und etwa 5 mm beim rechten Schriftring. Bilden Sie sich selbst ein Urteil, welche Gestaltung Ihnen besser gefällt.

Abb. 12

Die Garnierfadenstärke in Bezug zur Schrifthöhe

Die Garnierfadenstärke ist abhängig von der Buchstabenhöhe und Ihrem persönlichen Geschmacksempfinden. Allgemein sollte ein Verhältnis Fadenstärke zu Buchstabenhöhe bei Großbuchstaben von 1 zu 20 (0,5 zu 10) angestrebt werden, das heißt z. B.: 1 mm (0,5 mm) Fadenstärke für Buchstaben von 20 mm (10 mm) Höhe. In **Abb. 13** sind Beispiele dargestellt von Buchstaben mit einer üblichen Höhe von 10 mm mit unterschiedlichen Fadenstärken, die rechts davon in Millimetern angegeben sind.

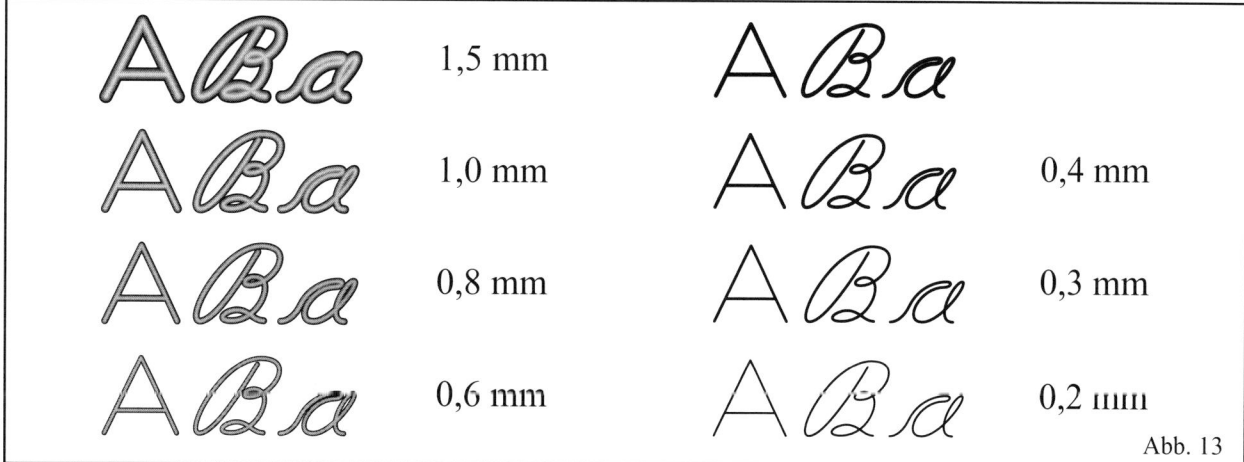

	1,5 mm
	1,0 mm
	0,8 mm
	0,6 mm
	0,4 mm
	0,3 mm
	0,2 mm

Abb. 13

Das Fachbuch „Die Garniertüte", Eigenverlag Heinrich Fischer, Darmstadt. Adresse: **www.garniertuete.de**

Garnierschriften für Fadendekor

Garnier- und Füllmassen

Vorbemerkungen

Abb. 14

Für Garnierübungen und später für die speziellen Einsatzzwecke benötigen Sie Massen für Faden- und Füll-dekor. Entsprechende Rezepte und ausführliche Hinweise zur Herstellung, Verarbeitung und für den speziellen Einsatzzweck finden Sie im **Kapitel „Rezepte" ab Seite 193**. Nachfolgend gebe ich Ihnen einen kurzen Überblick über die wichtigsten dieser Garniermassen.

Die **Abb. 14** stellt zwei typische Schriftdekors mit Fadendekor dar: Oben ein Text, der ausschließlich mit Fadendekor garniert wurde, und unten wurden Teile der

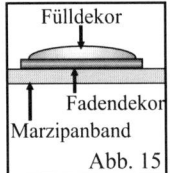

Abb. 15

Buchstaben mit einer Masse ausgefüllt, z. B. mit roter oder gelber Konfitüre. Beim Ausfüllen von Fadendekors sollten Sie anstreben, dass die ein-gefüllte Dekormasse sich für einen bes-seren optischen Eindruck vom Rand her zur Mitte tropfenförmig nach oben wölbt **(Abb. 15)** und eine absolut glatte Oberfläche bildet.

Bei Fadendekor- und Füllmassen, die mit Lebensmittel-farbstoffen eingefärbt werden, ist schnell die Grenze zum Kitsch überschritten, und die Waren müssen zusätzlich mit dem Hinweis deklariert werden, dass diese „unter Verwendung von Farbstoff" hergestellt wurden!

Nussnugatkrem

Nussnugatkrem ist eine fertige Brotaufstrichmasse, die Sie im Lebensmittelhandel erhalten. Eine solche Masse lagern Sie bei Zimmertemperatur und füllen sie ohne weitere Vorbereitungen mit einem Löffel in eine Gar-niertüte um. Nussnugatkrem eignet sich hauptsächlich für Übungszwecke. Da er nicht fest wird, können damit garnierte Produkte durch Berührung oder durch die Ver-packung verschmieren. Durch seine milchbraune Farbe ist er gegenüber der Materialfarbe der Schriftträger (z. B. Marzipan) sehr kontrastschwach. Allerdings lassen sich mit Nussnugatkrem außerordentlich dünne Garnierfäden erzielen, die kaum abreißen. Auch lässt sich dieser Krem über einen längeren Zeitraum, auch in kühlen Räumen, garnieren, ohne dass er fest wird.

Garnierschokolade (Schokoladenspritzglasur)

Garnierschokolade ist wohl die wichtigste Garniermasse für Schriftdekor. Sie besteht in der Regel aus Kuvertüre oder Fettglasur, Honig und Sahne. Die flüssigen Zutaten werden zusammen aufgekocht und die zerkleinerte Ku-vertüre oder Fettglasur untergerührt. Garnierschokolade eignet sich ausschließlich für Fadendekor. Diese Garnier-masse können Sie über Wochen auf Vorrat in ver-schließbaren Gläsern im Kühlschrank lagern. Rezepte und Herstellungsverfahren für solche Massen finden Sie im **Kapitel „Rezepte" auf Seite 194**. Die dort aufgeführten Rezepte unterscheiden sich lediglich in der Qualität der verwendeten Zutaten – die Garniereigenschaften sind bei allen Massen nahezu gleich. Für eine farbliche Gestaltung empfiehlt es sich, Garnierschokolade aus den drei Scho-koladengrundfarben Schwarzbraun, Milchbraun und Weiß herzustellen.

Vor dem Garnieren müssen Sie die Garnierschokolade in deren Lagergefäß in einem Wasserbad bei etwa 40 °C oder in einem Mikrowellengerät erwärmen. Dadurch wird diese weich und lässt sich in der Regel sehr leicht garnieren. Nach dem Garnieren kühlt sie ab und wird dadurch so fest, dass sie durch leichtes Berühren oder durch die Verpackung nicht verschmiert wird.

Eiweißspritzglasur

Eiweißspritzglasur besteht aus durchgesiebtem Puder-zucker und Eiklar. Bei der Verwendung von Hühnereiern für gewerbliche Zwecke sind unbedingt die Vorschriften der „Hühnereier-Verordnung" in Verbindung mit dem „Lebensmittel- und Bedarfsgegenständegesetz" zu be-achten (siehe **Kapitel „Rezepte" ab Seite 199)**. Frisches Eiklar können Sie durch Eiweißpulver und Wasser erset-zen. Die Zutaten der Eiweißspritzglasur werden mitein-ander schaumig aufgeschlagen. Rezepte und Herstel-lungsverfahren für solche Massen finden Sie im **Kapitel „Rezepte" ab Seite 199**. Beachten Sie bitte unbedingt die dort sehr ausführlich beschriebene Eignung eines jeden

Das Fachbuch „Die Garniertüte", Eigenverlag Heinrich Fischer, Darmstadt. Adresse: **www.garniertuete.de**

Rezepts für bestimmte Zwecke. Nicht jedes Rezept ist für alle Garnierarbeiten geeignet!

Eiweißspritzglasur ist durch ihre weiße Farbe eine sehr kontraststarke Garniermasse für Schriftdekor. Sie lässt sich hervorragend mit Lebensmittelfarbstoffen einfärben und ermöglicht dadurch farbenfrohe Gestaltungen. Allerdings ist bei farbiger Eiweißspritzglasur schnell die Grenze zu Kitsch überschritten und es sind Vorschriften bezüglich der Inhaltsangabe zu beachten!

Fertige Eiweißspritzglasur muss sich leicht garnieren lassen, und der Garnierfaden darf nicht breittreiben oder beim Garnieren abreißen. Wie Sie diese Eigenschaften erreichen, erfahren Sie sehr ausführlich im **Kapitel „Rezepte" ab Seite 199.**

Eiweißspritzglasur müssen Sie während der Garnierarbeit abdecken, z. B. mit einem feuchten Tuch, da die Oberfläche dieser Masse sehr schnell austrocknet. Durch das Austrocknen bilden sich grobe Zuckerkristalle, die das Garnieren sehr beeinträchtigen. Sehr zweckmäßig ist es, wenn Sie die fertige Eiweißspritzglasur in einen Spritzbeutel mit einer 3er-Lochtülle geben. Dadurch lässt sie sich am einfachsten in eine Garniertüte füllen. Packen Sie während der Garnierarbeit die Tüllenöffnung in ein feuchtes Tuch, damit die Glasur dort nicht antrocknet.

Zum Ausfüllen von Bereichen der Buchstaben eignet sich auch Eiweißspritzglasur. Rezepte im **Kapitel „Rezepte" ab Seite 199.** Allerdings sollten Sie hierfür Fondant verwenden, da dieser in der Regel besser glänzt und somit ein für den Betrachter besseres Ergebnis erzielt wird.

Kuvertüre und Fettglasur

Kuvertüre und Fettglasur sind spezielle Arten von Schokoladen, an die bestimmte gesetzliche Anforderungen gestellt werden (siehe **Kapitel „Rezepte" ab Seite 195).** Es gibt sie in drei grundlegenden Farben: Schwarzbraun, Milchbraun und Weiß. Durch diese drei Farben lassen sich weitere Mischtöne herstellen. Dadurch sind diese beiden Materialien ideal für natürliche farbliche Gestaltungen mit starken Kontrasten. Kuvertüre muss und Fettglasur sollte temperiert werden, damit an deren erkalteter Oberfläche ein schöner Glanz entsteht. Näheres über das Temperieren erfahren Sie ebenfalls im **Kapitel „Rezepte".**

Kuvertüre und Fettglasur werden zum Ausfüllen von Teilen der Buchstaben allerdings selten eingesetzt – Konfitüren eignen sich aus gestalterischen und arbeitstechnischen Gründen besser. Allerdings sind Kuvertüre und Fettglasur die wichtigsten Massen, wenn Sie Auflegebuchstaben herstellen möchten, die Sie z. B. auf einer Geburtstagstorte platzieren möchten. Die Herstellung von Auflegebuchstaben entspricht den Verfahrenstechniken für Auflegedekors. Sehr ausführliche Hinweise dazu finden Sie im **Kapitel „Auflegedekors und Schaustücke" ab Seite 84.**

Fondant

Der Fondant ist eine speziell hergestellte weiße Zuckermasse. Erhältlich normalerweise nur im Fachhandel.

Fondant erfordert vor dem Einsatz eine spezielle Bearbeitung mit Wärme – das Temperieren. Beachten Sie hierzu die Beschreibung im **Kapitel „Rezepte" ab Seite 204.** Durch dieses Temperieren ergeben sich seine

fließfähige Eigenschaft und sein bemerkenswert schöner Glanz. Dieser Glanz lässt die ausgefüllten Flächen besser aussehen als solche, die mit fließfähiger Eiweißspritzglasur ausgefüllt wurden. Fondant eignet sich hervorragend sowohl in Weiß als auch mit Lebensmittelfarben eingefärbt zum Ausfüllen von bestimmten Bereichen der Buchstaben und damit zum Gestalten von Schriftdekor.

Konfitüre

Konfitüre (ohne Fruchtstücke) können Sie mit Wasser oder Alkohol direkt kalt zu einer fließfähigen Masse verrühren oder durch Erhitzen verflüssigen. Kalt verflüssigte Konfitüre sollten Sie durch ein sehr feines Sieb passieren, damit später keine Klümpchen den optischen Eindruck beeinträchtigen. Sofern Sie der Konfitüre beim Aufkochen Zucker zusetzen, entstehen nach dem Erkalten Oberflächen, die berührt werden können, ohne dass die Masse verschmiert. Ein Rezept dafür finden Sie im **Kapitel**

„Rezepte" ab Seite 206. Zur vielfältigeren Gestaltung können Sie der Konfitüre Lebensmittelfarbstoffe zugeben, die aber deklariert werden müssen.

Mit der verflüssigten Konfitüre können Sie bestimmte Bereiche von Buchstaben sehr leicht ausfüllen. Durch ihre einfache und schnelle Vorbereitung sowie ihre leuchtende farbliche Wirkung ist sie eine ideale Gestaltungsmasse für Schriftdekor.

Garniervorlagen für Fadendekorgarnierschriften

Für die praktische Anwendung von Schriftdekor finden Sie auf dem USB-Stick zum Buch verschiedene Vorlagen mit Garnierschriften für Fadendekor in folgendem Verzeichnis: **Arbeitsvorlagen** Unterverzeichnis **Schriftdekor** Unterverzeichnis **Garnierschriften**. Auswahlinfos dazu finden Sie ab **Seite 248**. Diese Vorlagen sollen Ihnen nicht nur die Schriftarten darstellen, Sie sollten diese Seiten auch als Garniervorlagen verwenden, um die Techniken zum Garnieren von Buchstaben, Worten und Texten erst einmal gründlich zu üben. Für Garnierübungen schieben Sie die entsprechende Seite in eine zweiseitig offene Klarsichthülle und garnieren direkt auf diese Folie. Als Garniermasse für solche Übungen ist eine Nussnugatmasse ideal, die es als Brotaufstrichmasse in Lebensmittelgeschäften gibt. Diese Masse können Sie ohne Vorbereitung direkt in eine Garniertüte einfüllen und sofort mit Ihren Übungen beginnen. Die dort dargestellten Schriften können Sie auch als Grundlage betrachten, um nach eigenen Ideen Buchstaben selbst zu gestalten oder Schriften zu entwickeln.

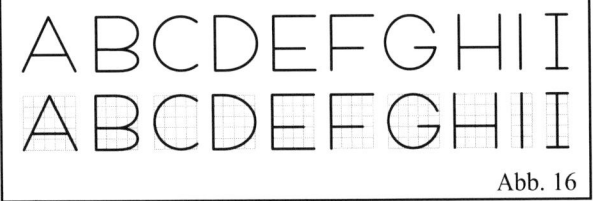

Abb. 16

Die Buchstaben der Druckbuchstabengarnierschriften sind zuerst auf weißem Hintergrund und danach in einem Rahmen mit quadratischen Kästchen dargestellt **(Abb. 16)**. Die Kästchen sollen Ihnen helfen, die optische und die tatsächliche Breite der Buchstaben zu vergleichen. Die unterschiedliche tatsächliche Breite ist notwendig, damit alle Buchstaben optisch gleich groß wirken und ein harmonisches Schriftbild ergeben (siehe auch **„Eigenschaften von Schriftzeichen"** weiter vorne).

Abb. 17

Bei den einzelnen Garnierschriften kann es vorkommen, dass gleiche Buchstaben verschieden dargestellt sind. Dies stellt teilweise für Sie eine Auswahlmöglichkeit dar. Bei der Schreibschrift wird mit der unterschiedlichen Darstellung auch gezeigt, wie die Buchstaben aussehen können, wenn sie mit anderen im unteren oder oberen Bereich zusammenhängen **(Abb. 17)**.

Abb. 18

Bei den Garnierschriften für Fadendekor finden Sie unter der alphabetisch dargestellten Garnierschrift den Text **„Herzlichen Glückwunsch" (Abb. 18)**, damit Sie erkennen, wie die jeweilige Garnierschrift als Text wirkt und Sie diese Schrift auch praxisnah üben können.

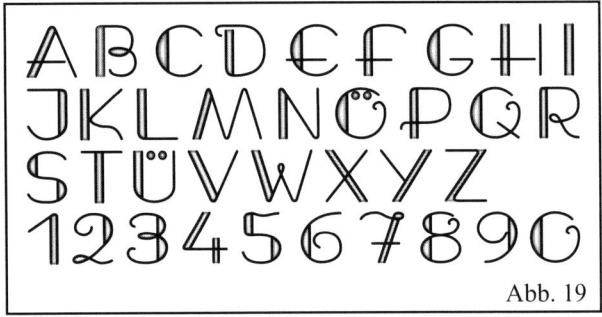

Abb. 19

Bestimmte Bereiche von Buchstaben können mit Garniermassen ausgefüllt werden, um den Text gestalterisch noch mehr aufzuwerten. Geeignet sind z. B. gelbe und rote Konfitüre ohne Fruchtstücke und verschieden farbige Kuvertüren und Fettglasuren. Konfitüren sollten Sie durch ein Sieb streichen und z. B. mit Alkohol oder Wasser verflüssigen. Konfitüren können Sie zusätzlich noch mit Lebensmittelfarbstoffen einfärben – was Sie aber möglichst wegen der notwendigen Deklaration vermeiden sollten. Als Beispiel für eine solche Schrift wurde die Garnierschrift **„Druckschrift Schmuckform in Einlasstechnik" (Abb. 19)** gewählt.

Die Buchstaben dieser Garnierschriften werden hauptsächlich auf essbare Schriftträger garniert, z. B. Marzipanbänder.

Einen Tipp für Ihre eigene Garnierschrift: Erstellen Sie sich mit einem Computer und einem Schreibprogramm einen Text. Wenden Sie auf diesen Text die vielen anderen Schriften in diesem Schreibprogramm an. Viele dieser Schriften lassen sich mit geringem Aufwand dann zu einer Garnierschrift umfunktionieren!

60

Das Fachbuch „Die Garniertüte", Eigenverlag Heinrich Fischer, Darmstadt. Adresse: **www.garniertuete.de**

Schriftträger – Material und Form

Schriftdekor wird hauptsächlich für das Gestalten von Torten benötigt und sollte dazu auf ein Trägermaterial garniert werden. Mit dem Trägermaterial können Sie den garnierten Text dann meist problemlos auf Torten abschieben oder ablegen. Auf Torten direkt zu garnieren, ist nicht zu empfehlen, da Schreib- und Garnierfehler auf einer fertigen Torte meist sehr schlecht zu korrigieren sind. Die besten Eigenschaften als Schriftträger hat Marzipan. Das Marzipan lässt sich schnell und einfach auf eine entsprechende Stärke ausrollen, ist problemlos zu schneiden oder auszustechen, lässt sich gegebenenfalls biegen und schmeckt gut. Vor dem Beschriften wird Marzipan dünn mit flüssiger Kakaobutter abgestrichen, damit es glänzt und nicht austrocknet. Dadurch, dass die

Kakaobutter die Oberfläche des Marzipans versiegelt, lassen sich misslungene Garnierfäden im erkalteten oder angetrockneten Zustand leicht mit einer Messerspitze entfernen. Weiter eignet sich dünn ausgegossene und geformte Kuvertüre als Schriftträger. Verarbeitungshinweise für Kuvertüre finden Sie im **Kapitel „Rezepte" ab Seite 195**.

Als Schriftträger eignen sich auch noch besondere Motive, die Sie als Auflegedekors garnieren können, z. B. ein Sportwagen, mit verschieden farbigen Kuvertüren garniert, für eine bestandene Führerschein Prüfung oder ein Herz aus Lebkuchenteig für einen Glückwunsch zum Geburtstag (Auswahlinfos dazu auf **Seite 64**).

Schriftringe

Schriftringe **(Abb. 20)** sind im Prinzip kreisförmige Schriftbänder. Durch ihre Form sind sie ideal für die Gestaltung von kreisförmigen Torten. Allerdings sind Schriftringe mit langen Texten sehr schwierig herzustellen. Um die Herstellung von Schriftringen erheblich zu erleichtern, benötigen Sie aufwendige Hilfsmittel und Schablonen. Deshalb habe ich dieses Thema für diesen wichtigen Schriftdekor sehr ausführlich am Ende dieses Kapitels ab **Seite 66** dargestellt.

Abb. 20

Schriftbänder

Schriftbänder sind die häufigste Anwendungsart für Schriftdekor. Für Schriftbänder wird in der Regel Marzipan etwa 2 mm stark ausgerollt und in 1 bis 2 cm breite Streifen geschnitten. Die Breite der Streifen orientiert sich an der Höhe des Textes und ist meist unwesentlich breiter, als der Text hoch ist. Weiter sollten die Streifen mehrere Zentimeter länger sein als das Schriftband werden soll. Dadurch können Sie nach dem Garnieren des Textes das Band mit einem Messer sehr einfach auf die optimale Länge zurechtschneiden – ist die Textlänge sehr kurz, können Sie einfach am Anfang und Ende des Textes einen entsprechenden breiten Rand lassen. Damit das Marzipan nicht austrocknet, wird es dünn mit flüssiger Kakaobutter bestrichen.

Schriftbänder sind relativ leicht zu garnieren im Gegensatz zu Schriftringen. Allerdings sollten Sie das Garnieren von Schriftbändern intensiv üben. Für diese Übungen dienen sieben Garniervorlagen mit Schriftbändern. Die Garniervorlagen finden Sie auf dem USB-Stick zu diesem Buch in folgendem Verzeichnis: **Arbeitsvorlagen** Unterverzeichnis **Schriftdekor** Unterverzeichnis **Garnierschriften**. Auswahlinfos erhalten Sie auf **Seite 249**

Abb. 21

(Abb. 21). Auf den Schriftbändern ist der Text **„Herzlichen Glückwunsch"** mit vier Garnierschriften dargestellt. Die leeren Bänder sind dafür vorgesehen, dass Sie den darüber abgebildeten Text oder andere Texte praxisnah üben können. Eine Vielzahl gestalterisch unterschiedlicher Schriftbänder finden Sie in **Abb. 22 auf der nächsten Seite**. Für Garnierübungen nehmen Sie am besten eine Klarsichthülle DIN A4, die an zwei Seiten offen ist. Schieben Sie die Vorlage, die Sie üben möchten, in die Hülle. Garnieren Sie danach direkt mit einer Garniermasse auf die Folie. Als Übungsgarniermasse ist am besten Nussnugatkrem geeignet.

Das Fachbuch „Die Garniertüte", Eigenverlag Heinrich Fischer, Darmstadt. Adresse: **www.garniertuete.de**

61

Schriftbänder – Formen

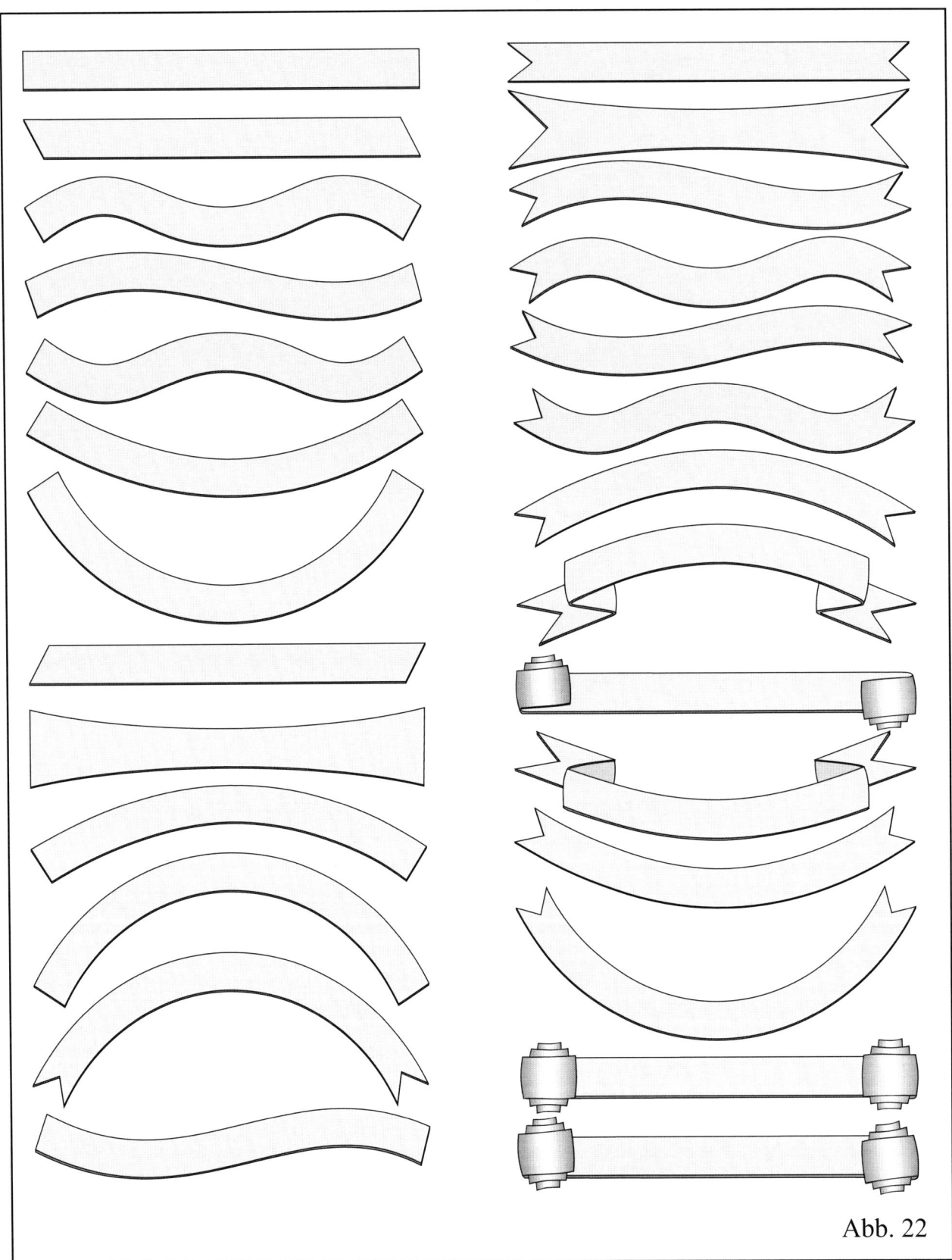

Abb. 22

Jubiläumsschilder

Ein spezieller Schriftträger zur Gestaltung von Festtagstorten ist das Jubiläumsschild mit einer entsprechenden Zahl. Es wird in die Mitte der Festtagstorte gelegt.

Das Jubiläumsschild wird meist aus dünn ausgerolltem Marzipan (etwa 2 bis 3 mm) oder Kuvertüre ausgestochen. Der Ausstecherrand kann glatt oder gewellt sein **(Abb. 23)** und die Form rund oder speziell geformt sein (z. B. Herz, Kleeblatt, Blüte). Die Zahl wird entweder direkt auf das Schild garniert oder darauf gelegt, z. B. aus Marzipan ausgestochen oder aus Marzipanstreifen gelegt **(Abb. 24)**. Die Garniertechnik, in der die Zahlen dargestellt werden, bleibt Ihrem persönlichen Geschmack überlassen, z. B. nachfolgende Vorschläge von links nach rechts **(Abb. 23)**: einfacher Garnierfaden, einfacher Garnierfaden mit Einlasstechnik, Zahl in Einlasstechnik und eine aus Marzipanstreifen hergestellte gelegte Zahl mit Einlasstechnik.

Einfacher Garnierfaden.

Abb. 23

Einfacher Garnierfaden mit Einlasstechnik.

Zahl in Einlasstechnik.

Gelegte Marzipanzahl in Einlasstechnik.

Technik gelegter Zahlen aus Marzipanstreifen

Rollen Sie Marzipan auf eine Stärke von 5 bis 10 mm aus (je nach Größe des Schildes). Schneiden Sie das ausgerollte Marzipan in gleichmäßige Streifen, die etwa so breit sind wie die Stärke des ausgerollten Marzipans. Winkelige Teile der Buchstaben legen Sie aus kurzen Teilstücken, die auf Gehrung geschnitten werden (Abschrägung am Zusammenstoß). Runde Teile können Sie gleichmäßig biegen, wenn Sie den Marzipanstreifen an einem entsprechend großen, glatten Ausstecher entlanglegen.

1. Zahlenteile schneiden und formen.

Abb. 24

2. Marzipanschild ausstechen und mit Kakaobutter abglänzen.

3. Zahlen auf das Marzipanschild legen.

4. Marzipanzahlen mit Spritzschokolade umranden.

5. Weiche Konfitüre auf die Zahlen auftragen.

In **Abb. 25** ist die Technik dargestellt, wie Sie Zahlen aus Marzipanstreifen legen oder zusammensetzen können. Wie die Teile zusammengesetzt werden, erkennen Sie an den Trennstrichen innerhalb der dargestellten Buchstaben.

Abb. 25

Das Fachbuch „Die Garniertüte", Eigenverlag Heinrich Fischer, Darmstadt. Adresse: **www.garniertuete.de**

63

Text auf besonderen Motiven

Für besondere Anlässe lassen sich Motive herstellen und mit der Garniertüte dekorieren und mit einem Text versehen. Als Beispiel für einen solchen Anlass ist hier ein Sportwagen dargestellt, der als Glückwunsch für eine bestandene Fahrprüfung vorgesehen ist **(Abb. 26)**. Die Garniervorlage finden Sie auf dem USB-Stick zum Buch in folgendem Verzeichnis: **Arbeitsvorlagen** Unterverzeichnis **Schriftdekor**. Auswahlinfos erhalten Sie auf **Seite 244**.

Abb. 26

Das Motiv (hier der Sportwagen) sollte aus einem festen Material hergestellt sein, z. B. Kuvertüre oder einem gebackenen Teig, z. B. Mürbeteig oder Lebkuchenteig. Den Teig können Sie mit Kuvertüre oder mit heißer Aprikosenkonfitüre und anschließend mit Fondant (Zuckerglasur) überziehen.

Das Motiv können Sie natürlich auch aus ausgerolltem Marzipan ausschneiden, was etwas einfacher ist – Sie müssen es dann aber auf eine feste Unterlage auflegen, z. B. auf eine Torte.

Abb. 27

Zum Herstellen des Motivs brauchen Sie eine Vorlage aus Karton. Die Ausschneideschablone **(Abb. 27)** dazu finden Sie auf dem USB-Stick zum Buch in folgendem Verzeichnis: **Arbeitsvorlagen** Unterverzeichnis **Schriftdekor**. Auswahlinfos erhalten Sie auf **Seite 244**.

Schneiden Sie das Motiv mit einer Schere aus. Diese Vorlage legen Sie dann auf das ausgerollte Material, aus dem Sie das Motiv herstellen wollen. Mit einem Messer fahren Sie dann die Umrisse der Vorlage nach und schneiden damit das Motiv aus.

Die Umrisse des Motivs garnieren Sie nach Vorlage **(Abb. 26)** mit der Garniertüte direkt auf das Motiv.

Dunkle oder helle Flächen füllen Sie entweder mit farbiger, flüssiger Konfitüre oder mit Kuvertüre aus, oder Sie legen z. B. mit Kakao eingefärbtes Marzipan oder fertige Dekors auf.

Den Text können Sie direkt auf das Motiv garnieren oder zunächst auf Schriftbänder, die Sie zum Schluss auflegen. Schriftbänder sind dann zu empfehlen, wenn sich dadurch eine bessere Gestaltung ergibt, oder wenn Sie Unsicherheiten beim Garnieren der Schrift haben.

Weitere Ideen für Motive:

- **Stern** (Weihnachten)
- **Hase** (Ostern)
- **Kutsche** (für Hochzeit)
- **Rechteck** (Glückwunschkarte)
- **Herz** (z. B. für Geburtstag **[Abb. 28]** und Muttertag) Die Ausschneideschablone Die Garniervorlage finden Sie auf dem USB-Stick zum Buch in folgendem Verzeichnis: **Arbeitsvorlagen** Unterverzeichnis **Schriftdekor**. Auswahlinfos erhalten Sie auf **Seite 244**.

Abb. 28

Das Fachbuch „Die Garniertüte", Eigenverlag Heinrich Fischer, Darmstadt. Adresse: **www.garniertuete.de**

Garnierschriften für Auflegebuchstaben

Abb. 29

Buchstaben für Texte oder Worte müssen Sie nicht immer auf einem Trägermaterial garnieren (z. B. auf Marzipanstreifen), Sie können diese auch als eigenständige Buchstaben herstellen, ähnlich wie Auflegedekors (siehe **Kapitel „Auflegedekors und Schaustücke" ab Seite 84)**. Dadurch können Sie diese Buchstaben direkt auf den Kremdekor einer Torte auflegen – statt einer Kirsche legen Sie einen Buchstaben

Abb. 30

z. B. auf einen am Tortenrand dekorierten Krempunkt eines jeden Tortenstückes **(Abb. 29)**. Dadurch kann sich ein Text oder ein Name ergeben. Auch lassen sich die Buchstaben senkrecht auf einem dekorativen Sockel aufkleben **(Abb. 30)**, (Herstellung siehe im **Kapitel „Hochzeitstorte als Schaustück ab Seite 151)**, was einen sehr auffälligen dreidimensionalen Schriftdekor ergibt.

Abb. 31

Für solche festen Buchstaben sollten diese erheblich größer sein als für Fadendekor. Die Garniervorlage für solche Schriften finden Sie auf dem USB-Stick zum Buch in folgendem Verzeichnis: **Arbeitsvorlagen** Unterverzeichnis **Schriftdekor** Unterverzeichnis **Auflegebuchstaben**. Auswahlinfos erhalten Sie ab **Seite 245**.

(Abb. 31 stark verkleinert die Schrift „Schmuckschrift" und in **Abb. 32** weitere sieben Schriften). Für die Herstellung der Buchstaben schieben Sie die Garniervorlage in eine zweiseitig offen Klarsichthülle (erhältlich im Schreibwaren Handel). Zuerst garnieren Sie mit Fadendekor einer fest werdenden Garniermasse den Umriss der Buchstaben. Danach füllen Sie die Innenfläche der Buchstaben mit einer verlaufenden Masse aus. Die in die Buchstaben eingefüllte Masse sollte konturlos verlaufen

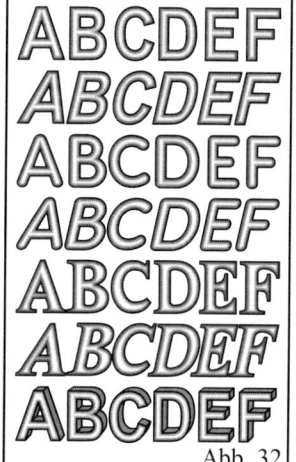

Abb. 32

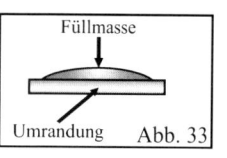

Abb. 33

und sich vom Rand zur Innenfläche erkennbar wölben **(Abb. 33)**. Als Garniermassen bieten sich Kuvertüre, Fettglasur und Eiweißspritzglasur an sowie Massen, die gebacken werden, z. B. Brand- und Hippenmasse (Rezepte und ausführliche Verarbeitungshinweise finden Sie in den **Kapiteln „Rezepte", „Auflegedekors und Schaustücke" (Seite 84)** und **„Hochzeitstorte als Schaustück" (Seite 156)**. Achten sollten Sie darauf, dass es bei Kuvertüre und Fettglasur verschiedene Gestaltungsmöglichkeiten durch dunkle, milchbraune und weiße Farben gibt. Brandmasse und Hippenmasse können Sie mit Kakao einfärben, Eiweißspritzglasur mit Lebensmittelfarbstoffen.

Die Buchstaben haben logischerweise zwei Seiten: Die Seite, die mit der Garnierfolie verbunden war und glatt

Abb. 34

ist, und die Oberseite, die gewölbt ist. Für die Gestaltung können beide Seiten interessant sein. Deshalb finden Sie auf dem USB-Stick zum Buch Garniervorlagen mit spiegelbildlichen Buchstaben **(Abb. 34)** in folgendem Verzeichnis: **Arbeitsvorlagen** Unterverzeichnis **Schriftdekor** Unterverzeichnis **Auflegebuchstaben**. Auswahlinfos erhalten Sie ab **Seite 245**. Die damit hergestellten Buchstaben legen Sie mit der glatten Seite nach oben z. B. auf eine Torte, wodurch diese nicht mehr spiegelbildlich, sondern wieder normal lesbar sind.

Sofern Sie die Buchstaben zu einem dreidimensionalen Schriftdekor verwenden und die Buchstaben sowohl von

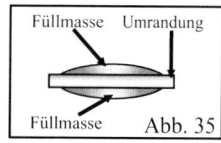

Abb. 35

der Vorder- als auch von der Rückseite zu sehen sind **(Abb. 30)**, sollten Sie beide Seiten gleich gestalten. Am besten wirken bei solchen Dekors Buchstaben, deren Innenbereich sich vom Rand her nach innen stark wölbt – Sie sollten also die glatte Rückseite der Buchstaben ebenfalls gewölbt ausfüllen **(Abb. 35)**.

Das Fachbuch „Die Garniertüte", Eigenverlag Heinrich Fischer, Darmstadt. Adresse: **www.garniertuete.de**

65

Der Schriftring

Vorbemerkungen

Ein Schriftring ist im Prinzip ein kreisförmig gebogenes Schriftband. Er wird zentriert auf eine Torte gelegt, das heißt, sein Mittelpunkt liegt auf dem Mittelpunkt der Torte. Durch seine Form passt er sich sehr harmonisch in die Gestaltung von kreisförmigen Torten ein. Allerdings ist ein Schriftring mit langen Texten sehr schwierig herzustellen, weshalb er im professionellen Bereich auch kaum noch angeboten wird. Mit etwas Vorbereitung und einigen Hilfsmitteln ist diese Schwierigkeit jedoch erheblich geringer und man kann den Schriftring zu einem günstigen Preis in einer vertretbaren Zeit herstellen.

Auf dieser und der nächsten Seite erhalten Sie kurzgefasste Informationen über den Schriftring. Diese sollen Ihnen zunächst einen grundlegenden Überblick geben. Tiefer gehende Informationen, insbesondere über Besonderheiten der Schrift und über die Herstellung und Verwendung von Hilfsmitteln, erhalten Sie anschließend. Allerdings sollten Sie sich mit den Informationen über Garnierschriften am Anfang dieses Kapitels beschäftigt haben, um von der Theorie der Textgestaltung ausreichende Ahnung zu haben, sonst wird Ihnen zum Verstehen etlicher Informationen die Grundlage fehlen!

Möglichkeiten der Textgestaltung

Auf dem Schriftring wird der Text allgemein im Kreis fortlaufend geschrieben, da er im Prinzip ein zu einem Kreis gebogenes Schriftband darstellt. Dadurch steht der Text gegenüber dem Betrachter teilweise auf dem Kopf (**Abb. 1).** Damit der Betrachter den Text leichter lesen kann, kann man ihn gemäß **Abb. 2** garnieren. Von der richtigen Position aus gesehen, steht kein Wort auf dem Kopf. Welche Art Sie verwenden, ist Ihrem Geschmack überlassen – beide Verfahren sind möglich.

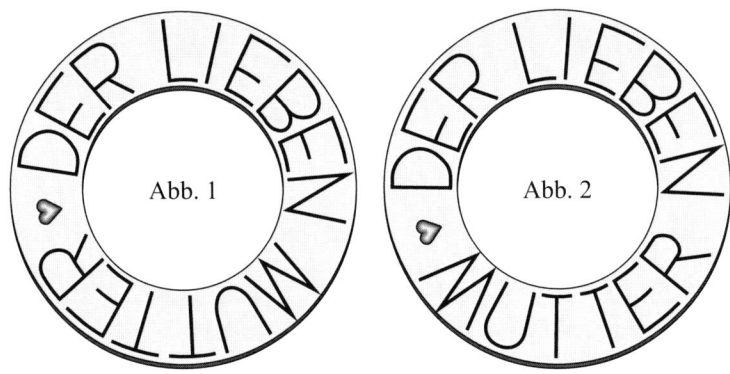

Die Schriftart

Für einen Schriftring verwendet man überwiegend große Druckbuchstaben. Schreibschrift bringt beim Garnieren evtl. Probleme: Entweder müsste jemand den Schriftring beim Garnieren drehen, oder der eigene Körper muss um den Schriftring herumbewegt werden. Außerdem lassen sich Druckbuchstaben mit Hilfe einer vorherigen Planung einfacher auf dem Schriftring platzieren.

Das Schriftbild

Einen Text gleichmäßig auf einen Schriftring zu garnieren, erfordert ein hohes handwerkliches Können und sehr viel Augenmaß. Auch bei langen Texten muss ein gleichmäßiges Schriftbild entstehen. Alle Buchstaben müssen eine gleiche und ausgewogen wirkende Größe und Breite haben. Der jeweilige Abstand zwischen Buchstaben in Worten und zwischen einzelnen Wörtern sollte im gesamten Text gleich sein. Weiter ist ein gleichbleibender Abstand der Buchstaben zu den Ringrändern einzuhalten. Der häufigste Fehler, den man bei langen Schriftringtexten sieht: Am Anfang stehen großzügig und schön garnierte Buchstaben, zum Ende des Textes werden diese dann schmaler. Hier wurde am Anfang zu großzügig mit dem vorhandenen Platz umgegangen und dadurch der Text nicht richtig auf dem verfügbaren Platz verteilt. Dieser Fehler wird verhindert, wenn die Platzierung der Buchstaben exakt geplant wird.

Für das Lesen und Verstehen des Textes ist besonders wichtig, dass **Textanfang und Textende** klar erkennbar sind. Dies erreicht man entweder durch einen größeren Zwischenraum oder durch ein Symbol, z. B. ein Stern oder ein Herz.

Das Fachbuch „Die Garniertüte", Eigenverlag Heinrich Fischer, Darmstadt. Adresse: **www.garniertuete.de**

Hilfsmittel zur Erstellung von Schriftringen

Bei einem kurzen Text ist es kein Problem, diesen gleichmäßig auf dem Schriftring zu verteilen, z. B. **„VIEL GLÜCK"**. Lange Texte sind aber problematisch, z. B. **„HERZLICHEN GLÜCKWUNSCH"**. Für lange Texte verwendet man im Wesentlichen drei Arten von Hilfsmitteln:

1. Die Strahlenschablone

Das einfachste Hilfsmittel ist die Strahlenschablone. Das ist ein Kreis, der durch Linien in eine bestimmte Anzahl gleich großer Segmente aufgeteilt ist. Auf diese Strahlenschablone kann man den Schriftring legen und hat damit eine Aufteilung des vorhandenen Platzes unter dem Ring **(Abb. 3)**. Ideal wäre es, wenn man für jeden Buchstaben und jeden Zwischenraum ein Kreissegment einplanen könnte. Das ist aber leider nicht möglich, was extrem die Buchstaben **„I"** und **„W"** verdeutlichen. Ferner sind auch spezielle Zwischenräume zu berücksichtigen, z. B. zwischen dem **„A"** und dem **„V"**. Diese beiden Buchstaben ergänzen sich durch ihre schräge Gestaltung. Deshalb benötigen sie inklusive Zwischenraum, bezogen auf die Zeilenlänge, weniger Platz als z. B. das **„B"** und das **„N"**. Um einen Text mit Hilfe der Strahlenschablone gleichmäßig auf dem Schriftring zu verteilen, sollte dieser deshalb exakt geplant werden.

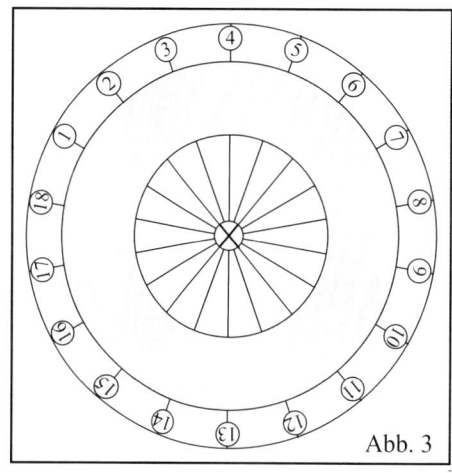
Abb. 3

2. Das Umkehrabziehverfahren

Eine weitere Möglichkeit ist das Umkehrabziehverfahren. Hier wird zuerst ein Schriftringentwurf in Spiegelschrift angefertigt. Auf diesen Entwurf legt man eine sehr dünne Folie. Auf diese garniert man den Text in Spiegelschrift mit einer hart werdenden Garniermasse (z. B. Eiweißspritzglasur oder Spritzkuvertüre). Danach stellt man den Schriftring her: Marzipan ausrollen und mit Ringausstechern ausstechen. Den Marzipanring bestreicht man dick mit flüssiger Kakaobutter. Solange die Kakaobutter noch flüssig ist, drückt man den garnierten Text darauf, der sich noch auf der Folie befindet, und passt evtl. die Form des Marzipanringes dem Text an. Die flüssige Kakaobutter wirkt nun wie ein Klebstoff: Im festen Zustand verbindet sie Marzipan und Buchstaben fest miteinander. Zum Schluss zieht man vorsichtig die Folie ab **(Abb. 4)**. Die Buchstaben werden von der erstarrten Kakaobutter auf dem Schriftring festgehalten und lösen sich dadurch von der Folie – der Schriftring ist damit fertig.

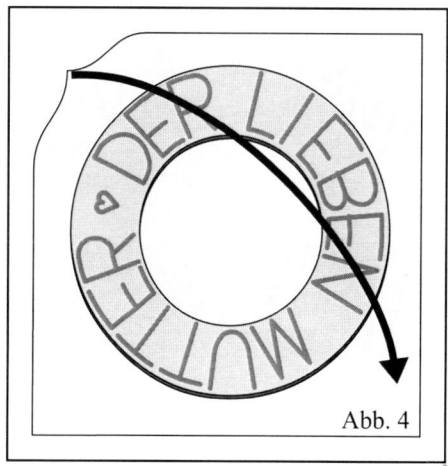
Abb. 4

3. Die Abdruckschablone

Die Abdruckschablone ist eine dünne Scheibe, z. B. aus Kunststoff, auf der man den Text in Spiegelschrift mit einer hart werdenden Masse garniert, z. B. Eiweißspritzglasur. Danach stellt man den Schriftring her: Marzipan ausrollen und mit Ringausstechern ausstechen. Nun drückt man die Abdruckschablone mit den ausgehärteten Buchstaben auf den Marzipanring, wodurch sich die garnierten Umrisse der spiegelbildlichen Buchstaben in Normalschrift abbilden. Jetzt glänzt man das Marzipan mit Kakaobutter ab und garniert „einfach" die Abdrücke der Schablone nach **(Abb. 5)**. Die Vorarbeit für eine solche Schablone ist sehr umfangreich und muss äußerst exakt durchgeführt werden. Bei häufigem Gebrauch machen sich aber die Mehrarbeiten sehr schnell bezahlt.

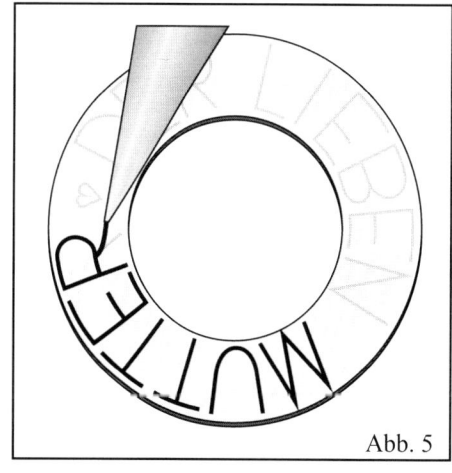
Abb. 5

Das Fachbuch „Die Garniertüte", Eigenverlag Heinrich Fischer, Darmstadt. Adresse: **www.garniertuete.de**

Besonderheiten der Schrift bei Schriftringen

Textanfang und Textende

Textanfang und Textende liegen beim Schriftring meist dicht nebeneinander. Dies macht sich bei längeren Texten möglicherweise ungünstig bemerkbar. Um die Schrift besser lesen zu können, sollten Textanfang und Textende klar erkennbar sein. Dies könnte man mit einem großen Zwischenraum erreichen, was aber die Gestaltung negativ beeinträchtigen und wertvollen Platz kosten würde. Deshalb kann man zwischen Textanfang und Textende ein Zeichen oder ein Symbol garnieren, das zu dem Text

passt, z. B. ein Stern oder ein Herz – im nachfolgenden Beispiel wurde ein Herz gewählt **(Abb. 6)**. Solche Markierungen sollten niedriger als normale Buchstaben sein und mit diesen auch nicht verwechselt werden können. Deshalb kann der Raum zu den angrenzenden Worten auch wesentlich geringer sein als normal. Bei dem nachfolgenden Beispiel wurden für diese beiden Zwischenräume 3 Kästchen gewählt.

Textbeispiel:

Abb. 6

Schriftringbeispiel:

In den Beispielen der **Abb. 7 bis 9** wurde der Schriftring bewusst so hingelegt, dass der Textanfang für den Betrachter nicht links oben liegt, was im Alltag bei einer Torte auch meist so vorkommt. Informieren Sie sich bitte

durch den Text unter den drei Schriftringen über die Unterschiede zwischen den drei Textgestaltungen, und machen Sie sich die Unterschiede bewusst. Danach entscheiden Sie, welche Gestaltung Ihnen angenehmer ist!

Abb. 7: Großer Zwischenraum zwischen Textanfang und Textende.

Abb. 8: Gleichmäßiger Abstand zwischen Wörtern, ohne Symbol für Anfang und Ende.

Abb. 9: Herz als Markierung für Textanfang und Textende.

Das Fachbuch „Die Garniertüte", Eigenverlag Heinrich Fischer, Darmstadt. Adresse: **www.garniertuete.de**

Anpassen von Buchstaben an den Schriftring

Beim Schriftring ist es aus gestalterischen Gründen meist notwendig, die Buchstaben dem Kreis anzupassen, das heißt, die waagrechten geraden Linien werden gekrümmt, und die Buchstabenbreite wird von oben nach unten hin schmaler. Diese Anpassung der Buchstaben hat einen erheblichen Einfluss auf das endgültige Erscheinungsbild des Schriftringes und damit auf die Lesbarkeit des Textes.

Die Höhe und die Breite der Buchstaben

Im bisherigen Entwurf wurde ein Verhältnis der Normalbuchstaben Breite zu Höhe von 4 zu 5 gewählt. Dieses Verhältnis wird im Schriftring automatisch deshalb verändert, weil die senkrechten Linien dem Mittelpunkt des Ringes zustreben und die Buchstaben aus Platzgründen deshalb nach unten hin schmaler werden müssen. Somit bleibt im oberen Bereich der Buchstaben das Verhältnis Höhe zu Breite erhalten, im unteren Bereich ist es aber so verändert, dass der Buchstabe „schlanker" wirkt. Unter Umständen kann das Schriftbild sehr ungünstig erscheinen, insbesondere bei Schriftringen mit einem sehr kleinen Durchmesser (bis etwa 10 cm) und/oder einem sehr breiten Ring und/oder einem sehr langen Text.

Sofern Ihnen der als Beispiel gewählte Schriftringentwurf **„DER LIEBEN MUTTER"** im Verhältnis 4 zu 5 nicht gefällt, können Sie das Buchstabenverhältnis probeweise im Entwurf ändern, z. B. den Normalbuchstaben im Verhältnis 5 zu 5 darstellen. Die Buchstaben mit besonderer Breite (z. B. das **„W"**) sind dann entsprechend anzugleichen.

Sofern Sie das Buchstabenverhältnis ändern, werden Sie in etwa die Ergebnisse erhalten, die dem als Beispiel dargestellten **„E"** entsprechen. Bei kürzeren Texten und/oder Schriftringen mit größerem Durchmesser und/oder breiterem Ring wird sich ein anderer optischer Eindruck ergeben.

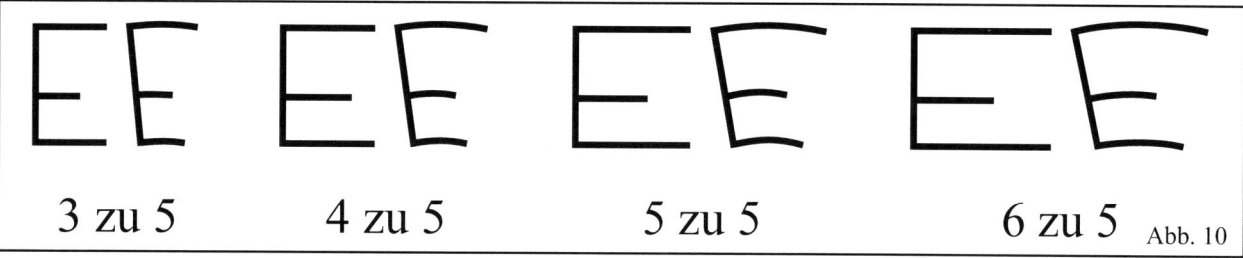

3 zu 5   4 zu 5   5 zu 5   6 zu 5   Abb. 10

Angleichen der waag- und senkrechten Linien der Buchstaben

Die normalerweise geradlinigen, waagrecht verlaufenden Linien der Buchstaben sollte man der Biegung des Kreises anpassen, und die senkrechten Linien sollten dem Mittelpunkt des Ringes zustreben. **Beispiel**: Buchstabe „E":

Die waagrechten und senkrechten geraden Linien des „E" aus dem Entwurf **(Abb. 11)** verändern sich ...

Abb. 11

... im Schriftring zu gebogenen Linien (waagrechte Linien) und zu schrägen Linien (senkrechte Linien) **(Abb. 12)**.

Abb. 12

Tipp für die Gestaltung des Schriftbildes bei Schriftringen

Sehen Sie sich die nächsten beiden Seiten genau an. Auf diesen werden 18 Schriftringe mit unterschiedlicher Gestaltung gezeigt. Besonders eingegangen wird dabei auf lange und kurze Texte, auf schlank und breit wirkende Buchstaben und auf den Abstand der Schrift zu den Ringrändern. Für die Schriftringmitte wird alternativ noch eine Blütengestaltung gezeigt, statt diese auszustechen. Entscheiden Sie selbst, was Ihnen gefällt. Überlegen Sie sich Veränderungen in der Gestaltung und fertigen Sie danach Ihren persönlichen Schriftring.

Das Fachbuch „Die Garniertüte", Eigenverlag Heinrich Fischer, Darmstadt. Adresse: **www.garniertuete.de**

Gestaltungsvergleich von Schriftringen mit langem Text

Vergleich unterschiedlicher Schrifthöhen und Abstände Schrift zu Ringrändern

Bedingungen für die Schriftringe:

Der **Ringdurchmesser außen** ist bei allen Schriftringen gleich, wodurch sich eine unterschiedliche Schrifthöhe in Millimeter ergibt – das Verhältnis Höhe zu Breite der Buchstaben wird dadurch aber nicht verändert!
Der **Ringdurchmesser innen** orientiert sich an der Höhe der Schrift.
Der **Abstand** der **Schrift zu** den **Ringrändern** beträgt

Spalten **links**:	Bei allen Ringen gleicher Abstand in Millimetern zu den Rändern (etwa 2 mm bei 10 cm Ø).
Spalten **Mitte**:	Ein Viertel der Buchstabenhöhe sowohl nach außen als auch nach innen.
Spalten **rechts**:	Die Hälfte der Buchstabenhöhe sowohl nach außen als auch nach innen.

Garnierschrift: Einfache Druckschrift in Großbuchstaben.
Schrift Breite zu Höhe: Abbildungen **erste Reihe**: Normalbuchstaben **5 breit** (oberste waagrechte Linie) zu **5 hoch**.
Abbildungen **zweite Reihe**: Normalbuchstaben **4 breit** (oberste waagrechte Linie) zu **5 hoch**.
Abbildungen **dritte Reihe**: Normalbuchstaben **3 breit** (oberste waagrechte Linie) zu **5 hoch**.
Abstand der Normalbuchstaben in Worten: Ein Viertel der Breite der Normalbuchstaben.
Abstand der Worte: Breite eines Normalbuchstabens plus ein Viertel seiner Breite.

Abb. 13

Das Fachbuch „Die Garniertüte", Eigenverlag Heinrich Fischer, Darmstadt. Adresse: **www.garniertuete.de**

Gestaltungsvergleich von Schriftringen mit kurzem Text

Vergleich unterschiedlicher Schriftarten und Schriftbreiten

Bedingungen für die Schriftringe:

Der **Ringdurchmesser außen** ist bei allen Schriftringen gleich (in Originalgröße etwa 10 cm).
Der **Ringdurchmesser innen** orientiert sich an der Höhe der Schrift.
Der **Abstand** der **Schrift zu** den **Ringrändern** beträgt einheitlich etwa 3 mm bei etwa 10 cm Ringdurchmesser.
Garnierschrift: Einfache Druckschrift in Großbuchstaben mit und ohne Einlasstechnik und Schreibschrift.
Schrifthöhe: Etwa 16 mm bei etwa 10 cm Ringdurchmesser (das „G" bei der Schreibschrift ist etwa 19 mm hoch).
Schrift Breite zu Höhe: Abbildungen **erste Spalte**: Normalbuchstaben **4 breit** (oberste waagrechte Linie) zu **5 hoch**.
        Abbildungen **zweite Spalte**: Normalbuchstaben **5 breit** (oberste waagrechte Linie) zu **5 hoch**.
        Abbildungen **dritte Spalte**: Normalbuchstaben **6 breit** (oberste waagrechte Linie) zu **5 hoch**.
        Anmerkung: Die Schreibschrift wurde im entsprechenden Verhältnis verbreitert.
Abstand der Normalbuchstaben in Worten (außer Schreibschrift): Ein Viertel der Breite der Normalbuchstaben.
Abstand der Worte: Halbe Restfläche.

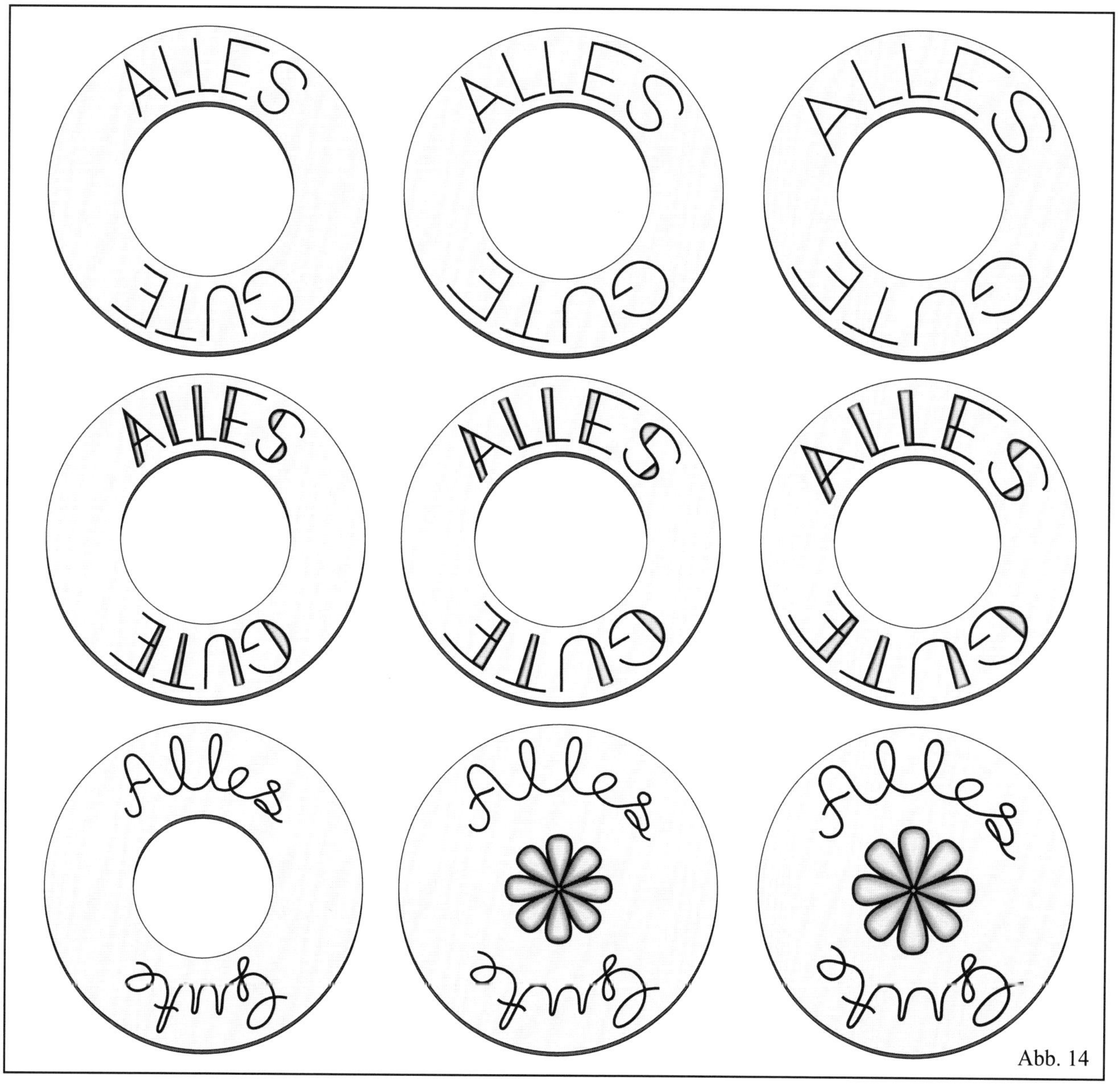

Abb. 14

Das Fachbuch „Die Garniertüte", Eigenverlag Heinrich Fischer, Darmstadt. Adresse: **www.garniertuete.de**

Herstellungsverfahren für Schriftringe

Schriftringe herstellen mit Hilfe der Strahlenschablone

Bei kurzen Texten ist es kein Problem, die Worte gleichmäßig zu verteilen, z. B. „VIEL GLÜCK". Lange Texte sind aber problematisch, z. B. „**DER LIEBEN MUTTER**". Für lange Texte verwendet man Hilfsmittel. Das einfachste Hilfsmittel ist die „Strahlenschablone". Dies ist ein Kreis, der durch Linien in eine bestimmte Anzahl gleich großer Segmente aufgeteilt ist. Auf diese Strahlenschablone kann man den Schriftring legen und hat damit eine Aufteilung des vorhandenen Platzes unter dem Ring. Ideal wäre es,

wenn man für jeden Buchstaben und jeden Zwischenraum ein Kreissegment einplanen könnte. Das ist aber leider nicht möglich, was z. B. extrem die Buchstaben „I" und „W" verdeutlichen. Ferner sind auch Zwischenräume zu berücksichtigen, bei denen sich die Buchstaben in einem Feld überschneiden würden, z. B. das „A" mit dem „V". Deshalb sollte ein Text exakt geplant werden, damit man ihn mit Hilfe der Strahlenschablone gleichmäßig auf dem Schriftring garnieren kann.

Beispielplanung:

Text: „DER LIEBEN MUTTER ♥"
Schriftart: Einfache Druckschrift in Großbuchstaben

1. Verwenden Sie für die Planung Papier mit quadratischen Rechenkästchen und entwerfen den Text. Halten Sie sich an die Größe der Buchstaben, wie sie auf der entsprechenden Vorlage auf dem USB-Stick zu diesem Buch ebenfalls in Kästchen dargestellt wurde. Sie finden die Vorlagen in folgendem Verzeichnis: **Arbeitsvorlagen** Unterverzeichnis **Schriftdekor** Unterverzeichnis **Garnierschriften**. Auswahlinfos erhalten Sie ab **Seite 250**.

2. Zählen Sie die Kästchen der Textbreite. Dies sind hier 90 Kästchen (18 × 5 Kästchen) in **Abb. 15**.

3. Teilen Sie die Anzahl der Kästchen durch die Anzahl der Kreissegmente der Strahlenschablone, die Sie verwenden möchten. Berechnung hier: **90 Kästchen** für die Länge des Textes, **geteilt** durch die Anzahl der Segmente der verwendeten Strahlenschablone (18 Kreissegmente), **ergibt hier die Zahl 5**.

4. Zählen Sie beim Textentwurf jeweils 5 Kästchen ab und zeichnen dort einen senkrechten dünnen Strich. Zeichnen Sie den ersten Strich am Textanfang, also an das „D" von „DER". Sie werden am Ende 19 Striche erhalten.

5. Beschriften Sie die senkrechten Striche mit den Zahlen 1 bis 18. Der letzte Strich erhält, wie der erste, die Zahl „1", weil der Textanfang in einem Schriftring auch das Textende ist. Es entsteht das Ergebnis der **Abb. 15**.

6. Ideal ist es, wenn alle Buchstaben an einem der Striche anfangen oder enden. Sofern Ihr Entwurf genauso unregelmäßig ist wie **Abb. 15**, sollten Sie den Entwurf z. B. so verändern, wie in **Abb. 16** dargestellt. Dabei müssen Sie natürlich das spätere Schriftbild des Schriftringes beachten, das durch solche Veränderungen unter Umständen negativ beeinflusst wird!

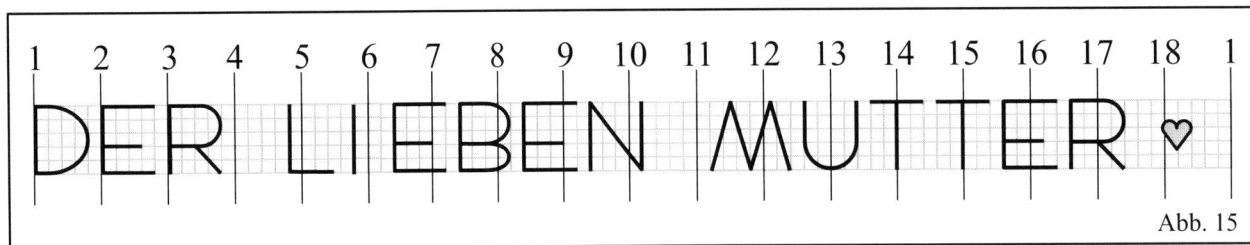

Abb. 15

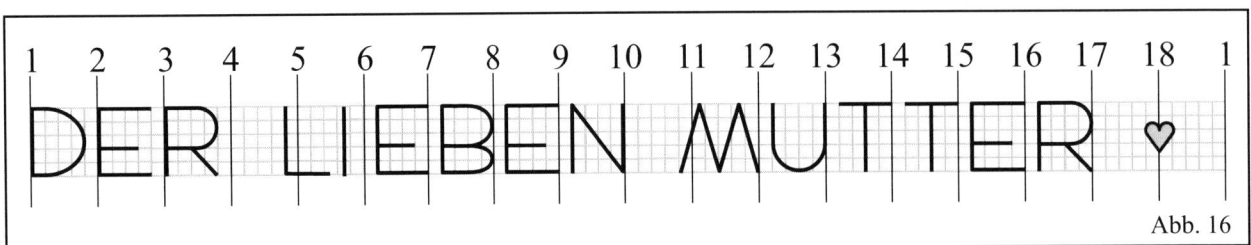

Abb. 16

Das Fachbuch „Die Garniertüte", Eigenverlag Heinrich Fischer, Darmstadt. Adresse: **www.garniertuete.de**

Die Arbeitsschritte bei der Schriftringherstellung

Sie benötigen für dieses Beispiel eine Strahlenschablone mit 18 Kreissegmenten, die Sie auf dem USB-Stick zum Buch im Verzeichnis „**Arbeitsvorlagen**" Unterverzeichnis „**Schriftdekor**" Unterverzeichnis „**Schriftring**" Unterverzeichnis „**Strahlenschablonen**" Unterverzeichnis „**mit Hilfskreisen**" als Datei „**Strahlenschablone mit Hilfskreisen 18.jpw**" finden.

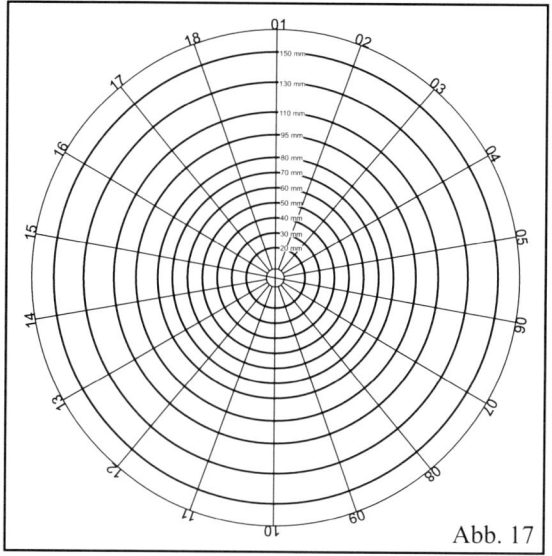

Abb. 17

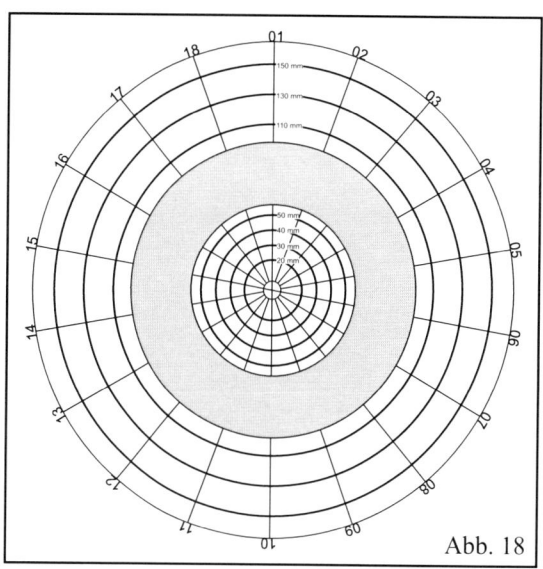

Abb. 18

1. Arbeitsschritt (Abb. 17):
Nehmen Sie eine Strahlenschablone mit 18 Kreissegmenten, die Sie auf dem USB-Stick zum Buch wie oben beschrieben finden.

2. Arbeitsschritt (Abb. 18):
Rollen Sie Marzipan auf etwa 2 mm Stärke aus und stellen Ihren Schriftring her. Bestreichen Sie den Schriftring dünn mit flüssiger Kakaobutter. Legen Sie Ihren vorbereiteten Schriftring nun auf die Strahlenschablone.

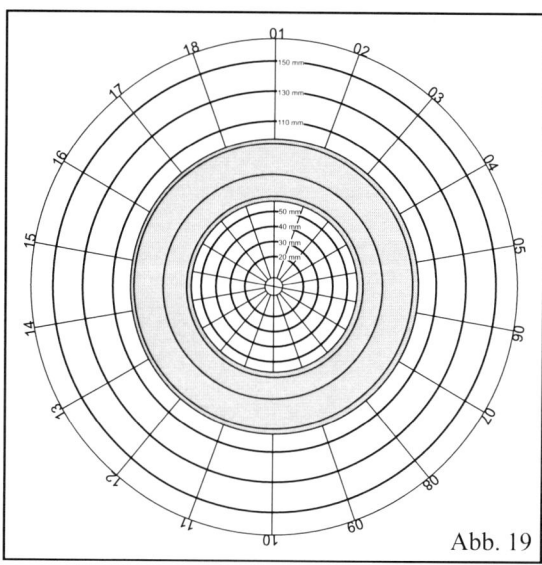

Abb. 19

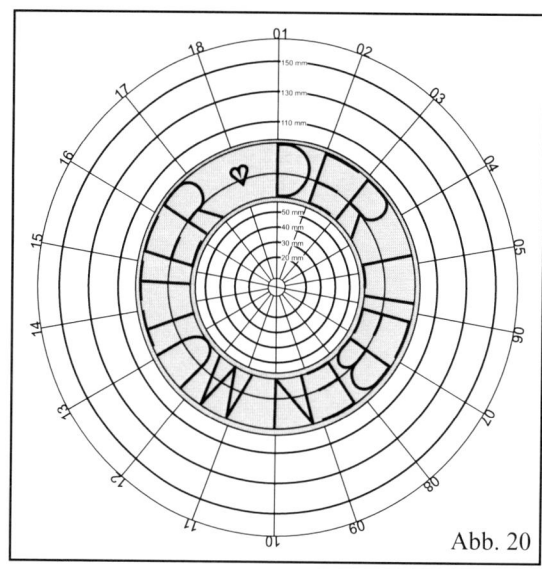

Abb. 20

3. Arbeitsschritt (Abb. 19):
Sofern Sie entsprechend große Ausstecher haben, drücken Sie vorsichtig damit schwache Hilfslinien auf den Marzipanring, um die Schrifthöhe und die Ebene für Mittelstriche (z. B. mittlere E-Linie) zu markieren.

4. Arbeitsschritt (Abb. 20):
Garnieren Sie den Text Buchstaben für Buchstaben, und überprüfen Sie die Position jedes Buchstabens und jedes Zwischenraumes mit der Planung.

Das Fachbuch „Die Garniertüte", Eigenverlag Heinrich Fischer, Darmstadt. Adresse: **www.garniertuete.de**

73

Schriftringe herstellen mit dem Umkehrabziehverfahren

Für sehr lange Texte, die auf einen Schriftring garniert werden sollen, empfiehlt sich ein genau geplanter Entwurf. Da ein solcher Entwurf sehr zeitaufwendig ist, eignet er sich sehr gut für Prüfungen oder für oft wiederkehrende Standardtexte, z. B.: „HERZLICHEN GLÜCKWUNSCH", „ALLES GUTE ZUM GEBURTSTAG", „DER LIEBEN MUTTER".

Nachfolgend wird der exakte Entwurf einer Garniervorlage für Muttertagstorten beschrieben mit dem Text **„DER LIEBEN MUTTER"**. Diese Garniervorlage dient zur Beschriftung von Schriftringen im Umkehrabziehverfahren und beim Verfahren mit einer Abdruckschablone, welches später noch ausführlich dargestellt wird.

Mittels Garniervorlage wird beim Umkehrabziehverfahren ein Text in Spiegelschrift auf eine sehr dünne Kunststofffolie mit angestockter Kuvertüre garniert (verfestigte, aber noch garnierfähige temperierte Kuvertüre, Rezept siehe **Kapitel „Rezepte" auf Seite 198)**. Sobald die Garniermasse hart geworden ist, wird ein vorbereiteter

Schriftring mit flüssiger, warmer Kakaobutter bestrichen und der auf der Folie haftende garnierte Text umgekehrt darauf gelegt. Sobald die Kakaobutter fest ist – dazu den Schriftring kurz in den Kühl- oder Tiefkühlschrank legen –, wirkt diese wie Klebstoff zwischen Schriftring und Buchstaben. Wenn jetzt die Trägerfolie der Schrift vorsichtig abgezogen wird, sollten alle Buchstaben einwandfrei auf dem Schriftring haften bleiben. Da der Text in Spiegelschrift garniert wurde, ist er jetzt in normaler Schrift lesbar.

Dieses Verfahren erfordert allerdings eine sehr aufwendige und genaue Garniervorlage, die aber immer wieder benutzt werden kann. Es wird wieder, wie beim vorangegangenen Verfahren, eine Strahlenschablone benutzt, allerdings eine mit wesentlich mehr Strahlen, um eine höhere Genauigkeit der Garniervorlage zu erzielen. Der Entwurf ähnelt am Anfang dem Verfahren, wo mittels der 18er-Strahlenschablone direkt auf den Schriftring garniert wurde.

Bedingungen für den Schriftring:

Text: „DER LIEBEN MUTTER ♥ "

Schrift: Einfache Druckschrift in Großbuchstaben, Höhe 14 mm.
Buchstabenverhältnis der normalen Buchstaben: Breite zu Höhe = 4 zu 5.
Raum zwischen den Buchstaben in einem Wort: Ein Viertel der Breite eines normalen Buchstabens (1 Kästchen).
Raum zwischen den Worten des Textes: Mindestens die Breite eines normalen Buchstabens.
Schriftringmaße: Außen: 90 mm Ø, **Innen:** 52 mm Ø, **Schriftringbreite:** 19 mm.

Verwenden Sie für die Planung Papier mit quadratischen Kästchen und entwerfen den Text gemäß **Abb. 21**. Halten Sie sich an die Größe der Buchstaben, wie sie auf dem USB-Stick zum Buch auf der **Garniervorlage** mit der

Dateibezeichnung „Garnierschrift 01" im Verzeichnis „Arbeitsvorlagen" Unterverzeichnis „Schriftdekor" Unterverzeichnis „Garnierschriften" ebenfalls in Kästchen dargestellt wird.

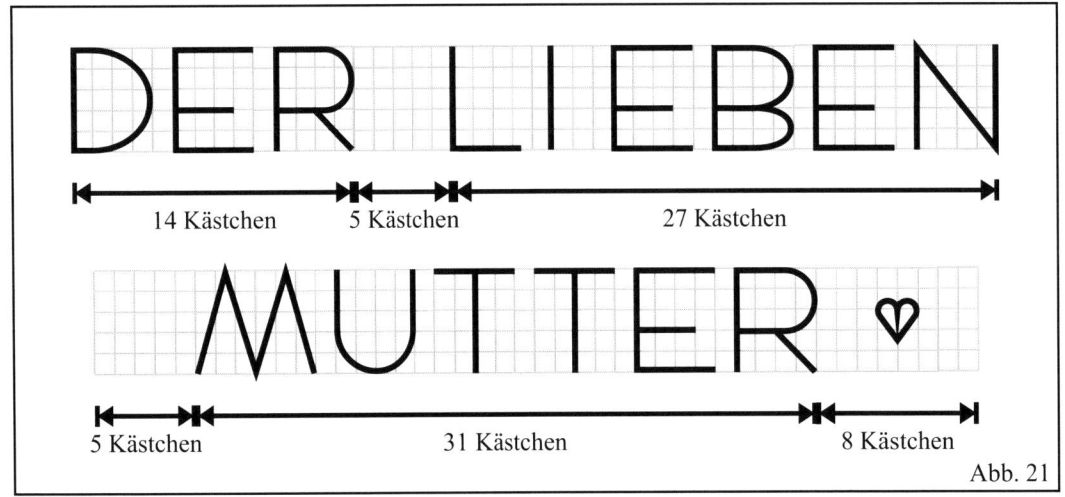

14 Kästchen   5 Kästchen   27 Kästchen

5 Kästchen   31 Kästchen   8 Kästchen

Abb. 21

Das Fachbuch „Die Garniertüte", Eigenverlag Heinrich Fischer, Darmstadt. Adresse: **www.garniertuete.de**

Zählen Sie nun die Kästchen des Textentwurfes der Breite der Worte und der Zwischenräume gemäß nachfolgender Methode zusammen. Dies sind hier 90 Kästchen. Sollten Sie einen anderen Text entwerfen, achten Sie darauf, dass Sie auf eine gesamte Textbreite in Kästchen kommen, die einer Anzahl entspricht, in der Sie auch eine Strahlenschablone haben. Ist Ihr Text z. B. 92 Kästchen

lang, so ist Ihre nachfolgend vorhandene Strahlenschablone mit 90 Segmenten zu klein und mit 100 zu groß. Nun müssen Sie überlegen, ob Sie irgendwo 2 Kästchen Platz einsparen können. Besser wird es allerdings sein, wenn Sie die 100er-Strahlenschablone einsetzen, also noch 8 Kästchen Zwischenraum irgendwo zwischen den Worten oder am Anfang/Ende des Textes verteilen.

Berechnung, welche Strahlenschablone benötigt wird:

1. Wort **„DER"** .... 14 Kästchen
1. Zwischenraum .... 5 Kästchen
2. Wort **„LIEBEN"** .... 27 Kästchen
2. Zwischenraum .... 5 Kästchen
3. Wort **„MUTTER"** .... 31 Kästchen
„Herz" mit Zwischenräumen .... 8 Kästchen
Gesamte Textbreite................................... **90 Kästchen** = benötigte Strahlenschablone mit 90 Kreissegmenten

Die Arbeitsschritte bei der Herstellung der Textgarniervorlage

Sie benötigen für diese Übung eine Strahlenschablone mit 90 Kreissegmenten, die Sie auf dem USB-Stick zum Buch im Verzeichnis **„Arbeitsvorlagen"** Unterverzeichnis **„Schriftdekor"** Unterverzeichnis **„Schriftring"** Unterverzeichnis **„Strahlenschablonen"** Unterverzeichnis **„einfach"** mit dem Namen **„Strahlenschablonen einfach 90.jpw"** finden.

1. Arbeitsschritt (Abb. 22): Nehmen Sie die zuvor bezeichnete Strahlenschablone mit 90 Kreissegmenten.	**2. Arbeitsschritt (Abb. 23):** Legen Sie ein durchsichtiges Papier auf die Strahlenschablone und verbinden beides mit einem Klebestreifen.	**3. Arbeitsschritt (Abb. 24):** Zeichnen Sie 3 Kreise auf das Papier (Radius 43,5, 34 und 27,5 mm) – das sind die Begrenzungslinien für den Text und die mittlere E-Linie.
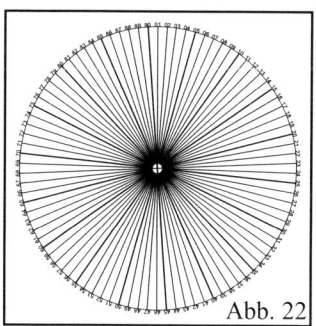 Abb. 22	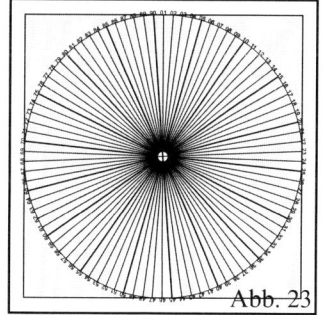 Abb. 23	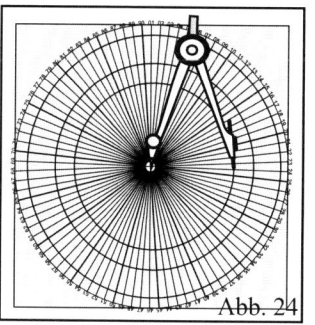 Abb. 24
4. Arbeitsschritt (Abb. 25): Zeichnen Sie mit einem Stift den Text auf das durchsichtige Papier gemäß dem Entwurf: Jedes Kreissegment steht für ein Kästchen Breite des Entwurfs.	**5. Arbeitsschritt (Abb. 26):** Entfernen Sie das beschriftete, durchsichtige Papier von der Strahlenschablone. Auf dem durchsichtigen Papier bildet sich der Text des Schriftringentwurfes ab.	**6. Arbeitsschritt (Abb. 27):** Wenden Sie das durchsichtige Papier mit dem Schriftringentwurf. Der Text liegt nun in Spiegelschrift vor Ihnen.
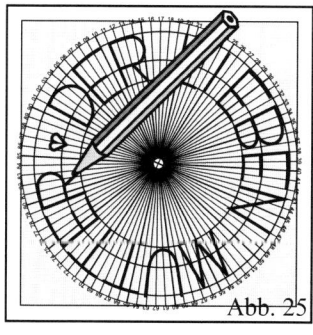 Abb. 25	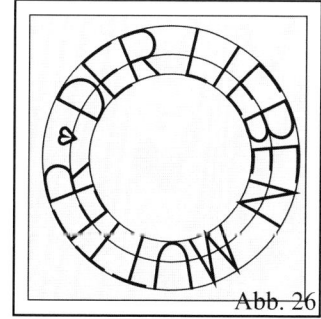 Abb. 26	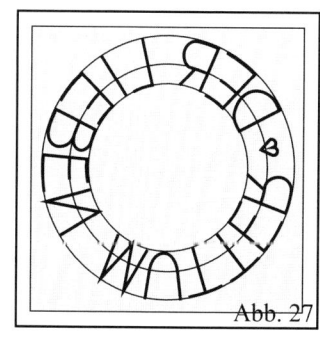 Abb. 27

Herstellung eines Schriftringes im Umkehrabziehverfahren

1. Arbeitsschritt (Abb. 28):
Legen Sie auf den in Spiegelschrift vor Ihnen liegenden Schriftringentwurf eine dünne Kunststofffolie und verbinden beides mit einem Klebestreifen. Garnieren Sie mit angestockter, temperierter Kuvertüre die Buchstaben in Spiegelschrift auf der Folie nach. (Rezept siehe **Kapitel „Rezepte" auf** **Seite 198)**.

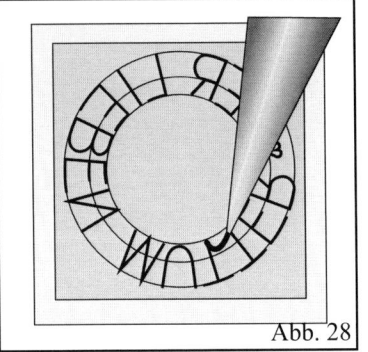

Abb. 28

2. Arbeitsschritt (Abb. 31):
Entfernen Sie die Folie, auf der die Buchstaben garniert sind, von der Garniervorlage. Sie erhalten das nachfolgende Ergebnis. Die garnierten Buchstaben lassen Sie an einem kühlen Platz erstarren.

Abb. 29

3. Arbeitsschritt (Abb. 30):
Rollen Sie Marzipan auf 2 bis 3 mm aus. Stechen Sie mit Ringausstechern den Schriftring aus. Bestreichen Sie den Schriftring mit warmer, flüssiger Kakaobutter.

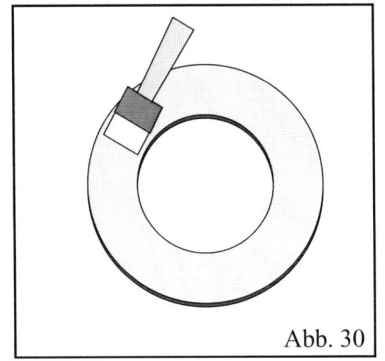

Abb. 30

4. Arbeitsschritt (Abb. 31):
Wenden Sie die Folie, auf der sich die garnierten harten Buchstaben befinden, so dass sich die Buchstaben unterhalb der Folie befinden. Legen Sie die Folie so auf den Schriftring, dass die harten Buchstaben gleichmäßig auf dem Schriftring aufliegen. Korrigieren Sie evtl. die Form des Marzipanringes. **Die Kakaobutter muss jetzt unbedingt noch flüssig sein (Abb. 32)!**

Abb. 31

5. Arbeitsschritt (Abb. 32):
Lassen Sie die noch flüssige Kakaobutter an einem kühlen Platz erstarren. Dadurch wirkt die Kakaobutter wie Klebstoff zwischen den harten Buchstaben und dem Marzipanring – sie hält die Buchstaben auf dem Marzipanring fest. Ziehen Sie die Folie vorsichtig vom Schriftring so ab, dass die Buchstaben sich nicht vom Marzipanring lösen.

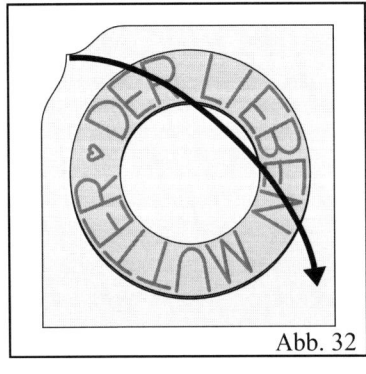

Abb. 32

6. Arbeitsschritt (Abb. 33):
Nach all den Mühen erhalten Sie hoffentlich einen gut aussehenden Schriftring, den Sie evtl. noch mit Konfitüre gestalten können. Die sehr zeitaufwendigen Vorarbeiten für die Garniervorlage machen sich dann bezahlt, wenn Sie oft den gleichen Text auf einen Schriftring garnieren – denn diese Garniervorlage ist ja unbegrenzt einsetzbar!

Abb. 33

Das Fachbuch „Die Garniertüte", Eigenverlag Heinrich Fischer, Darmstadt. Adresse: **www.garniertuete.de**

Schriftringe herstellen mit Hilfe einer Abdruckschablone

Die Arbeitsschritte bei der Herstellung der Abdruckschablone

1. Arbeitsschritt (Abb. 34):
Verwenden Sie die Garniervorlage, wie sie im Umkehrabziehverfahren in der Herstellung auf **Seite 75** beschrieben wurde. Legen Sie auf die Garniervorlage eine dünne Scheibe aus Glas oder Kunststoff und verbinden beides rutschfest miteinander, z. B. mit einem Klebestreifen (**Abb. 35**).

2. Arbeitsschritt (Abb. 35):
Garnieren Sie mit Eiweißspritzglasur oder einer Kunststoffmasse die Buchstaben entsprechend der Garniervorlage haarfein auf die Scheibe und lassen die Buchstaben hart werden. Ein Rezept finden Sie im **Kapitel „Rezepte" auf Seite 199.**

Achten Sie beim Garnieren der Linien darauf, dass sich kreuzende Linien nicht überlagern, dies würde zu tiefen und erkennbaren Abdrücken auf dem Marzipanring führen, die meist sehr schlecht aussehen. Beenden Sie in einer solchen Situation die eine Linie, bevor sie die andere überlagert, und beginnen Sie auf der gegenüberliegenden Seite der zu kreuzenden Linie neu (**Abb. 36, oben**).

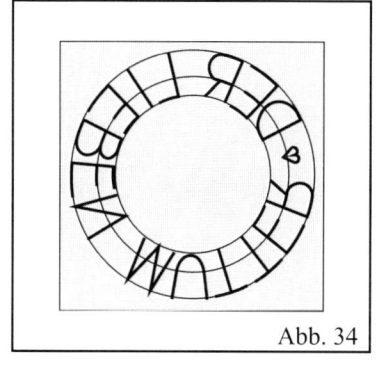

Abb. 34

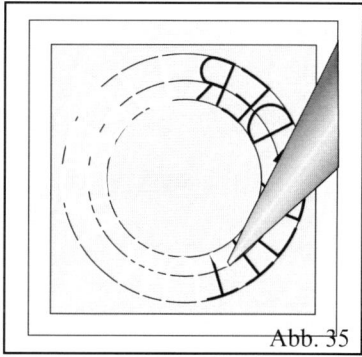

Abb. 35

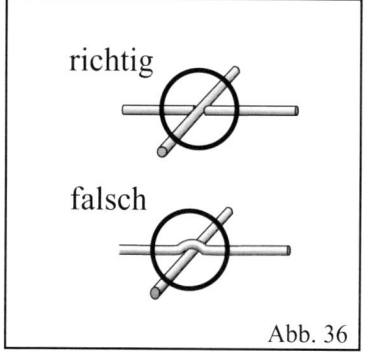

Abb. 36

Das Fachbuch „Die Garniertüte", Eigenverlag Heinrich Fischer, Darmstadt. Adresse: **www.garniertuete.de**

77

Herstellung eines Schriftringes mit Hilfe einer Abdruckschablone

1. Arbeitsschritt (Abb. 37):
Stellen Sie nach den Maßen des Schriftringentwurfes einen Marzipanring her.

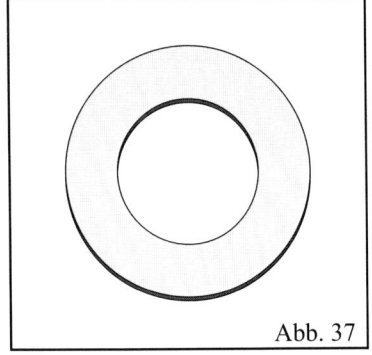

Abb. 37

2. Arbeitsschritt (Abb. 38):
Nehmen Sie die Abdruckschablone. Achten Sie darauf, dass die Garniermasse der Buchstaben vollständig ausgehärtet ist und die Buchstaben auf der Glasscheibe fest haften.

Abb. 38

3. Arbeitsschritt (Abb. 39):
Wenden Sie die Abdruckschablone so, dass die Buchstaben sich auf der Unterseite der Scheibe befinden. Legen Sie die Abdruckschablone auf den vorbereiteten Marzipanring. Passen Sie evtl. die Form des Ringes dem Textbild der Abdruckschablone an. Drücken Sie mit Ihren Fingern vorsichtig auf die Abdruckschablone, so dass sich der Text auf dem Marzipanring erkennbar eindrückt.

Abb. 39

4. Arbeitsschritt (Abb. 40):
Bestreichen Sie mit flüssiger Kakaobutter den Marzipanring, auf dem sich nun der Abdruck des Textes darstellt. Die Kakaobutter bewirkt, dass der Marzipanring nicht austrocknet und schöner glänzt.

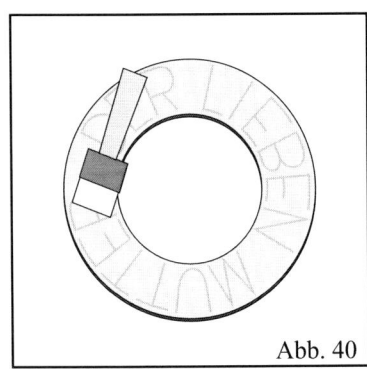

Abb. 40

5. Arbeitsschritt (Abb. 41):
Beschriften Sie mit der Garniertüte den Marzipanring, indem Sie die Abdrücke der Buchstaben nachgarnieren.

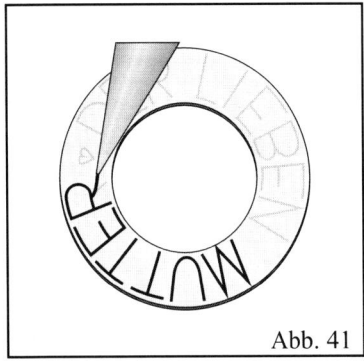

Abb. 41

6. Arbeitsschritt (Abb. 42):
Nach all den Mühen erhalten Sie hoffentlich einen optimalen Schriftring. Diesen können Sie natürlich noch z. B. mit weicher Konfitüre weiter gestalten.

Abb. 42

Das Fachbuch „Die Garniertüte", Eigenverlag Heinrich Fischer, Darmstadt. Adresse: **www.garniertuete.de**

Garniervorlagen für Schriftringe

Auf dem USB-Stick zum Buch finden Sie verschiedene Garniervorlagen, um verschiedene Einzelschritte der zuvor dargestellten Arbeitstechniken zu umgehen und um Garnierübungen auch direkt auf einer Garniervorlage üben zu können.

Die Garniervorlagen finden Sie im Verzeichnis „**Arbeitsvorlagen**" Unterverzeichnis „**Schriftdekor**" Unterverzeichnis „**Schriftring**" Unterverzeichnis „**Garniervorlagen**".

Eine dieser Garniervorlagen zeigt die **Abb. 43.** Links oben ist eine Strahlenschablone mit 90 Kreissegmenten vorbereitet, in die Sie einen geeigneten Text selbst eintragen können. Darunter ist ein Schriftringentwurf mit dem Text „**DER LIEBEN MUTTER**" in Spiegelschrift dargestellt, den Sie zum Erstellen einer Abdruckschablone verwenden können. In den rechts oben dargestellten Schriftring können Sie einen Text Ihrer Wahl freihändig üben. Im Schriftring rechts unten können Sie den vorgezeichneten Text „**DER LIEBEN MUTTER**" nachgarnieren. Für Garnierübungen schieben Sie die Garniervorlage in eine zweiseitig offene Klarsichthülle, die Sie im Bürofachhandel kaufen können. Als Übungsgarniermasse eignet sich am besten Nussnugatkrem, den Sie ohne Vorbereitung direkt in eine Garniertüte füllen können.

Abb. 43

Unten sind in Abb. 44 bis 47 weitere vier Garniervorlagen abgebildet, die Sie auf dem USB-Stick zum Buch in folgendem Verzeichnis finden: **Arbeitsvorlagen** Unterverzeichnis **Schriftdekor** Unterverzeichnis **Schriftring** Unterverzeichnis **Garniervorlagen**. Mit diesen können Sie Schriftringe mit vier verschiedenen Schriftarten üben.

Abb. 44

Abb. 45

Abb. 46

Abb. 47

Das Fachbuch „Die Garniertüte", Eigenverlag Heinrich Fischer, Darmstadt. Adresse: **www.garniertuete.de**

79

Kapitel 7 – Auflegedekors und Schaustücke

Das Fachbuch „Die Garniertüte", Eigenverlag Heinrich Fischer, Darmstadt. Adresse: **www.garniertuete.de**

Übersicht

Das Fachbuch „Die Garniertüte", Eigenverlag Heinrich Fischer, Darmstadt. Adresse: **www.garniertuete.de**

Das Fachbuch „Die Garniertüte", Eigenverlag Heinrich Fischer, Darmstadt. Adresse: **www.garniertuete.de**

Auflegedekors und Schaustücke

Vorbemerkungen

Mit Auflegedekors und Schaustücken werden Torten und Desserts am häufigsten geschmückt. Diese lassen sich auf Vorlagen herstellen und dreidimensional auf Torten und Desserts platzieren. Sofern man Torten und Dessert direkt mit der Garniertüte schmückt, also Dekors aufgarniert, die nicht mehr abnehmbar sind, besteht immer die Gefahr, dass man das Produkt durch Garnierfehler verunstaltet. Außerdem ergibt sich durch Auflegedekors und Schaustücke ein plastischer Eindruck, der besser wirkt als ein nur aufgarnierter flächiger Dekor.

Auflegedekors werden auch als **„Ornamente"** bezeichnet. Die Worte Dekor und Ornament bedeuten **„Ausschmückung, Verzierung"**. Unter den Begriffen **„Dekor oder Ornament"** versteht man bei der Dekoration von Lebensmitteln sowohl das eigenständige, feste Dekorteil

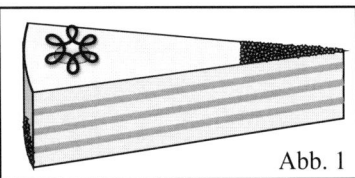

Abb. 1

als auch einen Dekor, der direkt auf eine Torte oder ein Dessertstück aufgarniert wird und nicht mehr zu entfernen ist (ausführlich in vorangegangenen Kapiteln beschrieben). Ein Beispiel für einen transportablen Dekor ist ein Schleifendekor aus Kuvertüre, welchen man z. B. auf eine Torte legen kann **(Abb. 1)**. Zur besseren Unterscheidung der eigenständigen, festen Dekors von den nicht transportablen verwende ich für feste Dekors in diesem Buch den Begriff **„Auflegedekors"**. Weitere Begriffsbestimmungen für solche Dekors sind **„Dekor- und Schmuckformen, -teile, -figuren, -muster, -motive"**.

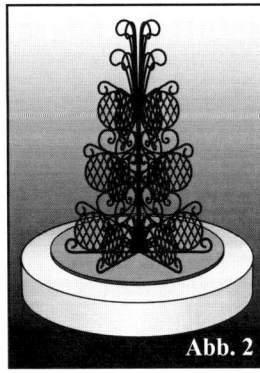

Abb. 2

Schaustücke sind im Prinzip auch Auflegedekors und werden nahezu mit den gleichen Materialien und Verfahrenstechniken hergestellt. Der Unterschied liegt hier in der Größe. Auflegedekors haben in der Regel eine Größe, die auf ein einzelnes Tortenstück passt **(Abb. 1)**, Schaustücke sind erheblich größer und beanspruchen mehr Platz, als ein einzelnes Tortenstück bietet, z. B. ein Tortenaufsatz aus Kuvertüre **(Abb. 2)**.

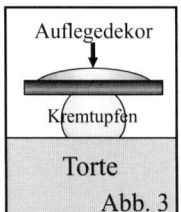

Auflegedekor
Kremtupfen
Torte
Abb. 3

In den vorangegangenen Kapiteln wurden lediglich Dekormöglichkeiten beschrieben, die mit der Garniertüte direkt auf eine Unterlage garniert werden, z. B. auf Torten, Desserts und Schriftbänder. Bei diesen Dekors fehlt in der Regel eine räumliche Wirkung. Eine solche räumliche Wirkung erzielt man, wenn z. B. der Dekor sich von der Unterlage abhebt. Damit sich der Dekor abheben kann, muss er natürlich fest und stabil sein. Er kann dann z. B. auf einem Tupfen aus Tortenkrem scheinbar „schwebend" auf Torten und Desserts platziert **(Abb. 3)** oder als Schaustück, z. B. ein Tortenaufsatz **(Abb. 2)**, auf eine Torte gestellt werden.

Diese Stabilität erreicht man mit garnierfähigen Lebensmitteln und Massen mit folgenden Eigenschaften:

- Lebensmittel, die bei der Verarbeitung warm und flüssig sind und danach durch Abkühlen fest werden, z. B. Kuvertüre, Fettglasur und eingeschränkt Fondant.

- Lebensmittelmassen, die sich nach dem Garnieren durch Trocknen verfestigen, z. B. Eiweißspritzglasur.

- Lebensmittelmassen, die z. B. Mehl, Stärke und/oder Eier enthalten und nach dem Garnieren gebacken werden und sich dadurch verfestigen, z. B. Brand-, Hippen- und Hapiolamasse (falsche Hippenmasse).

Jede dieser Massen und jedes dieser Lebensmittel hat bestimmte Eigenschaften, die meist eine besonders sorgfältige Verarbeitung und später eine spezielle Lagerung erfordern, damit die herzustellenden Auflegedekors und Schaustücke auch stabil genug sind und ihre Stabilität und Schönheit behalten.

Auf den nächsten Seiten erhalten Sie die wichtigsten Grundlagen für das Herstellen von Auflegedekors und Schaustücken. Detailliertere Informationen zu den Rezepten und deren Verarbeitung finden Sie im **Kapitel „Rezepte" ab Seite 193.** Beachten Sie bitte die jeweilige Kurzfassung im Anschluss an die Beschreibung der einzelnen Garniermassen. Diese Kurzfassung soll Sie über das Wichtigste nochmals in Kurzform übersichtlich informieren und enthält auch Informationen aus dem Rezeptteil.

84

Das Fachbuch „Die Garniertüte", Eigenverlag Heinrich Fischer, Darmstadt. Adresse: **www.garniertuete.de**

Allgemeine Grundlagen

Garniervorlagen

Abb. 4

Auf dem USB-Stick zum Buch finden Sie im Verzeichnis **„Arbeitsvorlagen"** Garniervorlagen für Auflegedekors, z. B. Auflegedekors für Torten, Desserts und Schaustücke, z. B. Tortenaufsätze. Jede Garniervorlage besteht aus einem Motiv in einer bestimmten Größe und ist so oft abgebildet, wie es der Platz zulässt **(Abb. 4)**. Darüber hinaus ist jedes Motiv noch in meist 11 verschiedenen Größen als Garniervorlage vorhanden. Darüber hinaus ist jedes Motiv noch als einzelnes Motiv dargestellt, dessen Größe sich im Spezialprogramm auf eine bestimmte Größe verändern lässt. Lesen Sie hierzu bitte das **Kapitel 11** ab **Seite 213**, in dem Sie alles Wissenswerte über das Spezialprogramm des USB-Sticks und über die Garniervorlagen und die speziellen Möglichkeiten erfahren und dazu die Bedienungsanleitung auf dem USB-Stick zum Buch.

Die verschiedenen Garniervorlagen werden in diesem Kapitel später noch intensiv dargestellt und beschrieben.

Die Gestaltung

Fadendekor für Auflegedekors und Schaustücke

Die einfachste Art, Auflegedekors und Schaustücke zu garnieren, ist der Fadendekor. Wie der Name schon sagt, besteht der Dekor nur aus einem oder mehreren Garnier-

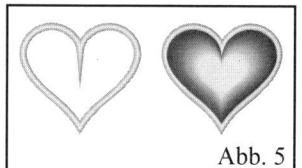

Abb. 5

fäden – die Innenflächen der Dekors werden nicht ausgefüllt. Zum Vergleich: **Abb. 5** links ein Herz als Fadendekor und rechts ein Herzdekor, dessen Innenfläche ausgefüllt wurde. Allerdings eignet sich dieser Fadendekor in der Regel meist nur für kleine Dekors, die als Dekorteile für die Tortenstückgestaltung gebraucht werden. Größere Teile, also auch Schaustücke, lassen sich aus zwei wesentlichen Gründen damit nur eingeschränkt

herstellen: Die Stabilität der Dekors ist sehr schwach und die optische Wahrnehmung ist zu gering. Eine Ausnahme von dieser Regel ist z. B. der filigrane Tortenaufsatz in **Abb. 6.** Dadurch, dass sehr viele enge Einzelelemente aneinanderstoßen und große Innenflächen noch mit einem Rautenmuster ausgarniert wurden, erhält dieses Schaustück seine Stabilität und seine sehr auffallende, filigrane optische Wirkung.

Abb. 6

Innenfläche von Auflegedekors und Schaustücken plastisch ausfüllen

Viele Auflegedekors und Schaustücke benötigen ein Mindestmaß an Stabilität und für die optische Wahr-

Abb. 7

nehmung eine ausgefüllte Fläche. Diese Stabilität und die notwendig optische Wahrnehmung erreichen Sie, wenn Sie ein solches Dekorteil ganz oder teilweise mit einer fest werdenden Masse ausfüllen **(Abb. 5, vorangegangener Abschnitt)**. In der Regel müssen Sie zunächst den Umriss des Dekorteils garnieren. Die Farbe dieser Umrandung kann die gleiche Farbe wie anschließend die Füllmasse haben – interessanter kann allerdings ein starker Kontrast wirken, z. B. bei Kuvertüredekors: Verwenden Sie als Garniermasse der Umrandung angestockte dunkle Kuvertüre und verwenden als Einfüllmasse flüssige weiße Kuvertüre oder umgekehrt **(Abb. 7)**. Besonders schön sieht ein Dekorteil aus, wenn

die eingefüllte Masse sich vom Rand hin zur Innenfläche des Dekors tropfenförmig wölbt **(Abb. 8)**. Dazu muss die

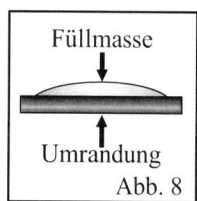

Abb. 8

Einfüllmasse eine notwendige Viskosität (Zähflüssigkeit) und Oberflächenspannung haben. Um Einfüllmassen entsprechend herzustellen, sollten Sie einige Experimente durchführen. Bei Kuvertüre und auch anderen Massen sollten Sie darauf achten, dass auf der Oberfläche der eingefüllten Masse weder Schlieren noch Unregelmäßigkeiten sichtbar sind – dies würde den optischen Eindruck solcher Dekorteile erheblich verschlechtern.

Für die Gestaltung kann es wichtig sein, Innenflächen von Dekors mit verschiedenen Farben auszufüllen, damit sich spezielle Bereiche plastisch stärker durch Wölbung hervorheben als andere. Damit eine eingefüllte Masse nur

Das Fachbuch „Die Garniertüte", Eigenverlag Heinrich Fischer, Darmstadt. Adresse: **www.garniertuete.de**

85

eine bestimmte Fläche ausfüllt und sich auch nicht mit angrenzenden Füllmassen vermischt oder sich spezielle Bereiche stärker wölben können, müssen unter Umständen die Umrisse verschiedener Innenflächen umrandet und spezielle Innenlinien garniert werden. Diese im Dekor garnierten Linien dürfen natürlich beim Ausfüllen nicht „überflutet" werden. Dies trifft besonders z. B. auf die Pferde der Hochzeitskutsche zu **(Abb. 9** bitte informieren

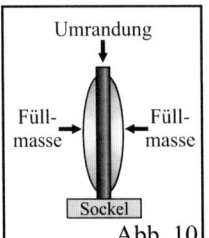

Abb. 9

Sie sich dazu wesentlich ausführlicher im **Kapitel „Hochzeitskutsche als Schaustück" ab Seite 174)**. Dieser

Motivdekor wirkt wesentlich besser, wenn sich die eingefüllte Masse im Bereich der Schenkel, der Beine, des Bauchs, des Schwanzes und des Kopfs deutlich wölbt, wodurch ein hervorragender plastischer Eindruck entsteht. Diese zusätzlichen Wölbungen in der Innenfläche des Dekors werden durch zusätzliche dickere Garnierfäden im Bereich des Hinterbeins und des Vorder- und Hinterschenkels ermöglicht.

Bei diesem Pferd sieht man auch dessen Rückseite, da es aufgestellt wird. Sofern bei einer dreidimensionalen Dekoration die Rückseite eines Dekors flach erscheint, also z. B. keine Wölbung zu erkennen ist, sieht das Dekorteil unvollendet und laienhaft aus. Bei solchen Dekorteilen sollten Sie die Rückseite ähnlich garnieren wie dessen Vorderseite. Sehr stark vereinfacht ist dies in **Abb. 10** dargestellt. In **Abb. 9** sehen Sie über dem Pferd eine Querschnittzeichnung. In dieser sind die Wölbung der Vorder- und der Rückseite sehr ausgeprägt zu erkennen. Das als Beispiel dargestellte Pferd wird auf der Vorderseite geringfügig anders garniert als auf der Rückseite – dies verbessert zusätzlich die Stabilität der Beine dort, wo diese an den Körper angrenzen.

Auflegedekors und Schaustück mit und ohne Umriss garnieren

Auflegedekors und Schaustücke haben in der Regel eine Innenfläche, die teilweise oder gesamt mit einer Masse ausgefüllt wird. Damit die eingefüllte Masse eine bestimmte Form einhält, müssen entsprechende Begrenzungen garniert werden. Bei manchen Dekors und Schaustücken kann dies allerdings sehr schwierig und sehr zeitaufwendig sein. Sofern der Umriss für die farbliche Gestaltung keine Rolle spielt, z. B. bei einer weißen Hochzeitstorte sollten alle Dekors ganz in Weiß sein,

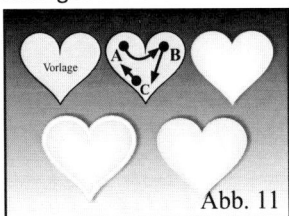

Abb. 11

können Sie auch ohne Umrandung das Dekorteil garnieren, z. B. ein sehr kleines Herzdekor. Das Prinzip der Garniertechnik für Dekors ohne Umrissgarnierung ist in **Abb. 11** in der Mitte der oberen Reihe dargestellt. Bei diesem Herzdekor beginnen Sie bei „A" mit einem größeren Garnierpunkt, schwenken hin zu „B", garnieren dort wieder einen stärkeren Punkt, garnieren hin zu „C", der Herzspitze, und beenden den Dekor, indem Sie den Anschluss an „A" herstellen. Die Herzspitze können Sie mit einem Zahnstocher noch besser ausformen. Einen eingeschränkten Vergleich der beiden Garniertechniken bietet Ihnen die **Abb. 11** in der unteren Reihe: links mit Umrissgarnierung und rechts ohne Umrissgarnierung.

Plastische Wirkung von Auflegedekors auf Torten verstärken

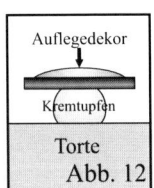

Abb. 12

Kleine und insbesondere filigrane Auflegedekors sollten Sie nicht einfach nur flach auf die Tortenoberfläche legen, sondern Sie sollten diese Dekors in die 3. Dimension „schweben" lassen, also in die Höhe dekorieren und damit den

plastischen Eindruck des Dekors erheblich verstärken. Dieses plastische oder dreidimensionale Dekorieren erreichen Sie, wenn Sie z. B. ein Auflegedekor auf einen vom Betrachter aus kaum sichtbaren Kremtupfen legen **(Abb. 12)**.

86

Das Fachbuch „Die Garniertüte", Eigenverlag Heinrich Fischer, Darmstadt. Adresse: **www.garniertuete.de**

Dreidimensionale Dekors und Schaustücke

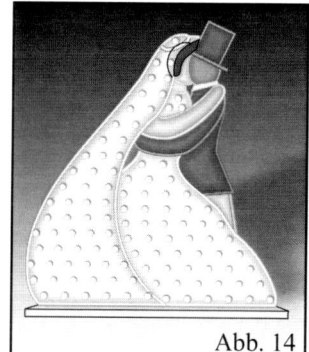

Abb. 14

Abb. 13

In der Regel werden Dekors und Schaustücke als Fläche garniert und dann bei einer beabsichtigten dreidimensionalen Gestaltung aus mehreren Einzelteilen senkrecht zusammengesetzt, z. B. Tortenaufsätze **(Abb. 13)**, siehe Abschnitt **„Tortenauf-sätze"** in diesem Kapitel ab **Seite 120** oder senkrecht auf einen zweidimensionalen Sockel geklebt, z. B. das Hochzeitspaar bei der Hochzeitstorte **(Abb. 14)**, siehe Kapitel **„Hochzeitstorte als Schaustück" ab Seite 148** oder große Buchstaben auf einem dreidimensionalen Sockel befestigt **(Abb. 15)**, siehe Kapitel **„Hochzeitstorte als Schaustück" ab Seite 151.** Der dreidimensionale Sockel des Schriftdekors ist ebenfalls in 3-D-Garniertechnik hergestellt!

Abb. 15

Eine besondere Art des dreidimensionalen Garnierens ist es, wenn Auflegedekors und Schaustücke ihr dreidimensionales Aussehen schon beim Garnieren bekommen. Hierfür sind auch dreidimensionale

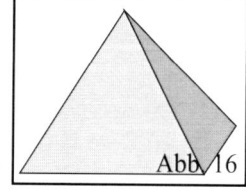

Abb. 16

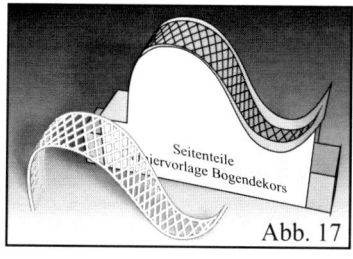

Abb. 17

Garniervorlagen erforderlich. Das Problem bei solchen Garniervorlagen ist, dass diese sich gleichmäßig von der breiten zur schmalen Seite verjüngen müssen, ohne dass dabei eine Wölbung entsteht, z. B. eine Pyramide **(Abb. 16)**. Bei einer Pyramide kann der fertige Dekor nach dem Festwerden

einfach in Richtung Spitze abgehoben werden. Ein Dekor, der mit diesem Prinzip hergestellt wird, ist der blattförmige Bogendekor der Hochzeitstorte auf der untersten Etage **(Abb. 17,** siehe **Kapitel „Hochzeitstorte als Schaustück" ab Seite 180)**. In **Abb. 17** können Sie auch im Hintergrund die dreidimensionale Garniervorlage erkennen.

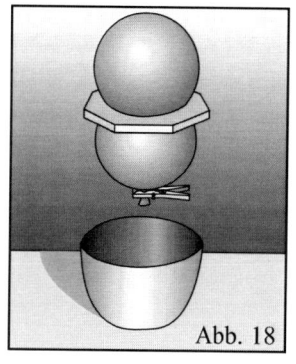

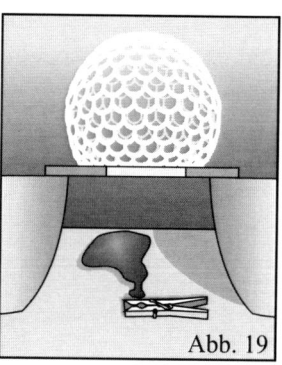

Abb. 18

Abb. 19

Sobald sich eine zu garnierende Form und damit die notwendige Garniervorlage aber wölbt, z. B. die kugelförmige Kuppel des Tempels auf der Hochzeitstorte **(Abb. 19,** siehe **Kapitel „Hochzeitstorte als Schaustück" ab Seite 140)**, kann der fertige Dekor nicht mehr von der Garniervorlage getrennt werden. Für solche Formen gibt es drei Möglichkeiten: **1.** Sie garnieren zwei Halbkugeln und kleben diese zum Schluss aneinander. **2.** Die Garnierform lässt sich in kleine Einzelteile auseinandernehmen. **3.** Die Garniervorlage lässt sich nach dem Garnieren verkleinern. Für die letzte und sicherlich die einfachste und beste Möglichkeit, nämlich die Garniervorlage nach dem Garnieren zu verkleinern, gibt es eine ganz einfache Lösung: Verwenden Sie einen aufgeblasenen Luftballon **(Abb. 18)**! Sofern Sie andere dreidimensionale Motive garnieren möchten, z. B. eine Spitze auf der Kuppel **(Abb. 21)** oder einen Kopf, so modellieren Sie mit Knetmasse möglichst sehr dünn einfach die Spitze **(Abb. 20)** oder das Gesicht auf den Luftballon. Nachdem die Garniermasse fest ist, lassen Sie die Luft im Ballon ab und können auch die Knetmasse meist sehr leicht entfernen **(Abb. 19 und 21)**.

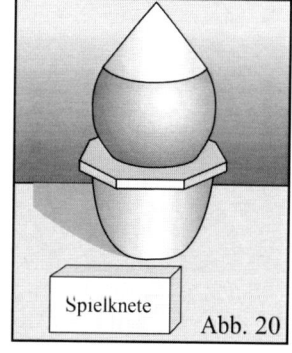

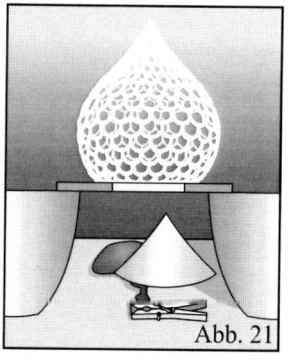

Spielknete

Abb. 20

Abb. 21

87

Auflegeornamente für die Tortenmitte

Für Festtagstorten und Jubiläumstorten sind sehr große Auflegeornamente in der Tortenmitte als Blickfang sehr interessant. Eine Gruppe dieser großen Auflegeornamente stellen die **„Sternzeichen"** dar, die sehr ausführlich ab Seite 114 beschrieben werden. Weitere Vorlagen zu diesem Thema finden Sie im Bereich **„Verschiedene Motive"** ab Seite 117. Ferner ist nahezu jedes Motiv für die Tortenmitte geeignet, wenn es groß genug ist. Dazu finden für jedes Motiv, das sich mit dem Spezialprogramm „ImageViewer", das sich auf dem USB-Stick befindet, jedes Motiv nach Ihren Vorstellungen bis zur maximalen Papiergröße Ihres Druckers vergrößern können. Entsprechende Informationen finden Sie in allen Beschreibungen der Motive in diesem Kapitel.

Garnierunterlagen

Auflegedekors und Schaustücke werden in der Regel mit Hilfe einer Garniervorlage hergestellt. Diese ermöglicht eine exakte Reproduktion des Entwurfs und eine Vielzahl exakt gleich aussehender Dekors. In der Regel kann man nicht direkt auf den Entwurf garnieren – Sie brauchen also einen Gegenstand, der auf dem Entwurf liegt, der durchsichtig ist, auf dem Sie garnieren und von dem Sie die Dekors auch wieder entfernen können – also eine Garnierunterlage. Bei Dekors, die durch Erkalten oder durch Trocknen fest werden, eignet sich eine Kunststofffolie oder Pergaminpapier, bei zu backenden Massen eine hitzebeständige Glasscheibe oder Backfolie. Näheres zu diesen Garnierunterlagen finden Sie in den nachfolgenden Abschnitten bei der Beschreibung der verschiedenen Garniermassen.

Dekors von der Garnierunterlage ablösen

Auflegedekors und Schaustücke zu garnieren ist schon recht schwierig. Voller Zufriedenheit werden Sie in Zukunft Ihre hergestellten Dekors betrachten. Doch beim Lösen der Dekors von der Garnierfolie oder der Back-

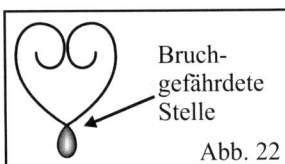

glasplatte können diese sehr leicht zerbrechen. Dieser Problematik müssen Sie sich unbedingt bewusst werden und notwendige Vorbereitungen treffen oder Techniken einsetzen, damit Sie die fertigen Dekors von der Garnierunterlage wieder entfernen können. In den Abschnitten, in denen die verschiedenen Garniermassen beschrieben werden, erhalten Sie entsprechende Informationen zu dieser Problematik. Stellvertretend für diese Schwierigkeiten soll die **Abb. 22** stehen. Der dort abgebildete Herzdekor mit Schleife ist mit einem dünnen Garnierfaden hergestellt. Die Schleife an der Herzspitze ist mit einer Masse ausgefüllt. Beim Lösen dieses Dekors von der Garnierunterlage haftet die ausgefüllte Fläche

erheblich stärker an der Unterlage als der übrige Teil des Dekors. Da die ausgefüllte Fläche mit dem übrigen Dekor nur durch einen sehr schmalen und schwachen Garnier-

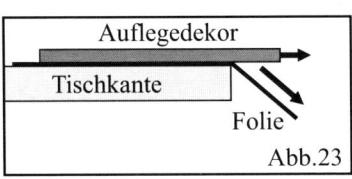

faden verbunden ist, bricht die ausgefüllte Schleife sehr leicht vom übrigen Dekor ab. Einen solchen Dekor sollten Sie immer von der ausgefüllten Fläche hin zur nicht ausgefüllten Fläche lösen. Eine Folie sollten Sie stark nach

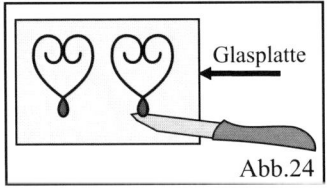

unten über die Tischkante ziehen **(Abb. 23)** oder einen gebackenen Dekor im noch heißem Zustand mit einem sehr flach gehaltenen dünnen Messer lösen, das Sie fest gegen die Glasplatte drücken und sehr vorsichtig in Richtung Dekor schieben **(Abb. 24)**.

Aufbewahrung von Auflegedekors und Schaustücken

Auflegedekors und Schaustücke sollten bei längerer Lagerung immer kühl (unter 10 °C) und trocken (unter 50 Prozent Luftfeuchte) aufbewahrt werden. Gut geeignet sind luftdicht verschließbare Kunststoffbehälter und „Keksdosen". Allerdings können luftdicht gelagerte gebackene Dekors mit der Zeit einen unangenehmen Geruch entwickeln – deshalb sollten Sie derart gelagerte Dekors ab und zu lüften oder nur sehr kurz lagern!

Wenn Sie Dekors im Kühlschrank aufbewahren möchten, müssen Sie sich über die Luftfeuchtigkeit im Kühlschrank informieren. Ist diese zu hoch, erweichen Ihnen

gebackene Dekors durch die hygroskopische (wasseranziehende) Eigenschaft der Zutaten, z. B. Zucker ist sehr hygroskopisch.

Bei Kuvertüredekors, die Sie im Kühlschrank lagern, kann sich Kondenswasser auf den Dekors bilden, wenn Sie diese aus dem Kühlschrank nehmen. Dieses Wasser löst Zucker aus der Kuvertüre und nach dem Verdunsten des Wassers verbleiben hässliche weiße Flecken auf deren Oberfläche. Vermeiden können Sie solche Flecken, wenn Sie die Dekors während der „Aufwärmphase" sehr eng und luftdicht in einen Kunststoffbeutel einpacken.

88

Das Fachbuch „Die Garniertüte", Eigenverlag Heinrich Fischer, Darmstadt. Adresse: **www.garniertuete.de**

Auflegedekors und Schaustücke aus Kuvertüre

Vorbemerkungen über Kuvertüre

Kuvertüre ist eine besondere Art Schokolade, die spezielle gesetzliche Richtlinien bei der Zusammensetzung erfüllen und beim Erwärmen ein besonderes Schmelz- oder Fließverhalten zeigen muss. Beim Erkalten sollte Kuvertüre seiden glänzend erstarren. Die Eigenschaften der Kuvertüre beruhen auf dem hohen Anteil an Kakaobutter.

Kuvertüre ist im Wesentlichen in drei Arten erhältlich: Dunkle schwarzbraune Kuvertüre, Milchkuvertüre und weiße Kuvertüre. Es gibt Qualitätsunterschiede, die durch den Anteil von Zucker und Kakaobutter beeinflusst werden. Erhältlich ist Kuvertüre im Lebensmittelgroßhandel und in Lebensmittelgeschäften.

Vorbereiten der Kuvertüre für Garnierzwecke

Kuvertüre erfordert eine spezielle Vorbereitung, damit sie optimal verarbeitet werden kann und einen schönen Seidenglanz bekommt. Diese Vorbereitung nennt man „Temperieren". Das Temperieren kann durch verschiedene Methoden erfolgen, die sehr detailliert im **Kapitel „Rezepte" ab Seite 195** beschrieben sind. Im Prinzip wird bei allen Methoden zunächst die Kuvertüre auf etwa 40 °C erwärmt und dadurch vollständig verflüssigt. Nach dem Auflösen wird ein Teil der Kuvertüre abgekühlt, bis er kremig fest wird oder es erfolgt eine Zugabe von sehr fein geriebener fester Kuvertüre. Dieses Abkühlen oder die Zugabe von fein geriebener Kuvertüre hat den Zweck, dass in der flüssigen Kuvertüre Kristalle entstehen oder eingebracht werden, die später zu einem schnellen Festwerden (Kristallisieren) führen. Anschließend erfolgt eine Erwärmung auf eine bestimmte Temperatur, die über die

gesamte Verarbeitungszeit konstant gehalten werden muss. Führt man dieses zeitaufwendige Temperieren nicht oder nur mangelhaft durch, so verfestigt sich die Kuvertüre nach dem Garnieren zu langsam, flüssige Kakaobutter trennt sich von den übrigen Bestandteilen der Kuvertüre und setzt sich zur Oberfläche hin ab. Dadurch bekommt die Oberfläche der Dekors ein matt graues, Schimmel ähnliches, hässliches Aussehen, was Kunden als „verdorben" empfinden.

Für einfache Auflegedekors, die lediglich aus einem Garnierfaden bestehen und für größere Schaustücke verwendet man in der Regel angestockte (verfestigte) Kuvertüre (siehe nächsten Abschnitt). Die Innenflächen der Dekors können Sie mit einer flüssigen, also nicht angestockten temperierten Kuvertüre ausfüllen.

Kuvertüre für einen Garnierfaden verfestigen

Für einfache Auflegedekors und Schaustücke, die lediglich aus einem Garnierfaden bestehen, verwendet man in der Regel angestockte (verfestigte) Kuvertüre, da sonst der Garnierfaden breitlaufen würde.

Garnierschokolade ist keine Alternative für angestockte Kuvertüre, da in dieser in der Regel noch z.B. Milch, Sahne, Honig oder Glukose enthalten ist. Dadurch wird Garnierschokolade nicht ausreichend fest und stabil. Auflegedekors ließen sich später nicht oder nur schlecht von einer Garnierunterlage entfernen. Auch würden sich Auflegedekors später verbiegen.

Das Anstocken von verflüssigter und temperierter Kuvertüre erreicht man durch tropfenweise Zugabe von Wasser oder Alkohol zur temperierten Kuvertüre. Hilfreich ist hier eine Pipette, z. B. gibt es in Apotheken leere Tropffläschchen mit Pipette zu kaufen. Alkohol kann zu einem besseren Glanz führen. Während des Anstockens rühren Sie die Kuvertüre ständig um, ohne dass Sie Luft unterrühren. Durch untergerührte Luft würden Sie die Kuvertüre schaumig rühren, was zu einer

matten und fehlerhaften Oberfläche der Dekors führen würde. Legen Sie beim Anstocken Zwischenpausen von 10 bis 20 Sekunden ein – denn Kuvertüre braucht einige Zeit, um entsprechend der Flüssigkeitsmenge so anzustocken, dass sie später nicht mehr unkontrollierbar fester wird! Die Garnierfestigkeit der angestockten Kuvertüre sollten Sie, zumindest bei Ihren ersten Versuchen, ständig durch Garnierproben überprüfen. Die richtige Flüssigkeitsmenge und Anstockzeit werden Sie schnell durch eigene Erfahrung herausfinden. Das Anstocken könnten Sie auch durch Abkühlen erreichen, was aber zu einem matten und damit schlechteren Aussehen der Auflegedekors führen würde.

Nach dem Anstocken muss die Kuvertüre während der gesamten Verarbeitungszeit temperiert warm gehalten werden! Während dieser Zeit ist sie so rechtzeitig umzurühren, dass sie in keinem Bereich fest wird und dadurch Klümpchen bilden könnte. Angestockte Kuvertüre lässt sich in der Regel nicht nochmals temperieren – Sie können diese im Prinzip nur noch für Füllungen oder sonstige Zwecke verwenden!

Das Fachbuch „Die Garniertüte", Eigenverlag Heinrich Fischer, Darmstadt. Adresse: **www.garniertuete.de**

Herstellung von Auflegedekors aus Kuvertüre

Für das Herstellen von Auflegedekors aus Kuvertüre benötigen Sie eine durchsichtige Folie, auf der Sie garnieren können. Hierfür eignen sich dünne **Dokumentenhüllen** oder sehr glatte **Overhead-Projektions-Folien (OHP-Folien)** der Stärke 0,08 mm, die Sie im Schreibwarenhandel bekommen. Durch diese OHP-Folien ist es Ihnen auch möglich, die Seite des Dekors nach oben zu legen, die mit der Folie verbunden war, denn durch die sehr glatte Folie ist diese Seite des Dekors spiegelglatt und sieht sehr oft schöner aus als die gewölbte Oberfläche.

Bei der Verwendung von Kunststofffolien müssen Sie sich vergewissern, dass die Folien lebensmittelecht sind, das heißt, die Folien dürfen keine giftigen Stoffe an die hergestellten Dekors abgeben, ansonsten müssen Sie transparentes Papier verwenden, z. B. Pergaminpapier!

Fadendekors und die Umrisse auszufüllender Flächen garnieren Sie mit einer angestockten Kuvertüre. Für das Ausfüllen von Flächen benötigen Sie fließfähige Kuvertüre, die nicht angestockt wurde. Damit sich eingefüllte Kuvertüre gleichmäßig verteilt und eine glatte Dekoroberfläche entsteht, können Sie die Dekors auf einer fester Unterlage herstellen und sofort nach dem Einfüllen von unten mit einem Gegenstand vorsichtig dagegen klopfen, dadurch verteilt sich die Kuvertüre gleichmäßig und glatt und Unebenheiten verschwinden.

Die garnierten Dekors lassen Sie an einem kühlen Ort fest werden. Ist es in Ihrem Arbeitsraum zu warm (über 22 °C), so garnieren Sie z. B. etwa 5 Minuten lang Auflegedekors und legen diese danach bis zum Festwerden in einen Kühlschrank. Allerdings müssen Sie darauf achten, dass die Dekors im Kühlschrank nicht zu stark durchkühlen, da sich

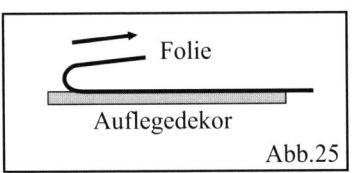

Abb.25

sonst an deren Oberfläche Kondenswasser bildet, sobald sie wieder in einem warmen Raum liegen. Dieses Kondenswasser löst Zucker aus der Kuvertüre, welcher nach dem Verdunsten des Wassers hässliche weiße Flecken auf den Auflegedekors hinterlässt. Größere Dekors, z. B. Sternzeichen, legen Sie nach dem Festwerden mit der Garniermasse nach unten auf einen Tisch und ziehen die Folie vorsichtig und flach von deren Rückseite ab **(Abb. 25)**. Bei einer anderen Methode ziehen Sie die Folie mit den festen Dekors über eine Tischkante. Die Folie biegen Sie dabei stark nach unten **(Abb. 26)**. Dabei lösen

sich die Dekors normalerweise problemlos. Sie müssen nur darauf achten, dass die Dekors nicht von der Folie herunterrutschen und auf den Fußboden fallen und dabei kaputtgehen. Bei sehr großen Dekors müssen Sie evtl. die Folie von verschiedenen Seiten, aber nur teilweise, über eine Tischkante ziehen, damit die Dekors sich erst in allen äußeren Bereichen lösen und dadurch weniger bruchempfindlich sind.

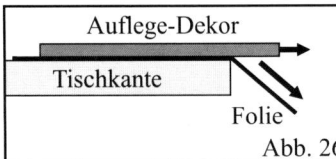

Abb. 26

Beim Garnieren kleinerer Auflegedekors sollten Sie die Stärke des Garnierfadens so wählen, dass sehr feine und filigrane Dekors entstehen, die aber beim Ablösen von der Unterlage an besonders kritischen Stellen nicht zerbrechen. Stellvertretend für dieses Problem soll die **Abb. 27** stehen. Der dort abgebildete Herzdekor mit Schleife ist mit einem dünnen Garnierfaden

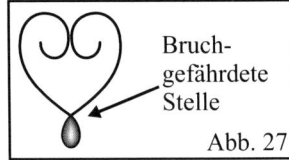

Abb. 27

hergestellt. Die Schleife an der Herzspitze ist mit Kuvertüre ausgefüllt. Beim Lösen dieses Dekors von der Garnierunterlage haftet die ausgefüllte Fläche erheblich stärker an der Unterlage als der übrige nicht ausgefüllte Teil. Da die ausgefüllte Fläche mit dem übrigen Dekor nur durch einen sehr schmalen und schwachen Garnierfaden verbunden ist, bricht die ausgefüllte Schleife sehr leicht vom übrigen Dekor ab. Üben Sie deshalb unterschiedliche Dekors mit verschiedenen Fadenstärken, und finden Sie die optisch beste und gerade noch stabile selbst heraus.

Mit Kuvertüre-Auflegeornamenten ist eine Besonderheit möglich, die sehr interessant wirkt: Legen Sie das erkaltete Ornament, das komplett ausgefüllt sein sollte, so auf eine Torte, dass die glatte Seite, die mit der Garnierfolie verbunden war, dem Betrachter zugewandt ist. Als Garnierfolie benötigen Sie allerdings eine sehr glatte und stabile Folie, die Sie z. B. im Schreibwarenhandel als Overheadprojektorfolie (OHP-Folie) erhalten.

Die fertigen Dekors können sie problemlos über Wochen und Monate aufbewaren. Allerdings darf der Aufbewahrungsort nicht zu warm sein (höchstens 20 bis 22 °C) und nicht feucht (weniger als 50 Prozent relative Luftfeuchte).

Das Fachbuch „Die Garniertüte", Eigenverlag Heinrich Fischer, Darmstadt. Adresse: **www.garniertuete.de**

Gestaltung von Dekors aus Kuvertüre

Abb. 28

Abb. 28 zeigt Gestaltungsmöglichkeiten von Kuvertürede-kors des gleichen Herzdekors: Ohne Füllung (links) und nach rechts mit unterschiedlich hellen Umrandungen und Füllungen. Die unterschiedliche optische Wirkung errei-chen Sie, wenn Sie z. B. die Umrandung der Dekors mit milchbrauner Kuvertüre garnieren und dessen Innen-fläche mit weißer Kuvertüre ausfüllen. Die Kuvertüre für die Innenflächen darf nicht angestockt (verfestigt) sein, da sie sonst nicht gleichmäßig verläuft und eine unebene Oberfläche entstehen würde. Durch die drei grundlegen-den Kuvertürefarben Schwarzbraun, Milchbraun und Weiß lässt sich eine Vielzahl von farblichen Kompositi-onen zwischen Umrandung und Innenfläche wählen. Be-sondere Farbtöne lassen sich durch Mischen verschie-dener Kuvertüren erzielen, z. B. auch marmorierte durch unvollständiges Mischen von zwei Farbtönen.

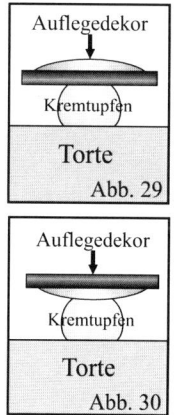

Optisch interessant und besonders plastisch wirkt ein Dekor, wenn Sie ihn so ausfüllen, dass sich die Füllung gleichmäßig tropfen-förmig nach oben wölbt **(Abb. 29)** und mit der Wölbung auch nach oben auf einen Kremtupfen platziert. Eine weitere sehr schöne dekorative Wirkung von Kuvertüredekors er-reichen Sie, wenn Sie die Dekors auf einer sehr glatten Kunststofffolie gar-nieren und den entstandenen Auflege-dekor so auf einen Kremtupfen legen, dass die durch die Folie entstandene glatte Fläche dem Betrachter zugewandt ist – die gewölbte Seite zeigt somit nach unten **(Abb. 30)**.

Dekors aus Kuvertüre ausgestochen und anschließend dekoriert

Eine etwas vereinfachte Herstellung von Kuvertüredekors und Schaustücken ist das Ausstechen. Im Fachhandel gibt es dazu entsprechende Ausstecher zu kaufen. Für Auflegedekors gibt es besonders filigrane Ausstecher **(Abb. 31)** oder für Schaustücke entsprechend große Backformen, z. B. Herz, Stern, Weihnachtsbaum oder Hase.

Für ausgestochene Auflegedekors oder Schaustücke gießen Sie zunächst temperierte dünnflüssige Kuvertüre auf ein Papier oder eine Folie. Das Papier oder die Folie sollte auf einer festen, ebenen, glatten Unterlage liegen, die man hochheben kann, z. B. ein Brett. Die Kuvertüre verstreichen Sie so mit einer Winkelpalette, dass eine glatte und mindestens etwa 1 mm starke Fläche entsteht. Unebenheiten beseitigen Sie dadurch, indem Sie das Brett

Abb. 31

mit der ausge-strichenen Ku-vertüre hochheben und mit einem Spatel (Kochlöffel) mehrmals in kur-zen Abständen von unten leicht gegen das Brett klopfen. Sobald die Kuvertüre anzieht (sich verfestigt), was Sie daran erkennen, dass die Oberfläche sich von feucht glänzend zu mattglänzend verändert, stechen Sie sehr schnell mit den bereitgelegten Ausstechern die entsprechende Anzahl an Motiven aus. Wichtig ist, dass Sie mit dem Ausstecher die Kuvertürefläche bis zum Papier durchstoßen und der durch den Ausstecher

Das Fachbuch „Die Garniertüte", Eigenverlag Heinrich Fischer, Darmstadt. Adresse: **www.garniertuete.de**

entstandene Zwischenraum nicht mehr durch flüssige Kuvertüre zuläuft.

Nachdem die Kuvertüre ausgehärtet ist – in einem etwa 20 °C warmem Raum nach etwa 10 bis 15 Minuten –, drehen Sie das Papier mit den ausgestochenen Motiven um, das heißt, die Kuvertüre liegt nun auf dem Brett und die Papier- oder Folienseite liegt oben. Nun können Sie das Papier oder die Folie von der Kuvertüre abziehen. Sofern die Dekors einwandfrei ausgestochen wurden, können Sie die Kuvertüre, welche die Dekors umgibt, einfach wegnehmen – die Dekors bleiben auf der Unterlage liegen.

Ausgestochene Dekors können Sie mit der Seite Ihrer Wahl (Ober- oder Unterseite) auch ohne weitere Verarbeitung als Dekor auf Torten und Desserts einsetzen. Besser sehen Auflegedekors und Schaustücke aber aus,

wenn Sie diese noch mit der Garniertüte gestalten. Zur Gestaltung können Sie das Motiv mit einer andersfarbigen Spritzschokolade umranden und dekorieren. Der ausge-

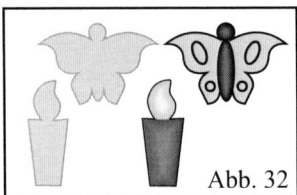

Abb. 32

stochene Dekor besteht aus Milchkuvertüre – diesen gestalten Sie mit weißer oder dunkler Spritzschokolade **(Abb. 32)**. Dadurch lassen sich auch Augen und Konturen der

Motive sehr gut darstellen. Eine Umrandung können Sie natürlich auch noch ausfüllen, so dass eine tropfenförmige Wölbung entsteht. Dadurch bekommt das ausgestochene Motiv einen räumlichen Charakter.

Durch die ausgestochene Unterlage sind solche Auflegedekors besonders stabil, sehen aber meist sehr massig und dadurch weniger schön aus.

Kuvertüredekors gegossen

Eine Besonderheit der Herstellung von Kuvertüredekors ist das Gießen von Kuvertüre in Formen aus Kunststoff oder Metall, so genannten Reliefformen. Diese Spezialformen weisen Vertiefungen in Form von Fadendekors auf. Erhältlich sind solche meist sehr teuren Formen im Fachhandel für das Backgewerbe. Mit der Garniertüte hat dieses Verfahren natürlich nichts mehr zu tun. Da die Ergebnisse aber ähnlich aussehen wie Dekors, die mit der Garniertüte hergestellt wurden, möchte ich diese Art der Dekorherstellung hier kurz ansprechen.

Für die Herstellung solcher Auflegedekors wird dünnflüssige Kuvertüre in diese Formen gefüllt und über-

schüssige durch Abstreichen mit einer Palette entfernt. Die Dekors lassen Sie so lange auskühlen, bis sie sich von selbst von der Formwand lösen. Hilfreich kann es sein, wenn die ausgefüllten Formen kurz in einen Kühl- oder Tiefkühlschrank gelegt werden. Die Form wird dann lediglich umgedreht, wodurch die Dekors in der Regel aus der Form herausfallen.

Die so entstehenden Dekors haben ein Aussehen, das den mit der Garniertüte hergestellten sehr ähnlich ist, aber durch ihre Exaktheit etwas künstlich und industriell wirken, was bei den Kunden des Handwerks meist nicht gefragt ist.

92

Das Fachbuch „Die Garniertüte", Eigenverlag Heinrich Fischer, Darmstadt. Adresse: **www.garniertuete.de**

Auflegedekors und Schaustücke aus Kuvertüre – Kurzfassung

Diese Kurzfassung berücksichtigt auch Informationen, die Sie im **Kapitel „Rezepte"** ab der **Seite 195** nachlesen können.

– Handelsarten von Kuvertüre bezüglich Farben: Weiß, Milchbraun, Schwarzbraun.
– Kuvertüre muss temperiert werden.

– Temperiermöglichkeit 1 (Tablier- und Abstehverfahren):	– Kuvertüre klein hacken, – Kuvertüre auflösen auf etwa 40 °C, – ein Drittel Kuvertüre abkühlen durch Tablieren oder Abstehen, bis sie kremig fest wird, – verfestigte mit restlicher Kuvertüre mischen, – Kuvertüre temperieren auf etwa 28 bis 30 °C (weiße und Milchkuvertüre), etwa 32°C dunkle Kuvertüre,
– Temperiermöglichkeit 2 (Impfverfahren):	– Kuvertüre klein hacken, – Kuvertüre auflösen auf etwa 40 °C, – gesamte Kuvertüre abkühlen auf etwa 36 °C (siehe Möglichkeiten zuvor), – der abgekühlten Kuvertüre 5 Prozent Kuvertürespäne zugeben, – Kuvertüre temperieren auf etwa 28 bis 30 °C (weiße Kuvertüre und Milch kuvertüre), etwa 32 °C dunkle Kuvertüre, – Kuvertüre etwa 15 Minuten stehen lassen, – Kuvertüre nochmals entsprechend temperieren und dann verarbeiten.

– Eine Erwärmung der Kuvertüre im Mikrowellengerät ist unter Beachtung spezieller Besonderheiten möglich.
   – Kuvertüre erwärmt schnell im Mikrowellengerät: Etwa 2 °C bei 1 kg Kuvertüre in etwa 10 Sekunden.
   – Eine ungleichmäßige Erwärmung ist zu erwarten, dadurch ist eine Klümpchenbildung möglich.
– Temperierte Kuvertüre kann man mit Wasser oder Alkohol verfestigen (anstocken).
– Flüssige oder angestockte Kuvertüre muss während der gesamten Verarbeitungszeit temperiert warm gehalten werden.
– Dekors werden auf Kunststofffolie oder Pergamentpapier garniert.
– Zum Einfüllen in Dekors besonders dünnflüssige Kuvertüre verwenden und diese nicht anstocken.
– Dekors in einem kühlen Raum garnieren (maximal 20 bis 22° C).
– Dekors evtl. in einem Kühlschrank fest werden lassen.
– Folie mit festen Dekors zum Lösen über eine Tischkante ziehen.

– Gestaltungsmöglichkeiten:	– Rand hell – Innenfläche dunkel und umgekehrt. – Auffüllen der Dekors mit marmorierter Kuvertüre. – Auflegen der Dekors mit glatter oder gewölbter Seite nach oben.

– Vereinfachte Herstellung der Dekors durch Ausstechen oder Gießen in Reliefformen.
– Aufbewahrung der Dekors: Kühl (unter 20° C) und trocken (unter 50 Prozent relative Luftfeuchte).

Auflegedekors und Schaustücke aus Fettglasur

Vorbemerkungen über Fettglasur

Fettglasur ähnelt in Aussehen, Geschmack, Zusammensetzung und Geruch der Kuvertüre. Fettglasur besteht aus entölter Kakaomasse, Zucker und Pflanzenfetten. Im Prinzip ist Fettglasur eine Kuvertüre, deren Fettanteil (ausschließlich Kakaobutter) gegen Pflanzenfette ausgetauscht wurde. Dadurch ist Fettglasur möglicherweise schlechter verdaulich und weniger gut bekömmlich. Im Geschmack hat Kuvertüre durch ihren harten Schmelz einen entscheidenden Vorteil gegenüber der Fettglasur – Fettglasur hinterlässt oft einen „pelzigen" Eindruck auf Zunge und Gaumen. Somit ist Fettglasur ein Kakaoprodukt geringer Qualität und gilt als „nachgemacht" und darf nicht für Qualitätserzeugnisse verwandt werden, wie z. B. Baumkuchen und Marzipan. Sofern Fettglasur an einem Erzeugnis vorhanden ist, muss dies eindeutig kenntlich gemacht werden.

Fettglasur ist im Großhandel und in Lebensmittelgeschäften erhältlich. Für Dekors können alle angebotenen Sorten eingesetzt werden: Kakao-, Nuss-, Milch- und Zitronenfettglasur. Zur Gestaltung von Dekors reichen in der Regel zwei Sorten aus: Kakaofettglasur (schwarzbraun) und Zitronenfettglasur (weiß). Aus diesen beiden können Sie durch Mischen viele gut unterscheidbare Farb-

Das Fachbuch „Die Garniertüte", Eigenverlag Heinrich Fischer, Darmstadt. Adresse: **www.garniertuete.de**

töne herstellen – von Schwarzbraun über Milchbraun bis Weiß.

Fettglasur hat gegenüber der Kuvertüre einen entscheidenden Vorteil: Sie muss nur aufgelöst und nicht speziell temperiert werden. Dies wird bedingt durch die Eigenschaften der in der Fettglasur eingesetzten Fette. Dadurch hat sie zeitliche und arbeitstechnische Vorzüge und damit auch finanzielle, insbesondere dann, wenn in einem Produktionsbetrieb nicht ständig alle Kuvertüresorten (Schwarzbraun, Milchbraun und Weiß) temperiert vorhanden sind. Allerdings kann bei manchen Fettglasuren trotzdem ein Temperieren notwendig werden – dies erkennen Sie daran, wenn sich auf der Oberfläche der Dekors Schlieren bilden. Manchmal reicht es allerdings schon aus, wenn Sie die Fettglasur vor dem Garnieren stärker abkühlen lassen. Um die richtige Temperatur der Fettglasur herauszufinden, sollten Sie einige Garnierexperimente mit exakt gemessener Temperatur machen!

Aufgrund des geschmacklichen Nachteils wird Fettglasur von Fachleuten abgelehnt. Bei der Herstellung von Auflegedekors sollte meiner Meinung nach nicht immer der geschmackliche Vorzug im Vordergrund stehen – dazu haben diese Dekors normalerweise eine viel zu geringe Masse. Sie sollten auch die zeitlichen und verarbeitungstechnischen Vorteile der Fettglasur beachten. In einem Betrieb, in welchem die Produktionsstunde mittlerweile bei 50 bis 80 Euro liegt (Stand 2012), ist ein Auflegedekor, bei dem mehrere Minuten Arbeitseinsatz veranschlagt werden müssen, dem Kunden kaum noch zu verkaufen. Hier steht der kostenbewusste Unternehmer vor folgenden Alternativen: Kostengünstig produzieren oder industriell hergestellte Auflegedekors mit all ihren Nachteilen verwenden (Kosten, industrielles Aussehen) oder Auflegedekors gänzlich weglassen. Hier ist meiner Meinung nach folgende Alternative anzustreben: Kostengünstig produzieren! Unter diesen Umständen ist ein **begrenzter Einsatz** von Fettglasur zum Herstellen von Auflegedekors nicht nur unter handwerklich ethischen Gesichtspunkten zu vertreten, sondern sogar stellenweise zwingend geboten – aber **das muss jeder vor sich und der Kundschaft selbst verantworten.** Fettglasurdekors stellen somit eine echte Alternative zu denen aus Kuvertüre dar, sind allerdings an dem fertigen Erzeugnis kenntlich zu machen, z. B. durch den Hinweis: „Dekors hergestellt unter Verwendung von kakaohaltiger Fettglasur!"

Auflegedekors aus Fettglasur herstellen

Verflüssigen Sie Fettglasur indem Sie diese auf etwa 40 °C erwärmen (siehe Abschnitt zuvor „**Kuvertüredekors**"). Danach ist die Fettglasur für Dekors in der Regel direkt verarbeitbar.

In der Praxis hat sich jedoch gezeigt, dass sich graue Schlieren an der Oberfläche von Fettglasurdekors bilden können. Diese optisch hässliche Erscheinung lässt sich vermeiden, wenn Sie die Fettglasur auf 33 bis 35 °C abkühlen lassen und/oder die Dekors nach der Herstellung sofort für kurze Zeit in einen Kühlschrank legen.

Für die Verarbeitung von Fettglasur zu Auflegedekor und zu Schaustücken können alle Verfahrenstechniken angewandt werden, wie sie im Abschnitt „**Auflegedekors und Schaustücke aus Kuvertüre**" beschrieben sind:

– Das Auflösen von Fettglasur.
– Das Anstocken (Verfestigen) von Fettglasur.
– Die Herstellung von Auflegedekors und Schaustücken.
– Die Gestaltung von Auflegedekors und Schaustücken.
– Die Herstellung von ausgestochenen und anschließend dekorierten Auflegedekors und Schaustücken.
– Die Herstellung gegossener Auflegedekors.

Auflegedekors und Schaustücke aus Fettglasur – Kurzfassung

– Fettglasur hat als Fettbestandteil keine Kakaobutter, sondern andere Fette, z. B. Pflanzenfette.
– Fettglasur muss zur Verarbeitung nur aufgelöst und nicht temperiert werden und hat dadurch gegenüber der Kuvertüre einen riesigen Zeit- und Kostenvorteil.
– Fettglasur sollte bei 33 bis 35 °C verarbeitet werden, da zu warme Fettglasur zu grauen Schlieren führen kann.
– Fettglasur kann beim Verzehr einen „pelzigen" Eindruck im Mund erzeugen.
– Das Produkt Fettglasur ist in der Konditorei als „minderwertig" negativ belastet.
– Produkte, bei denen Fettglasur eingesetzt wird, müssen gekennzeichnet werden.

Das Fachbuch „Die Garniertüte", Eigenverlag Heinrich Fischer, Darmstadt. Adresse: **www.garniertuete.de**

Auflegedekors und Schaustücke aus gebackenen Massen

Vorbemerkungen

Für die Herstellung von Auflegedekors und Schaustücken gibt es Massen, die nach dem Garnieren gebacken werden. Zu den wichtigsten dieser Massen zählen Brand-, Hippen- und Hapiolamasse (falsche Hippenmasse). Diese Art von Massen ist problemlos auch bei hohen Raumtemperaturen verarbeitbar. Die daraus hergestellten Auflegedekors und Schaustücke sind über Tage und Wochen lagerfähig. Für Schaustücke, z. B. Tortenaufsatzstücke, sind sie weniger geeignet, da die gebackenen Massen sich meist in ihrer Form durch den Back- und Trocknungsprozess verändern, z. B. wölben. Deshalb werden daraus überwiegend Auflegedekors hergestellt.

Die Rezepte und Herstellungsverfahren zu den wichtigsten backfähigen Massen (Brand-, Hippen- und Hapiolamasse) finden Sie im **Kapitel „Rezepte" ab Seite 208.** Die Brandmasse dient in erster Linie zum Garnieren von eigenständigen Dekors oder als Dekorumrandung. Diese Umrandungen werden vor dem Backen ganz oder nur teilweise mit Hippen- oder Hapiolamasse ausgefüllt. Welche dieser beiden Massen Sie zum Ausfüllen verarbeiten, ist abhängig vom erwünschten Geschmack und von der Zeit, die für deren Herstellung vorhanden ist. Hippenmasse ist wegen der hochwertigen Rohstoffe geschmacklich besser, erfordert aber eine lange Lagerzeit von mindestens einem Tag, damit sich all ihre Zutaten gleichmäßig auflösen und miteinander verbinden und dadurch die Dekors gleichmäßig backen. Hapiolamasse schmeckt nur geringfügig schlechter, ist aber schon direkt nach der Herstellung einsatzfähig.

Zum Gestalten kann man all diese Massen mit Kakaopulver einfärben. Allerdings erfordert es am Anfang einige Experimente, welche Kakaomenge die optimale Gestaltung ergibt – zu viel Kakao macht den Dekor zu dunkel und kann damit eine Tortengestaltung „erschlagen", bei zu wenig Kakao kann der Gestaltung der notwendige „Pepp" fehlen. Auch ist zu berücksichtigen, dass sich Kakao erst einige Minuten lang auflösen muss, um seine endgültige Farbe zu erlangen, und dass Kakao Wasser bindet – also müssen Sie der Masse evtl. Flüssigkeit zugeben. Auch sollten Sie mehrere Backproben mit eingefärbten Massen machen, da sich durch das Backen der farbliche Eindruck oft erheblich verändert.

Brandmasse für Garnierzwecke können und sollten Sie aus einem pulverförmigem Convenienceprodukt herstellen (Bezeichnung für Halbfertigprodukte, die sehr einfach weiterverarbeitet werden können), da hierdurch die Herstellung erheblich vereinfacht und verkürzt wird – hier wird ein Pulver einfach mit Wasser verrührt und einige Minuten quellen lassen – fertig ist die Masse (erhältlich im Backfachhandel). Die herkömmliche Brandmasse hingegen erfordert ein sehr zeit- und arbeitsaufwendiges Herstellungsverfahren. Der manchmal weniger gute Geschmack der aus Halbfertigprodukten erstellten Dekors ist durch deren geringe Menge in Bezug auf das gesamte Produkt kaum wahrnehmbar. Wer bei der Verwendung von Halbfertigprodukten für Dekors beruflich ethische Probleme sieht, muss das herkömmliche Herstellungsverfahren für Brandmasse anwenden und höhere Herstellungskosten akzeptieren!

Dekors aus gebackenen Massen herstellen

Für farblich gestaltete Dekors stellen Sie zunächst gemäß Rezept im **Kapitel „Rezepte" ab Seite 208** je eine helle und eine dunkle Masse aus Brandmasse und eine aus Hapiola- oder Hippenmasse her.

Die backfähigen Garniermassen sind in der Herstellung meist sehr zeitaufwendig, z. B. muss die herkömmlich hergestellte Brandmasse abgeröstet und zum Schluss durch ein Sieb gestrichen werden. Meist benötigt man nur geringe Mengen. Deshalb empfiehlt es sich, diese Massen auf Vorrat zu bereiten. In verschlossenen Gläsern sind sie im Kühlschrank mehrere Tage lang lagerfähig. Allerdings können die in den Massen eingesetzten Zutaten, je nach Kühlung, schnell zu einem Verderb der Massen führen – höchste Wachsamkeit ist hier unbedingt notwendig!

Brandmasse lässt sich nur schwierig in Garniertüten einfüllen. Dies können Sie sich erleichtern, wenn Sie die Masse zuerst in einen Garnierbeutel mit einer Lochtülle geben **(Abb. 33)** und damit die Garniertüte füllen.

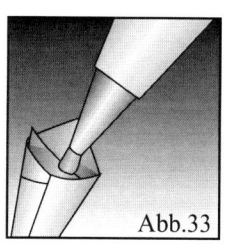
Abb.33

Brandmasse sollte allerdings nicht in einem Spritzbeutel mit Metalltülle lagern – dies kann unter Umständen zu einer Oxydation der Masse mit dem Metall führen, wodurch die Masse verdorben ist und nicht mehr verarbeitet werden darf! Verwenden Sie deshalb Kunststofftüllen! Sofern der Spritzbeutel aus einem luftdichten Kunststoffmaterial hergestellt ist, können Sie die Brandmasse auch über mehrere Tage darin im Kühlschrank lagern.

Das Fachbuch „Die Garniertüte", Eigenverlag Heinrich Fischer, Darmstadt. Adresse: **www.garniertuete.de**

95

Hitzebeständige Garnierunterlagen

Auflegedekors werden in der Regel mit Hilfe einer Garniervorlage garniert. Diese ermöglicht eine exakte Reproduktion des Entwurfs und eine Vielzahl exakt gleich aussehender Dekors. Da Sie in der Regel nicht direkt auf der Garniervorlage garnieren und backen können, benötigen Sie also einen Gegenstand, der auf dem

Entwurf liegt, der durchsichtig ist, auf dem Sie garnieren und backen und von dem Sie die Dekors auch wieder entfernen können – also eine hitzebeständige Garnierunterlage. Bei zu backenden Massen kann dies eine hitzebeständige Glasscheibe, eine Silikonfolie oder Backpapier sein.

Garnieren und Backen auf hitzebeständigen Glasplatten

Auflegedekors, die nach dem Garnieren gebacken werden müssen, werden hauptsächlich auf spezielle hitzebeständige Glasplatten garniert, welche man in größeren Glasereien bekommt. Ausnahmsweise lässt sich auch dickes, einfaches Fensterglas verwenden. Bei diesem besteht jedoch die Gefahr, dass es beim Backen zerspringt und dadurch die Dekors zerstört werden und man sich verletzen kann!

Glasplatten müssen vor dem Garnieren eingefettet werden **(Abb. 34)**. Hierfür eignet sich besonders Trennwachs.

Abb. 34

Dies ist ein spezielles ölartiges Produkt für das Backgewerbe, das Backmassen am besten von Backunterlagen trennt. Es wird nahezu in jeder Konditorei oder Bäckerei eingesetzt und ist erhältlich im Lebensmittelgroßhandel in flüssiger Form oder in Spraydosen. Haben Sie es nicht vorrätig, lässt sich evtl. auch ein Pflanzenhartfett oder Frittierfett verwenden, z. B. Kakaobutter oder Kokosfett. Das flüssige Trennwachs oder Fett wird lückenlos als dünner Film auf die Glasplatte aufgetragen. Nach dem Einölen empfehle ich, überschüssiges Öl mit einem Stück Papier vorsichtig zu entfernen, so dass keine dicken Ölstreifen mehr auf der Glasplatte zu erkennen sind – **Achtung**, nicht zu viel Öl dabei entfernen, ein dünner, geschlossener Ölfilm muss erhalten bleiben! Je mehr Trennmittel Sie auftragen, umso wahrscheinlicher ist es natürlich, dass Sie die Auflegedekors auch wieder von der Glasplatte ablösen können. Allerdings bewirkt sehr dick aufgetragenes, nicht fest werdendes Trennmittel, dass Sie einen Garnierfaden kaum exakt platzieren können, da er auf dem Fettfilm sehr leicht verrutscht. Dick aufgetragenes, warmes Pflanzenfett wird allerdings nach dem Abkühlen fest – der Garnierfaden kann darauf kaum noch verrutschen. Allerdings ist ausgehärtetes Pflanzenfett in der Regel weiß und undurchsichtig – die Garniervorlage unter der Glasplatte werden Sie kaum noch erkennen, es sei denn, Sie unterleuchten beides **(Abb. 35)**. Dick auf-

getragenes Trennmittel hat auch noch einen weiteren Nachteil: Beim Backen bilden sich Fettpfützen, in denen die Dekors regelrecht frittiert werden – dieses Frittieren kann die optische Erscheinung der Dekors negativ beeinflussen.

Sofern Sie die Glasplatte sehr dünn einfetten möchten und Sie die Dekors z. B. mit Hippenmasse ausfüllen, empfiehlt es sich, die eingefettete Glasplatte dünn mit

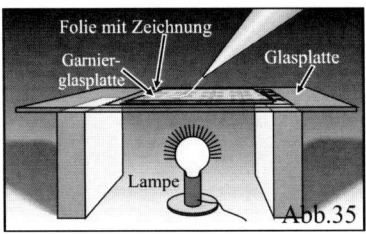

Abb. 35

Mehl zu bestäuben **(Abb. 34)**. Mehl und Fett bilden beim Backen in der Regel eine Trennschicht, die jede Masse von einer Backunterlage sehr zuverlässig trennt. Allerdings kann durch diesen Mehlschleier die unter der Glasplatte liegende Garniervorlage weniger gut oder überhaupt nicht mehr erkennbar sein. Hier kann es helfen, wenn Sie die Garniervorlage als transparente Folie vorliegen haben (möglichst keine Zeichnung auf Papier!), auf der nur die Umrisse der Dekors als schwarze dicke Linien zu erkennen sind. Diese Garniervorlage können Sie auf eine Glasplatte legen und darauf die mit Fett und Mehl vorbereitete Backscheibe. Unter dieses Arrangement können Sie jetzt eine Lampe stellen, durch deren Licht Sie die Garniervorlage auch durch sehr dick mit Mehl eingestäubte Glasplatten erkennen können **(Abb. 35)**.

Aufgrund der sehr umfangreichen Ausführungen, wie Sie eine hitzebeständige Glasplatte für zu backende Dekors vorbereiten, erkennen Sie sicherlich, dass es sich auf jeden Fall empfiehlt, hier etliche Experimente durchzuführen, damit Sie herausfinden, wie Sie für Ihre Zwecke eine solche Glasscheibe optimal vorbereiten, damit Sie nach dem Backen die Dekors auch wieder davon entfernen können. Sehr gute Alternativen zu der hitzebeständigen Glasscheibe sind **Backpapier** oder spezielle **Silikonfolie** (Backmatte), die beide nachfolgend beschrieben werden.

Das Fachbuch „Die Garniertüte", Eigenverlag Heinrich Fischer, Darmstadt. Adresse: **www.garniertuete.de**

Garnieren und Backen auf Backpapier

Backpapier erhalten Sie im Bäckereifachhandel und in fast allen Lebensmittelmärkten. Es ist festes, hitzebeständiges Spezialpapier, das meist mit Silikon beschichtet ist. Sie können direkt darauf garnieren. Sein größter Vorteil liegt darin, dass sich nahezu alle gebackenen Massen davon sehr leicht entfernen lassen, auch wenn sie noch so filigran garniert und mit sehr stark anhaftenden Massen ausgefüllt wurden! Allerdings wellt Backpapier sich sehr schnell, wenn es mit Feuchtigkeit zusammenkommt, was die Form der Dekors ungünstig beeinflussen kann. In manchen Backgeräten, z. B. einem Grill, kann Backpapier an sich hochbiegenden Ecken anfangen zu brennen. Deshalb sollten Sie Backpapier vor dem Backen auf einer hitzebeständigen Platte (z. B. rechteckige Platte aus Metall oder Glas) so befestigen, dass die Papierränder sich nicht durch die hohe Hitze im Backgerät entzünden und das Papier sich nicht verformen kann. Da Backpapier eine diffuse, matte Beschaffenheit hat, also nicht glasklar transparent ist, kann es sein, dass Sie die Garniervorlage nicht mehr richtig erkennen können. Hier kann es helfen, wenn Sie die Garniervorlage als transparente Folie vorliegen haben (möglichst keine Zeichnung auf Papier!), auf der nur die Umrisse der Dekors als schwarze dicke Linien zu erkennen sind. Diese Garniervorlage können Sie auf eine Glasplatte legen und darauf das Backpapier. Unter dieses Arrangement können Sie jetzt eine Lampe stellen, durch deren Licht Sie die Garniervorlage auch durch sehr dickes Backpapier sehr gut erkennen können **(Abb. 35)**.

Garnieren und Backen auf Silikonfolie

Silikonfolien oder -matten gibt es im Fachhandel für das Backgewerbe. In Geschäften für Haushaltswaren heißen sie „Backtrennfolie" und sind im Prinzip Backpapier aus Kunststoff. Sie werden in der Regel auf Backbleche gelegt, und es wird darauf direkt gebacken – ein Einfetten ist nicht notwendig. Diese Folien bestehen aus einer Silikonfläche, welche mit dünnem Gewebe durchzogen ist. Die Folien sind in verschiedenen Stärken erhältlich – für Dekors eignen sich nur sehr dünne, durch die auch noch eine darunter liegende Garniervorlage zu erkennen ist. Die am besten geeigneten Folien sehen fast so aus wie dicke dunkelbraune Nylonstrümpfe. Silikonfolien haben folgende Vorteile: Alle darauf gebackenen Massen lassen sich sehr leicht davon entfernen, auch wenn sie sehr filigran garniert wurden und mit stark anhaftenden Massen ausgefüllt wurden – und Silikonfolie verformt sich beim Backen nicht und fängt in der Regel auch kein Feuer. Sofern die Silikonfolie nicht transparent genug ist, um eine Garniervorlage darunter zu erkennen, kann es helfen, wenn Sie die Garniervorlage als transparente Folie vorliegen haben (möglichst keine Zeichnung auf Papier!), auf der nur die Umrisse der Dekors als schwarze dicke Linien zu erkennen sind. Diese Garniervorlage können Sie auf eine Glasplatte legen und darauf die Silikonfolie. Unter dieses Arrangement können Sie jetzt eine Lampe stellen, durch deren Licht Sie die Garniervorlage auch durch sehr dicke Silikonfolie sehr gut erkennen können **(Abb. 35)**.

Auflegedekors garnieren

Bevor Sie die Auflegedekors garnieren, bereiten Sie eine Garnierunterlage entsprechend den vorangegangenen drei Abschnitten vor, z.B. feuerfeste Glasplatten mit einem Fett und evtl. einstäuben mit Mehl oder eine Silikonfolie oder Backpapier.

Nun garnieren Sie mit der Brandmasse die Dekors so auf die vorbereitete Garnierunterlage, wie es ausführlich bei den Garnierübungen am Anfang des Buches unter den Grundtechniken beschrieben wurde. Die Brandmasse muss sich ohne große Kraftanstrengung garnieren lassen. Der Garnierfaden muss seine runde

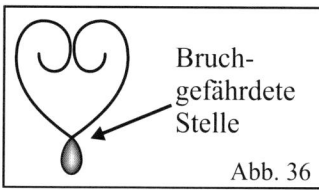

Bruch-
gefährdete
Stelle

Abb. 36

Form beibehalten und darf nicht breit laufen. Sollte die Masse zu fest sein, so rühren Sie einfach noch etwas Wasser unter. Bei einer zu weichen Masse müssen Sie bei der nächsten Herstellung die Flüssigkeitsmenge entsprechend verringern oder bei der fertigen Masse Quellstoffe zusetzen, z. B. Kaltkrempulver, Kaltsaftbinder oder Fertigbrandmasse.

Bei Dekors, die noch mit Hippen- oder Hapiolamasse ausgefüllt werden, garnieren Sie zunächst die Umrandung aus Brandmasse. Diese Umrandung sollte stark genug sein, dass die Dekors später nach dem Backen an kritischen Stellen nicht brechen, z. B.

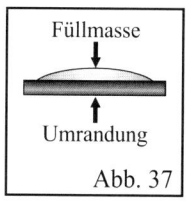

Füllmasse

Umrandung

Abb. 37

die äußeren Schleifen von Herzen **(Abb. 36)**. Danach füllen Sie mit einer Garniertüte die Hippen- oder Hapiolamasse in die entsprechenden Flächen. Diese Füllmassen müssen so flüssig sein, dass sie konturlos verlaufen und dadurch eine glatte Oberfläche bilden, die leicht tropfenförmig gewölbt ist **(Abb. 37)**. Sofern die Massen zu flüssig sind, sehen diese nach dem Backen flach und „verhungert" aus und lassen sich schlecht von Glasplatten lösen. Die Innenfläche der Dekors sollten Sie farblich ent-

Das Fachbuch „Die Garniertüte", Eigenverlag Heinrich Fischer, Darmstadt. Adresse: **www.garniertuete.de**

97

gegengesetzt der Farbe der Umrandung ausfüllen – also dunkler Rand zu heller Innenfläche und umgekehrt. Für die Gestaltung solcher Dekors siehe **Abb. 28, Seite 91**, bei

der die farbliche Gestaltung der Umrandung und der Füllmasse sehr ausführlich bei Kuvertüredekors dargestellt wurde.

Backen, Lösen und Lagern der Dekors

Vor dem Backen sollten die garnierten Dekors nicht allzu lange liegen bleiben, da insbesondere Brandmasse schnell austrocknet und beim Backen nicht mehr aufgeht, was optisch nachteilig sein kann. Auch kann das Austrocknen der Brandmassen dazu führen, dass besonders dünn garnierte Dekors sich schon beim Trocknen und erst recht beim Backen zusammenziehen und auseinanderreißen.

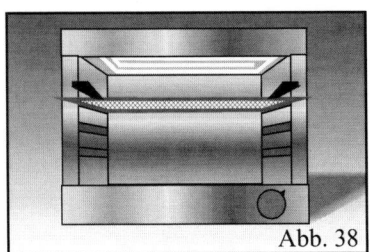
Abb. 38

Das Backen der Dekors geschieht in einem Grill **(Abb. 38,** auch Salamander oder Abflämmofen genannt, ausschließlich durch sehr starke Hitze von oben. Es ist weniger ein Backen, sondern mehr ein Abflämmen. Diese Grills gibt es schon in sehr einfachen

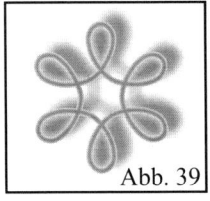
Abb. 39

und kleinen Ausführungen, z. B. zum Überbacken von Toasts. Bei diesem Abflämmen gehen die Massen auf und wölben sich. Die Kuppen der Wölbungen bräunen dabei schneller als die unteren Bereiche, wodurch ein sehr schöner plastischer Eindruck entsteht **(Abb. 39)**.

Backöfen sind für das Backen von Dekors weniger gut geeignet, da diese meist eine zu gleichmäßige Hitze entwickeln. Dadurch bräunen die Dekors zu gleichmäßig, weshalb kein schöner plastischer Eindruck durch die abgestufte Bräunung entstehen kann.

Auflegedekors und Schaustücke zu garnieren, ist schon recht schwierig. Allerdings noch schwieriger kann das Lösen der gebackenen Dekorteile von einer Backglasplatte sein. Bei diesem Lösen können diese Dekorteile sehr leicht zerbrechen. Dieser Problematik müssen Sie sich unbedingt bewusst werden und notwendige Vorbereitungen treffen oder zuvor beschriebene Techniken einsetzen, damit Sie die fertigen Dekors auch von der Garnierunterlage wieder entfernen können. Stellvertretend für diese Schwierigkeiten soll die **Abb. 40** stehen.

Der dort abgebildete Herzdekor mit Schleife ist mit einem dünnen Garnierfaden hergestellt. Die Schleife an der Herzspitze ist mit einer Masse ausgefüllt. Beim Lösen dieses Dekors von der Glasplatte haftet die ausgefüllte Fläche erheblich stärker an der Unterlage als der übrige

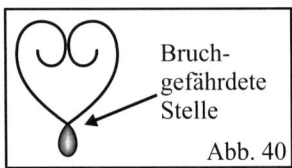
Bruch-
gefährdete
Stelle
Abb. 40

Teil des Dekors. Da die ausgefüllte Fläche mit dem übrigen Dekor nur durch einen sehr schmalen und schwachen Garnierfaden verbunden ist, bricht die ausgefüllte Schleife sehr leicht vom übrigen Dekor ab. Einen solchen Dekor sollten Sie immer sofort nach dem Backen in noch heißem Zustand von der Backscheibe

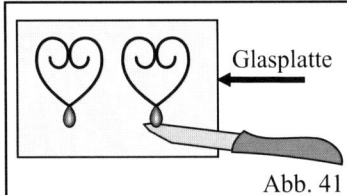
Glasplatte
Abb. 41

lösen, da er zu diesem Zeitpunkt noch biegsam ist. Flächen, die mit Hippen- oder Hapiolamasse ausgefüllt sind, werden als erstes gelöst, danach erst die unausgefüllten Teile aus Brandmasse. Kühlen die Dekors vor dem Ablösen zu sehr aus, werden sie hart und zerbrechen schnell. Zum Ablösen drücken Sie ein sehr dünnes Messer fest gegen die Glasplatte und schieben es sehr vorsichtig in Richtung Dekor von dessen ausgefüllter Seite her zur unausgefüllten **(Abb. 41)**.

Dekors, die auf Backpapier oder Silikonfolie gebacken wurden, werden erst nach vollständigem Auskühlen davon gelöst, indem Sie die Folie oder das Papier wölben oder über eine Tischkante ziehen. Probleme beim Lösen sind hier in der Regel nicht zu befürchten.

Zur Lagerung der Dekors sollte ein kühler (unter 10 °C) und sehr trockener Ort (unter 50 Prozent relative Luftfeuchte) gewählt werden – am besten ein luftdicht verschließbarer Kasten. Allerdings sollten Sie bei einer luftdichten Lagerung den Deckel ab und zu öffnen und die Dekors lüften, da sich sonst ein unangenehmer Geruch entwickeln kann! Eine Lagerung gebackener Dekors über einen Zeitraum von mehr als einer Woche ist nicht zu empfehlen!

Das Fachbuch „Die Garniertüte", Eigenverlag Heinrich Fischer, Darmstadt. Adresse: **www.garniertuete.de**

Auflegedekors aus gebackenen Massen – Kurzfassung

- Brandmasse: – Verwendung für eigenständige Dekors, Dekorumrandungen, selten für Schaustücke.

- Hippenmasse: – Verwendung als Einfüllmasse für Auflegedekors und Schaustücke.
                  – Besonders geeignet für geschmacklich wahrnehmbare Dekors.
                  – Herstellungsdauer etwa einen Tag.

- Hapiolamasse: – Verwendung als Einfüllmasse für Auflegedekors und Schaustücke.
                  – Geeignet für geschmacklich wenig wahrnehmbare Dekors.
                  – Einsetzbar direkt nach der Herstellung.

- Alle genannten Massen können mit Kakao eingefärbt werden.
- Brandmasse ist rationell mit pulverförmigen Halbfertigprodukten herstellbar.
- Alle drei Garniermassen können über mehrere Tage im Kühl- oder Tiefkühlschrank gelagert werden.
- Garniert werden die Massen auf feuerfestem Glas, Backpapier oder Silikonfolie.
- Sehr dünne Silikonfolie ist zum Backen von Dekors am besten geeignet.
- Glasplatten müssen eingefettet werden (Trennwachs, Pflanzenfett, Kakaobutter).
- Eingefettete Glasplatten sollten zusätzlich noch mit Mehl eingestäubt werden.
- Eine Unterleuchtung ist empfehlenswert, wenn die Garniervorlage nicht ausreichend erkannt werden kann.
- Die Festigkeit der Massen ist sorgfältig anzupassen.
- Erst die Umrandung der Dekors mit Brandmasse garnieren, dann evtl. Hippen- oder Hapiolamasse einfüllen.
- Garnierte Dekors sofort abbacken – nicht austrocknen lassen.
- Backen der Dekors nur mit Oberhitze im Grill (Salamander, Flämmofen).
- Backöfen sind zum Backen der Dekors wenig geeignet.
- Gebackene Dekors in heißem Zustand sofort von der Glasplatte ablösen (z. B. mit glattem, sehr dünnem und scharfem Messer).
- Gestaltungsmöglichkeiten: – Rand dunkel – Innenfläche hell und umgekehrt.
                              – Auffüllen der Dekors mit marmorierter Masse.
- Lagerung der Dekors: kühl (unter 10 °C) und trocken (unter 50 Prozent relative Luftfeuchte).

Das Fachbuch „Die Garniertüte", Eigenverlag Heinrich Fischer, Darmstadt. Adresse: **www.garniertuete.de**

99

Auflegedekors und Schaustücke aus Eiweißspritzglasur und Fondant

Vorbemerkungen

Rezepte, Verarbeitungshinweise und weitergehende Informationen für Eiweißspritzglasuren und Fondant finden Sie im **Kapitel „Rezepte" ab Seite 199.**

Eiweißspritzglasur und Fondant sind beides weiße Zuckermassen. Kremig feste Eiweißspritzglasur wird zum Garnieren der Umrisse von Auflegedekors und Schaustücken eingesetzt, und breiig weichen und temperierten Fondant verwendet man zum Ausfüllen der garnierten Umrisse.

Eiweißspritzglasur besteht aus Eiklar und Puderzucker und wird bei Bedarf angerührt oder aufgeschlagen. Bei der Verwendung von frischem Eiklar zu gewerblichen Zwecken ist die „Hühnereier-Verordnung" in Verbindung mit dem „Lebensmittel- und Bedarfsgegenständegesetz" zu beachten (siehe **Kapitel „Rezepte" ab Seite 199)**, die frisches Eiklar nur noch unter bestimmten Voraussetzungen hier zulässt! Fondant dagegen ist eine industriell hergestellte fertige Zuckermasse, die Sie nur noch erwärmen und evtl. verdünnen müssen. Fondant wird in fast allen Konditoreien und Bäckereien verarbeitet und ist einsatzfertig im Lebensmittelgroßhandel in sehr fester oder auch verdünnter Form erhältlich. Für Dekorzwecke eignet sich ausschließlich die festeste Handelsform.

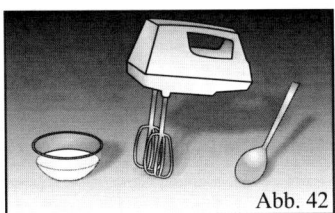
Abb. 42

Eiweißspritzglasur wird in der Regel z. B. in einer Glasschüssel mit einem Kaffeelöffel per Hand aufgeschlagen. Diese anstrengende Arbeit können Sie sich mit einem kleinen Handrührgerät erheblich erleichtern **(Abb. 42)!**

Eiweißspritzglasur und Fondant lassen sich mit Lebensmittelfarbstoffen und Fondant auch mit Kakao einfärben. Dadurch sind hiermit sowohl weiße als auch farblich gestaltete Auflegedekors und Schaustücke möglich.

Für bestimmte Zwecke benötigen Sie eine Eiweißspritzglasur, aus der sich Dekors herstellen lassen, die weniger bruchempfindlich sind und auch etwas Elastizität aufweisen – z. B. für die Bögen, die an den Tortenrändern der Hochzeitstorte überstehen und herabhängen (siehe **Kapitel „Hochzeitstorte als Schaustück" ab Seite 136).** Für solche Massen habe ich ein Spezialrezept entwickelt, für das Sie einem „Gelatine-Glukose-Fond" benötigen (Rezept siehe **Kapitel „Rezepte" ab Seite 202).**

Für manche Dekors werden Sie zum weiteren Ausschmücken einen sehr dünnen Garnierfaden benötigen. Leider sind in der normalen Eiweißspritzglasur, die mit Puderzucker hergestellt wird, meist so große Zucker-

kristalle enthalten, dass Sie solch dünne Garnierfäden möglicherweise nicht erzielen. Für diesen Zweck habe ich ein Rezept mit Fondant entwickelt (siehe **Kapitel „Rezepte" ab Seite 202).** Dieses Rezept ermöglicht darüber hinaus auch Garnierfäden, die sehr biegsam, aber wenig stabil sind.

Sehr große optische Unterschiede gibt es zwischen Eiweißspritzglasur und Fondant in ausgefüllten Flächen: Fondant glänzt nach dem Trocknen erheblich stärker und schöner als Eiweißspritzglasur und macht die daraus hergestellten Produkte für den Betrachter (Kunden) attraktiver und begehrenswerter! Allerdings kann Fondant schon nach wenigen Tagen auskristallisieren, wodurch sich verunstaltende weiße Flecken in den ausgefüllten Flächen bilden. Dieses Auskristallisieren kann durch die Zugabe von Glukosesirup und/oder Fruchtsäure verlangsamt werden (siehe **Kapitel „Rezepte" ab Seite 204).** Der Seidenglanz der Ausfülleiweißspritzglasur lässt sich allerdings in gewissen Grenzen bei der Herstellung und beim Trocknen durch Hitze positiv beeinflussen (siehe weiter unten). Zum Ausfüllen von Flächen benötigte Eiweißspritzglasur sollten Sie **nicht** durch Verdünnen von Garnierfadeneiweißspritzglasur herstellen, da durch das intensive Schaumigrühren dieser Garnierfadenglasur getrocknete Dekors weniger glänzen oder sogar matt aussehen und noch weitere Fehler entstehen können.

In der Stabilität der getrockneten Dekors unterscheiden sich Eiweißspritzglasur und Fondant erheblich: Dekors aus Eiweißspritzglasur haben in der Regel eine erheblich höhere Festigkeit und Stabilität als solche aus Fondant. Allerdings sollten Sie Ausfülleiweißspritzglasur **nicht** durch Verdünnen von Garnierfadeneiweißspritzglasur herstellen, da sich eine intensiv aufgeschlagene Ausfülleiweißspritzglasur während der Trocknungsphase absetzen kann. Das kommt daher, weil durch die untergeschlagene Luft die Glasur zwar sehr stabil ist, aber einen sehr geringen Zuckeranteil hat, wodurch die Flüssigkeit in der Glasur nicht absolut gebunden wird und diese sich beim Trocknen zum Boden hin absetzen kann. Dadurch verliert die Glasur an Stabilität und Volumen, wodurch deren gewölbte Oberfläche sich muldenförmig senken kann! Derart hergestellte Dekors haben darüber hinaus natürlich auch eine geringere Stabilität!

Aus den zuvor genannten Gründen eignet sich Fondant somit nur für kleine Flächen bei Auflegedekors, bei denen es auf einen schönen Glanz ankommt und die in wenigen Tagen verzehrt werden. Für Schaustücke ist Fondant nur geeignet, wenn Sie damit Flächen dekorieren wollen, die entweder sehr klein oder aus stabil aushärtenden Massen und Teigen unterlegt sind, z. B. aus Gelatinezucker (siehe Abschnitt **„Auflegedekors und Schaustücke aus Gelatine-**

Das Fachbuch „Die Garniertüte", Eigenverlag Heinrich Fischer, Darmstadt. Adresse: **www.garniertuete.de**

zucker", Seite 106) und die nur wenige Tage zur Schau gestellt werden sollen. Sofern Sie also größere Flächen direkt ausfüllen möchten, die eine hohe Stabilität, Formbeständigkeit und eine lange optische Haltbarkeit haben müssen, eignet sich nur Eiweißspritzglasur.

Eiweißspritzglasur und Fondant müssen während der Verarbeitungszeit mit einem feuchten Tuch so abgedeckt werden, dass deren Oberfläche nicht antrocknet.

Mit Eiweißspritzglasur und Fondant hergestellte Dekors müssen meist mehrere Stunden bis hin zu mehreren Tagen an einem warmen und trockenen Ort auf der Garnierunterlage trocknen. Erst dadurch werden sie so fest, dass sie sich von der Garnierunterlage ablösen und auf Torten und Desserts platzieren lassen. Sofern Sie die Dekors innerhalb von Stunden oder spätestens am nächsten Tag benötigen, empfiehlt es sich, wenn Sie die Dekors im Backofen oder Wärmeschrank bei 40 bis 50 °C trocken. Allerdings kann es durch Hitze bei Eiweißspritzglasur zu einem Auskristallisieren der eingefüllten Masse kommen, bei der sich Flüssigkeit zur Garnierfolie hin absetzt. Dies führt erfahrungsgemäß gelegentlich zu weißen Flecken. Die Stabilität der Dekors ist dadurch erfahrungsgemäß kaum beeinträchtigt und noch ausreichend. Beim Trocknen von Fondantdekors durch Hitze kann es allerdings zu einem schnellen Kristallisieren kommen, wobei sich hässliche weiße Flecken in den ausgefüllten Flächen bilden.

Dekors aus Eiweißspritzglasur sind über Wochen und Monate an einem trockenen Ort (unter 50 Prozent relative Luftfeuchte) lagerfähig – Dekors, die mit Fondant ausgefüllt wurden, können meist schon nach einer Woche auskristallisieren (es bilden sich hässliche weiße Flecken in den ausgefüllten Flächen, und die Oberfläche ist matt).

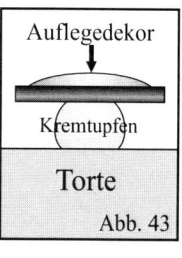

Abb. 43

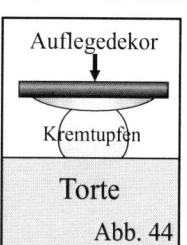

Abb. 44

Eine optisch sehr interessante Wirkung können Sie erreichen, wenn Sie die Dekors so auf Torten und Desserts legen, dass die durch die Folie entstandene glatte Fläche dem Betrachter zugewandt ist. Die **Abb. 43** zeigt das übliche Auflegen von Dekors und **Abb. 44** die hier vorgeschlagene Methode. Sie benötigen hier eine Spritzglasur mit einem Gelatine-Glukose-Fond, eine dicke, glatte Kunststofffolie (z. B. OHP-Schreibfolie mit mindestens 0,1 mm Stärke, die in Bürofachgeschäften erhältlich ist) und optimale Bedingungen beim Trocknen – testen Sie diese Möglichkeit durch einige Experimente!

Dekors, die mit Fondant ausgefüllt wurden, können sich im „festen" Zustand noch verbiegen, je nachdem, wie stark sie getrocknet wurden – sie müssen dann gegebenenfalls stabil unterbaut oder flach auf Torten oder Desserts aufgelegt werden.

Herstellen von Auflegedekors und Schaustücken

Abb. 45

Die fertige Eiweißspritzglasur und den temperierten Fondant müssen Sie in einem dicht abgeschlossen Gefäß lagern – legen Sie z. B. ein feuchtes Schwammtuch über den Behälter, in der sich die Masse befindet **(Abb. 45)**. Sofern Sie die Massen nicht abdecken, trocknet deren Oberfläche an, und es entstehen Zuckerkristalle. Diese verstopfen die Düse der Garniertüte oder führen zu unregelmäßig ausgefüllten Flächen! Am sinnvollsten lagern Sie Eiweißspritzglasur für Fadendekor in einem Garnierbeutel mit einer Lochtülle, die eine Öffnung von 3 mm Größe hat **(Abb. 46)**. Mit diesem Garnierbeutel lässt sich die Eiweißspritzglasur später besser in eine Garniertüte dosieren. Allerdings müssen Sie die Tüllenöffnung mit einem feuchten Tuch einpacken, sonst trocknet die Eiweißspritzglasur auch dort an **(Abb. 45)**!

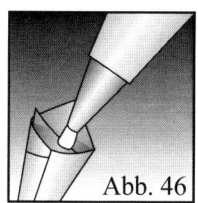

Abb. 46

Verwenden Sie dazu möglichst Kunststofftüllen, da z. B. Eiweißspritzglasur mit dem Material von Weißblechtüllen regieren und sich verfärben kann!

Umrisse und Konturen von Auflegedekors und Schaustücken werden als Fadendekor mit Eiweißspritzglasur garniert **(Abb. 47)**. Die Eiweißspritzglasur sollte sich ohne große Kraftanstrengung garnieren lassen. Der Garnierfaden muss seine runde Form beibehalten und darf nicht

Abb. 47

breitlaufen. Sofern die Masse zu fest ist, rühren Sie noch etwas Wasser unter. Bei zu weicher Masse müssen Sie diese noch weiter schaumig rühren oder weiteren Puderzucker untermischen. Beim Garnieren von nicht ausgefüllten Auflegedekors müssen Sie die Stärke des Garnierfadens so wählen, dass sehr feine und filigrane Dekors entstehen, die aber beim Ablösen von der Unterlage nicht zerbrechen. Üben Sie deshalb verschiedene Dekors mit verschiedenen Fadenstärken, und finden Sie die optisch beste und gerade noch stabile selbst heraus.

Das Fachbuch „Die Garniertüte", Eigenverlag Heinrich Fischer, Darmstadt. Adresse: **www.garniertuete.de**

101

Bei größeren Schaustücken, die sehr stabil sein müssen, empfiehlt es sich, sehr dicke Garnierfäden mit einer Garniertüte und Lochtülle zu garnieren. Die garnierten

Abb. 48

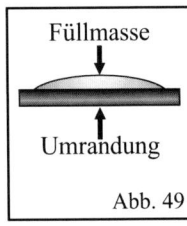

Füllmasse

Umrandung

Abb. 49

Umrisse können Sie mit Eiweißspritzglasur oder temperiertem Fondant weiß oder auch farbig ausfüllen **(Abb. 48)**. Der zum Ausfüllen der Innenflächen benötigte Fondant oder die Eiweißspritzglasur sollten eine breiige Beschaffenheit haben – gerührte Konturen sollten möglichst schnell verlaufen und eine absolut glatte Oberfläche bilden. Sofern die Masse zu langsam verläuft, entstehen an der Oberfläche der Dekors Unebenheiten, die dem Dekor ein hässliches und laienhaftes Aussehen verleihen. Achten Sie beim Ausfüllen der Flächen darauf, dass die Füllmasse sich vom Rand hin zur Mitte wölbt **(Abb. 49)**. Bei zu dünnflüssiger Glasur entsteht eine ebene Oberfläche, bei der die Dekors ihren räumlichen Eindruck verlieren. Weiterhin können ausgefüllte Flächen beim Trocknen evtl. muldenförmig einsinken. Zum Ausfüllen von Flächen benötigte Eiweiß

spritzglasur sollten Sie <u>nicht</u> durch Verdünnen von Garnierfadeneiweißspritzglasur herstellen (Begründung weiter vorne unter **„Vorbemerkungen")**.

Sofern die Dekors auf einem Sockel aufgestellt werden sollen, ist auch deren Rückseite sichtbar. Deshalb sollten

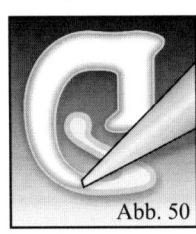

Abb. 50

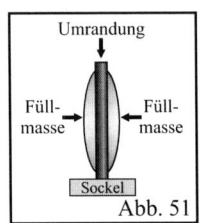

Umrandung

Füll-masse

Füll-masse

Sockel

Abb. 51

Sie deren Rückseite so ausfüllen, dass auch dort eine gewölbte Fläche entsteht, die den plastischen Eindruck der Dekors verbessert **(Abb. 50 und 51)**. Sehr schöne optische Effekte erzielen Sie, wenn sie z. B. die Umrandung der Dekors mit farbiger Spritzglasur durchführen und deren Innenfläche mit weißer ausfüllen oder umgekehrt. Sofern Sie eine mehrfarbige Gestaltung anstreben, stellen Sie zunächst eine größere Menge der weißen Masse her und färben die Massen kurz vor deren Einsatz mit flüssigen Lebensmittelfarbstoffen ein. Sofern die Masse dadurch zu weich wird, müssen Sie dieser entweder Puderzucker zugeben oder die Masse nochmals weiter schaumig rühren.

Garnierunterlage Folie oder Papier

Die Dekors aus Eiweißspritzglasur oder Fondant können Sie auf Kunststofffolie oder Papier garnieren.

Bei der Verwendung von Kunststofffolien müssen Sie sich vergewissern, dass die Folien lebensmittelecht sind, das heißt, die Folien dürfen keine giftigen Stoffe an die hergestellten Dekors abgeben, ansonsten müssen Sie transparentes Papier verwenden, z. B. Pergaminpapier!

Bei Folien eignen sich Klarsichthüllen (Prospekthüllen) in der Größe DIN A4 am besten. In diese Folien können Sie Garniervorlagen einschieben. Sofern Sie die Dekors mit der glatten Seite nach oben platzieren möchten, benötigen Sie eine stärkere und sehr glatte Folie. Dazu eignen sich am besten Overhead-Projektions-Folien (OHP-Folien), die mindestens 0,1 mm stark sind. Solche Folien erhalten Sie im Bürofachgeschäft. Allerdings lassen solche Folien weder Luft noch Feuchtigkeit entweichen. Dadurch entsteht das Problem, dass die Unterseite der Dekors zum Festwerden erheblich länger braucht als deren Oberfläche. Sehr problematisch kann diese Eigenschaft der Folien beim Trocknen der Dekors durch Wärme

werden – durch die Wärme und das langsame Entweichen der Flüssigkeit kann die Masse auskristallisieren – die Unterseite der Dekors ist dann nicht mehr glatt und glänzend, sondern schimmert kristallin. Ferner kann die Stabilität der Dekors dadurch leiden. Dieses Auskristallisieren können Sie eventuell mit einer Einfüllmasse vermeiden, die Sie mit einem Gelatine-Glukosefond herstellen (Rezept siehe **Kapitel „Rezepte", Seite 202)**.

Für eine bessere Trocknung eignet sich Papier als Garnierunterlage, z. B. Pergaminpapier und Backpapier, da diese Papiere bedingt luft- und feuchtigkeitsdurchlässig sind. Allerdings kann sich durch die Feuchtigkeit der Massen das Papier wellen und damit die optische Wirkung der Dekors negativ beeinträchtigen. Ferner kann die Unterseite der Dekors keinen Glanz bekommen – Sie können also die Unterseite nicht nach oben sichtbar auflegen. Auch kann möglicherweise die feuchte Eiweißspritzglasur in das Papier eindringen und sich beim Trocknen so stark damit verbinden, dass sich die getrockneten Dekors schlecht davon lösen lassen – sehr filigran garnierte Dekors können dabei zerbrechen!

Das Fachbuch „Die Garniertüte", Eigenverlag Heinrich Fischer, Darmstadt. Adresse: **www.garniertuete.de**

Trocknen, Lösen und Lagern der Dekors

Die fertig garnierten und gestalteten Auflegedekors oder Schaustücke legen Sie mit der Folie oder dem Papier für

etwa einen Tag an einen warmen und trockenen Ort, damit sie sich durch Austrocknen verfestigen können. Bei Auflegedekors oder Schaustücken, die Sie mit Fondant oder verdünnter Eiweißspritzglasur ausgefüllt haben, kann dieser Trocknungsprozess

Abb. 52

auch mehrere Tage dauern. Deshalb sollten Sie für den Trockenprozess einen Backofen oder Wärmeschrank verwenden **(Abb. 52)**. Die ideale Trockentemperatur liegt zwischen 40 und 50 °C. Allerdings können sich in der Masse eingeschlossene Luftblasen durch die Wärme ausdehnen und die Dekoroberfläche verunstalten. Weiter kann die Masse, die auf Folie garniert wurde, auskristallisieren (siehe vorne **„Garnieren auf Folie oder Papier"**). Beim Einstellen der Temperatur müssen Sie die Trägheit des Thermostats in Ihrem Heizgerät berücksichtigen – bei manchen Geräten stellt man 40 °C ein, tatsächlich schaltet es erst bei 30 °C ein und bei 70 °C aus. Bei höheren Temperaturen als 50 °C können folgende Probleme entstehen: Die Kunststofffolie kann sich verformen, die Dekors können auf der Unterseite einen Hohlraum bilden, die Ausfüllmasse kann kristallisieren, die Dekors können sich gelblich verfärben. Etlichen dieser Probleme können Sie vorbeugen, wenn Sie eine Einfüllmasse verwenden, die Sie mit einem Gelatine-Glukose-Fond herstellen (Rezept siehe **Kapitel „Rezepte"** ab **Seite 202)**.

Beim Trocknen von Dekors, die mit Fondant ausgefüllt wurden, ist besondere Vorsicht geboten. Sofern solche Dekors zu lange und/oder zu heiß getrocknet wurden, verdunstet zu viel Wasser aus dem Fondant, und die

Flächen können schon nach wenigen Stunden beginnen auszukristallisieren! Dabei entstehen zuerst kleine weiße Punkte, die sich schnell zu größeren Flächen vergrößern und die optische Wirkung der Dekors massiv beeinträchtigen! Diesem Problem können Sie durch die Verwendung von Glukosesirup und/oder Fruchtsäure vorbeugen (Rezept siehe **Kapitel „Rezepte", Seite 202)**.

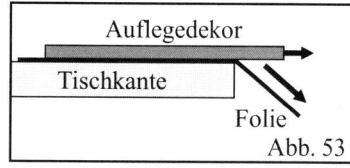

Abb. 53

Nach dem Festwerden der Auflegedekors oder Schaustücke ziehen Sie die Folie vorsichtig über eine Tischkante stark nach unten **(Abb. 53)**. Dabei lösen sich die garnierten Teile normalerweise problemlos. Bei sehr großen Auflegedekors oder Schaustücken müssen Sie evtl. die Folie von verschiedenen Seiten und nur teilweise über eine Tischkante ziehen, damit die Dekors sich erst in den Randbereichen lösen und nicht zerbrechen. Bei der Her-

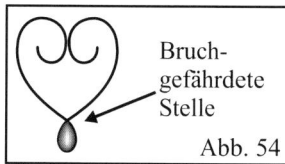

Abb. 54

stellung der Dekors sollten Sie darauf achten, dass sich keine Problemstellen bilden, an denen die Dekors sehr leicht beim Ablösen zerbrechen können. Dies sind insbesondere Schleifen, die ausgefüllt sind und mit dem übrigen Dekor nur durch einen sehr dünnen Garnierfaden verbunden sind **(Abb. 54)**. Sie haften stärker an der Folie als nicht ausgefüllte Flächen.

Die fertigen Dekors können sie problemlos über Monate aufbewahren. Allerdings darf der Aufbewahrungsort nicht zu feucht sein (unter 50 Prozent relative Luftfeuchte). Sehr gut eignet sich ein luftdicht verschließbarer Kunststoffbehälter. Dekors, die mit Fondant ausgefüllt wurden, sollten allerdings nicht mehr als eine Woche lagern, da diese dann in der Regel auskristallisieren.

Glanz von Eiweißspritzglasur bei ausgefüllten Dekors verbessern

Sofern Ihnen der Glanz von Dekors nur unzureichend erscheint, die mit Eiweißspritzglasur ausgefüllt wurden, können Sie diesen Glanz in der Regel stellenweise erheblich verbessern. Hier gibt es im Wesentlichen vier

Einflussfaktoren, die Sie auch miteinander für ein besseres Ergebnis kombinieren können. Allerdings erreichen Sie bei Eiweißspritzglasur keinen Hochglanz, sondern nur einen Seidenglanz.

1. Glanz durch Verdünnen

Sehr wichtig für einen schönen Glanz ausgefüllter Flächen ist meist die optimale Festigkeit der Eiweißspritzglasur. Da die Festigkeit der Masse von der Art der verwendeten Zutaten (frisches Eiklar oder Pulver, mit oder ohne Gelatine-Glukose-Fond), Ihrer individuellen Arbeitstechnik (Masse nur glatt rühren oder aufschlagen) und vom Trocknungsverfahren abhängig ist, sollten Sie einige

Experimente durchführen, ein Protokoll über das exakte Gewicht der Zutaten und über Art und Zeit des Herstellungsverfahrens führen. Bei zu fester Masse ist der Glanz in der Regel schlechter – bei zu weicher Masse trocknen die Dekors langsamer oder überhaupt nicht, und deren Oberfläche kann muldenartig einfallen.

103

Das Fachbuch „Die Garniertüte", Eigenverlag Heinrich Fischer, Darmstadt. Adresse: **www.garniertuete.de**

2. Glanz durch wenig Rühren

Für einen schönen Glanz der Eiweißspritzglasur ist die Art des Aufschlagens äußerst wichtig. Den besten Glanz erreichen Sie, wenn Sie unter die Glasur nur wenig Luft rühren – also die Zutaten im Prinzip nur glatt rühren. Sofern Sie unter die Masse nur wenig Luft rühren, benötigen Dekors unter Umständen mehrere Tage oder sogar mehr als eine Woche, bis sie ausgehärtet sind. Zu kurz gerührte Massen sind in der Regel erheblich weniger stabil und können während oder nach dem Trocknen auskristallisieren – hässliche weiße Flecken bilden sich dann in den ausgefüllten Flächen. Je schneller die Masse

trocknen und je stabiler sie sein soll, umso mehr Luft müssen Sie also unterschlagen, mit dem Nachteil, dass der Glanz zunehmend verschwindet! Hier kommt es auf einen guten Kompromiss zwischen Glanz, Trocknungszeit und Stabilität an. Für die richtige Herstellungstechnik sollten Sie hier einige Versuche mit genauem Protokoll durchführen! Eine Eiweißspritzglasur, die etlichen Problemen vorbeugt, stellen Sie mit einem Gelatine-Glukosefond her (Rezept siehe **Kapitel „Rezepte"**, **Seite 202**).

3. Glanz durch Hitze

Geben Sie die Dekors sofort nach dem Garnieren in einen aufgeheizten Backofen oder Wärmeschrank bei 40 bis 50 °C. Je länger die Dekors ohne zusätzliche Hitze trocknen, umso weniger gut ist der Glanz. Diese Methode

ist meiner Meinung nach die beste. Beachten Sie hierzu auch den Abschnitt **„Trocknen, Lösen und Lagern der Dekors"**, da es hier zu etlichen Problemen kommen kann!

4. Glanz durch „Lackieren"

Trocknen Sie die Dekors, bis sie vollständig ausgetrocknet und hart sind. Stellen Sie einen Gelatine-Glukose-Fond her (Rezept siehe **Kapitel „Rezepte"**, **Seite 202),** und erwärmen und verflüssigen Sie eine ausreichende Menge.

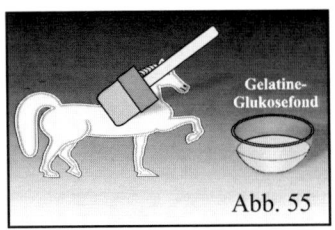
Abb. 55

Verwenden Sie einen sehr weichen Pinsel, z. B. einen dicken hochwertigen Malpinsel oder einen dünnen Schminkpinsel. Feuchten Sie den Pinsel mit dem flüssigen Fond ganz leicht an, und überstreichen Sie die Oberfläche der Dekors durch mehrmaliges schnelles Hin- Herbewegen

(Abb. 55). Nach mehreren Stunden ist die Oberfläche der Dekors getrocknet und nach etwa einem Tag haben sie ihren endgültigen Glanz. Sofern die Oberfläche der Dekors zu sehr glänzt, sehen die Dekors unnatürlich und künstlich aus. In diesem Fall müssen Sie den Fond mit Wasser verdünnen. Für die richtige Mischung sollten Sie hier unbedingt einige Experimente machen, um die Dekors optimal nach Ihrem Geschmack zu verändern. Allerdings ist die Oberfläche der Dekors danach nicht mehr glatt, sondern leicht rau. Eine weitere Möglichkeit besteht darin, dass Sie die ausgehärteten Dekors mit Lebensmittellack absprühen. Allerdings ist das Lackieren von Dekors eine handwerklich gesehen sehr fragliche Möglichkeit, deren Glanz zu verbessern!

Kristalleffekte

Bei Eiweißspritzglasurdekors können Sie den optischen Eindruck noch erheblich steigern, wenn Sie diese mit

Abb. 56

einem Kristalleffekt ausstatten. Hierfür eignet sich nahezu alles aus Eiweißspritzglasur: vom kleinen Auflegedekor bis hin zum großen Schaustück. Als Beispiel hierfür

dient die Kuppel des Tempels der Hochzeitstorte **(Abb. 56 und Abb. 57** als Ausschnittvergrößerung, siehe auch **Kapitel „Hochzeitstorte als Schaustück" ab Seite 140).** Die einfachste Art wäre es, die fertigen Dekors oder Schaustücke anzufeuchten und mit Kristallzucker zu bestreuen – dies sieht allerdings stellenweise sehr plump

aus. Besser ist es, wenn Sie die fertigen getrockneten Dekors in eine Zuckerlösung legen. Rezept: Kochen Sie 400 g Wasser und 1 kg Zucker zusammen auf. Nachdem diese Lösung **vollständig** auf Raumtemperatur abgekühlt

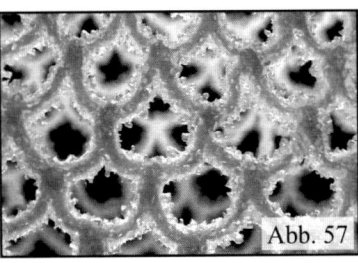
Abb. 57

ist, entfernen Sie Zuckerkristalle, die sich an deren Oberfläche evtl. gebildet haben, mit einem feinen Teesieb. Danach können Sie die Dekors in dem Zuckersud

„baden". Sie können die Dekors allerdings auch auf der Garnierfolie belassen (nicht ablösen!), diese in ein Gefäß legen und den ausgekühlten Sud darüber gießen. Die Lösung ist eine übersättigte Zuckerlösung, das heißt, in ihr

Das Fachbuch „Die Garniertüte", Eigenverlag Heinrich Fischer, Darmstadt. Adresse: **www.garniertuete.de**

ist so viel Zucker gelöst, dass die Lösung keinen weiteren Zucker mehr aufnehmen kann. Dadurch können sich folglich auch die Dekors aus Eiweißspritzglasur nicht darin auflösen. Da nun der Zucker in der übersättigten Lösung an den trockenen Dekors auskristallisiert, entstehen dort kleine Zuckerkristalle, die im Licht wie kleine Edelsteine glitzern. Die Größe der Kristalle wird durch zwei Faktoren bestimmt: Erstens durch die Konzentration der Zucker-

lösung und zweitens durch die Zeit, in der die Zuckerlösung auf die Dekors wirkt. Möchten Sie sehr kleine Kristalle, verdünnen Sie die Lösung mit etwas Wasser, möchten Sie große Kristalle, lassen Sie die Dekors länger in der Lösung liegen. Um gezielte gestalterische Effekte zu erzielen, benötigen Sie etliche Experimente, bei denen Sie über die Konzentration und die Einwirkzeit genau Buch führen sollten.

Auflegedekors aus Eiweißspritzglasur und Fondant – Kurzfassung

Hygienische Anforderungen in gewerblichen Betrieben
− Bei der Herstellung von Produkten aus frischen Hühnereiern muss in gewerblichen Betrieben unbedingt die „Hühnereier-Verordnung" in Verbindung mit dem „Lebensmittel- und Bedarfsgegenständegesetz" beachtet werden, die im Prinzip fast keine Produkte aus frischen, unbehandelten Hühnereibestandteilen zulässt!

Rezepte für Fadendekoreiweißspritzglasur aus dem Kapitel „Rezepte für Garniermassen"
− Massen mit Puderzucker und als Alternative Fondant.
− Massen mit frischem Eiklar und als Alternative Trockeneiweiß.
− Massen für stabile und elastische Dekors mit einem Gelatine-Glukose-Fond.
− Massen für besonders dünne Garnierfäden und biegsame Dekors mit Fondant.

Eigenschaften von Einfüllmassen
− Fondant zum Ausfüllen von Auflegedekors hat einen schönen Glanz, ist aber wenig stabil und kann nach einiger Zeit auskristallisieren.
− Eiweißspritzglasur zum Ausfüllen von Auflegedekors und Schaustücken kann weniger schön glänzen als Fondant, ist aber erheblich stabiler.

Herstellung von Eiweißspritzglasur
− Puderzucker aus frisch geöffneten Verpackungen verwenden und sehr fein sieben.
− Eiklar möglichst aus <u>frischen</u> Eiern verwenden.
− Eiklar kann durch Eiweißpulver und Wasser ersetzt werden.
− Fondant zum Ausfüllen nur als festeste Handelsart verwenden.
− Bei Fondant für Fadendekor unbedingt den Fondant erwärmen und Trockeneiweiß zugeben.
− Trockeneiweiß klumpenfrei unter Fondant rühren und etwa 5 Min. quellen lassen.
− Beim Aufschlagen von Eiweißspritzglasur Zuckerkristalle am Aufschlaggefäß verhindern bzw. beseitigen.
− Eiweißspritzglasur bei Pausen abdecken.
− Einfärben der Masse erst nach dem Aufschlagen.

Verarbeitung von Eiweißspritzglasur zum Ausfüllen
− Eiweißspritzglasur zum Einfüllen in Dekors nur wenig schaumig rühren, da diese sonst wenig glänzt.
− Keine Eiweißspritzglasur verdünnen, die für Fadendekor hergestellt wurde da diese schnell kristallisiert.

Verarbeitung von Fondant zum Ausfüllen
− Fondant zum Ausfüllen evtl. mit Glukosesirup und/oder Fruchtsäure vermischen.
− Fondantmasse auf 36 °C erwärmen und mit Wasser verdünnen.

Herstellen der Auflegedekors und Schaustücke
− Fertige Garniermasse in einen Spritzbeutel geben oder mit einem feuchten Tuch abdecken.
− Dekors können auf Kunststofffolie oder Papier garniert werden.
− Dekors auf Unterlage mindestens einen Tag lang trocknen lassen – ausgefüllte Dekors benötigen länger.
− Backofen oder Wärmeschrank (40 bis 50 °C) verkürzt die Trocknung.
− Gestaltungsmöglichkeiten von Dekors: Rand weiß – Innenfläche farbig und umgekehrt.
− Dekors können auch mit der glatten Seite oben auf Torten und Desserts gelegt werden.
− Zum Lösen der festen Dekors Folie über eine Tischkante steil nach unten ziehen.
− Lagern der Dekors: sehr trocken in möglichst luftdichtem Behälter (unter 50 Prozent relative Luftfeuchte).

Glanz von ausgefüllten Eiweißspritzglasurdekors verbessern
− Die Eiweißspritzglasur verdünnen.
− Die Ausfüllmasse nur geringfügig schaumig rühren.
− Die Dekors sofort in einen Backofen oder Wärmeschrank bei 40 bis 50 °C geben.
− Die vollständig getrockneten Dekors mit einem Glukose-Gelatine-Fond sehr dünn abstreichen.

Kristalleffekte können die optische Wirkung der Dekors erheblich verstärken.

Das Fachbuch „Die Garniertüte", Eigenverlag Heinrich Fischer, Darmstadt. Adresse: **www.garniertuete.de**

105

Auflegedekors und Schaustücke aus Gelatinezucker

Vorbemerkungen

Gelatinezucker ist ein Zuckerteig aus Puderzucker, Wasser Gelatine und evtl. Glukosesirup. Allerdings ist er eigentlich kein Material für die Herstellung von Auflegedekors mit der Garniertüte – er eignet sich mehr für Schaustücke (z. B. für Kutschen von Hochzeitstorten und Sockel für Tortenaufsätze) sowie modellierte und ausgestochene Auflegedekors. Da aber manchmal sehr stabile Dekors gebraucht werden, die trotzdem sehr filigran wirken, ist er z. B. als ausgestochene Grundlage sehr geeignet. Die ausgestochene Grundlage, z. B. eine Blüte, wird dann mit der Garniertüte und Eiweißspritzglasur oder Fondant filigran dekoriert. Die Massen dazu können Sie mit Lebensmittelfarben einfärben. Die entstehenden Dekors sind allerdings sehr fest bis hart und eignen sich kaum für den genussvollen Verzehr. Rezepte und Arbeitsanleitun-gen für Gelatinezucker finden Sie im **Kapitel „Rezepte" ab Seite 207.** Der entstehende Teig soll sich anfühlen und kneten lassen wie z. B. Marzipan. Für gestalterische Zwecke können Sie den Gelatinezucker einfärben.

Eine vereinfachte Herstellung ergibt sich, wenn Sie das Rezept mit dem Gelatine-Glukose-Fond verwenden, da sich die Gelatine und die Flüssigkeit besser dosieren lassen. Außerdem werden die Verarbeitungseigenschaf-ten des Gelatinezuckers durch den Glukosesirup verbes-sert – beim Ausrollen und Modellieren reißt er weniger. Glukosesirup erhalten Sie in der Regel nur im Fachhandel oder in Konditoreien oder Bäckereien.

Verarbeitung zu Auflegedekor und Schaustücken

Den fertigen Gelatinezucker müssen Sie **sofort** nach der Herstellung in einer Kunststofftüte luftdicht einpacken, da er sonst innerhalb von wenigen Minuten an der Oberfläche austrocknet und eine Kruste bildet.

Rollen Sie den Gelatinezucker auf einer glatten Unterlage aus. Streuen Sie gesiebten Puderzucker unter und auf den

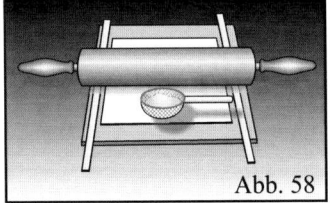
Abb. 58

Gelatinezucker, damit dieser nicht an der Unterlage und am Rollholz anklebt. Um den Gelatinezucker auf eine exakte Stärke aus-rollen zu können, em-pfiehlt es sich, den Gelatinezucker zwischen zwei gleich dicken Stäben auszurollen, bis das Rollholz auf den Stäben aufrollt **(Abb. 58).**

Stechen Sie nun z. B. mit Filigranausstechern Blüten oder sonstige Dekors aus, die Sie auch noch durch Biegen formen können, oder schneiden Sie die Einzelteile einer Hochzeitskutsche aus, die später mit Eiweißspritzglasur zusammengesetzt und dekoriert werden. Lassen Sie die ausgestochenen Auflegedekors oder die Teile für ein Schaustück für mehrere Stunden trocknen, am besten über Nacht, damit diese hart werden.

Für gebogene Teile benötigen Sie beim Trocknungs-prozess dreidimensionale Biegeschablonen. Etliche dieser Schablonen finden Sie als Bausatz auf dem USB-Stick zum Buch. Deren Herstellung und deren Einsatz ist im Kapitel 8 „Hochzeitsorte" ab **Seite 123** ausführlich beschrieben.

Nach dem Trocknen können Sie die Teile mit allen möglichen Dekormassen ausgarnieren, z. B. mit weißer oder eingefärbter Eiweißspritzglasur. Sie können die Dekors aber auch mit Fondant überziehen und danach weiter mit der Garniertüte gestalten. Die Teile für Hochzeitskutschen werden erst mit Eiweißspritzglasur „zusammengeklebt" und dann mit Eiweißspritzglasur dekoriert (siehe **Kapitel „Hochzeitstorte als Schaustück ab Seite 123).**

Sofern Sie die Oberfläche von Gelatinezuckerdekors mit Fondant ausfüllen, sollten Sie den Gelatinezucker erst mit erwärmtem, flüssigem Gelatine-Glukose-Fond dick abstreichen (Rezept **Seite 202**). Dieser Fond dringt in die Oberfläche des Gelatinezuckers ein und versiegelt diese. Sofern Sie die Oberfläche nicht versiegeln, entzieht der Gelatinezucker dem Fondant Wasser, was zum schnellen Absterben des Fondants führen kann. Außerdem können die Zuckerkristalle der trockenen Oberfläche bewirken, dass der Fondant sofort beginnt auszukristallisieren.

Das Fachbuch „Die Garniertüte", Eigenverlag Heinrich Fischer, Darmstadt. Adresse: **www.garniertuete.de**

Die Garniervorlagen auf dem USB-Stick zum Buch

Allgemeines

Auf dem USB-Stick zum Buch sind über 7.000 Garniervorlagen gespeichert! Diese finden Sie im Verzeichnis „**Arbeitsvorlagen**". In diesem Verzeichnis finden Sie weitere Unterverzeichnisse mit Bezeichnungen, die ihnen helfen, die gewünschte Garniervorlage schnell zu finden, z.B. die Verzeichnisse „**Herzen**" oder „**Sterne**". Für eine Vorauswahl hilft ihnen das Kapitel 11 „**Garniervorlagen Auswahlkatalog**" ab **Seite 218**. Dort finden Sie verkleinerte Übersichten der verschiedenen Motive mit Hinweisen, wo das jeweilige Motiv auf dem USB-Stick zum Buch gespeichert ist. Eine wertvolle Hilfe wird ihnen das

Benutzerhandbuch für das Spezialprogramm „**Image-Viewer**" des USB-Sticks sein. Es befindet sich direkt im Stammverzeichnis des USB-Sticks und heißt „**Image-Viewer Bedienungsanleitung.pdf**". Eine Kurzanleitung zu diesem Arbeitsprogramm, das im Prinzip ein Bildbetrachtungsprogramm ist, finden Sie auch am Anfang des Kapitels 11 ab **Seite 269**. In diesem Kapitel hier „**Auflegedekors und Schaustücke**", möchte ich mich nur mit den grundlegenden Besonderheiten von Auflegedekors und Schaustücken und den dazu vorgesehenen Garniervorlagen befassen.

Die Abwandlungen der Motive

Wie zuvor schon erwähnt, sind auf dem USB-Stick zum Buch über 7.000 Garniervorlagen gespeichert. Dies sind natürlich nicht 7.000 verschiedene Motive, sondern auch sehr viele Variationen von Motiven und verschiedene

nachsehen, ob es dort nicht ein anderes und „schöneres" Motiv gibt. Der Computer als Zeichenwerkzeug war mir hier für dieses Buch ein optimales Werkzeug, um Motive schnell und individuell abzuwandeln. Ich war selbst überrascht, wie schnell ich interessante Abwandlungen erschaffen konnte. Betrachten Sie sich die Übersichten zur Auswahl des für Sie am geeignetsten Dekors ab **Seite 218**, Sie werden sicherlich überrascht sein! Die vier verkleinerten Übersichten in **Abb. 59a bis Abb. 59d** sollen hier als Beispiel stellvertretend sein.

Abb. 59a Abb. 59b

Abb. 59c Abb. 59d

Größen. In den mir bekannten Fachbüchern mit Garniervorlagen sind Dekors meist in einer einzigen und vom jeweiligen Autor als optimal empfundenen Form abgebildet. Für mich war aber sehr oft die spezielle Form nicht unbedingt die Form, die ich auch als optimal ansah, z.B. bei den Formen „**Herzen**", „**Sterne**", „**Sternzeichen**" usw. So musste ich dann meist in weiteren Fachbüchern

Garniervorlagen für spezielle Gestaltungen

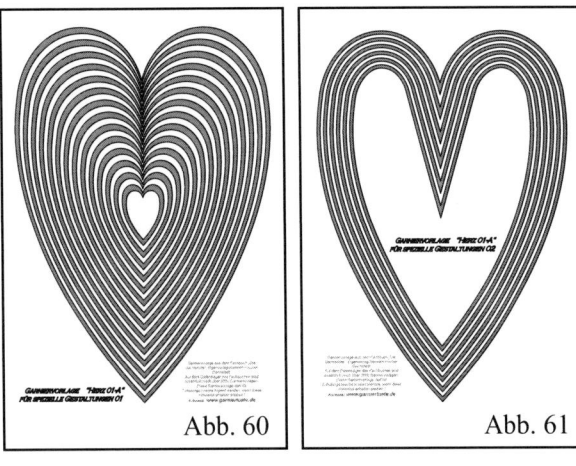

Abb. 60   Abb. 61

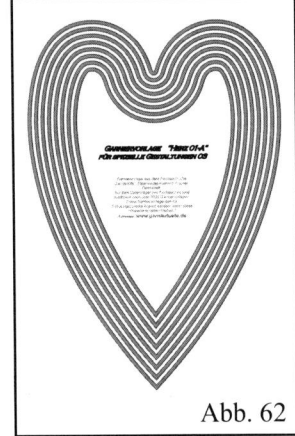

Abb. 62   Abb. 63

können Sie noch Kleindekore in den Rand eingarnieren, was den Eindruck des Dekors als Schaustück noch verstärkt. Ein Beispiel sehen Sie in **Abb. 63**.

Wie sich die drei Motive in **Abb. 60 bis 62** unterscheiden, ist in **Abb. 64 bis Abb. 66** dargestellt: Das Motiv in **Abb. 60** wird in kleinen Schritten verkleinert, wobei die Grundform unverändert bleibt. Dadurch hat die kleinere Form nahezu in allen Bereichen einen ständig abweichenden Abstand zur größeren Form. Das Ergebnis sehen Sie in **Abb. 64**. In **Abb. 61** wird das Motiv in kleinen Schritten verkleinert, wobei sich die Form so verändert, dass die kleine Form in nahezu allen Bereichen einen gleich großen Abstand zur größeren Form hat außer in der inneren Spitze oben. Ein mögliches Ergebnis sehen Sie in **Abb. 65**. Ähnlich ist es mit der Form in **Abb. 62** mit einem Ergebnis in **Abb. 66**. Entscheiden Sie, was ihnen besser gefällt, Sie haben die freie Auswahl!

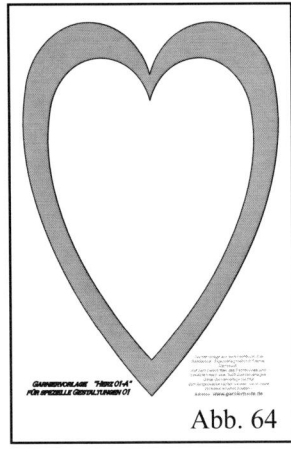

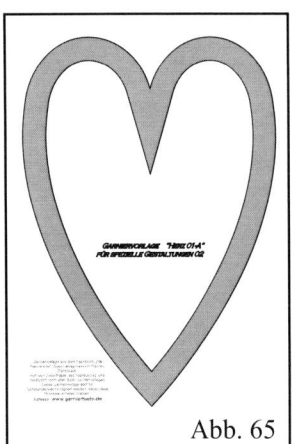

Abb. 64   Abb. 65

Spezielle Abwandlungen in der Gestaltung können Sie mit den Garniervorlagen erreichen, die wie „Zebradekors" aussehen. Sie befinden sich in den jeweiligen Verzeichnissen der verschiedenen Motive ganz am Anfang der Dateiliste und haben in der Regel einen Namen der mit einer Null anfängt und am Ende eine spezielle Bezeichnung hat, z.B. „**0 Herz-01-A spezielle Gestaltungen.jpw**". Drei Beispiele sehen Sie für die Herzform „**Herz 01-A**" in den **Abbildungen 60 bis 63**. Diese Vorlagen können Sie mit dem Spezialprogramm „**ImageViewer**" des USB-Sticks noch in ihrer Größe Ihren Vorstellungen anpassen. Dadurch können Sie mit diesen Vorlagen besonders große Dekors herstellen, die Sie z. B. auf einem Sockel befestigen und auf eine Torte stellen. Solch aufgestellte Dekore benötigen eine größere Stabilität als Dekore, die nur auf eine Torte gelegt werden. Mit den Vorlagen lassen sich dafür besonders breite Ränder garnieren, die Sie aus Stabilitätsgründen ausfüllen. Weiter

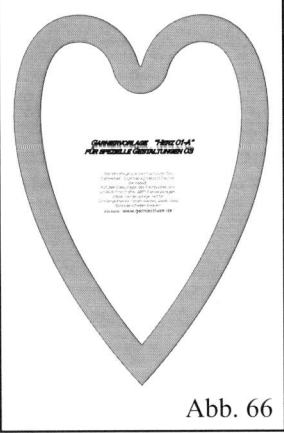

Abb. 66

Das Fachbuch „Die Garniertüte", Eigenverlag Heinrich Fischer, Darmstadt. Adresse: **www.garniertuete.de**

Die Garniervorlage mit der optimalen Größe auswählen

In den mir bekannten Fachbüchern mit Garniervorlagen sind Dekors meist in einer einzigen und vom jeweiligen

Abb. 67

Autor als optimal empfundenen Größe abgebildet. Für spezielle Gestaltungen war oft für mich nicht die richtige Größe dabei. Nun musste ich entweder die Vorlagen mit der Hand vergrößern oder in ein Geschäft gehen, das mir die Vorlagen mit einem Fotokopierer entsprechend vergrößern konnte – diese Arbeit erforderte oft sehr viel Zeit. Aus diesem Grund finden Sie alle Garnier-

vorlagen für Auflegedekors, die für die Stückdekoration von Torten und Desserts geeignet sind, meistens in 11

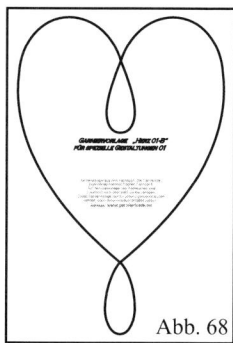

Abb. 68

verschiedenen Größen auf dem USB-Stick zum Buch im Verzeichnis „**Arbeitsvorlagen**" und dort in weiteren Unterverzeichnissen mit entsprechenden Namen, z. B. „**Herzen**". Zu jedem Motiv finden Sie eine Übersicht über alle Größen, die Sie ausdrucken können und damit die für Sie optimale Größe auswählen können **(Abb. 67)**. Weiter

finden Sie in dem jeweiligen Verzeichnis eine Vorlage **(Abb. 68)**, die Sie für sehr groß benötigte Garniervorlagen entsprechend mit dem Spezialprogramm des USB-Sticks in dessen Druckmenü **(Abb. 69)** entsprechend anpassen können, z.B. Dekore für das Tortenzentrum oder für Dekore als Schaustück, wie dies im Abschnitt zuvor schon beschrieben wurde.

Um es Ihnen leichter zu machen, die richtige Größe der Garniervorlagen für Ihre Torten auszuwählen, finden Sie auf dem USB-Stick zum Buch im Verzeichnis „**Arbeitsvorlagen**" Unterverzeichnis „**Tortenstück**" Unterverzeichnis

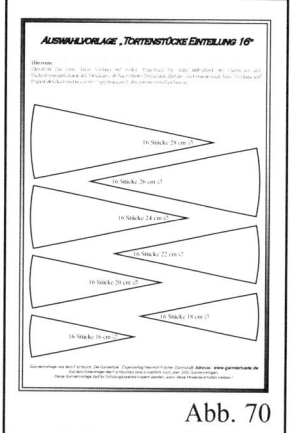

Abb. 70

„**Auswahlvorlagen**" Vorlagen mit Tortenstücken, z.B. die verkleinert abgebildete Auswahlvorlage für Torten, die in 16 Stücke eingeteilt werden **(Abb. 70)**. Eine Übersicht über Auswahlvorlagen und deren Speicherort finden Sie auf **Seite 269**. Drucken Sie die zutreffende Vorlage am besten auf eine Folie oder auf ein transparentes Papier aus. Wenn Ihr Drucker dies nicht ermöglicht,

drucken Sie die entsprechende Vorlage auf Papier aus und lassen sich in einem Copyshop eine entsprechende Folie erstellen. Das Tortenstück, das Ihrer Tortengröße und deren Einteilung entspricht, legen Sie auf die Übersicht mit den verschiedenen Größen der Garniervorlagen und suchen sich die passende Größe aus, die Sie dann als Auflegedekor herstellen. Beispiel in **Abb. 71**: Haben Sie sich für das Herzmotiv „**Herz 01-A**" Größe „**04**" entschieden, drucken Sie mit dem Spezialprogramm des USB-Sticks die Datei „**Herz 01-A Größe 04**" im Verzeichnis „**Arbeitsvorlagen**" Unterverzeichnis „**Herzen**" Unterverzeichnis „**01**" Unterverzeichnis „**B**" aus. Wenn Sie noch ganz speziell eine Zwischengröße der Vorlagen „**Größe 05**" und „**Größe 04**" benötigen, ermöglicht ihnen dies das Spezialprogramm des USB-Sticks **(Abb. 69)**! Bitte lesen Sie hierzu die Bedienungsanleitung des Spezialprogramms auf dem USB-Stick und die Hinweise ab **Seite 213**.

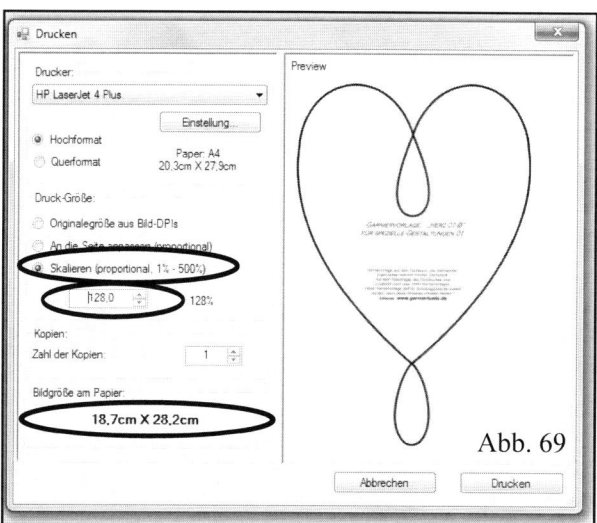

Abb. 69

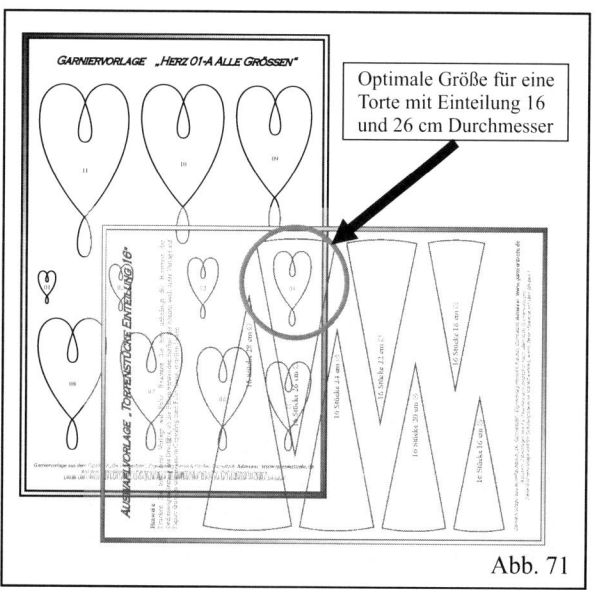

Abb. 71

109

Garniervorlagen „Herzen"

Die Garniervorlagen für **„Herzdekors"** finden Sie auf dem USB-Stick zum Buch im Verzeichnis **„Arbeitsvorlagen"** Unterverzeichnis **„Herzen"**. Eine Auswahlübersicht finden Sie ab **Seite 225**.

Zunächst möchte ich ihnen die Unterschiede der Herzgrundformen beschreiben.

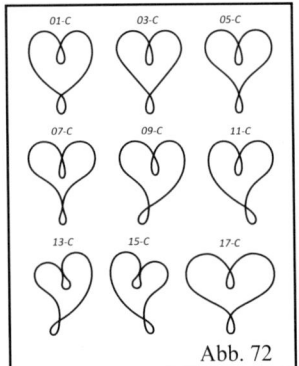

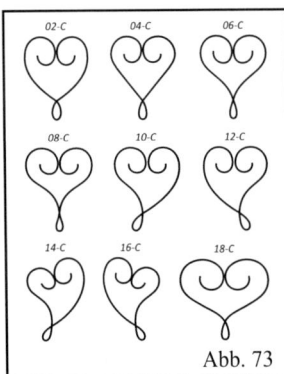

Abb. 72   Abb. 73

Im Wesentlichen gibt es neun Grundformen **(Abb. 72)**. Diese Grundformen werden noch in einer 2. Variante dargestellt **(Abb. 73)**. Jedes Motiv wurde zusätzlich in

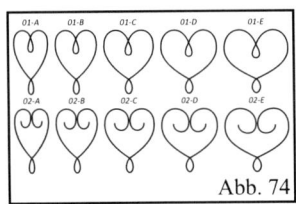

Abb. 74

seiner Breite 5× verändert **(Abb. 74)**. **Somit haben Sie 2 × 9 Motive mit 5 unterschiedlichen Breiten, also letztendlich 90 unterschiedliche Herzmotive!** Über den Motiven befinden sich Bezeichnungen, die ihnen helfen, die entsprechende Garniervorlage zu finden, **Beispiel**: Möchten Sie die Garniervorlage des Motivs **„03-C" (Abb. 72)** finden, suchen Sie mit dem Spezialprogramm des USB-Sticks folgendes Verzeichnis: **„Arbeitsvorlagen"** Unterverzeichnis **„Herzen"** Unterverzeichnis **„03"** Unterverzeichnis **„C"**. Dort finden Sie eine Auswahlvorlage für die Größe des Motivs, ausführlich auf **Seite 109** beschrieben – Sie haben die Wahl zwischen 11 verschiedenen Größen. Die Garniervorlage mit dem

Abb. 75

Dateinamen **„Herz 03-C Größe 04"** sehen Sie verkleinert in **Abb. 75**. Die Schleifen im und/oder unterhalb jeden Motivs können Sie natürlich weglassen, wenn es ihnen von der Gestaltung besser gefällt.

Weiter finden Sie eine Vorlage mit der Bezeichnung **„... Größe 00 anpassbar" (Abb. 76)**. Diese ermöglicht es ihnen, dass Sie sich eine

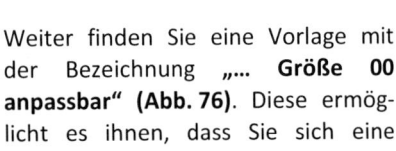

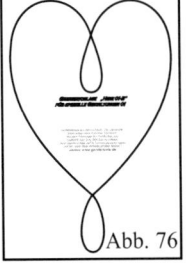

Abb. 76

Garniervorlage ausdrucken, deren Größe Sie selbst bestimmen, z. B. für Auflegeornamente für die Tortenmitte oder für Schaustücke, die Sie auf Torten stellen möchten. Lesen Sie hierzu bitte den Abschnitt zuvor auf **Seite 109**.

Weiter finden Sie in den meisten Verzeichnissen mit Herzornamenten bis zu drei Vorlagen, die wie „Zebraherzen" aussehen **(Abb. 77)**. Diese haben einen Namen, der mit einer Null beginnt und etwas so lautet, z. B: „0 ... spezielle Gestaltungen 01.jpv". Solche Vorlagen sind für spezielle Gestaltungen vorgesehen, bei denen sehr große Dekore als Schaustücke benötigt werden und die besonders stabil sein müssen **(Abb. 78)**. Eine detaillierte Beschreibung hierzu finden Sie auf **Seite 108**.

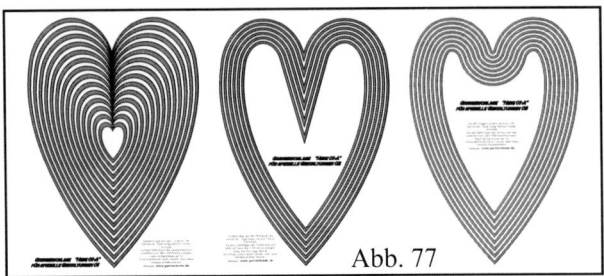

Abb. 77

Abb. 78

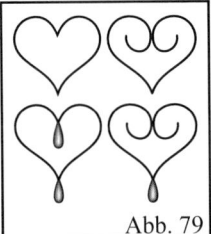

Abb. 79

Für die Gestaltung der Auflegeornamente in Herzform haben Sie sehr viele Gestaltungsmöglichkeiten. Beachten Sie hierzu insbesondere den Anfang dieses Kapitels, der sich mit den Garniermaterialien und der Gestaltung beschäftigt. Hier sollen nur einige wenige Möglichkeiten der Gestaltung dargestellt werden: **Abb. 79** zeigt Ornamente mit einfachem Umriss mit und ohne Schleifen und Herzen mit Innenbögen, ebenfalls mit und ohne Schleifen. Mögliche Gestaltungen mit und ohne Einlasstechnik zeigt die **Abb. 80**. In **Abb. 81** sind einige

Abb. 80

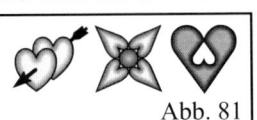

Abb. 81

Motive dargestellt, die mit der Herzform gestaltet wurden. Diese Motive finden Sie auch als Garniervorlage. Eine Übersicht dazu finden Sie auf **Seite 229**.

Das Fachbuch „Die Garniertüte", Eigenverlag Heinrich Fischer, Darmstadt. Adresse: **www.garniertuete.de**

Garniervorlagen „Schleifen"

Die Garniervorlagen für „**Schleifendekors**" finden Sie auf dem USB-Stick zum Buch im Verzeichnis „**Arbeitsvorlagen**" Unterverzeichnis „**Schleifen**". Eine Auswahlübersicht finden Sie ab Seite 241.

Zunächst möchte ich ihnen die Unterschiede der Schleifengrundformen beschreiben.

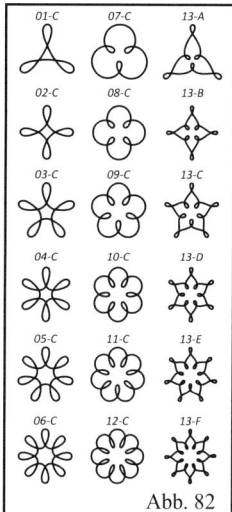

Abb. 82

Im Wesentlichen gibt es drei Grundformen **(Abb. 82)**: Schleifen nach außen, Schleifen nach innen und Schleifen nach innen und außen. Diese drei Grundformen werden zu 6 Varianten gestaltet: von drei Schleifen bis 8 Schleifen pro Dekor. Für jede Variante erhöht sich die Schleifenanzahl um eine Schleife. Dadurch ergeben sich 18 Motive **(Abb. 82)**. Jedes dieser Motive wird in fünf Varianten weiter gestaltet **(Abb. 83)**. Diese unterscheiden sich dadurch, dass sich die Schleifen in ihrer Länge verändern und sich dadurch deren freie Innenfläche verändert **(Abb. 83)** Somit ergeben sich letztendlich **90 unterschiedliche Schleifenmotive!** Über den Motiven befinden sich Bezeichnungen, die ihnen helfen, die entsprechende Garniervorlage zu finden, **Beispiel**: Möchten Sie die Garniervorlage des Motivs „**03-C**" aus **Abb. 82** finden, suchen Sie mit dem Spezialprogramm des USB-Sticks folgendes

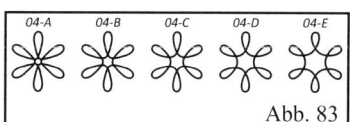

Abb. 83

Abb. 84

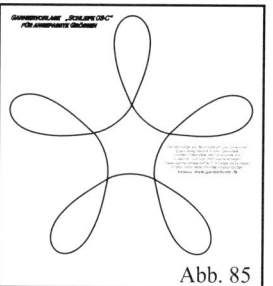

Abb. 85

Verzeichnis: „**Arbeitsvorlagen**" Unterverzeichnis „**Schleifen**" Unterverzeichnis „**03**" Unterverzeichnis „**C**". Dort finden Sie eine Auswahlvorlage für die Größe des Motivs (ausführlich auf Seite 109 beschrieben) – Sie haben die Wahl zwischen 11 verschiedenen Größen. Die Garniervorlage mit dem Dateinamen „**Schleife 03-C Größe 04**" sehen Sie verkleinert in **Abb. 84**.

Weiter finden Sie eine Vorlage mit der Bezeichnung „**... Größe 00 anpassbar**" **(Abb. 85)**. Diese ermöglicht es ihnen, dass Sie sich eine Garniervorlage ausdrucken, deren Größe Sie selbst bestimmen, z. B. für Auflegeornamente für die Tortenmitte oder für Schaustücke, die Sie auf Torten stellen möchten. Lesen Sie hierzu bitte den Abschnitt zuvor auf Seite 109.

Für die Gestaltung der Auflegeornamente in Herzform haben Sie sehr viele Gestaltungsmöglichkeiten und es stehen ihnen sehr viele Garniermaterialien zur Verfügung. Beachten Sie zu diesem Thema bitte den Anfang dieses Kapitels, der sich mit den Garniermaterialien und der Gestaltung beschäftigt ab Seite 84.

Das Fachbuch „Die Garniertüte", Eigenverlag Heinrich Fischer, Darmstadt. Adresse: **www.garniertuete.de**

Garniervorlagen „Sterne"

Die Garniervorlagen für „**Sterndekors**" finden Sie auf dem USB-Stick zum Buch im Verzeichnis „**Arbeitsvorlagen**" Unterverzeichnis „**Sterne**". Eine Auswahlübersicht finden Sie ab **Seite 252**.

Zunächst möchte ich ihnen die Unterschiede der Sterngrundformen beschreiben.

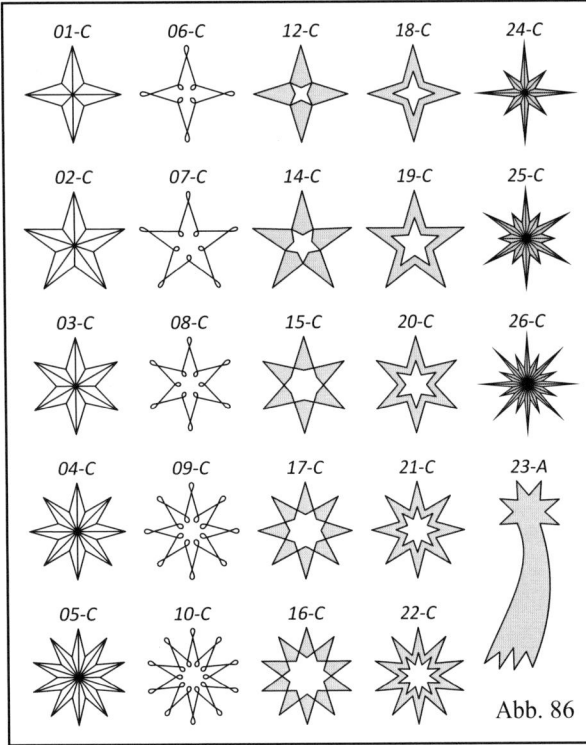

Abb. 86

Im Wesentlichen gibt es für die Garniervorlagen fünf gestalterische Grundformen plus dem Kometen **(Abb. 86)**.

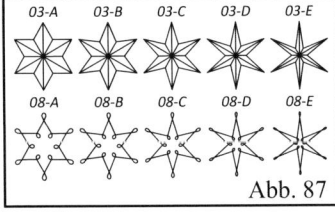

Abb. 87

Diese Grundformen werden noch in fünf Variante dargestellt. Jede Variante unterscheidet sich mehrheitlich durch einen Sternenstrahl mehr.

Zusätzlich wurde jedes Motiv in der Länge seiner Strahlen mehrheitlich 5× verändert **(Abb. 87)**. **Somit haben Sie 24 Motive mit 5 unterschiedlichen Breiten, also letztendlich 120 unterschiedliche Sternmotive!** Über den Motiven befinden sich Bezeichnungen, die ihnen helfen, die entsprechende Garniervorlage zu finden, **Beispiel**: Möchten Sie die Garniervorlage des Motivs „**03-C**" finden, suchen Sie mit dem Spezialprogramm des USB-Sticks folgendes Verzeichnis: „**Arbeitsvorlagen**"

Abb. 88

Unterverzeichnis „**Sterne**" Unterverzeichnis „**03**" Unterverzeichnis „**C**". Dort finden Sie eine Auswahlvorlage für die Größe des Motivs, ausführlich auf **Seite 109** beschrieben – Sie haben die Wahl zwischen 11 verschiedenen Größen. Die Garniervorlage mit dem Dateinamen „**Stern 03-C Größe 04**" sehen Sie verkleinert in **Abb. 88**.

Weiter finden Sie eine Vorlage mit der Bezeichnung „**... Größe 00 anpassbar**" **(Abb. 89)**. Diese ermöglicht es ihnen, dass Sie sich eine Garniervorlage ausdrucken, deren Größe Sie selbst bestimmen, z. B. für Auflegeornamente für die Tortenmitte oder

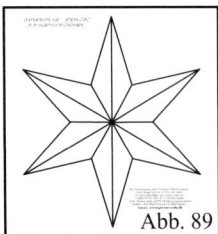

Abb. 89

für Schaustücke, die Sie auf Torten stellen möchten. Lesen Sie hierzu bitte den Abschnitt zuvor auf **Seite 109**. Die dargestellte Vorlage in **Abb. 89** stellt einen Stern dar, der innen in 12 Bereiche unterteilt ist. Für die Gestaltung können Sie diese Bereiche weglassen oder alle Bereiche oder nur einzelne Bereiche farblich mit einer entsprechenden Masse ausfüllen.

Weiter finden Sie in den meisten Verzeichnissen mit Sternornamenten eine Vorlage, die wie ein „Zebrastern" aussieht **(Abb. 90)**. Diese Vorlagen haben einen Namen, der mit einer Null beginnt und etwa so lautet, z. B: „**0 ... spezielle Gestaltungen 01.jpv**". Sol-

Abb. 90

che Vorlagen sind für spezielle Gestaltungen vorgesehen, bei denen sehr große Dekore als Schaustücke benötigt werden und die besonders stabil sein müssen **(Abb. 91)**. Eine detaillierte Beschreibung hierzu finden Sie auf **Seite 108**.

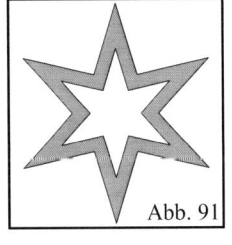

Abb. 91

Für die Gestaltung der Auflegeornamente in Sternform haben Sie sehr viele Gestaltungsmöglichkeiten. Beachten Sie hierzu insbesondere den Anfang dieses Kapitels, der sich mit den Garniermaterialien und der Gestaltung beschäftigt. Auch finden Sie im Verzeichnis „**Sterne**" eine Übersicht mit Gestaltungsmöglichkeiten der verschiedenen Motive **(Abb. 92)**.

Abb. 92

Das Fachbuch „Die Garniertüte", Eigenverlag Heinrich Fischer, Darmstadt. Adresse: **www.garniertuete.de**

Garniervorlagen „Blüten"

Die Garniervorlagen für **„Blütendekors"** finden Sie auf dem USB-Stick zum Buch im Verzeichnis **„Arbeitsvorlagen"** Unterverzeichnis **„Blüten"**. Eine Auswahlübersicht finden Sie ab **Seite 219**.

Zunächst möchte ich ihnen die Unterschiede der Blütengrundformen beschreiben.

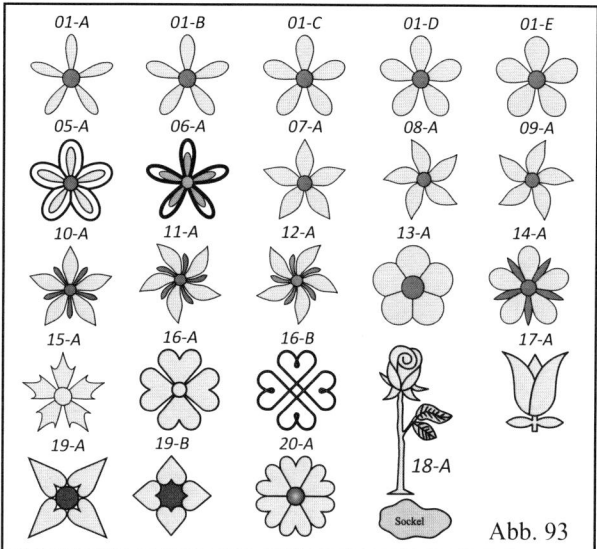

Abb. 93

Im Wesentlichen gibt es für die Garniervorlagen 23 gestalterische Grundformen die stellenweise nur geringfügige gestalterische Unterschiede aufweisen, z. B.

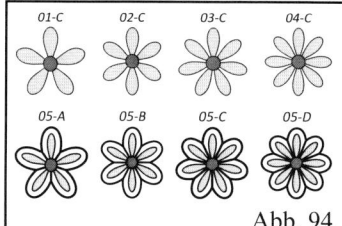

Abb. 94

die Formen 01-A bis 01-E **(Abb. 93)**. Diese Grundformen werden in der Regel in bis zu vier Variante dargestellt. Jede Variante unterscheidet sich mehrheitlich durch ein Blütenblatt mehr **(Abb. 94)**. **Somit haben Sie 23 Motive mit bis zu 4 unterschiedlichen Breiten, also letztendlich etwa 90 unterschiedliche Blütenmotive!** Über den Mo-

Abb. 95

tiven befinden sich Bezeichnungen, die ihnen helfen, die entsprechende Garniervorlage zu finden, **Beispiel:** Möchten Sie die Garniervorlage des Motivs „01-D" **(Abb. 93)** finden, suchen Sie mit dem Spezialprogramm des USB-Sticks folgendes Verzeichnis: **„Arbeitsvorlagen"** Unterverzeichnis „**Blüten"** Unterverzeichnis „**01"** Unterverzeichnis „**D"**. Dort finden Sie eine Auswahlvorlage für die Größe des Motivs, ausführlich auf **Seite 109** beschrieben – Sie haben in der Regel die Wahl zwischen 11 verschiedenen Größen. Die

Garniervorlage mit dem Dateinamen **„Blüte 01-D Größe 04.jpw"** sehen Sie verkleinert in **Abb. 95**.

Weiter finden Sie eine Vorlage mit der Bezeichnung **„… Größe 00 anpassbar" (Abb. 96)**. Diese ermöglicht es ihnen, dass Sie sich eine Garniervorlage ausdrucken, deren Größe Sie selbst bestimmen, z. B. für Auflegeornamente für die Tortenmitte oder für Schaustücke, die Sie auf Torten stellen möchten. Lesen Sie hierzu bitte den Abschnitt zuvor auf **Seite 109**.

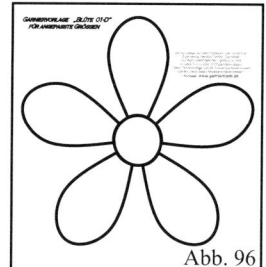

Abb. 96

Weiter finden Sie in den meisten Verzeichnissen mit Blütenornamenten eine Vorlage, die wie eine „Zebrablüte" aussieht **(Abb. 97)**. Diese Vorlagen haben einen Namen, der mit einer Null beginnt und etwas so lautet, z. B: **„0 … spezielle Gestaltungen 01.jpv"**. Solche Vorlagen sind für spezielle Gestaltungen vorgesehen, bei denen sehr große Dekore als Schaustücke benötigt werden und die besonders stabil sein müssen **(Abb. 98)**. Eine detaillierte Beschreibung hierzu finden Sie auf **Seite 108**.

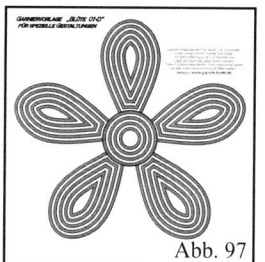

Abb. 97

Abb. 98

Die in **Abb. 93** und **Abb. 99** dargestellte Rose ist mehr als Schaustücke geeignet als für die Tortenstückgarnierung. Sie kann sowohl gelegt als auch effektvoller aufgestellt

Abb. 99

werden. Sofern Sie die Rose aufstellen möchten, garnieren Sie diese samt Stiel und Blättern aus einer auf kaltem Weg fest werdenden Masse, z. B. Kuvertüre oder Eiweißspritzglasur. Da die Rückseite der Rose sichtbar ist, sollten Sie diese wie die Vorderseite gestalten. Sobald der Dekor fest ist, garnieren Sie den Umriss des Sockels, stellen den „Rosenfuß" dort hinein und stabilisieren die Rose in senkrechter Stellung. Danach füllen Sie den Sockel mit einer kalt fest werdenden Masse aus und warten, bis diese sich verfestigt hat – fertig ist das Schaustück!

Für die Gestaltung der Auflegeornamente in Blütenform haben Sie sehr viele Gestaltungsmöglichkeiten. Beachten Sie hierzu insbesondere den Anfang dieses Kapitels ab **Seite 84**, dort erfahren Sie mehr zu den Garniermaterialien und der Gestaltung. Mögliche Gestaltungen erkennen sie auch in **Abb. 93** auf dieser Seite.

113

Das Fachbuch „Die Garniertüte", Eigenverlag Heinrich Fischer, Darmstadt. Adresse: **www.garniertuete.de**

Garniervorlagen „Sternzeichen"

Die Garniervorlagen für „**Sternzeichen**" finden Sie auf dem USB-Stick zum Buch im Verzeichnis „**Arbeitsvorlagen**" Unterverzeichnis „**Sternzeichen**". Eine Auswahlübersicht finden Sie ab **Seite 260**.

Abb. 100

Es gibt drei wesentliche Arten als Garniervorlagen, hier als Beispiel das Sternzeichen Steinbock: Als leicht zu garnierende Schattenbilder **(Abb. 100 oben links)**, als schwieriger zu garnierende mehrfarbige Vorlagen **(Abb. 100 oben rechts)** und als Symbole **(Abb. 100 unten links und unten rechts als Spiegelbild)**. Insbesondere die Symbole lassen sich auch als Dekore für Tortenstücke oder Dessertstücke anfertigen. Die Spiegelbilder sind stellenweise dort notwendig, wenn Sie z. B. erst das Motiv garnieren und dann die Fläche mit einer kontrastreichen Masse ausfüllen, um dann die glatte Fläche, die mit der Garnierfolie verbunden war, später nach oben zu legen. Beispiel:

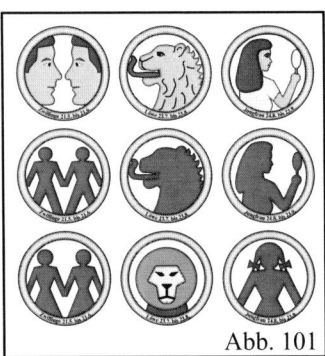

Abb. 101

Sie garnieren das Symbol mit schwarzbrauner Kuvertüre und füllen die Fläche mit weißer Kuvertüre aus. Die Spiegelbildvorlagen sind deshalb hier notwendig, weil die Symbole international in einer bestimmten Ansicht vorliegen.

Abb. 102

Einige Sternzeichen werden mit mehreren Motiven dargestellt, z.B. die Sternzeichen „**Zwilling**", „**Jungfrau**" und „**Löwe**" **(Abb. 101)**. Dies ermöglicht ihnen ein Motiv zu wählen, das sich z. B. bei „Zwilling" auf männlich oder weiblich bezieht oder ihnen eine Auswahl ermöglicht, die etwas leichter oder schwerer zu garnieren ist oder Ihrem Geschmack die Wahl zwischen mehreren Motiven ermöglicht. Beachten Sie hierzu die Auswahl ab **Seite 260**.

In den Auswahlübersichten ab **Seite 260** finden Sie über den Motiven Bezeichnungen **(Abb. 102)**, die ihnen helfen, die entsprechende Garniervorlage zu finden, **Beispiel:** Möchten Sie die Garniervorlage des Motivs „**01**

Wassermann" bei den Garniervorlagen „**Schattenbilder**" finden, suchen Sie mit dem Spezialprogramm des USB-Sticks folgendes Verzeichnis: „**Arbeitsvorlagen**" Unterverzeichnis „**Sternzeichen**" Unterverzeichnis „**01 Wassermann**" Unterverzeichnis „**Schattenbilder**". Dort finden Sie zwei Auswahlvorlagen für die Größe des Motivs – Sie haben dort eine Auswahl von 11 verschiedenen Größen (bitte beachten Sie zu diesem Thema die allgemeinen Informationen auf **Seite 109**).

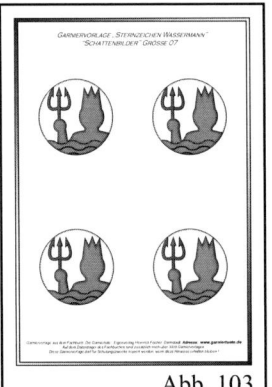

Abb. 103

Sofern Sie sich für die **Größe „07"** entscheiden, benötigen Sie einen Ausdruck der Garniervorlage mit dem Dateinamen „**Sternzeichen Wassermann Schattenbilder Größe 07.jpw**". Diese Garniervorlage sehen Sie verkleinert in **Abb. 103**. Für jede Garniervorlage stehen vier Rahmen zur Verfügung: Einen Rahmen in der Art eines Bilderrahmens, einen Rahmen in der Art einer Blüte und zwei glatte kreisförmige, die sich in ihrer Breite unter-

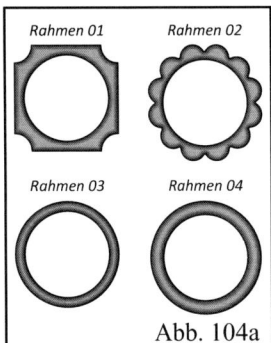

Abb. 104a

scheiden **(Abb. 104a)**. Über dem jeweiligen Rahmen befindet sich eine Bezeichnung. Mit der Zahl in dieser Bezeichnung finden Sie den entsprechenden Rahmen im Verzeichnis „**Arbeitsvorlagen**" Unterverzeichnis „**Sternzeichen**" Unterverzeichnis „**00 Rahmen**". Sofern Sie jetzt den Blütenförmigen Rahmen für die Garniervorlage „**Sternzeichen Wassermann Schattenbilder Größe 07.jpw**" haben möchten, öffnen Sie im Unterverzeichnis „**02**" die Datei „**Sternzeichen Rahmen**

Abb. 104b

02 Größe 07.jpw" **(Abb. 104b)**. Die Rahmen in dieser Garniervorlage sind so platziert, dass sie sich an der gleichen Position befinden, wie die Garniervorlage der gleichen Größe aller Sternzeichen! **Dies gilt nur für Motive und nicht für Symbole, da diese in der Regel als Stückdekore benötigt werden!**

Ich empfehle ihnen für die Auswahl der Garniervorlagen von Sternzeichen folgenden Arbeitsablauf:

1. Suchen Sie sich mit Hilfe der Übersichten ab **Seite 260** eine Garniervorlage mit einem Sternzeichen Ihrer Wahl aus, beispielsweise „**Wassermann**" als Schattenbild.

114

Das Fachbuch „Die Garniertüte", Eigenverlag Heinrich Fischer, Darmstadt. Adresse: **www.garniertuete.de**

2. Öffnen Sie mit dem Spezialprogramm „**ImageViewer**" das Verzeichnis, in dem sich die Garniervorlage befindet (**Arbeitsvorlagen / Sternzeichen / 01 Wassermann / Schattenbilder**) und drucken die Übersicht über die verschiedenen Größen aus (**0 Sternzeichen Wassermann Schattenbilder Größen Übersicht 01 und 02.jpw**).

3. Entscheiden Sie sich für eine Größe der Garniervorlage, öffnen diese und drucken diese aus, Beispiel hier: „**Sternzeichen Wassermann Schattenbilder Größe 07.jpg**"

4. Sofern Sie einen Rahmen um das Motiv wünschen, wählen Sie sich einen Rahmen aus mit der Übersicht auf **Seite 263**, beispielsweise den Rahmen „**01**".

5. Öffnen Sie die Datei „**Sternzeichen Rahmen 01 Größe 07.jpw**" im Verzeichnis „**Arbeitsvorlagen / Sternzeichen / 00 Rahmen**". Die Innenfläche der Rahmen haben exakt die gleiche Größe wie die Garniervorlagen des Sternzeichens.

6. Garnieren Sie zuerst den Rahmen. Sobald dieser fest ist, schieben Sie die Garniervorlage mit dem Sternzeichen unter die Rahmen und garnieren dieses. Dieses Verfahren

erachte ich als besser, wie wenn Sie zuerst das Sternzeichen und dann den Rahmen garnieren. Als Garniermasse empfehle ich Kuvertüre oder Fettglasur.

Sofern Sie besonders große Sternzeichen benötigen, finden Sie in jedem Verzeichnis der verschiedenen Sternzeichenmotive eine Vorlage mit etwa der folgenden

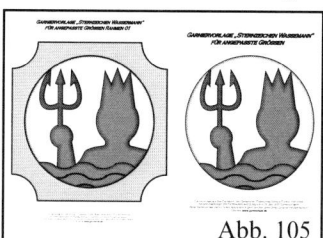

Abb. 105

Bezeichnung „**... Größe 00 anpassbar**" und mit dem Zusatz entweder „**mit Rahmen 01 bis 04**" oder „**ohne Rahmen**" (**Abb. 105**). Diese Garniervorlagen ermöglichen es ihnen, dass Sie

sich eine Garniervorlage mit einem bestimmten Rahmen oder ohne Rahmen ausdrucken, deren Größe Sie mit dem Spezialprogramm „ImageViewer" selbst bestimmen, Lesen Sie hierzu bitte den Abschnitt auf **Seite 109**.

Spezielle Garnierhinweise für Sternzeichen

Als Garniermassen eignet sich am besten Kuvertüre oder Fettglasur. Lesen Sie dazu die Ausführungen in dem Abschnitt „**Auflegedekors und Schaustücke aus Kuvertüre**" ab **Seite 89** oder „**Auflegedekors und Schaustücke aus Fettglasur**" ab **Seite 93**.

Zuerst müssen Sie sich entscheiden, ob die glatte Unterseite oder die unebene Oberfläche des Sternzeichens später dem Betrachter zugewandt sein soll. Wenn Sie die glatte Unterseite des Motivs nach oben legen möchten, was meiner Meinung nach besser aussieht und bei den Symbolen notwendig ist, benötigen Sie eine sehr glatte Folie, z. B. eine Overheadprojektorfolie (OHP-Folie), die Sie im Schreibwarenhandel kaufen können.

Nun müssen Sie sich entscheiden, ob Sie um das Sternzeichen einen Rahmen garnieren möchten oder nicht. Sofern Sie einen Rahmen um das Sternzeichen haben möchten, garnieren Sie zuerst den Rahmen und dann das Sternzeichen. Dies führt meiner Erfahrung nach zu besseren Ergebnissen, als zuerst das Sternzeichen und dann den Rahmen zu garnieren. Die Symbole sollten Sie meiner Meinung nach nicht mit einem Rahmen versehen.

Bei Sternzeichen, bei denen später die Unterseite dem Betrachter zugewandt ist, garnieren Sie zuerst den Umriss der einzelnen Flächen und dann die Augen, Mund, Gesichtszüge und alle anderen Linien, die später sichtbar sein sollen. Diese werden später beim Einfüllen der verlaufenden Massen überdeckt, sind aber natürlich später nach dem Umdrehen sichtbar.

Sofern die unebene Oberfläche der Dekors oben liegen soll, füllen Sie alle Flächen erst aus und garnieren dann Augen, Mund und andere Gestaltungslinien nach dem Erstarren der Einfüllmassen auf die Oberflächen.

Aus Stabilitätsgründen werden alle Flächen der Sternzeichen ausgefüllt – z. B. ein weißer Hintergrund mit einer weißen Masse. Damit eingefüllte Massen sich gleichmäßig verteilen und eine glatte Oberfläche entsteht, können Sie die Dekors auf einer fester Unterlage herstellen und sofort nach dem Einfüllen von unten mit einem Gegenstand vorsichtig gegen die Unterlage klopfen, am besten mit einem Holzspatel.

Bevor Sie das Sternzeichen von der Folie lösen, muss es absolut ausgehärtet sein, was durchaus mehr als eine Stunde dauern kann. Ich empfehle, das garnierte Sternzeichen zum Auskühlen kurz in einen Kühlschrank zu lagern (nicht in einen Tiefkühlschrank!). Allerdings darf dies nur wenige Minuten dauern, da die Kuvertüre sonst zu stark durchkühlt und es sich später auf der Oberfläche Kondenswasser bilden kann, was zu hässlichen Flecken führen kann!

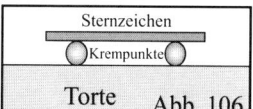

Abb. 106

Die Sternzeichen sollten Sie nicht einfach flach auf die Tortenoberfläche legen, sondern Sie sollten Krempunkte darunter garnieren, die etwa 1 bis 2 cm hoch sind (**Abb. 106**). Dadurch „schweben" diese Dekors und machen die gesamte Tortengestaltung attraktiver.

Garniervorlagen „Ostereier"

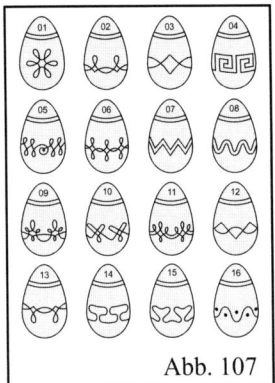

Abb. 107

Die Garniervorlagen für „Ostereier" finden Sie auf dem USB-Stick zum Buch im Verzeichnis **„Arbeitsvorlagen"** Unterverzeichnis **„Ostereier"** Unterverzeichnis **„Mit Dekors"**. Eine Auswahlübersicht finden Sie ab **Seite 235 (Abb. 107).** In den Übersichten mit den Eierdekors finden Sie Zahlen als Bezeichnung für das jeweilige Motiv. **Beispiel:** Möchten Sie die Garniervorlage des Motivs „01" finden, suchen Sie mit dem Spezialprogramm des USB-Sticks folgendes Verzeichnis: **„Arbeitsvorlagen"** Unterverzeichnis **„Ostereier"** Unterverzeichnis **„Mit Dekors"**. Dort wird das Motiv in zwei Garniervorlagen dargestellt. Die Dateinamen lauten **„Ostereier Motiv 01 Vorlage 01 bzw. 02.jpw" Abb. 108 und Abb. 109.** In den beiden Garniervorlagen werden die Ostereier in sechs verschiedenen Größen dargestellt.

Abb. 108

Abb. 109

Insgesamt haben Sie die Auswahl zwischen 16 verschiedenen Dekors, damit Sie jedes Stück einer Torte

bei einer 16er-Einteilung unterschiedlich gestalten können. Die Ostereier unterscheiden sich nur durch die Fadendekorornamente.

Diese Ostereierdekors können Sie auf zwei verschiedene Arten herstellen. Bei der ersten Möglichkeit garnieren Sie die Umrisse der Eier und füllen deren Innenflächen aus. Sobald die Innenflächen fest sind, garnieren Sie mit einem Garnierfaden die Ornamente darauf. Bei der zweiten Möglichkeit eignet sich nur Kuvertüre als Garniermasse, und Sie benötigen als Garnierunterlage eine sehr glatte Kunststofffolie. Garnieren Sie nun zuerst die Umrisse und dann die Ornamente mit angestockter Kuvertüre. Erst dann füllen Sie die Eimotive aus. Die festen Dekors legen Sie dann mit der Seite nach oben auf eine Torte, die mit der Folie verbunden war. Die Dekors sehen nur dann schön aus, wenn die Fläche hoch glänzend ist und keine Luftlöcher durch das Einfüllen aufweist.

Abb. 110

Im Verzeichnis **„Arbeitsvorlagen"** Unterverzeichnis **„Ostereier"** Unterverzeichnis **„Ohne Dekors"** finden Sie Garniervorlagen mit Ostereiermotiven ohne Dekors in 11 verschiedenen Größen **(Abb. 110)**. Mit diesen Vorlagen können Sie die verschiedenen Gestaltungen üben und auch eigene Entwürfe entwerfen. Diese Vorlagen eignen sich auch gut für die Massenherstellung solcher Dekors.

Die Herstellung der Ostereierdekors dürfte in der Regel keine Probleme bereiten. Über die verschiedenen angesprochenen Arbeitstechniken informieren Sie sich bitte in den Abschnitten am Anfang dieses Kapitels ab **Seite 89.**

Garniervorlagen „Verschiedene Motive"

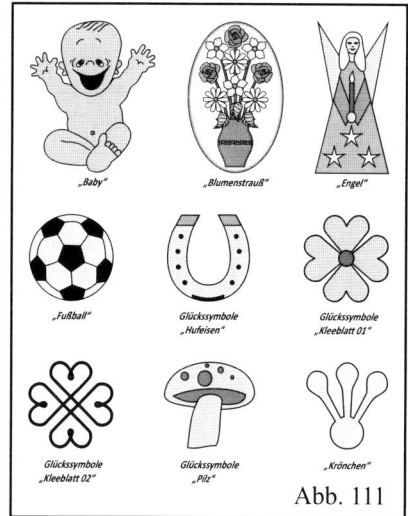

Abb. 111

Abb. 112

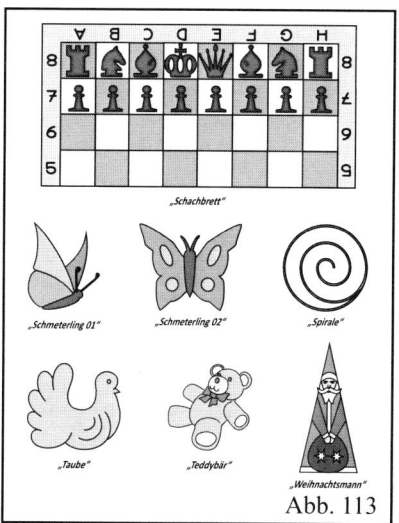

Abb. 113

Die Garniervorlagen für „**Verschiedene Motive**" finden Sie auf dem USB-Stick zum Buch im Verzeichnis „**Arbeitsvorlagen**" Unterverzeichnis „**Verschiedene Motive**". Eine Auswahlübersicht finden Sie ab Seite 271.

Unter der Überschrift „**Verschiedene Motive**" finden Sie 18 Motive, die ich nicht einzeln beschreiben möchte, um hier nicht unnötige Wiederholungen der vorangegangenen Seiten vorzunehmen. Einige dieser Motive sind für die **Tortenstückgarnierung** geeignet und andere fast ausschließlich für **Schaustücke** und das **Tortenzentrum**. Ich möchte mich hier in diesem Abschnitt bei der Beschreibung nur auf wenige Motive begrenzen, die Besonderheiten aufweisen. Die Übersichten sind alphabetisch geordnet, wie Sie diese auch in der wesentlich größeren Übersicht ab Seite 271 finden.

Abb. 114

Unter den Motiven der Übersichten befinden sich Bezeichnungen, die ihnen helfen, die entsprechende Garniervorlage zu finden, **Beispiel**: Möchten Sie die Garniervorlage des Motivs „**Baby**" finden **(Abb. 11 oben links)**, suchen Sie mit dem Spezialprogramm des USB-Sticks folgendes Verzeichnis: „**Arbeitsvorlagen**" Unterverzeichnis „**Verschiedene Motive**" Unterverzeichnis „**Baby**".

Dort finden Sie eine Auswahlvorlage für die Größe des Motivs, ausführlich allgemein auf Seite 109 beschrieben – Sie haben hier die Wahl zwischen neun verschiedenen Größen. Drucken Sie sich am besten diese Übersicht aus, um die für Ihre Zwecke geeignete auswählen zu können. Wenn Sie sich nun z. B. für die „**Größe 08**" entschieden haben, benötigen Sie die Garniervorlage mit dem

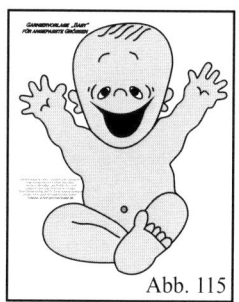

Abb. 115

Dateinamen „**Baby Größe 08.jpw**". Diese sehen Sie verkleinert in **Abb. 114**.

Weiter finden Sie eine Vorlage mit der Bezeichnung „**… Größe 00 anpassbar**" **(Abb. 115)**. Diese ermöglicht es ihnen, dass Sie sich eine Garniervorlage ausdrucken, deren Größe Sie selbst bestimmen. Lesen Sie hierzu bitte den allgemeinen Abschnitt zuvor auf Seite 109.

Besonderheiten der Dekors für die Tortenmitte und Schaustücke

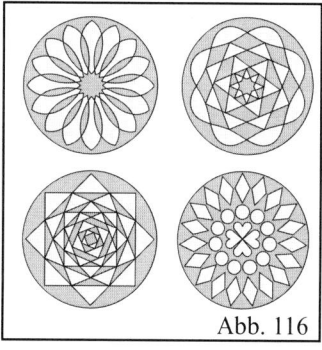

Abb. 116

Wie zu Anfang dieses Abschnittes schon erwähnt, sind die meisten der Verschiedenen Motive für die Tortenmitte geeignet. Eine Besonderheit stellen die Garniervorlagen der „**Mandaladekors**" dar **(Abb. 116)**, die einen sehr großen Durchmesser von mindestens 15 cm auf der Torte haben sollten. Mandalas sind eigentlich Vorlagen, die mit Malfarben und Buntstiften gestaltet werden und die eine beruhigende Wirkung beim Malen erzielen sollen. Diese Mandalas lassen sich hervorragend mit der Garniertüte auf Torten in „Lebensmittelkunst" umsetzen. Ich hoffe, dass diese Art abstrakter Kunst Sie motiviert, selbst künstlerisch gestaltend mit der Garniertüte tätig zu werden.

Das Fachbuch „Die Garniertüte", Eigenverlag Heinrich Fischer, Darmstadt. Adresse: **www.garniertuete.de**

117

Optisch sehr interessant erscheinen die sehr großen ausgefüllten und farblich gestalteten Dekors für die Tortenmitte, wenn sie so platziert werden, dass die Seite dem Betrachter zugewandt ist, die mit der Garnierfolie verbunden war. Beim Garnieren solcher Dekors müssen Sie zuerst alle Teile garnieren, die später auch sichtbar sein sollen, z. B. Augen und Mund beim Baby und andere später sichtbare Dekorteile und Linien. Diese überdecken Sie später beim Einfüllen der verlaufenden Massen, da sie lediglich auf der Unterseite zu erkennen sein müssen, die später oben liegt! Sie benötigen als Garnierfolie eine unbedingt glatte Folie. Eine solche können Sie als Overheadprojektorfolie (OHP-Folie) im Schreibwarenhandel kaufen.

Sofern die unebene Oberfläche der Dekors oben liegt, füllen Sie alle Flächen erst aus und garnieren dann Details und andere Gestaltungslinien nach dem Erstarren der Einfüllmassen auf die Flächen. Damit eingefüllte Massen sich gleichmäßig verteilen und eine glatte Dekoroberfläche entsteht, können Sie die Dekors auf einer fester Unterlage herstellen und sofort nach dem Einfüllen von unten mit einem Gegenstand vorsichtig gegen die feste Unterlage klopfen.

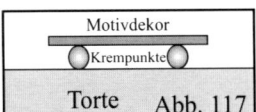

Die Motivdekors sollten Sie nicht einfach flach auf die Tortenoberfläche legen, sondern Sie sollten Krempunkte darunter garnieren, die etwa 1 bis 2 cm hoch sind **(Abb. 117)**. Dadurch „schweben" diese Dekors und ma-

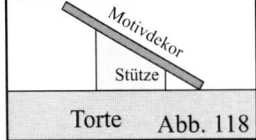

chen die gesamte Tortengestaltung attraktiver. Manche Motive sehen für den Betrachter attraktiver aus, wenn Sie diese schräg auf der Torte platzieren. Fertigen Sie dazu eine Stütze an, die Sie so auf der Rückseite des Motivdekors befestigen, dass sie kaum sichtbar ist **(Abb. 118)**. Etliche der Motive eignen sich auch zum Aufstellen **(Abb. 119)**. Diese Dekors sollten Sie allerdings sowohl auf der Vorder- als auch auf der Rückseite ausfüllen und gestalten. Zum Aufstellen fertigen Sie eine Sockelplatte aus dem gleichen Material an, aus dem das Motiv überwiegend besteht und verkleben das Motiv mit der Grundplatte ebenfalls mit der gleichen Masse. Einige der Motive eignen sich auch zum Zusammen-

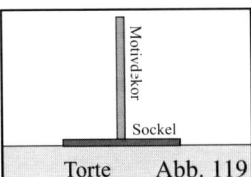

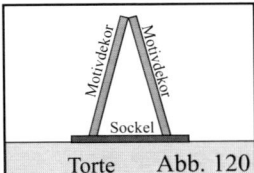

stellen. Dazu werden zwei Teile gespreizt aneinander geklebt und evtl. noch auf einem Sockel befestigt **(Abb. 120)**.

Garniervorlagen Schachbrett

Das Schaustück „**Schachbrett**" eignet sich besonders für eine quadratische Formtorte **(Abb. 121)**. Die Garniervorlage ist auf zwei Seiten jeweils in eine weiße und eine schwarze Hälfte unterteilt. Sie stellt ein Schachbrett mit richtiger Feldbezeichnung dar. Die Schachfiguren in den Feldern sind vereinfacht dargestellt. Sie können garniert werden, zeigen aber mehr deren richtige Platzierung. Als Garniermassen für dieses Schaustück eignen sich am besten Kuvertüre oder Fettglasur. Siehe dazu die Ausführungen in diesem Kapitel ab **Seite 89**.

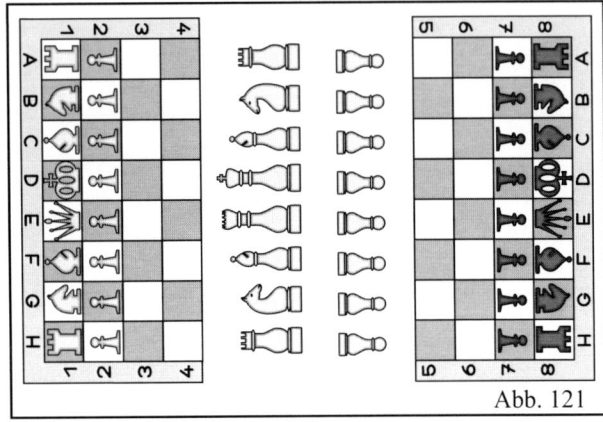

Abb. 121

Als Schachfiguren für eine solche Formtorte sind auf jeder Seite größere Motive dargestellt, die Sie als Auflegedekors garnieren und später auf der fertigen Torte aufstellen sollten. Ich empfehle, diese Figuren auch auf der Rückseite zu dekorieren, da diese bei den aufgestellten Motivdekors sichtbar ist. Sie werden dann auf kleine kreisförmige Sockel aufgeklebt, die kleiner als die Felder sein müssen.

Die Felder und die Umrandung des Schachbretts können Sie mit einer fest werdenden Masse zusammenhängend oder nur als Einzelstücke garnieren. Einzelstücke, die Sie später auf der Torte puzzleartig zusammenlegen, eignen sich hier etwas besser, da bei einer zusammenhängenden Fläche in dieser Größe die Gefahr besteht, dass diese sich beim Festwerden verbiegt. Allerdings fallen Unregelmäßigkeiten bei dem Garnieren der Felder schnell und stark auf. Alternativ können Sie die Felder auch aus Marzipan, den Sie für die schwarzen Felder mit Kakao einfärben, ausschneiden und einzeln auf die Tortenoberfläche legen. Um diese Pusselarbeit auf einer Torte zu umgehen, legen Sie die ausgeschnittenen Quadrate in dünn ausgestrichene Kuvertüre oder Fettglasur und lassen diese festwerden. Sie können die Teile auch auf dünn ausgerolltes Marzipan legen, das Sie zuvor mit Wasser angefeuchtet haben, wodurch alles miteinander verklebt. Das fertige Teil können Sie dann als Ganzes auf die Torte abschieben.

Das Fachbuch „Die Garniertüte", Eigenverlag Heinrich Fischer, Darmstadt. Adresse: **www.garniertuete.de**

Garniervorlagen Blumenstrauß

Abb. 122

Das Schaustück **„Blumenstrauß"** eignet sich besonders für eine ovale Formtorte. Die Garniervorlagen und Ausschneidevorlagen dazu finden Sie auf dem USB-Stick zum Buch im Verzeichnis **„Arbeitsvorlagen"** Unterverzeichnis **„Verschiedene Motive"** Unterverzeichnis **„Blumenstrauß mit Vase"** **(Abb. 122).** Als Garniermassen für dieses Schaustück eignet sich am besten Kuvertüre oder Fettglasur. Lesen Sie dazu die Ausführungen in dem Abschnitt **„Auflegedekors und Schaustücke aus Kuvertüre"** in diesem Kapitel ab Seite 89 bzw. **„Auflegedekors und Schaustücke aus Fettglasur"** ab Seite 93. Die Herstellungstechniken für dieses Schaustück soll Ihre Phantasie anregen, ähnliche Schaustücke mit anderen Motiven selbst zu kreieren und anzufertigen.

Das gesamte Schaustück **„Blumenstrauß"** können Sie zusammenhängend als Motivdekor garnieren. Da aber die vielen Einzelteile sicherlich bei dieser Art der Herstellung Probleme bereiten, empfehle ich, dieses Motiv aus Einzelteilen zusammenzubauen.

Stellen Sie zunächst die ovale Grundplatte her. Diese können Sie mit Kuvertüre garnieren oder aus Kuvertüre ausschneiden. Es sieht schön aus, wenn Sie erst die Umrandung garnieren und dann flüssige Kuvertüre einfüllen,

die sich im Randbereich vom Rand her zur Innenfläche tropfenähnlich wölbt.

Wenn Sie die Grundplatte aus Kuvertüre ausschneiden möchten, gehen Sie folgendermaßen vor: Fertigen Sie sich zunächst eine Pappschablone aus der Vorlage an, die Sie im genannten Verzeichnis finden. Schütten Sie eine entsprechende Menge temperierte Kuvertüre auf ein Papier, welches z. B. auf einer glatten Holzplatte liegt. Die Kuvertüre formen Sie mittels Palette oder Spachtel zu einem Oval in entsprechender Größe und einer Stärke von 2 bis 3 mm. Die Oberfläche sollte spiegelglatt sein. Um eine glatte Oberfläche zu erreichen, heben Sie die Holzplatte mit der geformten und noch flüssigen Kuvertüre und klopfen z. B. mit einem Kochlöffel von unten dagegen. Sobald die Kuvertüre fest wird, aber noch nicht hart ist, schneiden Sie die Grundplatte mit einem Messer und der Pappschablone aus. Nachdem der Sockel richtig fest ist, lösen Sie ihn, indem Sie das Papier mit Sockel umdrehen und danach das Papier von der Rückseite der Kuvertüre abziehen. Der Rand der Grundplatte ist meist durch das Ausschneiden unsauber. Einen schönen Rand erreichen Sie, wenn Sie die Grundplatte mit der Garniertüte und angestockter Kuvertüre mit gleichmäßigen Punkten oder einem spiralförmigen Dekor umsäumen. Auch lässt sich die Grundplatte gut aus ausgerolltem Marzipan fertigen.

Die Blumen, die Stiele und die Vase stellen Sie einzeln als Auflegedekors her und platzieren diese entsprechend der Garniervorlage auf der Grundplatte. Zweckmäßig ist es, wenn Sie die Einzelteile mit Kuvertüre befestigen. Die garnierten Blumenstiele sollten Sie mit einem warmen Messer dort abschneiden, wo sie an den Vasenrand angelegt werden.

Das Fachbuch „Die Garniertüte", Eigenverlag Heinrich Fischer, Darmstadt. Adresse: **www.garniertuete.de**

Garniervorlagen Schaustücke Torten – Tortenaufsätze

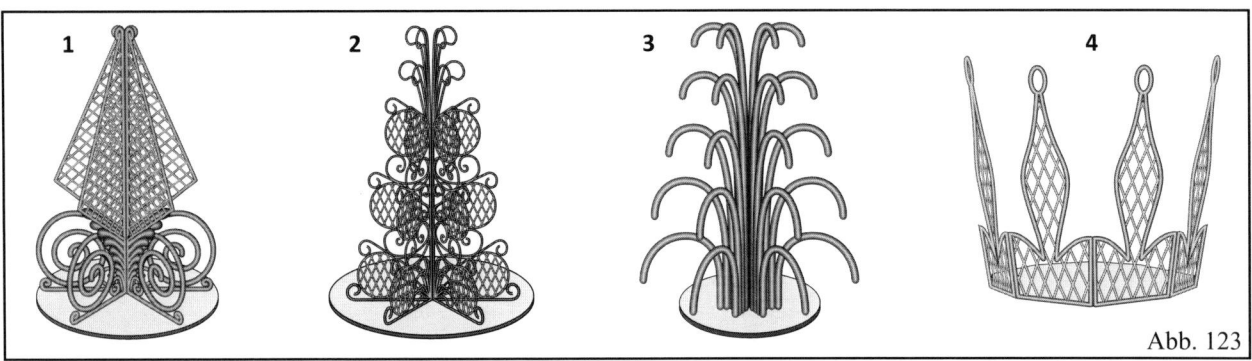

Abb. 123

Tortenaufsätze können sehr dekorative und künstlerisch wirkende größere Gebilde sein, die selbsttragend auf einer Torte aufgestellt werden. Sie sind meist ein filigraner Blickfang und somit als Schau- oder Werbestücke gedacht. Für Torten bestehen diese meist aus Kuvertüre. Auch Eiweißspritzglasur eignet sich. Die Garniervorlagen für Tortenaufsätze finden Sie auf dem USB-Stick zum Buch im Verzeichnis **„Arbeitsvorlagen"** Unterverzeichnis **„Tortenaufsätze"**. In der **Abb. 123** sehen Sie eine Übersicht über die Tortenaufsätze, von denen Garniervorlagen auf dem USB-Stick zum Buch gespeichert sind. Jedes Motiv hat eine Nummer, die dann im Namen der Datei vorkommt, z.B. für das erste Motiv lauten die Garniervorlagen **„Tortenaufsatz 01-01 und 01-02.jpw"** In dem Verzeichnis bezeichneten Verzeichnis finden Sie alle Garniervorlagen in der Regel in 2 Teilen – ein Teil für die linke und ein Teil für die rechte Hälfte **(Abb. 124)**. Die Krone unterscheidet sich hier etwas zu den anderen Garniervorlagen. Sie benötigen hier eine Garniervorlage für die Krone und eine Garnier- bzw. Ausschneidevorlage für den Sockel mit Hinweisen **(Abb. 125)**. Die Motive können Sie mit dem Spezialprogramm des USB-Sticks **„ImageViewer"** in ihrer Größe noch Ihren Vorstellungen anpassen (Hinweise dazu auf **Seite 109**).

Abb. 124

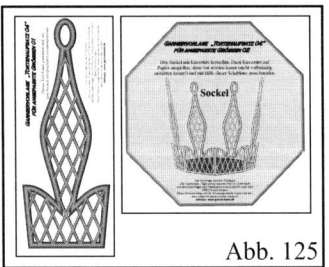

Abb. 125

Für die Herstellung aus Kuvertüre, Fettglasur und Eiweißspritzglasur benötigen Sie in der Regel jeweils eine Masse für Fadendekor und eine zum Ausfüllen umrandeter Flächen. Lesen Sie dazu die Ausführungen in diesem Kapitel in den Abschnitten **„Auflegedekors und Schau-**

stücke aus Kuvertüre" ab **Seite 89** und **„Auflegedekors und Schaustücke aus Eiweißspritzglasur und Fondant"** ab **Seite 100.** Garniert werden diese Dekors in der Regel auf einer Kunststofffolie, unter die Sie die jeweilige Garniervorlage legen.

Für ein solches Schaustück werden in der Regel 6 bis 8 Teile der Garniervorlagen gebraucht. Hier möchte ich die Herstellung von Motiv 1 beschreiben. Aus Stabilitätsgründen können Sie das abgebildete rechte und linke Teil einmal zusammenhängend garnieren. Danach garnieren Sie linke und rechte Teile einzeln – ob und wie viele linke und rechte Teile Sie benötigen, hängt von der optischen Wirkung ab, z.B. ob das Schaustück nur von einem Standort aus gesehen werden soll oder ob das Schaustücke rundum gleichmäßig wirken soll. Hier ist insbesondere die optische Wirkung der Seite der Dekorteile wichtig, die mit der Garnierfolie verbunden war. Die **Abb. 126** zeigt alle notwendigen Teile für den Tortenaufsatz „Segel". Beginnen Sie beim Garnieren der Dekorteile

Abb. 126

zuerst bei den dünnsten Teilen (Gittergeflechte), danach die etwas dickeren Teile (die Umrandung) und zum Schluss die restlichen und dicksten Teile. Die Umrandungen sollen möglichst Unregelmäßigkeiten der Gittergeflechte verdecken. Während des Garniervorganges können Sie durch mehrmaliges Abschneiden der Tütenspitze die Garnierfadenstärke entsprechend anpassen. Die garnierten Dekorteile lassen Sie an einem kühlen Platz fest werden. Nach dem Festwerden der Einzelteile ziehen Sie die Folie vorsichtig von verschiedenen Seiten und jeweils nur teilweise über eine Tischkante leicht nach unten, wodurch die Dekors sich von der Folie meist problemlos lösen.

Zur besseren Stabilität stellen Sie einen Sockel aus der gleichen Masse her. Bei Kuvertüre z. B. schütten Sie eine entsprechende Menge temperierter Kuvertüre auf ein Papier, welches z. B. auf einer glatten Holzplatte liegt. Die Kuvertüre formen Sie mittels Palette oder Spachtel zu einem Kreis mit einem Durchmesser von etwa 15 bis

20 cm und einer Stärke von 2 bis 3 mm. Die Oberfläche sollte spiegelglatt sein. Um eine glatte Oberfläche zu erreichen, heben Sie die Holzplatte mit der geformten und noch flüssigen Kuvertüre und klopfen z. B. mit einem Kochlöffel von unten dagegen. Sobald die Kuvertüre fest wird, stechen Sie den entsprechend großen Kreis mit einem Ausstecher aus oder schneiden ihn mit einem Messer mit Hilfe einer Schablone

Abb. 127

oder einer Schüssel aus. Nachdem der Sockel richtig fest ist, lösen Sie ihn, indem Sie das Papier mit Sockel umdrehen und danach das Papier einfach von der Rückseite der Kuvertüre abziehen. Für Tortenaufsätze aus Eiweißspritzglasur eignet sich ein Sockel aus Gelatinezucker. Lesen Sie dazu die Ausführungen in diesem Kapitel in den Abschnitten **„Auflegedekors und Schaustücke aus Gelatinezucker" ab Seite 106.**

Zum Zusammensetzen des Tortenaufsatzes füllen Sie Kuvertüre bzw. Eiweißspritzglasur in eine sehr große Garniertüte. Auf dem Sockel sollten Sie mit einem spitzen Messer dort dünne Striche andeuten, wo Sie die Dekors platzieren wollen **(Abb. 127)**. Nun tragen Sie dünn Masse auf den Sockel auf, dort wo das zusammenhängende

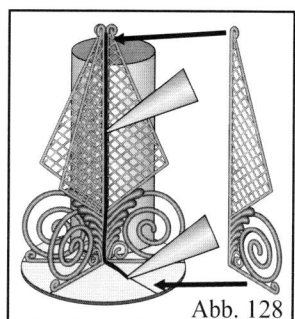

Mittelteil platziert werden soll **(Abb. 127)** und setzen den Dekor sofort in diese Masse hinein. Solange die Masse noch weich ist, müssen Sie das Dekorteil stabilisieren, z. B. mit einer Schüssel oder einem Glas **(Abb. 128)**. Nun tragen Sie an den weiteren Stellen „Klebstoff" auf, wo die

Abb. 128

anderen Dekorteile aufgestellt werden sollen **(Abb. 128)** und platzieren diese sofort in der noch weichen Masse. **Beachten Sie die optische Wirkung der Rückseiten!**

Zur weiteren Gestaltung können Sie auf den Sockel zwischen den einzelnen Teilen noch Blüten aus Baisermasse, Rosen aus Marzipan oder sonstige dekorative Dinge legen.

Bei dem Tortenaufsatz **„Fontäne"** sollten Sie sowohl die Vorder- als auch die Rückseite der Einzelteile ausfüllen, was beim zusammengebauten Tortenaufsatz einen besseren optischen „Springbrunneneindruck" ergibt.

Garniervorlagen selbst erstellen

Die häufigste praktische Anwendung der Garniertüte ist die Herstellung von Auflegedekors. Deshalb nehmen die Garniervorlagen auf dem USB-Stick zu diesem Buch die meisten Seiten ein. Ich hoffe, dass Sie dort für die meisten Ihrer Gestaltungswünsche die passende Garniervorlage finden. Natürlich werden Sie für spezielle Zwecke auch Garniervorlagen vermissen. Sofern Sie dann in anderer Fachliteratur

Abb. 129

auch nicht fündig werden,

empfehle ich Ihnen, sich intensiv Zeitschriften und Bücher anzuschauen, die auf den ersten Blick mit der Garniertüte nicht unbedingt etwas zu tun haben müssen, z. B. Malbücher, Comichefte, Kinderliteratur, Bastelbücher usw. Ferner finden Sie viele Zeichnungen und Ornamente auf Computer-CD's, sogenannten Clip-Art-Sammlungen. Sie müssen solche Zeichnungen, z. B. ein Pferd **(Abb. 129, oben),** oder Fotos dann noch auf die richtige Größe bringen und für die Garniertüte abstrahieren – also z. B. in garnierfähige einfache Umrisszeichnungen umwandeln **(Abb. 129, unten)**. Damit Sie nicht erst dann anfangen müssen zu suchen, wenn Sie wirklich eine solche Garniervorlage benötigen, sollten Sie in einem gut verwalteten Archiv geeignete Bilder themenbezogen sammeln.

Das Fachbuch „Die Garniertüte", Eigenverlag Heinrich Fischer, Darmstadt. Adresse: **www.garniertuete.de**

Kapitel 8 – Hochzeitstorte als Schaustück

Das Fachbuch „Die Garniertüte", Eigenverlag Heinrich Fischer, Darmstadt. Adresse: **www.garniertuete.de**

Übersicht

Hochzeitstorte als Schaustück

Das Fachbuch „Die Garniertüte", Eigenverlag Heinrich Fischer, Darmstadt. Adresse: **www.garniertuete.de**

Das Fachbuch „Die Garniertüte", Eigenverlag Heinrich Fischer, Darmstadt. Adresse: **www.garniertuete.de**

125

Hochzeitstorte als Schaustück

Vorbemerkungen

Bevor Sie sich entschließen, eine solch filigrane und schwierige Torte herzustellen, sollten Sie nahezu perfekt im Umgang mit der Garniertüte sein!

Diese Torte ist mit Sicherheit nichts für das alltägliche Angebot – der Zeitaufwand, das fachliche Können und der daraus resultierende Preis setzen hier natürliche Grenzen. Beim Preis sollten Sie aber berücksichtigen, dass eine solche Torte einen erheblichen Werbeeffekt bei der sicherlich hohen Anzahl von Personen hat, welche diese Torte sehen und evtl. auch essen! Ferner ist diese Torte auch dazu gedacht, schwierigste Arbeitstechniken in einem attraktiven Endprodukt darzustellen. Auch sollen Sie Anregungen bekommen, aus dem einen oder anderen Teil der Dekoration eigene Ideen zu entwickeln und auch für andere Produkte und Anlässe einzusetzen.

Die am Kapitelanfang abgebildete Hochzeitstorte setzt sich aus mehreren Teilen zusammen:

- Tortenständer
- Torten
- Tortendekoration
- Tempel mit Hochzeitspaar
- Tauben und Herzdekors
- Dreidimensionaler Schriftdekor
- Hochzeitskutsche mit Pferden
- Dekorbögen
- Wiege

Nachfolgend möchte ich zu diesen 9 Punkten einige Vorbemerkungen machen, die in entsprechenden Abschnitten ausführlicher behandelt werden mit Arbeitsanleitungen, Garniervorlagen, Ausschneidevorlagen und Konstruktionszeichnungen. Die auf dem Titelbild dieses Kapitels nicht abgebildeten Teile sehen Sie im Alternativvorschlag auf der übernächsten Seite.

1. Der Tortenständer

Detailliertere Informationen zum Thema Tortenständer erhalten Sie ab der **Seite 129**.

Für die Form und Art von Hochzeitstortenständern gibt es viele Angebote. Der bekannteste und am weitesten verbreitete ist der pyramidenförmige Etagentortenständer, den ich deshalb für diese Hochzeitstorte verwende. Über andere Arten informiert Sie der Handel für Konditorei- und Küchengeräte. Für die eingesetzte Tortendekoration und für die optische Wirkung der gesamten Torte ist bei dieser Art von Tortenständern der normale Abstand der einzelnen Etagen zueinander zu gering. Deshalb stelle ich eine relativ einfache Verlängerung der Säulen um etwa 5 cm mit Bauanleitung und Materialliste ausführlich dar.

Die Säulen eines solchen Tortenständers wirken durch das Metall zu nackt. Deshalb habe ich eine Verkleidung entworfen, die aus Eiweißspritzglasur hergestellt und vor dem Zusammenschrauben des Tortenständers so auf jeder Torte platziert wird, dass die Säule umhüllt ist.

Eine optisch ungewöhnliche und dadurch auffallende Gestaltung wird dadurch erzielt, dass die unterste Etage kleiner ist als die darüber liegende 2. Etage. Dadurch wirkt die Torte auch wesentlich leichter und filigraner.

2. Torten

Die Herstellung der Torten kann hier nur andeutungsweise angesprochen werden. Spezielle Rezepte und Arbeitstechniken müssen Sie sich aus anderen Fachbüchern besorgen. Die Zusammensetzung der Torten richtet sich in erster Linie nach den beabsichtigten Arbeitstechniken für die Bögen der Tortenrandgarnierungen. Sofern Sie diese Bögen mit der Spritztüte an die Torte angarnieren, was ich empfehle, müssen Sie die Tortenböden sehr fest und stabil herstellen und füllen. Sofern Sie die Bögen als eigenständige Dekors herstellen und an die Torten ankleben, können Sie leichtere Tortenböden und leichtere Füllungen verwenden.

Die zusammengesetzten Tortenböden werden zunächst mit einem hellen Krem glatt eingestrichen, um Unebenheiten der Torten auszugleichen und um dunkle Tortenböden zu verdecken. Anschließend werden die Torten mit einem weißen Zuckerteig (eine Art Gelatinezucker) eingedeckt. Ein Rezept hierfür finden Sie auf der **Seite 207**.

3. Tortendekoration der Tortenränder

Detailliertere Informationen zum Thema Tortenränder erhalten Sie ab der **Seite 136**.

Die Tortendekoration der Tortenränder und der Seitenflächen besteht aus Bögen, Herzdekors und einer Art Krönchen. Diese Dekors werden mittels Eiweißspritzglasur und der Garniertüte hergestellt.

Die Bögen hängen zum einen vom Tortenrand herab und zum anderen ragen sie über ihn hinaus. Sie sollten die Bögen direkt an den Rand der Seitenflächen angarnieren, können diese natürlich auch als eigenständige Dekors zunächst auf eine Folie garnieren und später an die Torten ankleben. Über die Vor- und Nachteile erfahren Sie im entsprechenden Abschnitt mehr. Sofern Sie die Bögen direkt an die Torte angarnieren möchten, sollten Sie diese Technik ausreichend an einem Modell geübt haben, z. B. an einer Keksdose. Für die Anzahl empfehle ich drei Bögen – Sie können, entsprechend Ihrem Geschmack, auch mehr oder weniger garnieren.

Das Fachbuch „Die Garniertüte", Eigenverlag Heinrich Fischer, Darmstadt. Adresse: **www.garniertuete.de**

Weiter sollten Sie sich Gedanken machen, wie Sie die Torte später an den Ort transportieren, an dem diese zur Schau gestellt werden soll – denn die dünnen Bögen brechen sehr leicht ab. Sinnvoll ist es deshalb, evtl. eine solche Torte erst am Bestimmungsort fertig zu stellen.

Die Herzen und die Krönchen der Seitenflächen stellen Sie mit Eiweißspritzglasur mit Hilfe einer Garniervorlage auf Kunststofffolie her.

4. Tempel mit Hochzeitspaar

Detailliertere Informationen zum Thema Tempel mit Hochzeitspaar erhalten Sie ab der **Seite 139**.

Der Tempel ist Blickfang und somit das Schaustück der Torte. Sie sollten ihn möglichst einige Tage zuvor herstellen, da viele Teile aus mehreren Arbeitsschritten bestehen, die eine mindestens eintägige Trocknungszeit des vorherigen Arbeitsschrittes bedingt. Der Tempel besteht überwiegend aus Gelatinezucker. Die Kuppel wird mit Eiweißspritzglasur mittels Spritztüte und einem Luftballon garniert. Der fertige Tempel sollte mit dem Sockel problemlos von der Torte genommen werden können, damit es dem Hochzeitspaar möglich ist, den Tempel als Andenken an diesen Hochzeitstag in einer Vitrine zur Schau zu stellen oder unter den Gästen zu versteigern.

Für das Garnieren des Hochzeitspaares verwenden Sie als Garniermaterial Eiweißspritzglasur. Besonders schön sieht das Hochzeitspaar aus, wenn Sie auch dessen Rückseite so garnieren und ausfüllen wie die Vorderseite – dadurch entsteht ein schöner plastischer Eindruck.

5. Tauben- und Herzdekors

Detailliertere Informationen zum Thema Tauben- und Herzdekors erhalten Sie ab der **Seite 159**.

Für die 3. Etage habe ich ein Taubenpaar auf einem Herz und zusätzlich einen zaunähnlichen Herzdekor entworfen. Diese Dekors stellen Sie aus Eiweißspritzglasur her. Um diese Dekors besser der runden Form der Torte anzupassen, sollten Sie diese auf einer kreisförmig gewölbten Garnierfläche herstellen. Besonders schön sehen diese Dekors aus, wenn Sie deren Rückseite so garnieren und ausfüllen wie die Vorderseite – dadurch entsteht ein schöner plastischer Eindruck.

6. Dreidimensionaler Schriftdekor

Detailliertere Informationen zum Thema dreidimensionaler Schriftdekor erhalten Sie ab der **Seite 151**.

Dieser dreidimensionale Schriftdekor soll eine Alternative zu den Tauben- und Herzdekors der 3. Etage sein (Abbildung siehe nächste Seite). Den Text „**VIEL GLÜCK**" platzieren Sie auf zwei eigenständigen bogenförmigen Unterteilen. Als Text können Sie natürlich auch z. B. die

beiden Vornamen des Hochzeitspaares wählen. Zusätzlich sollten Sie für die Gestaltung zwei im Abschnitt zuvor beschriebene Taubendekors herstellen.

Dieser Schriftdekor ist durch seinen geschwungenen Bogen, die senkrechten Streben und die großen Buchstaben für die meisten Augen ein außergewöhnlicher Blickfang – er ist allerdings in der Herstellung sehr aufwendig und erfordert exaktes Arbeiten, sehr viel handwerkliches Können und etliche Schablonenhilfsmittel. Die beschriebene Herstellungstechnik berücksichtigt, dass die meisten Menschen keine Perfektionisten in der handwerklichen Kunst sind, und beschreibt einen etwas umständlicheren Weg, der aber zu einem optisch nahezu perfekten Ergebnis führt. Perfekte Handwerker können den beschriebenen Weg natürlich vereinfachen und abkürzen.

7. Die Hochzeitskutsche mit Pferden

Detailliertere Informationen zum Thema Hochzeitskutschen mit Pferden erhalten Sie ab der **Seite 168**.

Die Hochzeitskutsche und die Pferde sind in der Herstellung sehr aufwendig. Die Hochzeitskutsche wird überwiegend aus Gelatinezucker hergestellt und mit Eiweißspritzglasur dekoriert. Die Pferde stellen Sie ausschließlich aus Eiweißspritzglasur her. Empfehlenswert ist es, wenn die Kutsche und die Pferde den gesamten Tortenrand der Oberfläche der 2. Etage belegen.

Die Kutsche und die Pferde sollten so auf der Torte platziert sein, dass sie problemlos von der Torte genommen werden können. Dadurch ist es dem Hochzeitspaar möglich, die Kutsche und die Pferde als Andenken an diesen Hochzeitstag in einer Vitrine zur Schau zu stellen oder unter den Gästen zu versteigern. Für eine plastische Wirkung sollten Sie die Pferde vor- und rückseitig garnieren und ausfüllen.

8. Dekorbögen

Detailliertere Informationen zum Thema Dekorbögen erhalten Sie ab der **Seite 180**.

Die Dekorbögen der 1. Etage haben symbolische Bedeutung – sie sollen Blätter und die Hochzeitstorte als Ganzes eine Art Blüte darstellen. Diese Blüte soll das Hochzeitspaar und damit die Hochzeit symbolisieren, das hier den Grundstock für eine Familie und die nächste Generation legt. Die Bögen stellen Sie mit einer speziellen Schablone und Eiweißspritzglasur mit der Garniertüte her.

9. Wiege

Detailliertere Informationen zum Thema Wiege erhalten Sie ab der **Seite 184**.

Als Symbol für das neue Leben, das durch das Hochzeitspaar entstehen soll, können Sie auch zusätzlich zu den im Abschnitt zuvor beschriebenen Bögen noch eine

Das Fachbuch „Die Garniertüte", Eigenverlag Heinrich Fischer, Darmstadt. Adresse: **www.garniertuete.de**

oder mehrere Wiegen herstellen und diese zwischen den Bögen der 1. Etage platzieren. Allerdings ist Vorsicht geboten, wenn Sie eine Wiege auf der Torte als Dekor aufstellen – diese Wiege könnte missverstanden werden, wie wenn die Braut schwanger wäre! Prinzipiell sollten Sie deshalb in eine solche Wiege keine Säuglinge legen.

Diese Wiege stellen Sie aus Gelatinezucker und Eiweißspritzglasur her. Die Dachhaube ist sehr filigran und erfordert eine entsprechende Garniervorlage und viel Fingerspitzengefühl bei der Herstellung. Die Garniervorlage finden Sie als Bausatz auf dem USB-Stick zum Buch als Ausschneidevorlage.

Massen für die Tortendekoration der Hochzeitstorte

Für die Herstellung der gesamten Dekors und Schaustücke der Hochzeitstorte benötigen Sie Eiweißspritzglasur, Gelatinezucker und evtl. Fondant. Rezepte finden Sie **ab Seite 199**. All diese Massen sind weiße Zuckermassen. Deren Herstellung und deren Eigenheiten sind im **Kapitel**

„Auflegedekors und Schaustücke" ab Seite 100 sehr ausführlich beschrieben. Die dort gemachten Ausführungen können Sie uneingeschränkt für die Herstellung der Dekors und der Schaustücke der Hochzeitstorte übertragen. Bitte informieren Sie sich dort.

Hochzeitstorte als Schaustück– alternative Gestaltung

Auf dem Doppelbild **Abb. 01** sehen Sie eine alternative Gestaltung zu der Hochzeitstorte auf der Titelseite dieses Buches. Die Unterschiede liegen in der spitzen und runden Kuppel des Tempels und dem Schriftdekor und dem Taubendekor auf der 3. Etage und der Wiege auf der

1. Etage. Diese Alternativen können gesamt, aber auch einzeln angewandt werden. Alle Alternativen werden jeweils in einem der nachfolgenden Abschnitte genau beschrieben. Viele Gestaltungsstudien dazu finden Sie auf dem USB-Stick zum Buch im Verzeichnis Fotos.

Abb. 01

Das Fachbuch „Die Garniertüte", Eigenverlag Heinrich Fischer, Darmstadt. Adresse: **www.garniertuete.de**

Hochzeitstorte als Schaustück – Der Tortenständer und die Torten

Übersicht

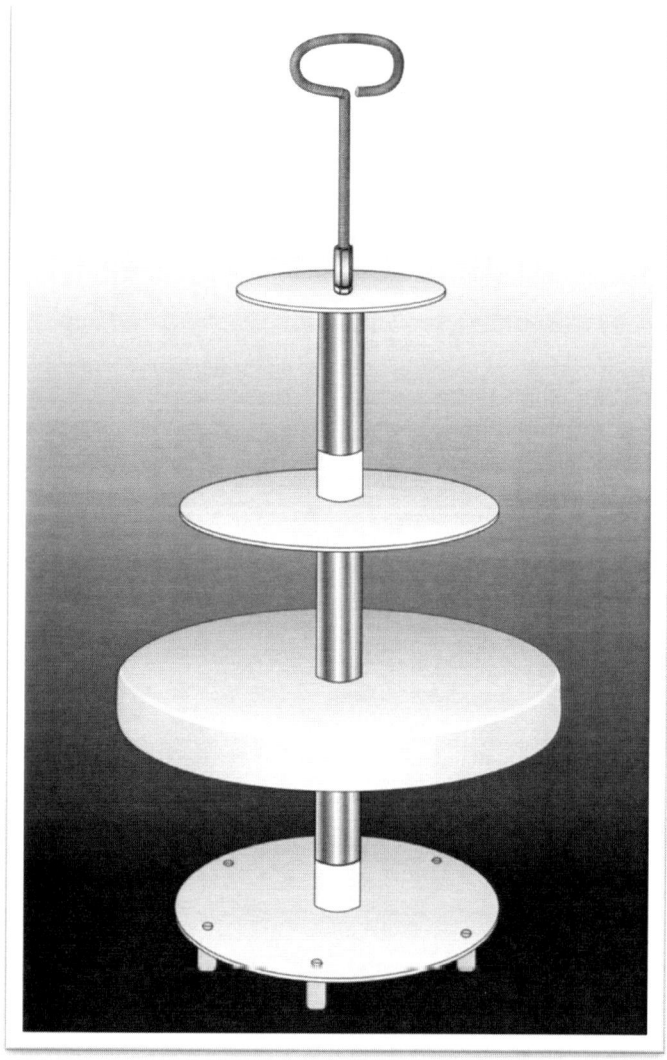

Das Fachbuch „Die Garniertüte", Eigenverlag Heinrich Fischer, Darmstadt. Adresse: **www.garniertuete.de**

129

Der Tortenständer

Hochzeitstortenständer werden in Form und Art sehr unterschiedlich angeboten. Der bekannteste und am weitesten verbreitete und optisch meiner Meinung nach der Beste, ist der pyramidenförmige Etagentortenständer, den ich deshalb für diese Hochzeitstorte verwende. Über andere Arten informiert Sie der Handel.

Für die eingesetzte Tortendekoration und für die optische Wirkung der gesamten Torte ist der Abstand der einzelnen Etagen zueinander bei den handelsüblichen Tortenständern zu gering. Deshalb empfehle ich eine relativ einfache Verlängerung der Säulen um etwa 5 cm.

Herstellen der Tortenständerverlängerung

Besorgen Sie sich hierfür aus dem Baumarkt nachfolgend aufgeführte Teile. Beachten Sie bitte die Maße Ihres Tortenständers, die evtl. von den Maßen meines Tortenständers abweichen können! Orientieren Sie sich bitte anhand der **Abb. 2**.

Materialliste :

4 Distanzmuffen 8 mm
1 Gewindestab 8 mm, etwa 1 m lang (muss von Ihnen auf verschiedene Längen zurechtgeschnitten werden)
3 Wasserrohrverlängerungen 34 mm Ø, 60 mm Länge
7 Sechskantmuttern 8 mm
1 Kunststoffrohr 40 mm Ø, 180 mm Länge (muss von Ihnen auf 3 × 60 mm zurechtgeschnitten werden)

Herstellungsanleitung:

– Schneiden Sie die Gewindestäbe und das Kunststoffrohr auf die entsprechende Anzahl und Länge zurecht. Beachten Sie hierzu die **Abbildungen 2 und 3.**
– Drehen Sie auf das Säulengewinde des Tortenständers eine Sechskantmutter und eine Distanzmuffe auf.
– Die Sechskantmutter drehen Sie gegen die Distanzmuffe fest. Dadurch bestimmen Sie, wie weit die Distanzmuffe eingedreht wird und dass diese auf dem Säulengewinde festsitzt.
– In die Distanzmuffe drehen Sie einen etwa 8 cm langen Gewindestab als Verlängerung fest ein.
– Nun stülpen Sie über die Gewindeverlängerung die Wasserrohrverlängerung. Diese hat den Sinn, die Verlängerung rechtwinkelig zu stabilisieren. Sie können statt der Wasserrohrverlängerung auch andere Teile verwenden – diese müssen aber beidseitig rechtwinkelig abgeschnitten sein. Teile auf Länge selbst abzuschneiden, empfehle ich nicht! Bei nicht rechtwinkeligen Teilen steht der Tortenständer später schief!
– Um die Wasserrohrverlängerung stülpen Sie das Kunststoffrohr. Da dieses keine tragende Funktion hat, können Sie es selbst zurechtschneiden. Achten Sie dParauf, dass der Kunststoff lebensmittelecht ist! Sollte dies nicht der Fall sein, müssen Sie den Kunststoff z. B. mit Alufolie ummanteln, so dass der Kunststoff nicht mit der Torte in Berührung kommt!

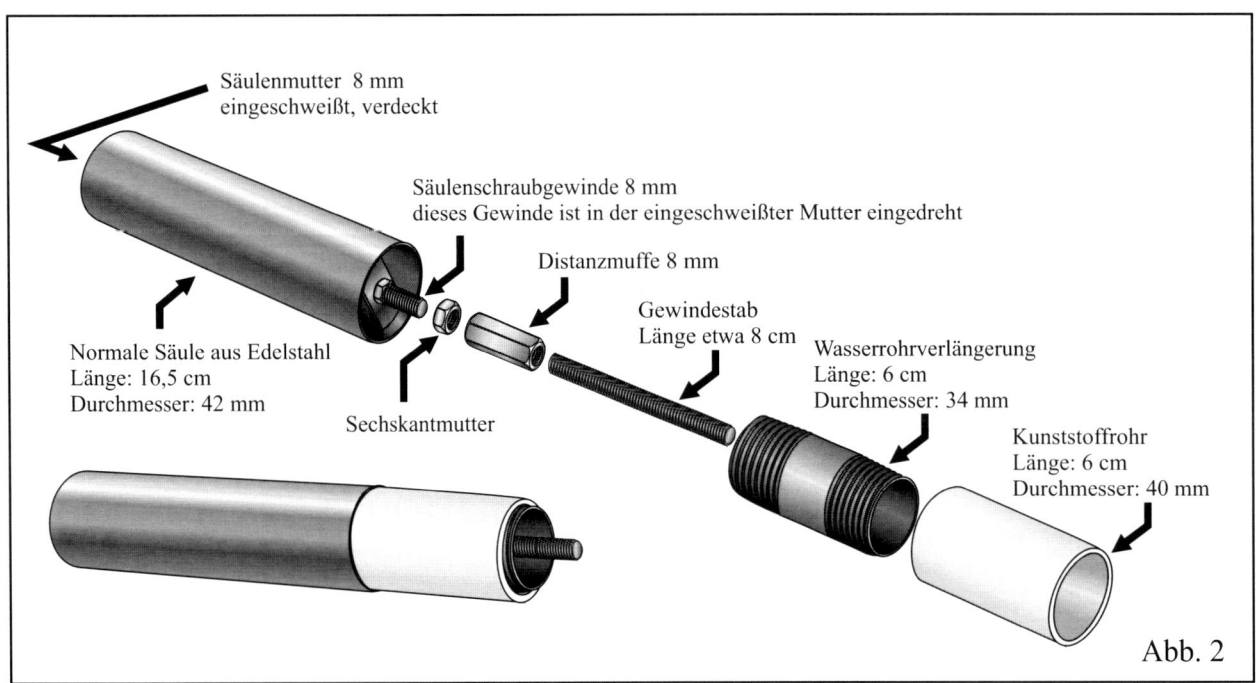

Säulenmutter 8 mm
eingeschweißt, verdeckt

Säulenschraubgewinde 8 mm
dieses Gewinde ist in der eingeschweißter Mutter eingedreht

Distanzmuffe 8 mm

Gewindestab
Länge etwa 8 cm

Wasserrohrverlängerung
Länge: 6 cm
Durchmesser: 34 mm

Kunststoffrohr
Länge: 6 cm
Durchmesser: 40 mm

Normale Säule aus Edelstahl
Länge: 16,5 cm
Durchmesser: 42 mm

Sechskantmutter

Abb. 2

Zusammenschrauben des Tortenständers

Schrauben Sie die Teile Ihres Tortenständers entsprechend der **Abb. 3** zusammen. Beachten Sie bitte die Maße und Eigenschaften Ihres Tortenständers, die evtl. von denen dieses Tortenständers abweichen können! Der Tortenständer wird in der Regel erst dann zusammengeschraubt, wenn die fertigen Torten (ohne Dekoration) auf den einzelnen Metalletagen liegen.

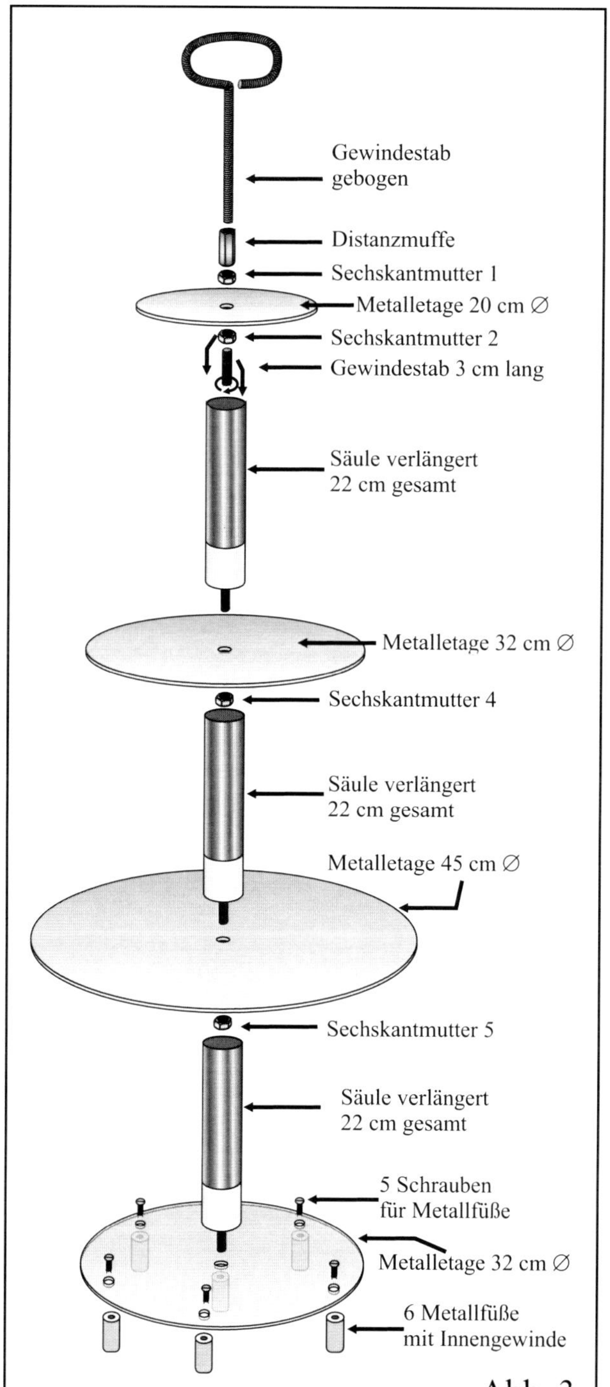

Beginnen Sie mit der untersten Platte. Schrauben Sie zunächst die Füße des Tortenständers fest. Danach befestigen Sie die erste Mittelsäule mit der untersten Platte. (Bei diesem Modell mit einer speziellen fußähnlichen Schraube.)

Nun verbinden Sie eine Mittelsäule jeweils mit der 2. und mit der 3. Etagentortenplatte mittels einer Sechskantmutter **(Abb. 4)**. Dadurch können sie später die einzelnen Etagen samt der Torte mit der Mittelsäule anheben!

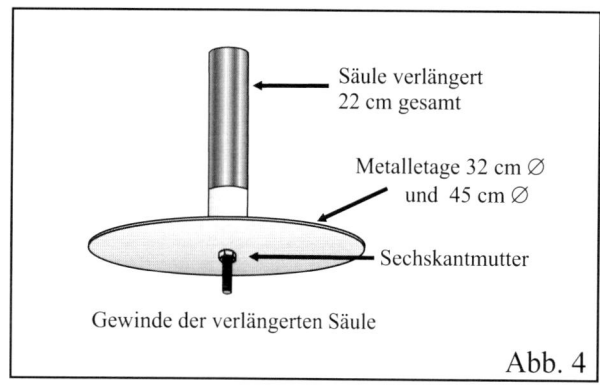

Abb. 4

- In das Gewinde der Mittelsäule auf der 3. Etage drehen Sie einen etwa 3 cm langen Gewindestab. Diesen befestigen Sie mit der Säule mit einer Sechskantmutter durch festes Gegendrehen so, dass er sehr fest sitzt.
- Der obere Gewindestab der 3. Etage wird durch das Mittelloch der 4. Etage geführt. Mit einer Sechskantmutter wird die 4. Etagenplatte auf der 3. Mittelsäule aufgeschraubt.
- Biegen Sie aus der einen Hälfte eines etwa 40 cm langen Gewindestabes einen Griff gemäß **Abb. 3** oben.
- Auf den Gewindestab der 3. Mittelsäule wird nun noch eine Distanzmuffe aufgeschraubt. In diese drehen Sie den aus dem Gewindestab gebogenen Griff ein, um die Torte später besser transportieren zu können. Den fertig zusammengeschraubten Tortenständer sehen Sie in **Abb. 5**.

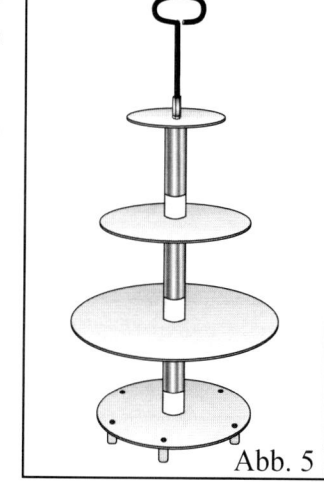

Abb. 5

Abb. 3 (linke Abbildung, Beschriftungen von oben nach unten):
- Gewindestab gebogen
- Distanzmuffe
- Sechskantmutter 1
- Metalletage 20 cm ∅
- Sechskantmutter 2
- Gewindestab 3 cm lang
- Säule verlängert 22 cm gesamt
- Metalletage 32 cm ∅
- Sechskantmutter 4
- Säule verlängert 22 cm gesamt
- Metalletage 45 cm ∅
- Sechskantmutter 5
- Säule verlängert 22 cm gesamt
- 5 Schrauben für Metallfüße
- Metalletage 32 cm ∅
- 6 Metallfüße mit Innengewinde

Abb. 3

Verkleidung der Tortenständersäulen

Die Säulen des Tortenständers wirken durch ihr chromglänzendes Metall der Mittelsäulen zu nackt. Deshalb habe ich eine Verkleidung entworfen, die aus Eiweißspritzglasur hergestellt und vor dem Zusammenschrauben des Tortenständers so auf jeder Torte platziert wird, dass die Säule umhüllt ist. Damit Sie diese Verkleidung herstellen können, müssen Sie zuerst eine dreidimensionale Garnierschablone anfertigen.

Zusammenbau der Garnierschablone

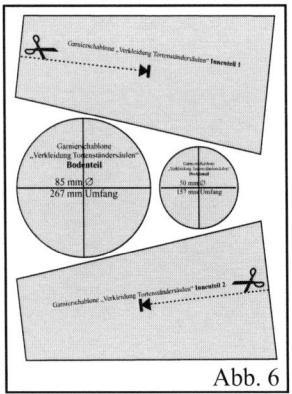

Abb. 6

Die Garnierschablone für die Säulenverkleidung des Tortenständers hat die Form eines Kegelstumpfes **(Abb. 9, rechts)**. Zunächst schneiden Sie die Teile der Garnierschablone aus. Die Ausschneideschablonen finden Sie zum Ausdruck auf dem USB-Stick zum Buch im Verzeichnis **„Arbeitsvorlagen"** Unterverzeichnis **„Hochzeitstorte"** Unterverzeichnis **„Säulenverkleidung Tortenständer" (Abb. 6)**. Für den Zusammenbau benötigen Sie lediglich Klebstoff und Klebeband. Die beiden trapezförmigen Innenteile schneiden Sie zusätzlich an den gestrichelten Linien bis zur Mitte des jeweiligen Teils ein **(Abb. 6)**.

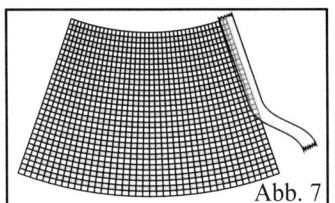

Abb. 7

Auf den Mantelbogen der Garnierschablone kleben Sie auf der einen geraden Seite einen Klebestreifen, der zur Hälfte über den Papierrand übersteht **(Abb. 7)**. Nun stoßen Sie die beiden geraden Seiten des

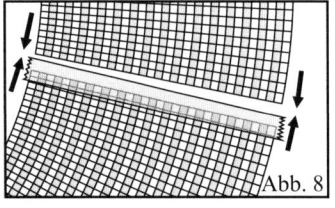

Abb. 8

Mantelbogens aneinander **(Abb. 8)** und drücken den Klebestreifen auf den anstoßenden anderen Seitenrand. Dadurch erhalten Sie den Mantel für den Kegelstumpf der Garniervorlage **(Abb. 9, rechts)**.

Im nächsten Schritt stecken Sie die trapezförmigen Innenteile 1 und 2 kreuzförmig an den Einschnitten ineinander. Das entstehende Kreuz kleben Sie exakt auf die Linien des Bodenteils (85 mm Ø) und des Deckenteils (50 mm Ø) **(Abb. 9, links)**. Dadurch erhalten Sie das Innenteil der Garnierschablone. Nun bestreichen Sie sämtliche Außenkanten des Innenteils mit Klebstoff **(Abb. 9, links)** und stülpen sofort den Mantel darüber. Achten Sie darauf, dass der entstehende Kegelstumpf exakt kreisförmig wird. Dadurch erhalten Sie die fertige Garniervorlage für die Säulenverkleidung des Tortenständers **(Abb. 9, rechts). Sie benötigen mindestens 3 Vorlagen!**

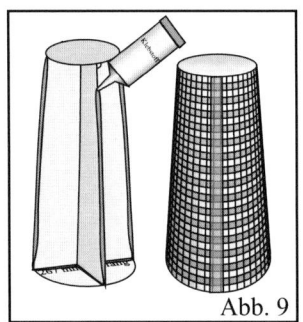

Abb. 9

Säulenverkleidung aus Eiweißspritzglasur herstellen

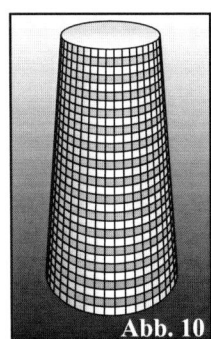

Abb. 10

Bevor Sie mit den Garnierarbeiten für die Säulenverkleidung beginnen können, müssen Sie die Garnierschablone **(Abb. 10)** noch mit Folien ummanteln, auf die Sie später garnieren. Als Folien eignen sich sehr dünne zurechtgeschnittene Prospekthüllen. Sind die Folien zu dick oder zu steif, werden Sie diese von den aufgarnierten Streben kaum abziehen können, ohne die Streben dabei zu zerstören! Schneiden Sie sich zunächst zwei Streifen von etwa 5 cm Breite: den oberen etwa 25 cm, den unteren etwa 30 cm lang. Die Streifen

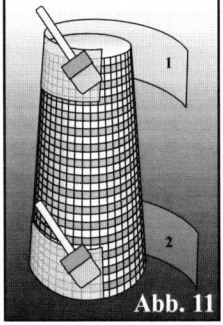

Abb. 11

sollten nicht gerade geschnitten sein. Legen Sie z. B. um den Schablonenmantel eine Folie und zeichnen mit einem Folienstift die Schneidelinien auf den Folien ein. Legen Sie die Folienstreifen entsprechend der **Abb. 11** um den Schablonenmantel. Zum Zusammenkleben der Streifenenden verwenden Sie Wasser. Sofern Sie die Folienstreifen mit einem Klebestreifen zusammenkleben, bekommen Sie erhebliche Probleme, die Folien später **von den Streben zu entfernen!**

Das Fachbuch „Die Garniertüte", Eigenverlag Heinrich Fischer, Darmstadt. Adresse: **www.garniertuete.de**

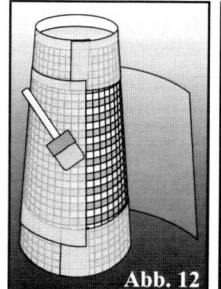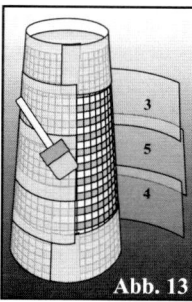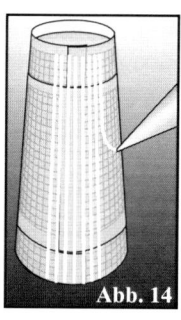

Danach bringen Sie einen dritten Folienstreifen auf die Garnierschablone auf entsprechend **Abb. 12**. Achten Sie darauf, dass dieser Streifen die beiden ersten überall überlappt. Dessen Enden verkleben Sie wieder mit Wasser. Ein derart breiter Streifen ist schnell angebracht, kann aber beim Entfernen von den Streben zum Schluss Probleme bereiten. Auf der sichersten Seite sind Sie, wenn Sie die Garniervorlage mit möglichst vielen Streifen umlegen, wie in **Abb. 13** dargestellt. Ein 3 bis 4 cm breiter und mehrere Meter langer Folienstreifen, der spiralförmig um die gesamte Garnierschablone gewickelt wird, wäre allerdings die beste Lösung, ist aber wesentlich schwieriger herzustellen. Nun bereiten Sie eine Eiweißspritzglasur mit einem Gelatine-Glukosefond (Rezept siehe **Kapitel „Rezepte" ab Seite 202**). Beginnen Sie mit den senkrechten Streben gemäß der **Abb. 14**. Die waagrechten Linien der Garniervorlage sind als Anhaltspunkte vorgesehen, wenn Sie Säulenverkleidungen benötigen, die niedriger als die Garniervorlage sind. Sobald Sie alle senkrechten Linien garniert haben, schließen Sie deren Enden mit einem dicken Garnierfaden rundum ab **(Abb. 15)**. Dieser Abschluss stabilisiert das entstehende Gebilde später bei der Weiterverarbeitung. Die entstandene Säulenverkleidung lassen Sie nun mehrere Stunden bis einen Tag lang trocknen.

Für den nächsten Arbeitsschritt garnieren Sie zwei Paar Doppelringe aus Eiweißspritzglasur, zwischen die zum einen der obere Kreis und zum anderen der untere Kreis der Säulenverkleidung passt **(Abb. 16)**. Die Garniervorlage finden Sie im oben beschriebenen Verzeichnis des USB-Sticks zum Buch. Auf dieser Garniervorlage sind zusätzliche Kreise dargestellt, damit Sie die Durchmesser Ihrem persönlichen Geschmack anpassen können.

Im nächsten Arbeitsschritt heben Sie die Säulenverkleidung samt der Folie von der Garnierschablone ab. Nun entfernen Sie sehr vorsichtig den schmalen Folienstreifen der schmalen Öffnung **(Abb. 17)** und stellen die Säulenverkleidung mit der schmalen Öffnung nach unten in das erste Ringpaar aus Eiweißspritzglasur **(Abb. 18)**. Wichtig ist, dass Sie die Säulenverkleidung senkrecht stellen und

gleichmäßig zwischen die beiden Ringe aus Eiweißspritzglasur platzieren. Als Hilfsmittel zum Stabilisieren in diesen beiden Positionen können Sie eine Säule des Tortenständers verwenden. Stellen Sie eine solche Säule entsprechend der **Abb. 18** in die Säulenverkleidung. Eine notwendige Korrektur können Sie mit Watte oder leichten Schaumstoffstückchen stabilisieren. Nun füllen Sie verdünnte Eiweißspritzglasur zwischen die beiden Ringe so ein, dass diese den Stabilisierungsring der Säulenverkleidung überdeckt. Die Eiweißspritzglasur muss so weich sein, dass sie konturlos in die Zwischenräume läuft, aber nicht über die Begrenzungsringe. Lassen Sie die eingefüllte Eiweißspritzglasur mindestens einen Tag lang trocknen, bevor Sie weiterarbeiten.

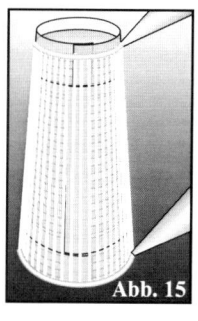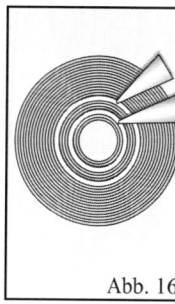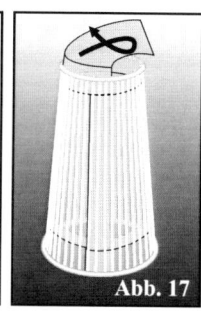

Der nächste Arbeitsschritt entspricht dem, wie er in **Abb. 16 bis 18** dargestellt ist – aber nun für die große Öffnung der Säulenverkleidung: Entfernen Sie den schmalen Folienstreifen, stellen die Säulenverkleidung in das zweite Ringpaar aus Eiweißspritzglasur, stabilisieren die Säulenverkleidung in einer senkrechten Position und füllen zwischen das Ringpaar weiche Eiweißspritzglasur. Nach einem weiteren Tag Wartezeit dürfte die Säulenverkleidung getrocknet sein. Erst nach dem vollständigen Trocknen entfernen Sie die restlichen Folienstreifen aus dem Inneren der garnierten Säulenverkleidung. Zum Schluss sollten alle drei benötigten Säulenverkleidungen entsprechend der **Abbildung 19** aussehen. Wie Sie diese dann auf der Torte stellen ist ihnen überlassen: ob großer oder kleiner Durchmesser oben, bzw. unten ist Ihrem Geschmack überlassen.

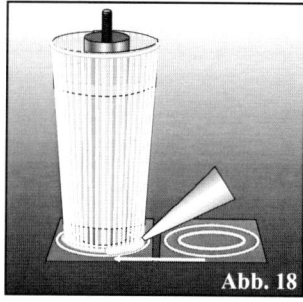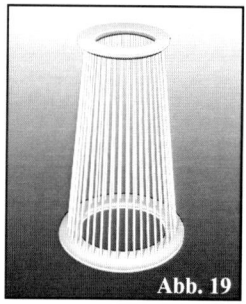

Das Fachbuch „Die Garniertüte", Eigenverlag Heinrich Fischer, Darmstadt. Adresse: **www.garniertuete.de**

Tipps bei Problemen mit den Säulenverkleidungen

- **Folien lassen sich schlecht entfernen:** Sollten die Streben sich schlecht entfernen lassen, insbesondere von der dritten Folie (die breite Folie in der Mitte), verwenden Sie eine Pinzette oder ein Messer. Damit können Sie vorsichtig an den Problemstellen die Folie von den Streben trennen.

- **Reparatur gebrochener Streben:** Als „Ersatzteile" garnieren Sie eine Garniervorlage voll nur Streben. Diese kürzen Sie mit einer Schere auf die notwendige Länge. Sofern eine Strebe in der Säulenverkleidung bricht, entfernen Sie diese am besten komplett mit Hilfe einer kleinen Schere bzw. einer Nagel- oder Hautzange. Eine gebrochene Strebe zu reparieren, ist meist schwieriger als eine Ersatzstrebe einzupassen! Als Klebstoff eignet sich kremig weich mit Wasser angerührter Puderzucker. Diesen tragen Sie mit einer Messerspitze oder einem Zahnstocher auf die Enden der Ersatzstreben und auf die Berührungspunkte der Säulenverkleidung auf. Beim Einpassen der Ersatzstrebe ist eine lange Pinzette hilfreich, auf deren Spitzen Sie dünne und sehr weiche Schaumstoffstückchen aufkleben. **Üben Sie diese Reparatur, bevor es zum Ernstfall kommt – sie ist schwierig!**

- **Die Höhe der Säulenverkleidungen:** Die Höhe der Säulenverkleidungen sollten Sie mindestens einen Zentimeter niedriger wählen, als die Höhe zwischen Torte und nächster Etage beträgt! Sofern die nächste Etage beim Zusammenbau des Tortenständers auf die Säulenverkleidung aufgedrückt wird, zerbricht die Säulenverkleidung meist sofort! Den verbleibenden Abstand zwischen Säulenverkleidung und nächster Etage verdecken Sie am besten mit einer Sichtblende, die Sie an die Unterseite der darüber liegenden Tortenplatte anbringen, z. B. einen kreisförmig aufgeklebten weißen Papierstreifen mit einer Breite von etwa 1 bis 2 cm.

- **Trocknungszeit beschleunigen:** Beschleunigen lässt sich die Trocknungszeit in einem auf 40 bis 50 °C erwärmten Ofen.

Filigrandekor für Säulenverkleidung

Die Säulenverkleidung des Tortenständers sieht noch kunstvoller aus, wenn Sie zwischen deren Streben Filigrandekors stellen (**Abb. 20 und 21**).

Abb. 20

Wie Sie in beiden Abbildungen sehr deutlich erkennen können, ist die Form nicht rechtwinkelig – sie passt sich der Schräge der Säulenverkleidung an. Der Filigrandekor der **Abb. 20** ist für Säulenverkleidungen, die mit dem breiten Ende nach oben um die Säule des Tortenständers gestellt werden (**Abb. 22**), und die **Abb. 21** für eine umgekehrte Aufstellung (**Abb. 23**). Welche Gestaltung Sie bevorzugen, ist Ihrem persönlich Geschmack überlassen. Ich bevorzuge die Gestaltung der **Abb. 22**. Ob und wie viele Filigrandekors Sie je Säulenverkleidung verwenden, ist wieder Ihrem persönlichen Geschmack überlassen. Ich empfehle, nur auf der Etage mit dem größten Durchmesser, auf der in der Regel die Hochzeitskutsche mit den Pferden platziert wird, diese Filigrandekors zu verwenden, und zwar maximal 8 Stück.

Abb. 21

Die Herstellung dieses Filigrandekors ist gleich der Herstellung normaler Fadendekors zum Auflegen (siehe auch Kapitel „**Auflegedekors und Schaustücke**" ab **Seite 84**): Verwenden Sie die Garniervorlage, die Sie auf dem USB-Stick zum Buch finden im Verzeichnis „**Arbeitsvorlagen**" Unterverzeichnis „**Hochzeitstorte**" Unterverzeichnis „**Säulenverkleidung Tortenständer**" finden. Einen Auswahlkatalog finden Sie auf **Seite 240**. Schieben Sie die Garniervorlage in eine sehr dünne Prospekthülle und garnieren den Filigrandekor mit Eiweißspritzglasur auf die Folie (Rezepte ab **Seite 199**). Achten Sie darauf, dass Sie auch die „richtige" Garniervorlage verwenden (**Abb. 20 bzw. Abb. 21**)!

Die fertigen Filigrandekors lassen Sie mehrere Stunden bis einen Tag lang trocknen. Zum Ablösen des Filigrandekors ziehen Sie die Folie, auf der die Filigrandekors garniert sind, vorsichtig von allen Seiten und Ecken bis maximal zu deren Mittelpunkt über eine Tischkante steil nach unten. Die Filigrandekors stellen Sie entsprechend den **Abb. 22 und Abb. 23** zwischen die Streben der Säulenverkleidung – eine zusätzliche Befestigung ist nicht notwendig.

Abb. 22   Abb. 23

134

Das Fachbuch „Die Garniertüte", Eigenverlag Heinrich Fischer, Darmstadt. Adresse: **www.garniertuete.de**

Torten für Etagen-Hochzeitstorten

Torten herstellen

Die Zusammensetzung der Torten richtet sich in erster Linie nach den beabsichtigten Arbeitstechniken für die Bögen der Tortenrandgarnierungen, die am Tortenrand hängen und überstehen. Sofern Sie die dort vorgesehenen Bögen an die Torte angarnieren, müssen Sie die Torten „auf den Kopf" drehen. Dafür sind feste Tortenböden notwendig, die sehr stabil gefüllt werden. Besonders eignet sich der sehr feste englische Hochzeitskuchen. Auch schwere Sandmasseböden, die Sie als dünne Einzelböden herstellen und mit festen Füllungen zusammensetzen, sind geeignet. Als Füllungen bieten sich dünn eingefüllte Schokoladenkrems, Marzipan, gekochte Krems und Butterkrem an. Sofern Sie die Dekorbögen als transportable Dekors herstellen und später an die Torte ankleben, was aus optischen Gründen nicht zu empfehlen ist, können Sie leichtere Tortenböden und leichtere Füllungen verwenden.

Die zusammengesetzten Tortenböden werden zunächst mit einem hellen Krem glatt eingestrichen, um Unebenheiten der Torten auszugleichen und um dunkle Böden oder Füllungen zu verdecken. Aus gestalterischen Gründen sollte die Tortenoberfläche blütenweiß sein. Deshalb decken Sie die Torten mit einer weißen Eindeckmasse ein – Marzipan ist wegen seiner gelblichen Eigenfarbe ungeeignet. Diese Eindeckmassen sind eine Art Zuckerteig und sind dem Gelatinezucker sehr ähnlich. Sie bekommen diese fertig zu kaufen, z. B. bieten viele Marzipanlieferanten mittlerweile fertige weiße Eindeckmassen an – fragen Sie Ihren Händler danach. Sie können auch eine solche Masse selbst herstellen (Rezept im **Kapitel „Rezepte", Seite 207**). Allerdings ist diese Eindeckmasse grobkörniger als Industrieware. Sofern Sie die Bogendekors mit der Spritztüte an die Torte angarnieren möchten, muss die Torte mit ihrer Oberfläche auf eine Unterlage aufgelegt werden. Für diesen Zweck darf die Eindeckmasse weder weich noch klebrig sein. Das Eindecken der Torte muss so exakt wie möglich geschehen: Die Ober- und Seitenfläche muss glatt, exakt kreisförmig und faltenfrei und der Tortenrand möglichst kantig sein.

Torten eindecken

Die fertigen Tortenkörper sollten exakt rund sein und keine Unebenheiten aufweisen. Dunkle Füllungen und Tortenböden sollten mit weißem Butterkrem verdeckt sein. Vor dem Eindecken sollten Sie die Torten kühl lagern oder sogar anfrosten, damit diese sehr fest sind und sich nicht verformen und leichter eindecken lassen.

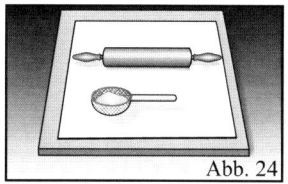
Abb. 24

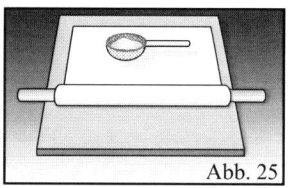
Abb. 25

Rollen Sie zunächst weiße Eindeckmasse so dünn wie möglich aus **(Abb. 24)**. Die ausgerollte Eindeckmasse stäuben Sie sehr fein mit Puderzucker ab. Nun rollen Sie diese auf einen mindestens 3 cm dicken Stab **(Abb. 25)**. Bei einem dünneren Stab kann Ihnen die Eindeckmasse brechen! Die Eindeckmasse rollen Sie über der Torte ab **(Abb. 26 und 27)**. Die abgerollte Eindeckmasse pressen Sie vorsichtig mit den Händen gegen die Torte. Achten Sie unbedingt darauf, dass keine Falten entstehen. Um Falten zu vermeiden, können Sie die Masse meist leicht dehnen. Die Tortenoberfläche können Sie mit einem glatten Brett oder einer dicken Kunststoffscheibe, die im Durchmesser größer als die Torte sein muss, leicht pressen und evtl. leicht reiben, damit die Tortenoberfläche exakt eben und glatt wird. **Die Torte muss zuvor sauber abgefegt werden, Zuckerkristalle können sonst in der Oberfläche**

Rillen hinterlassen! Bei Tortenseitenflächen können Sie Unebenheiten ebenfalls mit einem glatten Brett oder einer Kunststoffscheibe ausgleichen und den Rand glattreiben.

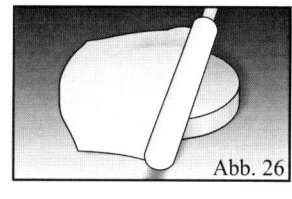
Abb. 26

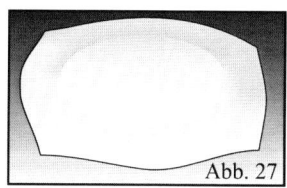
Abb. 27

Die fertig eingedeckte Torte sollte keine Falten oder Unebenheiten aufweisen, und der Tortenrand sollte gleichmäßig und möglichst kantig sein. Das Loch für die Säulen des Tortenständers stechen Sie mit einem Spezialausstecher aus, der meist den Tortenständern beiliegt **(Abb. 28)**. Damit die Eindeckmasse weniger schnell austrocknet, streichen Sie diese mit einem Gelatine-Glukose-Fond ab **(Abb. 28**, Rezept siehe **Seite 207)** – allerdings glänzt die Tortenoberfläche dadurch leicht! Die fertige Torte sollte im Aussehen der **Abb. 29** möglichst sehr nahe kommen.

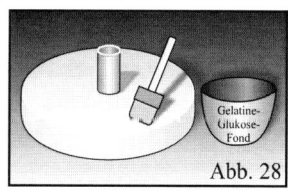
Gelatine-Glukose-Fond
Abb. 28

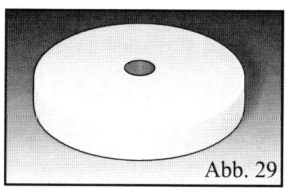
Abb. 29

Das Fachbuch „Die Garniertüte", Eigenverlag Heinrich Fischer, Darmstadt. Adresse: **www.garniertuete.de**

135

Ränder und Seitenflächen der Torten dekorieren

Dekors für den Seitenrand der Hochzeitstorten

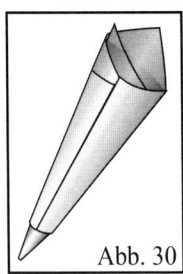

Abb. 30

Für die Seitenflächen der Hochzeitstorten sind lediglich zwei Dekormotive vorgesehen: Herz und Krönchen. Diese beiden Dekors lassen sich relativ einfach auf der entsprechenden Garniervorlage herstellen. Die Garniervorlage finden Sie auf dem USB-Stick zum Buch im Verzeichnis **„Arbeitsvorlagen"** Unterverzeichnis **„Hochzeitstorte"** Unterverzeichnis **„Tortenrand"** Unterverzeichnis **„Hochzeitstorte"**. Auswahlvorlagen finden Sie auf **Seite 268**. Schieben Sie die Garniervorlage in eine dünne Klarsichthülle, auf der Sie dann garnieren. Die Umrisse der Dekors brauchen nicht garniert zu werden – Sie können es

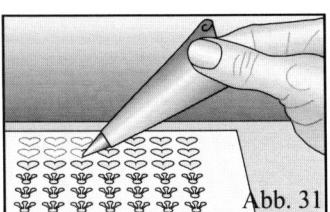

Abb. 31

natürlich trotzdem tun, was allerdings erheblich zeitaufwendiger und nicht immer optisch schöner ist. Sofern Sie die Umrisse nicht garnieren, was ich empfehle, benötigen Sie eine Eiweißspritzglasur, die nur so stark verläuft, dass keine Strukturen an deren Oberfläche zurückbleiben – hier müssen Sie die entsprechende Festigkeit durch einige Experimente herausfinden. Stellen Sie dazu eine feste Eiweißspritzglasur her und verdünnen diese schrittweise mit Eiklar oder Wasser, bis diese die notwendigen Eigenschaften hat (Rezepte ab **Seite 199**). Diese Eiweißspritzglasur lässt sich allerdings kaum noch sauber mit einer einfachen Garniertüte aus Papier garnieren, da die Öffnung der Garniertüte sehr groß sein

muss und diese dadurch meist nicht mehr exakt rund wird. Deshalb verwenden Sie als Düse eine Garniertülle aus Kunststoff oder Metall. Da diese Tüllen sehr lang sind,

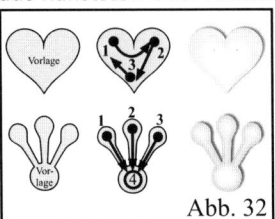

Abb. 32

sollten Sie diese mit einer Säge kürzen. Danach stellen Sie eine größere Garniertüte her, z. B. aus Backpapier, und schneiden diese entsprechend ab, stecken die abgesägte Tüllenspitze hinein und erhalten die fertige **Garniertüte (Abb. 30)**. Nun können Sie die Dekors garnieren **(Abb. 31)**. Die Garniertechnik für Dekors ohne Umrissgarnierung ist in **Abb. 32, Mitte,** dargestellt. Beim Herz beginnen Sie bei Markierung **„1"** mit einem größeren Punkt, schwenken hin zu **„2"**, garnieren dort wieder einen stärkeren Punkt,

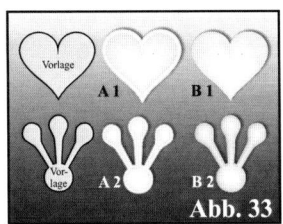

Abb. 33

garnieren hin zu **„3"**, der Herzspitze, und beenden den Dekor, indem Sie den Anschluss an **„1"** herstellen. Die Herzspitze können Sie mit einem Zahnstocher noch besser ausformen. Beim Krönchen garnieren Sie

zuerst kleine Punkte von **„1, 2 und 3" und garnieren hin jeweils zu „4"**. Zum Schluss garnieren Sie bei **4** einen größeren Punkt kreisförmig aus. Einen eingeschränkten Vergleich der beiden Garniertechniken bietet Ihnen die **Abb. 33** „mit Umrissgarnierung" **(Abb. 33, A 1 und A 2)** und „ohne Umrissgarnierung" **(Abb. 33, B 1 und B 2)**.

Dekorbögen für den Rand der Hochzeitstorten

Für den Rand der Torten sind Bogendekors vorgesehen, die zum einen vom Tortenrand herabhängen und zum anderen über ihn hinausragen. Jeder Bogendekor besteht aus drei ineinander ragende Bögen, die unterschiedlich lang sind. Die Dekorbögen können Sie direkt an den Rand der Seitenflächen angarnieren, oder Sie können auch eigenständige Dekors zunächst auf einer Folie mit Hilfe einer Garniervorlage herstellen und diese dann ankleben. Ich empfehle, die Bögen direkt anzugarnieren, damit der Garnierfaden durchhängen kann und so einen natürlichen, gleichmäßigen Bogen bildet, dessen tiefster Punkt exakt in der Mitte hängt. Bei den auf einer Garniervorlage hergestellten und anschließend an die Torte angeklebten Bögen ist der tiefste Punkt sehr oft nicht exakt in der Mitte. Dadurch wirken diese ungleichmäßig, was bei Betrachtern schnell einen negativen Eindruck erzeugt! Die an die Torte angarnierten Bögen können ferner feiner garniert werden als die zunächst auf Folie hergestellten, da diese stabiler sein müssen. Die auf Folie garnierten

Bögen eignen sich aber besonders gut als Ersatzteile für an der fertigen Torte zerbrochene Bögen. Sofern Sie die Bögen direkt an die Torte angarnieren möchten, sollten Sie diese Technik ausreichend an einem Modell geübt haben, z. B. an einem Kochtopf. Für die Anzahl der Bögen, die Sie ineinander garnieren, empfehle ich drei. Für die Eiweißspritzglasur empfehle ich ein Rezept mit Gelatine-Glukose-Fond (Rezept siehe **Kapitel „Rezepte"** ab **Seite 202)**, da dies besonders stabile Bögen ergibt, die auch etwas elastisch sind.

Weiter sollten Sie sich Gedanken machen, wie Sie die Torte später an den Ort transportieren, an dem diese zur Schau gestellt werden soll – denn die dünnen Bögen brechen sehr leicht ab. Sinnvoll ist es deshalb, eine solche Torte am Bestimmungsort fertig zu stellen.

Bevor Sie mit der Dekoration der Tortenseitenflächen beginnen, können Sie die Abstände mit einem Roll-

Das Fachbuch „Die Garniertüte", Eigenverlag Heinrich Fischer, Darmstadt. Adresse: **www.garniertuete.de**

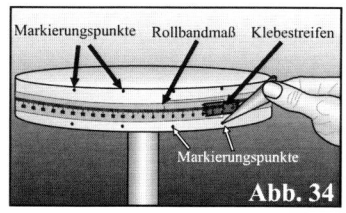

Abb. 34

bandmaß exakt ausmessen, was ich empfehle, und markieren die Ansatzpunkte für die Bögen z. B. mit einer Garniermasse oder einer Messerspitze **(Abb. 34)**. Die besten dafür geeigneten Rollbandmaße sind aus Papier, und es gibt sie meist kostenlos in Baumärkten. Ansonsten kaufen Sie ein etwas festeres Rollbandmaß.

Zuerst garnieren Sie die Bögen, die nach oben stehen sollen. Dafür drehen Sie die Torten „auf den Kopf". Bevor Sie das tun, benötigen Sie wichtige Vorbereitungen: Stellen Sie die fertigen Torten normal auf solche Tortenscheiben, die einen größeren Durchmesser haben als die

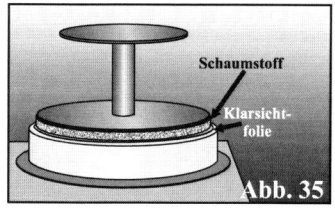

Abb. 35

Torten selbst. Schneiden Sie aus dünner Klarsichtfolie Kreise aus, die im Durchmesser etwa 1 cm kleiner sind als die jeweilige Torte, und legen Sie

diese auf die Torte **(Abb. 35)**. Diese Folien verhindern, dass die Tortenoberfläche mit weiteren Auflagen verklebt. Damit die Tortenoberfläche nicht beschädigt wird, benötigen Sie einen 1,5 bis 2 cm starken Schaumstoff, der sehr weich ist. Schneiden Sie daraus kreisrunde Stücke, die einen 2 bis 3 cm kleineren Durchmesser haben als die jeweilige Torte. Legen Sie diesen Schaumstoff auf die zuvor aufgelegte Folie **(Abb. 35)**. Nun benötigen Sie noch einen Tortenständer, der einen 3 bis 4 cm kleineren Durchmesser hat als die jeweilige Torte. Diesen legen Sie verkehrt herum auf den Schaumstoff **(Abb. 35)**.

Abb. 36

Drehen Sie nun alles um 180° – stellen Sie somit alles „auf den Kopf" – und beginnen, den ersten Teil der Tortenseitenflächen mit einer Eiweißspritzglasur

zu dekorieren **(Abb. 36)**. Hilfreich bei dieser schwierigen Garnierarbeit ist eine Garniervorlage, die Sie unter die Torte stellen **(Abb. 35)**. Die Garniervorlage finden Sie auf dem USB-Stick zum Buch im Verzeichnis „**Arbeitsvorlagen**" Unterverzeichnis „**Hochzeitstorte**" Unterverzeichnis „**Tortenrand**" Unterverzeichnis „**Hochzeitstorte**". Stellen Sie die Garniervorlage entsprechend der **Abb. 36** her und beschweren Sie diese, damit sie beim Garnieren nicht umkippt. Nachdem die Bögen garniert sind, müssen Sie diese trocknen und damit fest werden lassen (10 bis 20 Minuten**)**. In dieser Zeit können Sie die anderen Etagen der Hochzeitstorte genauso garnieren.

Sobald die Bögen stabil sind, drehen Sie die Torte wieder richtig herum – und zwar auf den Tortenständer, auf dem

die Torte auch später präsentiert wird. Der Durchmesser der Tortenplatte des Etagentortenständers muss aber

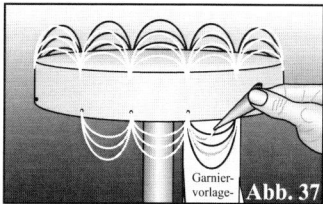

Abb. 37

geringfügig kleiner sein als der Durchmesser der Torte. Nun ragen die garnierten Bögen über die Tortenoberfläche und sind natürlich entsprechend empfindlich

und brechen sehr leicht. Nun garnieren Sie die nach unten hängenden Bögen auf die gleiche Art und Weise wie die jetzt nach oben ragenden **(Abb. 37)**.

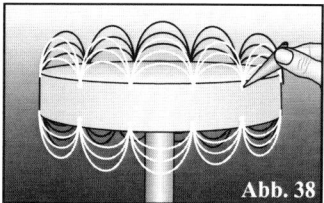

Abb. 38

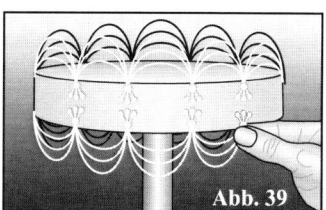

Abb. 39

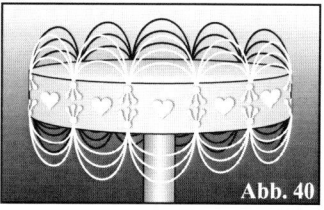

Abb. 40

Nachdem alle Bögen der Torten garniert sind, werden die Auflegedekors an die Seitenränder der Torten angebracht. Zuerst sollten Sie die Krönchen paarweise anbringen (ein Paar ist ein Dekor oben und einer unten). Tragen Sie dafür mit einer Garniertüte an den Ansätzen der Bögen dicke Punkte aus Eiweißspritzglasur auf **(Abb. 38)** und befestigen sofort die Dekors **(Abb. 39)**. Mehr als vier Paar Dekors sollten Sie nicht auf einmal anbringen, da sonst die Eiweißspritzglasur antrocknet und sich die Dekors mit dieser nicht mehr richtig verbinden. Zum Schluss befestigen Sie die Herzdekors auf die gleiche Weise: Einen Punkt mit Eiweißspritzglasur auftragen und den Dekor aufdrücken. Die fertige Torte sollte entsprechend der **Abb. 40** aussehen.

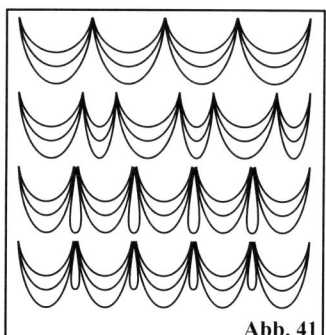

Abb. 41

In **Abb. 41** habe ich Ihnen drei Alternativen zu dem bisher dargestellten Bogendekor dargestellt. Um einen Eindruck über die optische Wirkung aller vier Möglichkeiten zu erhalten, sollten Sie alle Varianten an einem Tortenmodell üben und Ihren persönlichen Geschmack entscheiden lassen, welchen der vier Dekors Sie verwenden. Vielleicht finden Sie auch noch eine weitere Möglichkeit, die Ihnen noch besser gefällt! Eine Alternative für die Bögen können auch Ornamente für den Tortenrand sein, deren Herstellung auf **Seite 43** beschrieben ist.

Das Fachbuch „Die Garniertüte", Eigenverlag Heinrich Fischer, Darmstadt. Adresse: **www.garniertuete.de**

Das Fachbuch „Die Garniertüte", Eigenverlag Heinrich Fischer, Darmstadt. Adresse: **www.garniertuete.de**

Schaustück Hochzeitstorte – Tempel der 4. Etage

Übersicht

Das Fachbuch „Die Garniertüte", Eigenverlag Heinrich Fischer, Darmstadt. Adresse: **www.garniertuete.de**

139

Kuppel herstellen

Das schwierigste an diesem Tempel ist sicherlich die garnierte Kuppel aus Eiweißspritzglasur. Die folgenden Abbildungen und Beschreibungen werden Ihnen sicherlich helfen, dass Sie diese Kuppel nahezu perfekt herstellen können.

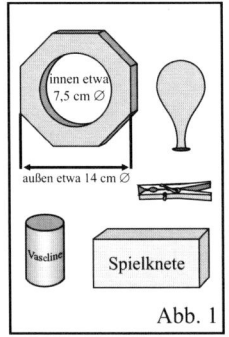
Abb. 1

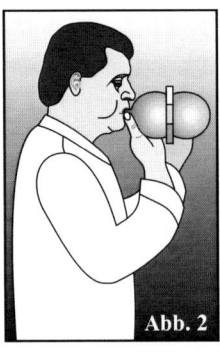
Abb. 2

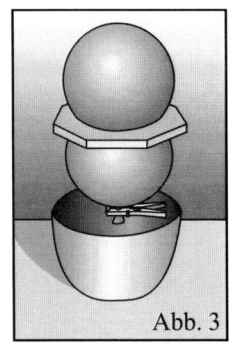
Abb. 3

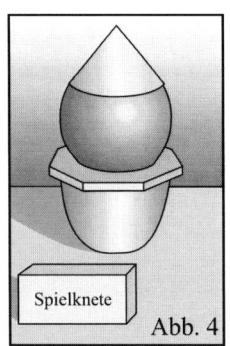
Abb. 4

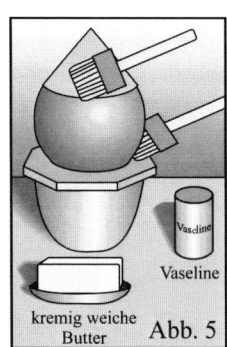
Abb. 5

Die **Abb. 1** zeigt die wichtigsten Hilfsmittel, die Sie brauchen, um die Tempelkuppel herstellen zu können: Einen mehreckigen Holzrahmen (je mehr Ecken, umso besser, etwa 14 cm Durchmesser, in Ausnahmefällen reicht auch ein sehr starker Karton statt Holz) mit kreisförmigem Ausschnitt (etwa 7,5 cm Durchmesser), einen Luftballon, eine Wäscheklammer, Vaseline oder kremig weiche Butter und evtl. Spielknete. Den mehreckigen Holzrahmen stellen Sie am besten aus einer kleinen beschichteten Spanplatte her, in die Sie mit einer Bohrmaschine mit einem Lochsägeaufsatz oder einer Stichsäge das entsprechende Loch sägen und anschließend Stücke der Kanten grob nach Augenmaß mit einer Stich- oder Kreissäge abschneiden. Kleine Unregelmäßigkeiten sind hierbei kein Problem – also nicht unnötig exakt und damit zu zeitaufwendig arbeiten!

Blasen Sie zunächst einen Luftballon in den Ausschnitt des Bretts oder des Kartons so auf, dass der Luftballon fest in diesem eingezwängt ist **(Abb. 2 und 3)**. Verschließen Sie den Luftballon mit einer Wäscheklammer luftdicht. Nun legen Sie das Brett mit dem Luftballon auf einer Schüssel ab **(Abb. 3)**. Sofern Sie eine spitze Kuppel herstellen möchten, formen Sie die Spitze aus Spielknete. Die Spitze platzieren Sie mit einem hauchdünnen Rand auf dem Luftballon **(Abb. 4)**. Nun streichen Sie den Luftballon, die Knetspitze und den Holzrahmen mit Vaseline (reines medizinisches Fett, erhältlich in Apotheken) oder kremig weicher Butter ab. Dies verhindert später, dass die aufgarnierte Eiweißspritzglasur mit dem Luftballon und/oder dem Brett/Karton verklebt. Das Fett muss später bei Raumtemperatur kremig weich sein – bei fest

aushärtenden Fetten (z. B. flüssig aufgetragene Kakaobutter) lässt sich die Zuckerkuppel kaum noch vom Luftballon trennen. Das Fett sollten Sie großzügig einsetzen – an nicht oder schlecht eingefetteten Teilen des Luftballons bleibt später die Eiweißspritzglasur kleben, was die filigrane Kuppel zerstören kann!

Nun stellen Sie eine garnierfähige Eiweißspritzglasur her (Rezepte finden Sie im **Kapitel „Rezepte" ab Seite 199)**. Die Kuppel können Sie von unten nach oben **(Abb. 6)** oder von oben nach unten garnieren **(Abb. 7)**. Aus Gründen der Arbeitserleichterung ziehe ich „von oben nach unten" vor. Dies kann allerdings zu Problemen beim Abschluss führen – die Bögen könnten aus Platzgründen ungleichmäßig lang werden. Sofern Sie von unten nach oben garnieren möchten, ist die Methode in **Abb. 8** gegenüber der in **Abb. 6** eine Erleichterung, da die Bögen hier besser platziert werden können. Allerdings endet hier die Kuppel im unteren Bereich nicht mehr mit Rundungen, sondern mit zerbrechlichen Spitzen – hier müssen Ihr Geschmack und Ihr Können entscheiden, welche Technik Sie anwenden!

Die fertig garnierte Kuppel lassen Sie nun möglichst einen Tag lang an einem trocknen Ort stehen, damit die Eiweißspritzglasur trocknen und die Kuppel sich verfestigen kann.

In einem Wärmeschrank oder einem Ofen dürfen Sie die Kuppel natürlich nicht trocknen – die Luft im Luftballon würde sich und den Ballon ausdehnen und die zerbrechliche Kuppel zerstören!

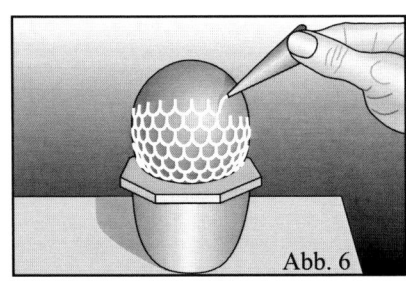
Abb. 6

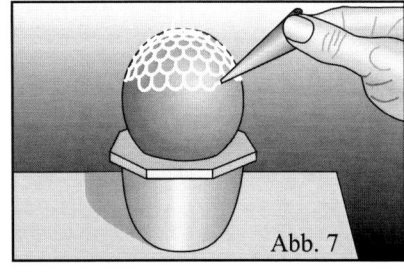
Abb. 7

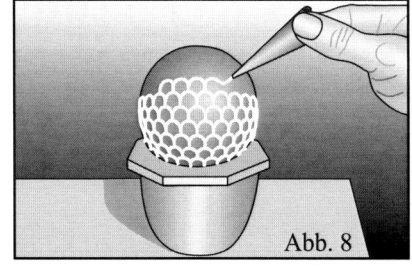
Abb. 8

Das Fachbuch „Die Garniertüte", Eigenverlag Heinrich Fischer, Darmstadt. Adresse: **www.garniertuete.de**

Abb. 9

Abb. 10

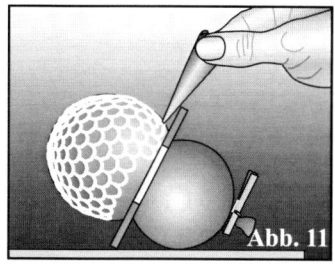

Abb. 11

Das gleichmäßige Garnieren können Sie sich erleichtern, wenn Sie Ausstecherringe verwenden. Legen Sie einen entsprechend großen Ring so auf den Luftballon, dass er im oberen Drittel der Luftballonhöhe aufliegt **(Abb. 9)**. Garnieren Sie nun den ersten Bogenring direkt an den Ausstecher. Danach nehmen Sie diesen Ring weg und legen einen entsprechend kleineren Ausstecher auf **(Abb. 10)**. Den Durchmesser der Ausstecher und die damit verbundene Bogenlänge ist Ihrem persönlichen Geschmack überlassen – machen Sie hier unbedingt einige gestalterische Experimente!

Für das Schließen der Kuppel gibt es zwei Möglichkeiten: Entweder Sie garnieren die Bögen immer schmaler **(Abb. 12 links)** oder statt zwei sehr schmale Bögen garnieren Sie einen breiteren **(Abb. 12 rechts, dritte Reihe von außen)**. Letzteres erachte ich als gestalterisch schöner.

Abb. 12

Die untersten Ringe der Bögen sind die schwierigsten. Für diese hat der Holzrahmen seine vielen Kanten. Legen Sie dazu den Luftballon, wie in **Abb. 11** dargestellt, auf eine Unterlage. Garnieren Sie möglichst nur oben und nicht

seitlich! Nach drei bis vier Bögen sollten Sie den Luftballon auf die nächste Kante drehen. Je mehr Kanten Ihr Holzrahmen hat, umso leichter und genauer können Sie garnieren.

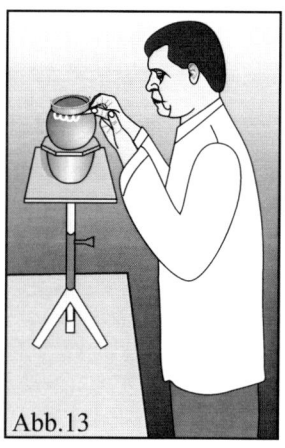

Abb. 13

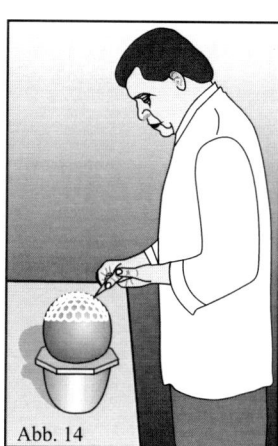

Abb. 14

Beim Garnieren dieser Kuppel sollten Sie sich die Arbeit durch das Anpassen der Arbeitshöhe erleichtern, z. B durch aufeinander gestellte Schüsseln oder mit einem verstellbaren Stativtisch **(Abb. 13 und 14)**. Sie sollten immer gerade stehen – bei gekrümmtem Rücken haben Sie es erheblich schwerer, exakt zu garnieren!

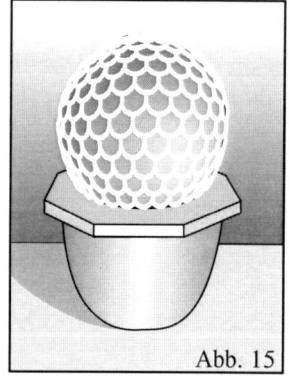

Abb. 15

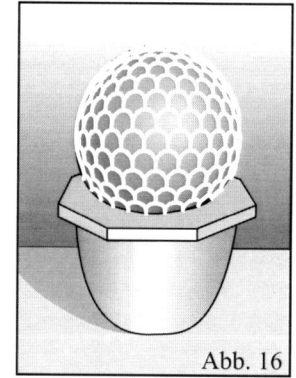

Abb. 16

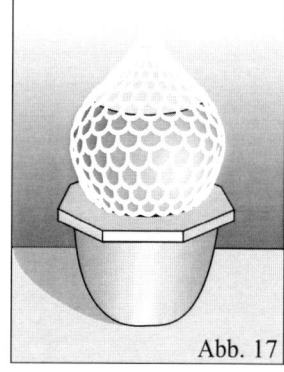

Abb. 17

Eine fertig garnierte Kuppel könnte aussehen wie in **Abb. 15** (von oben nach unten garniert) oder **Abb. 16** (von unten nach oben garniert) oder **Abb. 17** (spitze Kuppel von oben nach unten garniert). Lassen Sie die Kuppel möglichst **einen Tag** lang an einem warmen und trockenen Ort fest werden.

Das Fachbuch „Die Garniertüte", Eigenverlag Heinrich Fischer, Darmstadt. Adresse: **www.garniertuete.de**

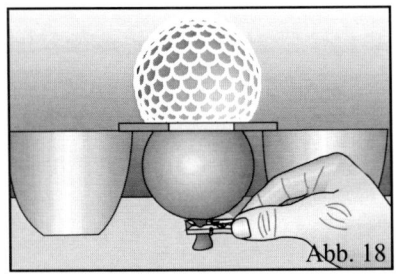
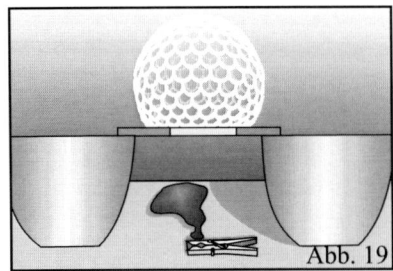
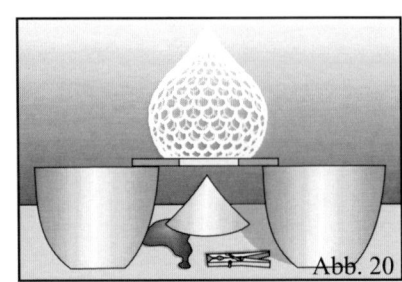

Nachdem die Kuppel fest ist, stellen Sie das Brett mit der Kuppel und dem Luftballon z. B. auf zwei Schüsseln **(Abb. 18)**. Jetzt **halten Sie mit der linken Hand (bei Rechtshändern, bei Linkshändern mit der rechten Hand) den Luftballon unten fest** und drücken mit der rechten Hand vorsichtig die Wäscheklammer auseinander, die den Luftballon verschließt **(Abb. 18)**. Die Luft sollte **sehr, sehr langsam** entweichen. Am besten, Sie lassen eine sehr geringe Menge Luft ab und verschließen den Luftballon wieder. Nach wenigen Sekunden wird sich die Spritzglasur vom Luftballon beginnen zu trennen. Dies ist meist mit einem sich unangenehm anhörenden knackenden Geräusch verbunden. Durch das sehr langsame Ablassen

der Luft löst sich die Kuppel unter Umständen auch von schlecht gefetteten Teilen des Luftballons. Sofern das Fett zu fest ist, z. B. in einem sehr kühlen Raum, wechseln Sie in einen wärmeren Raum! **Stellen Sie auf keinen Fall die Kuppel mit dem Luftballon in einen Ofen – die Luft und somit der Ballon würde sich ausdehnen und die zerbrechliche Kuppel zerstören!** Wenn alles gut gegangen ist, haben Sie eine stabile und formschöne filigrane Kuppel für Ihren Tempel **(Abb. 19 und 20)**.

Kuppelsockel herstellen

Den ringförmigen Sockel, auf dem die Kuppel aufliegt, stellen Sie aus Gelatinezucker her (Rezept siehe **Kapitel „Rezepte" ab Seite 207**).

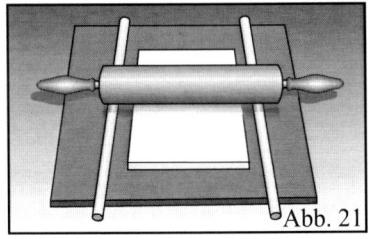

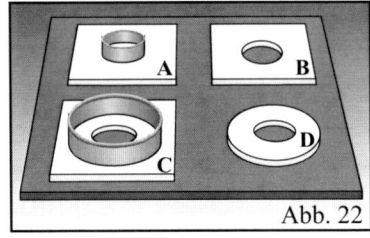

Für diesen Sockel rollen Sie den Gelatinezucker auf 10 mm aus. Um eine gleichmäßige Stärke zu erreichen, legen Sie links und rechts des auszurollenden Gelatinezuckers entsprechend dicke Stäbe auf einen Tisch **(Abb. 21)** und rollen den Gelatinezucker mit dem Rollholz so aus, bis das Rollholz auf den Stäben rollt. Nun können

Sie mit einem entsprechend großen Ausstecher (etwa 47 mm) zuerst den Kern ausstechen **(Abb. 22 A und 22 B)** und mit einem größeren Ausstecher (etwa 150 mm) danach den Rand **(Abb. 22 C und 22 D)**. Den ringförmigen Sockel lassen Sie auf einer ebenen Unterlage mindestens zwei Tage lang trocken. Beim Trocknen sollten Sie den Sockel ab und zu wenden, damit er unten und oben gleichmäßig antrocknet. **Sofern Sie den Sockel nicht wenden, kann er sich von der weichen zur trockenen Seite wölben!**

Das Fachbuch „Die Garniertüte", Eigenverlag Heinrich Fischer, Darmstadt. Adresse: **www.garniertuete.de**

Säulen glatt herstellen

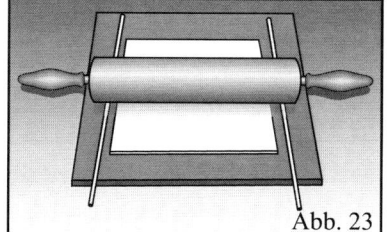

Abb. 23

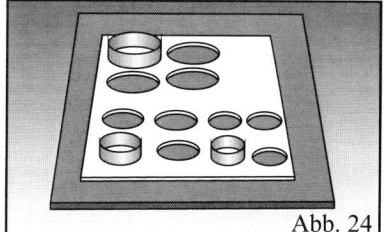

Abb. 24

Wasser

Abb. 25

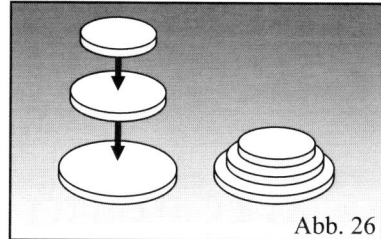

Abb. 26

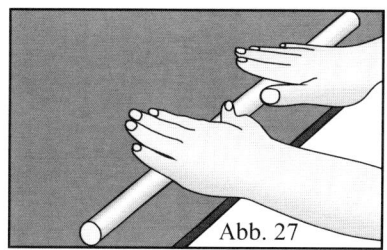

Abb. 27

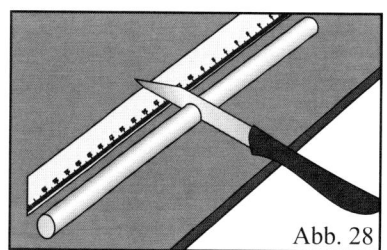

Abb. 28

Als ersten Schritt für die Säulenherstellung sollten Sie deren Kapitelle und Sockel aus Gelatinezucker herstellen (Rezept siehe **Kapitel „Rezepte" ab Seite 207).** Rollen Sie den Gelatinezucker auf 4 mm Stärke aus. Um eine gleichmäßige Stärke aller Stufen zu erreichen, legen Sie links und rechts des auszurollenden Gelatinezuckers entsprechend dicke Stäbe auf die Arbeitsplatte **(Abb. 23)** und rollen den Gelatinezucker mit dem Rollholz so aus, bis das Rollholz auf den Stäben rollt. Nun können Sie mit entsprechend großen Ausstechern die einzelnen Stufen der Kapitelle und der Sockel ausstechen **(Abb. 24)**. Die unterste und die mittlere Stufe befeuchten Sie mit einem Pinsel und Wasser **(Abb. 25).** Nun legen Sie die drei Stufen aufeinander, wodurch alle Stufen miteinander verkleben **(Abb. 26).**

Für die Säulen gibt es mehrere Möglichkeiten der Herstellung. Nachfolgend werde ich diese ausführlich beschreiben. Zunächst die einfachste Herstellung: Rollen Sie Gelatinezucker mit den Händen zu einer gleichmäßigen Rolle von etwa 18 mm Stärke aus **(Abb. 27)**. Diese Rolle teilen Sie mit einem Messer in entsprechend lange Stücke (etwa 125 mm, **Abb. 28).** Die Säulen lassen Sie etwa einen Tag lang auf einer ebenen Unterlage trocknen.

Achten Sie darauf, dass sich beim Trocknen der Säulen keine Abflachung dort bildet, wo die Säulen aufliegen. Um dies zu vermeiden, können Sie z. B. Knetmasse ausrollen und mit einem Stab, der den gleichen Durchmesser hat wie die Säulen, eine halbkreisförmige Vertiefung in die Knetmasse drücken. In diese Vertiefung legen Sie die Säulen **(Abb. 29)**. Nachdem die Säulen ausgehärtet sind, können Sie Unebenheiten an den Enden mit einer feinen Holzfeile korrigieren **(Abb. 30)**.

Nun verbinden Sie die Säulen mit den Kapitellen und den Sockeln **(Abb. 31)**. Als Klebstoff verwenden Sie Eiweißspritzglasur oder Puderzucker, den Sie mit Wasser zu einem dicken Brei anrühren. Die zusammengesetzten Säulen sollten einen Tag lang trocknen, bevor Sie damit den Tempel zusammensetzen.

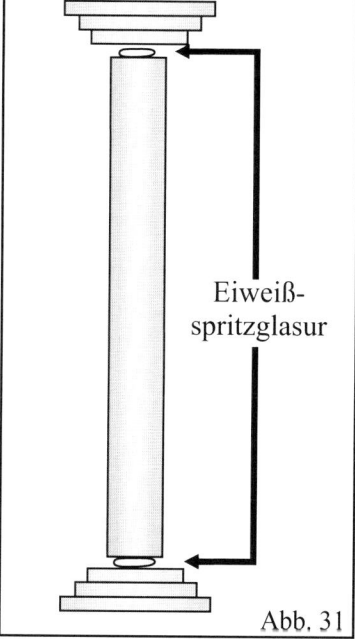

Eiweiß-spritzglasur

Abb. 31

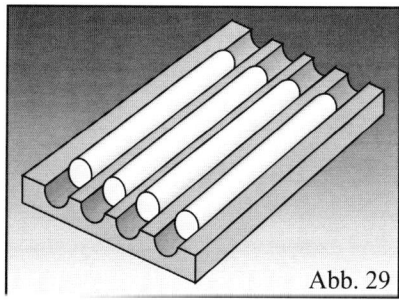

Abb. 29

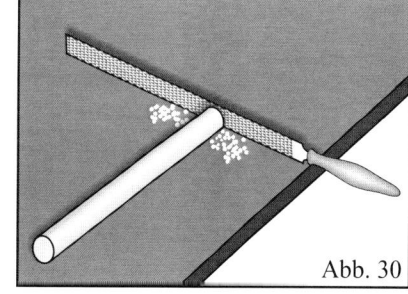

Abb. 30

Das Fachbuch „Die Garniertüte", Eigenverlag Heinrich Fischer, Darmstadt. Adresse: **www.garniertuete.de**

Säulen glatt rationell herstellen

Für eine rationelle und gleichmäßige Herstellung von glatten Säulen empfehle ich ein Rollbrett, das Sie mit einfachsten Mitteln selbst bauen können **(Abb. 33)**.

Materialliste

Als Material brauchen Sie beschichtete Spanplatten mit 16 mm Stärke, deren Kanten mit Umleimer abgeschlossen sind:

1 Grundplatte 40 × 40 cm
2 Seitenteile 7 × 40 cm
1 Rollplatte 20 × 40 cm
2 Kanthölzer oder Rundstäbe 18 mm Ø
2 Schraubzwingen, einfach
6 Holzschrauben 4 × 40 mm

Zusammenbau des Rollbretts

Beachten Sie bitte zu den nachfolgenden Ausführungen die **Abb. 33,** die das fertige Rollbrett darstellt.

Für den Zusammenbau des Rollbretts müssen lediglich die Seitenteile mit der Grundplatte durch Holzschrauben verbunden werden. Mit den Kanthölzern bzw. Rundstäben wird die Stärke der Säulen bestimmt. Diese Abstandhalter müssen mit den Seitenteilen verbunden sein, weil sie sonst beim Ausrollen der Säulen wegrutschen. Zur Befestigung eignen sich einfache Schraubzwingen. Kanthölzer sind gut zu befestigen, Rundstäbe schlechter. Für einen vielfältigen Einsatz sollten Sie sich ein umfangreiches Sortiment an Stäben zulegen, die in Abständen von 1 bis 2 Millimeter abgestuft sind.

Einsatz des Rollbretts

Den Gelatinezucker für die Säulen rollen Sie zunächst mit den Händen so vor, dass eine Stärke erreicht wird, die geringfügig stärker ist als sie für die Säulen gebraucht wird **(Abb. 32)**. Sofern Sie die Säulen nicht vorrollen und diese zu dick sind, kann der Gelatinezucker beim Rollen mit dem Brett auseinanderbröseln. Den vorgerollten Gelatinezucker legen Sie entsprechend **Abb. 33** auf das Rollbrett. Die Rollplatte legen Sie vorsichtig auf den vorgerollten Gelatinezucker und schieben diese vorsichtig und mit leichtem zunehmenden Druck vor und zurück **(Abb. 34)**. Sobald die Rollplatte auf den Abstandsstäben komplett aufliegt, ist Ihre Säule gleichmäßig gerollt **(Abb. 35)**. Um eine exakte Länge der Säulen schneiden zu können, kürzen Sie die entstandene Rolle zwischen zwei entsprechend langen Kanthölzern **(Abb. 36)**. Vor dem Zurechtschneiden sollte der Gelatinezucker einige Minuten angetrocknet sein. Mit den Kanthölzern bestimmen Sie beim Schneiden nicht nur die Länge der Säulen, sondern Sie verhindern, dass der Gelatinezucker dabei ausreißt.

Achten Sie darauf, dass sich beim Trocknen der Säulen dort keine Abflachung bildet, wo jede Säule aufliegt. Um dies zu vermeiden, können Sie z. B. Knetmasse ausrollen und mit einem Stab, der den gleichen Durchmesser hat wie die Säulen, eine halbkreisförmige Vertiefung in die Knetmasse drücken. In diese Vertiefung legen Sie die Säulen **(Abb. 37)**. Nachdem die Säulen ausgehärtet sind, können Sie Unebenheiten an den Enden mit einer feinen Holzfeile korrigieren.

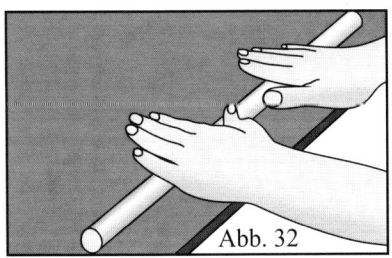
Abb. 32

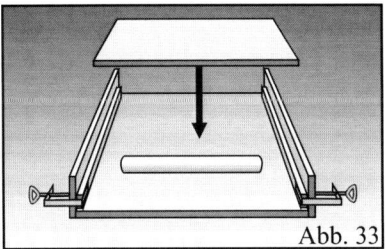
Abb. 33

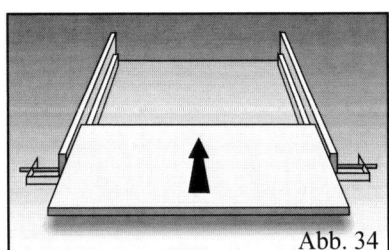
Abb. 34

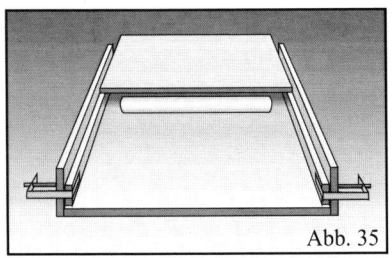
Abb. 35

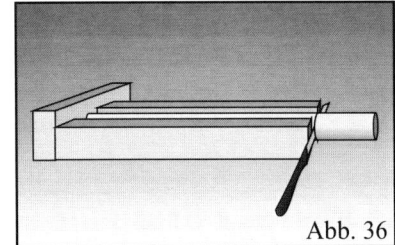
Abb. 36

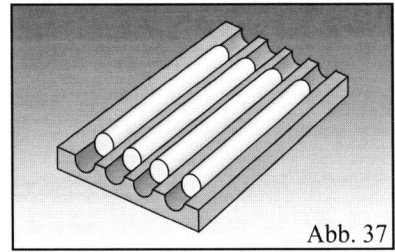
Abb. 37

Das Fachbuch „Die Garniertüte", Eigenverlag Heinrich Fischer, Darmstadt. Adresse: **www.garniertuete.de**

Säulen gerillt herstellen

Eine interessantere optische Wirkung der Säulen erreichen Sie mit der nachfolgend beschriebenen Technik. Bei dieser Arbeitsweise sind die Säulen nicht gleichmäßig glatt, sondern diese haben einen gerillten Säulenschaft.

Um die gleichmäßigen Rillen zu erreichen, gibt es mehrere Methoden. Zunächst möchte ich die einfachste und rationellste Technik beschreiben, die auch die schönsten Säulen ergibt – allerdings nur für eine Art Säule mit einer bestimmten Länge und einer bestimmten Stärke. Dabei wird der Gelatinezucker in einer selbst hergestellten Form zu gleichmäßigen Säulen gepresst. Für individuelle Größen gibt es weitere Techniken, die ich später andeutungsweise beschreibe.

Besorgen Sie sich zunächst im Bau- oder Bastelmarkt folgende Materialien:

21 Rundholzstäbe 3 mm Ø, 12,5 cm Länge = 2,62 m
   (Schnittbreite beachten!)
 1 Rundholzstab 16 mm Ø, etwa 15 cm Länge
 1 St. Rundholzstab 20 mm Ø, etwa 15 cm Länge
 1 Kunststoffröhrchen etwa 23 mm Ø, 5 bis 15 cm Länge
   (z. B. Kabelrohr, Tablettenröhrchen)
 2 Gummiringe
   Klebstoff

Zusammenbau der Säulenprägeform

Schneiden Sie zunächst die dünnen Rundstäbe in 21 Teile mit exakt 12,5 cm Länge. Sofern die Längen unterschiedlich sind, wird auch später die Säule ungleichmäßig.

Die exakt geschnittenen Rundstäbe legen Sie um den Rundstab mit 16 mm Ø und befestigen diese mit zwei Gummiringen **(Abb. 38)**. Mit Klebstoff füllen Sie nun die

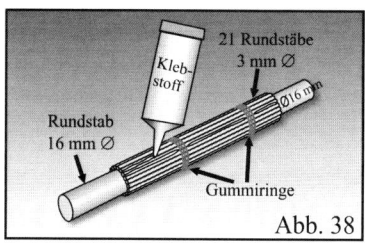
Abb. 38

äußeren Rillen zwischen den Stäben aus. Zwei Rillen dürfen Sie natürlich nicht ausfüllen, damit die entstehende Prägeform sich in zwei gleich große

Hälften auseinandernehmen lässt. Lassen Sie danach den Klebstoff einen Tag lang aushärten. Nach dem Aushärten des Klebstoffes entfernen Sie die Gummiringe. Nun können Sie die Form auseinander nehmen und schon einsetzen.

Um den Gelatinezucker in der Prägeform gleichmäßig rund zu pressen, sollten Sie ein Kunststoffröhrchen benutzen – Sie können allerdings den Gelatinezucker mit der Prägeform auch mit den Händen pressen. Mit dem

Kunststoffröhrchen wird die Form der Säule aber gleichmäßiger in der Stärke und in der runden Form! Das Röhrchen muss exakt den Außendurchmesser der Prägeform haben, deshalb werden Sie etliche verschiedene Röhrchen mit unterschiedlichem Durchmesser zum Ausprobieren benötigen. Kleine Korrekturen im Durchmesser können Sie mit einem heißen Föhn oder einer Heißluftpistole (Gerät zum Entfernen von Lack z. B. auf Holztüren) machen: Schieben Sie die Prägeform in das Kunststoffröhrchen und erwärmen dieses so lange, bis es weich wird und sich selbst zusammenzieht oder ausweiten lässt. Den weichen Kunststoff können Sie auch mit den Händen zurechtdrücken (Handschuhe vorher anziehen!). Sinnvoll ist es, wenn Sie die eine Seite des Röhrchens mit Heißluft erwärmen und mit einem Holzstab trichterförmig weiten. Dadurch lässt sich die gefüllte Prägeform später besser in das Röhrchen einschieben.

Einsatz der Prägeform

Rollen Sie zunächst sehr festen Gelatinezucker zu einer glatten Säule, die geringfügig stärker im Durchmesser ist,

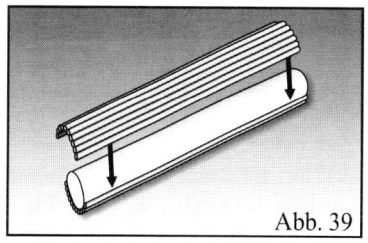
Abb. 39

als die geprägte Säule werden soll. Ist der Gelatinezucker zu weich und die vorgerollte Form zu dick, kann es später beim Prägen zu Problemen kommen.

Benutzen Sie zum rationellen und gleichmäßigen Vorrollen am besten ein Rollbrett (Beschreibung weiter vorne). Bevor Sie die vorgerollte Säule in die Prägeform legen, sollten Sie die Form mit Puderzucker oder Weizenstärke leicht einstäuben, damit der Gelatinezucker möglichst nicht an der Form kleben bleibt. Die vorgerollte Säule legen Sie nun in die eine Hälfte der Prägeform und legen die zweite Hälfte darauf **(Abb. 39)**. Nun pressen Sie die obere Hälfte der Form gegen die untere. Achten Sie darauf, dass die Form im Durchmesser exakt rund bleibt – ovale Säulen sehen weniger gut aus.

Eine exaktere Form erhalten Sie, wenn Sie zum Pressen das zuvor beschriebene Kunststoffröhrchen benutzen.

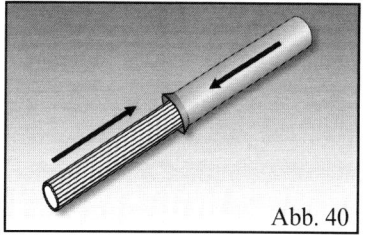
Abb. 40

Schieben Sie die gefüllte, geschlossene und leicht zusammengepresste Prägeform in das Röhrchen hinein **(Abb. 40)**. Dabei muss Widerstand spürbar werden. Dadurch wird der Gelatinezucker weiter zusammengepresst und passt sich der nun exakt runden Innenwand der Form an.

Das Fachbuch „Die Garniertüte", Eigenverlag Heinrich Fischer, Darmstadt. Adresse: **www.garniertuete.de**

145

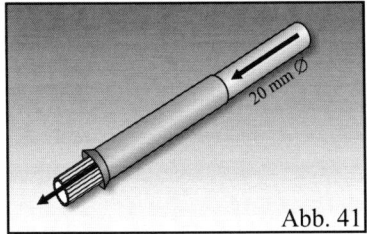

Abb. 41

Um die Prägeform wieder aus dem Röhrchen entfernen zu können, stoßen Sie mit einem Rundstab (etwa 20 mm Durchmesser) dagegen **(Abb. 41)**. Bevor Sie die Säule der Form entnehmen, schneiden Sie den aus der Prägeform herausgepresste Gelatinezucker an beiden Enden der Form ab. Nun können Sie die eine Hälfte der Form vorsichtig abheben **(Abb. 42, links)**.

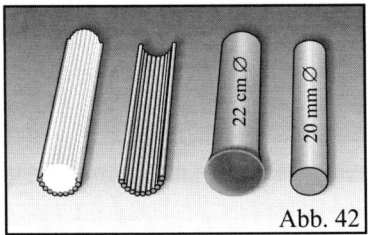

Abb. 42

Achten Sie darauf, dass Sie die Form und damit die Säule, nicht oval verbiegen. Bevor Sie die Säule komplett der Prägeform entnehmen, sollten Sie diese einige Minuten antrocknen lassen. Sollte die Säule in der Form ankleben, war der Gelatinezucker zu weich, die vorgerollte Säule zu dick oder die Form zu schlecht eingestäubt.

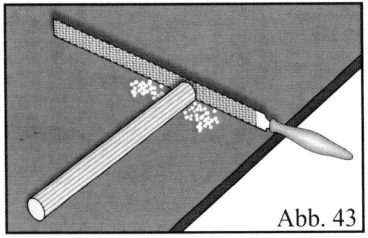

Abb. 43

Die fertigen Säulen sollten mindestens einen Tag lang trocknen, bevor Sie diese mit den Sockeln und den Kapitellen zusammenfügen. Häufig stehen die Säulen nicht exakt senkrecht. Dieser Fehler lässt sich sehr leicht mit einer Holzfeile korrigieren **(Abb. 43)**.

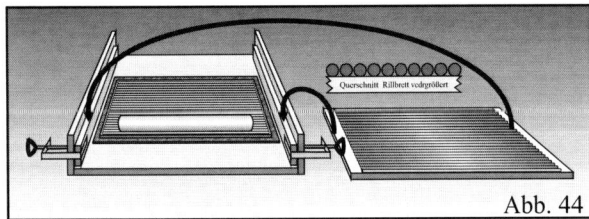

Abb. 44

Die Anzahl der Rillen auf der Oberfläche der Säulen können Sie mit dem Durchmesser der dünnen Rundstäbe beeinflussen. Hölzer mit 4 mm Durchmesser ergeben noch eine akzeptable Gestaltung, Hölzer mit 5 mm und mehr sind nicht empfehlenswert.

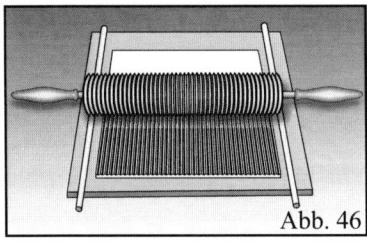

Abb. 46

Gerillte Säulen, die sich in der Länge und im Durchmesser anpassen lassen, können Sie auch mit einem im Abschnitt zuvor beschriebenen Rollbrett herstellen, wenn Sie auf die Rollflächen dünne Rundstäbe kleben **(Abb. 44)**. Allerdings sind die Rillen der Säulen danach nicht so kräftig und gleichmäßig ausgeprägt wie bei der Prägeform.

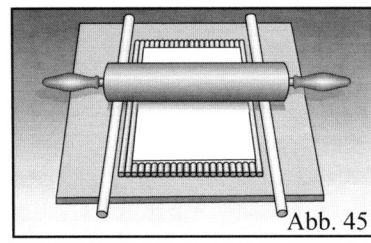

Abb. 45

Für sehr dicke Säulen können Sie hohle Säulen herstellen. Dazu rollen Sie Gelatinezucker auf etwa 4 mm Stärke aus und rollen ihn auf einem Rillenbrett nach **(Abb. 45)** oder strukturieren dessen Oberfläche mit einem Rill- oder Riefholz **(Abb. 46)**. Danach schneiden Sie Streifen aus dem strukturierten Gelatinezucker und legen ihn um entsprechend dicke Stäbe herum und lassen ihn trocknen **(Abb. 47)**.

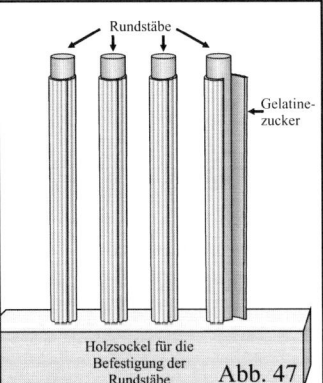

Rundstäbe
Gelatinezucker
Holzsockel für die Befestigung der Rundstäbe
Abb. 47

Die gerillten Säulen werden nach dem Trocknen noch mit Sockeln und Kapitellen zusammengesetzt. Die Herstellung der Sockel und der Kapitelle und das Zusammensetzen der Säulen wurde ausführlich zuvor bei der **„Herstellung von glatten Säulen"** beschrieben.

Das Fachbuch „Die Garniertüte", Eigenverlag Heinrich Fischer, Darmstadt. Adresse: **www.garniertuete.de**

Tempelsockel herstellen

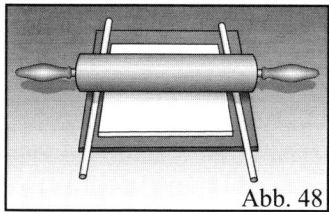

Abb. 48

Für den Tempelsockel stellen Sie Gelatinezucker her (Rezept siehe **Kapitel „Rezepte" ab Seite 207).** Rollen Sie diesen auf 10 mm Stärke aus. Um eine gleichmäßige Stärke aller Stufen zu erreichen, legen Sie links und rechts des auszurollenden Gelatinezuckers entsprechend dicke Stäbe auf eine Unterlage **(Abb. 48)**

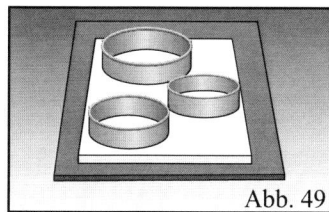

Abb. 49

und rollen den Gelatinezucker mit dem Rollholz so aus, bis das Rollholz auf den Stäben rollt. Nun können Sie mit entsprechend großen Ausstechern die einzelnen Stufen ausstechen **(Abb. 49)** oder mit Schablonen oder Schüsseln ausschneiden. Geeignete Kreisschablonen zum Ausschneiden finden Sie auf dem USB-Stick zum Buch im Verzeichnis **„Arbeitsvorlagen"** Unterverzeichnis **„Kreisschablonen".** Die unterste Stufe feuchten Sie mit einem Pinsel und Wasser an

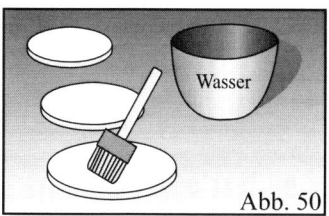

Wasser

Abb. 50

(Abb. 50). Nun legen Sie die mittlere Stufe auf die untere, wodurch beide Stufen miteinander verkleben **(Abb. 51).** Sinnvoll ist es, den Sockel auszuhöhlen. In diesen Hohlraum können Sie später Motivdekors legen, welche die Säuglinge darstellen. Dies knüpft an eine alte Tradition an, die dem Hochzeitspaar einen reichen Kindersegen bringen soll. Diesen Hohlraum stechen Sie mit

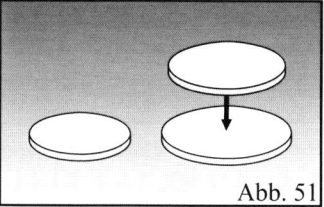

Abb. 51

einem Ausstecher aus dem Kern der untersten beiden Stufen. Dieser Ausstecher sollte etwa 2 cm im Durchmesser kleiner sein als die oberste Stufe des Sockels **(Abb. 52)**. Nun rollen Sie Gelatinezucker sehr dünn aus (etwa 2 mm). Mit dem Ausstecher, mit dem Sie den Kern

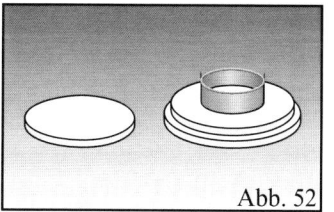

Abb. 52

aus dem Sockel ausgestochen haben, stechen Sie nun eine dünne Scheibe aus, die Sie in den Hohlraum der ersten beiden Stufen legen **(Abb. 53)**. Mit Eiweißspritzglasur (Rezept siehe **Kapitel „Rezepte" ab Seite 199)** verkleben Sie diese hineingelegte Scheibe mit den Innenrändern des Sockels **(Abb. 54)**. Nun lassen Sie

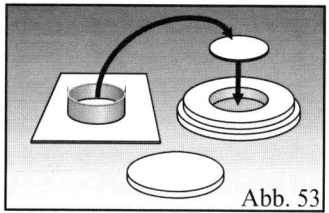

Abb. 53

alle Teile des Sockels mindestens einen Tag lang trocknen. Die oberste Stufe des Sockels legen Sie dazu auf eine ebene Unterlage. Besser ist es allerdings, wenn Sie diesen massiven Sockel über mehrere Tage hinweg trocknen lassen und dabei wenden, so dass die Unter- und Oberseite gleichmäßig trocknet. Zu kurz

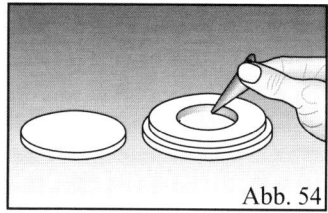

Abb. 54

oder ungleichmäßig getrocknete Sockel können sich beim unkontrollierten Trocknen verbiegen, oder brechen, wenn z. B. der Tempel vom Hochzeitspaar zu einer Vitrine transportiert wird, um ihn als Erinnerungsstück aufzubewahren.

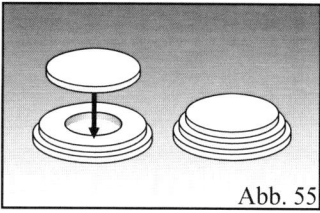

Abb. 55

Auf die oberste Stufe bauen Sie dann den Tempel auf. Diese oberste Stufe wird auf die unteren beiden nur aufgelegt **(Abb. 55)** und natürlich nicht verklebt, sonst können Sie keinen „Kindersegen" in den Sockel legen. Noch schöner sieht der Tempelsockel möglicherweise aus, wenn Sie die Anzahl der Stufen bis auf fünf erhöhen, indem Sie die Durchmesser der einzelnen Etagen zueinander verkleinern.

147

Das Fachbuch „Die Garniertüte", Eigenverlag Heinrich Fischer, Darmstadt. Adresse: **www.garniertuete.de**

Hochzeitspaar und Säuglinge garnieren

Abb. 56

Das Hochzeitspaar **(Abb. 56)** und die Säuglinge für den Tempel garnieren Sie als Auflegedekors. Als Garniermasse eignet sich im Prinzip nur Eiweißspritzglasur, die teilweise mit schwarzem Lebensmittelfarbstoff eingefärbt werden sollte, um das Gesicht, die Haare und die Kleidung kontrastreich voneinander unterscheiden zu können. Andere Massen und andere Farben als Schwarz und Grau sind ungeeignet, da die gesamte Dekoration der Torte aus

Sockel

Abb. 57

weißem Zucker besteht. Um das Hochzeitspaar und die Säuglinge zu garnieren, benötigen Sie eine Garniervorlage. Diese finden Sie auf dem USB-Stick zum Buch im Verzeichnis

„Arbeitsvorlagen" Unterverzeichnis **„Hochzeitstorte"** Unterverzeichnis **„Hochzeitspaar"**, bzw. **„Säuglinge"** **(Abb. 57)**, Auswahlvorlage auf **Seite 233**. Schieben Sie die Garniervorlagen in dünne Kunststoffhüllen und garnieren direkt auf die Folie. Die Garniervorlagen finden Sie in verschiedenen Größen. **Für die Hochzeitstorte des Titelbildes wurde für das Hochzeitspaar und für die Säuglinge die Größe 04 gewählt.**

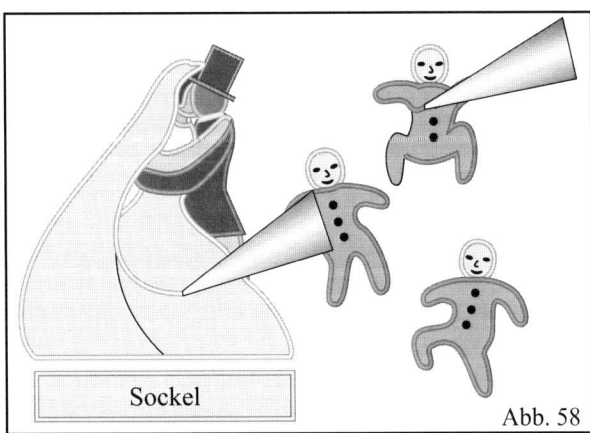

Sockel

Abb. 58

Zunächst garnieren Sie mit einer festen Eiweißspritzglasur sämtliche Konturen des Hochzeitspaares und der Säuglinge außen und innen **(Abb. 58)**. Die Flächen füllen Sie mit einer fließfähigen Eiweißspritzglasur aus **(Abb. 59)**. Diese sollte so verlaufen, dass von den Konturen zur Mitte hin eine gut erkennbare Wölbung entsteht, ohne dass diese gewölbte Oberfläche uneben wird – dies ergibt

einen sehr schönen plastischen Eindruck. Lassen Sie die garnierten Dekors etwa einen Tag lang trocknen. Nachdem die Garniermasse fest ist, können Sie das Hochzeitspaar und die Säuglinge von der Folie ablösen. Nun garnieren Sie die Rückseite der Dekors genauso wie die Vorderseite. Die äußeren Umrisse brauchen Sie nicht mehr zu garnieren.

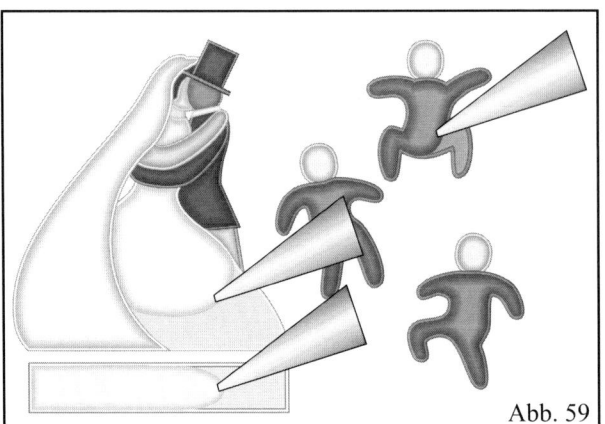

Abb. 59

Rückseite der Motive gleich der Vorderseite garnieren!

Abb. 60

Das Brautkleid dekorieren Sie z. B. mit kleinen Tupfen aus Eiweißspritzglasur **(Abb. 60)**. Achten Sie bei der Festigkeit der Eiweißspritzglasur darauf, dass diese so fest ist, dass die Punkte sich stark tropfenförmig wölben, ohne dass sich Spitzen bilden. Das Gesicht und die Kleidung der Säuglinge garnieren Sie am besten mit schwarz eingefärbter Eiweißspritzglasur.

Damit Sie das Brautpaar im Tempel aufstellen können, sollten Sie einen etwa 1 bis 2 mm dünnen Sockel aus Gelatinezucker herstellen oder diesen mit Eiweißspritzglasur garnieren **(Abb. 58 bis 60)**. Das Hochzeitspaar befestigen Sie auf dem Sockel mittels Eiweißspritzglasur, die Sie als Linie auf den Sockel garnieren. Solange die Eiweißspritzglasur noch nicht fest ist, sollten Sie das Hochzeitspaar mit einem Gegenstand in seiner Position stabilisieren.

Die Säuglinge legen Sie in den Sockelhohlraum des Tempelsockels **(Abb. 62, Seite 150)**.

Hochzeitstempel zusammenbauen

Die Einzelteile des Tempels kleben Sie entsprechend der **Abb. 61** mit Eiweißspritzglasur zusammen (Rezept siehe **Kapitel „Rezepte" ab Seite 199).** Diese Eiweißspritzglasur tragen Sie mit einer Garniertüte dünn in die Zwischenräume der Einzelteile auf. Zunächst kleben Sie die Säulen auf die oberste der drei Stufen des Tempelsockels. Auf die Kapitelle der Säulen kleben Sie den Sockel der Kuppel und auf diesen dann die garnierte Kuppel aus Eiweißspritzglasur. Achten Sie darauf, dass die zum Zusam-

menkleben der Einzelteile benötigte Eiweißspritzglasur keine sichtbaren hässlichen Wülste bildet. Den so zusammengebauten Tempel stellen Sie auf die unteren beiden Stufen des Tempelsockels – er wird nicht damit verklebt, weil in den Hohlraum der unteren beiden Stufen die garnierten Säuglinge als „Kindersegen" hineingelegt werden. Verschiedene Ansichten des fertig zusammengebauten Tempels sind auf **Seite 150** abgebildet **(Abb. 62 bis Abb. 65).**

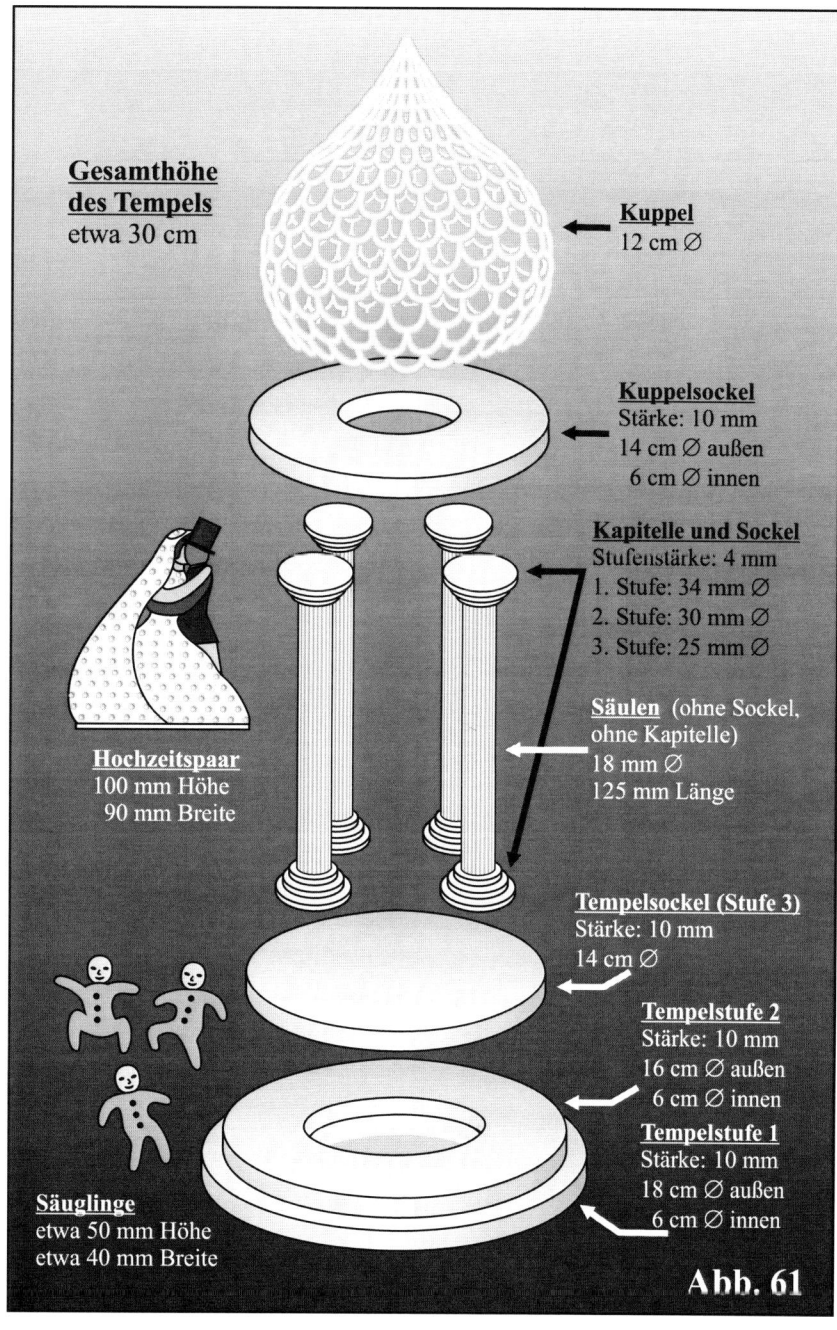

Abb. 61

Das Fachbuch „Die Garniertüte", Eigenverlag Heinrich Fischer, Darmstadt. Adresse: **www.garniertuete.de**

149

Verschiedene Ansichten fertiger Tempel

Abb. 62

Abb. 63

Abb. 64

Abb. 65

Schaustück Hochzeitstorte – 3. Etage – dreidimensionaler Schriftdekor

Übersicht

Das Fachbuch „Die Garniertüte", Eigenverlag Heinrich Fischer, Darmstadt. Adresse: **www.garniertuete.de**

Vorbemerkungen

Die 3. Etage der Hochzeitstorte wird auf dem Titelbild des Buches mit einem dreidimensionalen Textdekor gestaltet mit dem Text: „**VIEL GLÜCK**" **(Abb. 1)**. Diese Gestaltung möchte ich in diesem Abschnitt darstellen. Eine gestalterische Alternative werde ich ihnen im nächsten Abschnitt vorstellen mit einem

Abb. 1

Taubenpaar auf einem stilisierten Herzen und einem zaunähnlichen Herzdekor. Bei der Gestaltung mit dem Textdekor platzieren Sie beide Wörter auf einem eigenständigen bogenförmigen Unterteil. Zusätzlich empfehle ich zwei Taubendekors zwischen die Enden beider Schriftdekors stellen **(Abb. 2)**, deren Herstellung im nächsten Abschnitt beschrieben wird.

Dieser Schriftdekor ist durch seinen geschwungenen Bogen, die senkrechten Streben und die großen Buchstaben für die meisten Augen ein außergewöhnlicher Blickfang –

er ist allerdings in der Herstellung äußerst aufwendig und erfordert exaktes Arbeiten, sehr viel handwerkliches Können und eine Biegeschablone als Hilfsmittel (siehe

Abb. 2

weiter unten). Die beschriebene Herstellungstechnik berücksichtigt, dass die meisten Menschen keine Perfektionisten in der handwerklichen Kunst sind, und beschreibt einen etwas umständlicheren Weg, der aber zu einem optisch nahezu perfekten Ergebnis führt. Perfekte Handwerker können den beschriebenen Weg vereinfachen und abkürzen – am Ende dieses Abschnittes finden Sie dazu Hinweise. Außerdem finden Sie dort mehrere Gestaltungsstudien des Schriftdekors mit weiteren Anwendungshinweisen.

Dieser Schriftdekor macht zwar sehr viel Arbeit, beeindruckt aber letztendlich sehr und ist deshalb auch besonders für Wettbewerbe sehr zu empfehlen.

Biegeschablone herstellen

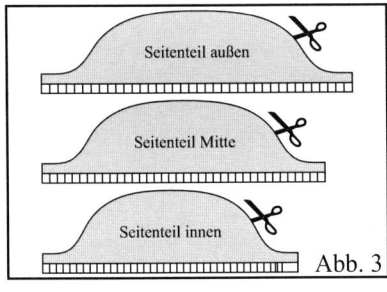
Abb. 3

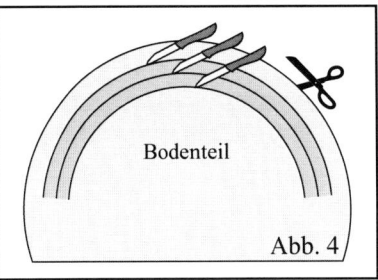
Abb. 4

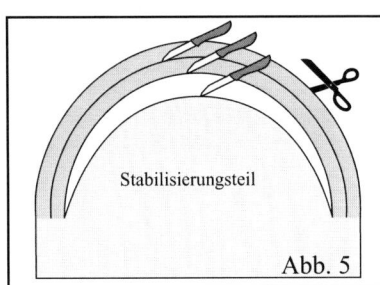
Abb. 5

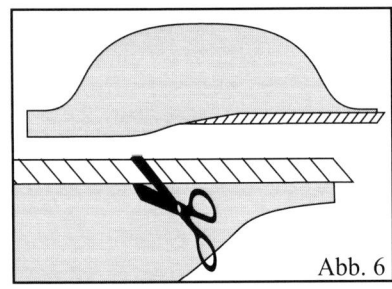
Abb. 6

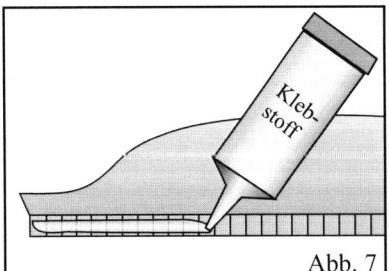
Abb. 7

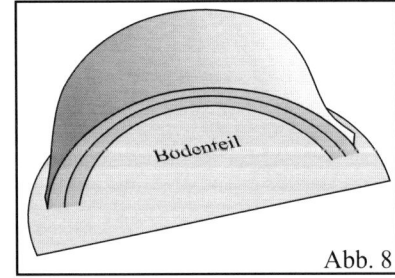
Abb. 8

Den dreidimensionalen Schriftdekor stellen Sie aus Gelatinezucker her. Um diesen in die richtige Form zu bringen, benötigen Sie eine Biegeschablone. Dazu finden Sie auf dem USB-Stick zum Buch im Verzeichnis „**Arbeitsvorlagen**" Unterverzeichnis „**Schriftdekor**" Unterverzeichnis „**Schriftdekor Textbogen**" die notwendigen Vorlagen. Eine Auswahlübersicht finden Sie ab **Seite 252**. Diese Vorlagen bestehen aus drei verschieden langen Seitenteilen **(Abb. 3)**, einem Bodenteil **(Abb. 4)** und einem Stabilisierungsteil **(Abb. 5)**. Schneiden Sie diese Vorlagen aus. Beachten Sie bitte unbedingt die Ausschneidesymbole „**Messer**" und „**Schere**" auf den drei Abbildungen und verwenden das entsprechende Werkzeug. Sofern ein

Messer abgebildet ist, legen Sie die Vorlage auf einen Pappkarton oder ein Brett und fahren die Linien mit kräftigem Druck mit der möglichst sehr scharfen Messerspitze so nach, dass das Papier der Vorlage durchgeschnitten wird. An den ausgeschnittenen Seitenteilen knicken Sie den weißen gestrichelten unteren Bereich um **(Abb. 6, oben)** und schneiden diesen an den Linien ein **(Abb. 6, unten, vergrößert)**. Die entstehenden Fransen bestreichen Sie mit Klebstoff **(Abb. 7)**. Schieben Sie nun das mit Klebstoff vorbereitete Seitenteil mit der Bezeichnung „**Seitenteil außen**" entsprechend **Abb. 8** durch den äußeren Schlitz des Bodenteils und drücken die mit Klebstoff bestrichenen Fransen an der Unterseite des

152

Das Fachbuch „Die Garniertüte", Eigenverlag Heinrich Fischer, Darmstadt. Adresse: **www.garniertuete.de**

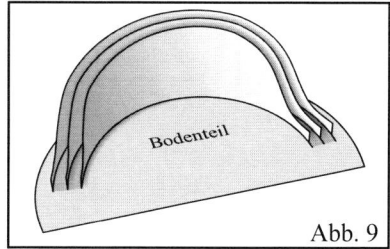

Abb. 9

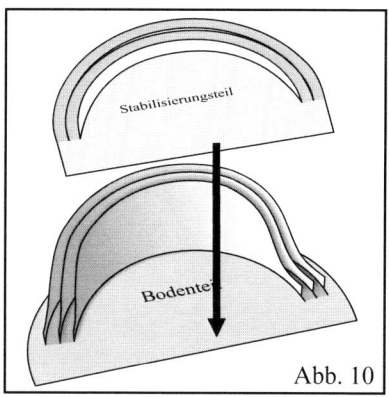

Abb. 10

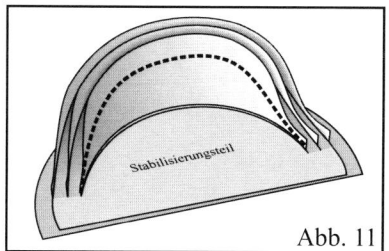

Abb. 11

Bodenteils fest. Achten Sie darauf, dass sich das Papier des Seitenteiles exakt an die Rundung des Bodenteils anpasst. Korrigieren Sie so lange den Sitz des Seitenteiles, bis der Klebstoff so fest ist, dass das Seitenteil nicht mehr in seiner vorbestimmten Position verrutscht. Schieben Sie nun das mit Klebstoff vorbereitete Seitenteil mit der Bezeichnung „**Seitenteil Mitte**" und dann das mit „**Seitenteil innen**" in die Schlitze des Bodenteiles wie zuvor das „**Seitenteil außen**". Achten Sie darauf, dass alle drei Seitenteile am Anfang und am Ende in einer Linie hintereinander stehen **(Abb. 9).**

Da die drei Seitenteile im oberen Bereich meist keinen exakten Abstand zueinander haben, fügen Sie nun das Stabilisierungsteil in die Biegeschablone entsprechend **Abb. 10** ein. Die ausgeschnittenen etwa 1 cm breiten Halbkreise des Stabilisierungsteiles wölben sich innerhalb der Biegeschablone in etwa der gestrichelten Linie in **Abb. 11.** Achten Sie darauf, dass sich die Halbkreise möglichst waagrecht in die Biegeschablone einfügen. Durch dieses Stabilisierungsteil formen sich die drei Seitenteile exakt rund und haben einen gleichmäßigen Abstand zueinander.

Sofern Sie die Oberfläche der Biegeschablone gegen die Feuchtigkeit des Gelatinezuckers schützen möchten, was

empfehlenswert ist, verwenden Sie Klebefolie. Legen Sie dazu die Klebefolie mit der Klebeseite nach oben auf eine ebene Unterlage und legen die nicht bedruckte Seite der noch nicht ausgeschnittenen Oberflächenvorlage darauf **(Abb. 12)** (keinesfalls umgekehrt: Nicht die Folie auf die Vorlage legen, da das mit sehr großer Wahrscheinlichkeit Falten ergeben kann!). Die fertige Biegeschablone mit Folie zu bekleben ist nicht empfehlenswert – dies kann zu erheblichen Problemen, insbesondere zu einer Faltenbildung, führen, wodurch die Biegeschablone unbrauchbar werden könnte!

Nun schneiden Sie die Vorlage „**Oberfläche der Biegeschablone**" aus und bestreichen diese auf der bedruckten Seite mir Klebstoff **(Abb. 13)**. Sofort legen Sie diese Oberfläche auf die Biegeschablone und passen sie deren Form so lange an, bis der Klebstoff fest ist, bzw. diese sich nicht mehr ablöst. Auf diese Oberfläche legen Sie später das Band, das die Schrift tragen soll. Damit liegt auch die mit Folie beklebte Seite oben. Die Oberflächenvorlage ist in ihren Maßen so bemessen, dass deren Ränder überstehen, damit Unregelmäßigkeiten der Biegeschablone ausgeglichen werden können. Schneiden Sie am Außenrand der Biegeschablone das überstehende Papier unbedingt ab **(Abb. 14)**. Nun ist die Biegeschablone einsatzbereit.

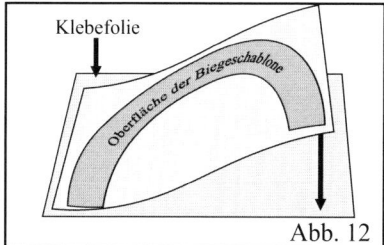

Abb. 12

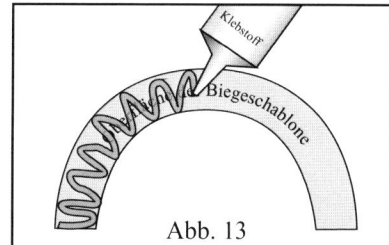

Abb. 13

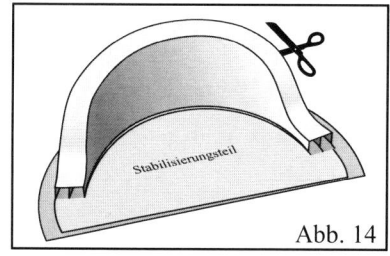

Abb. 14

Das Fachbuch „Die Garniertüte", Eigenverlag Heinrich Fischer, Darmstadt. Adresse: **www.garniertuete.de**

Schriftdekor – Unterteil herstellen

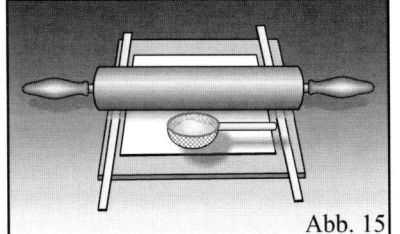
Abb. 15

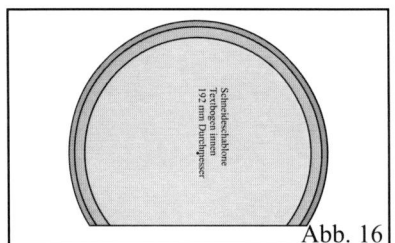
Abb. 16

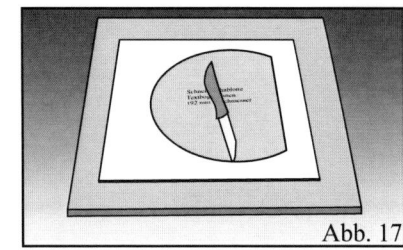
Abb. 17

Der Schriftdekor besteht aus einem dreidimensional gebogenen Band aus Gelatinezucker als Unterteil und einzeln garnierten Großbuchstaben. Für das Unterteil stellen Sie ausrollbaren Gelatinezucker her (Rezept siehe **Kapitel „Rezepte", Seite 207)**. Diesen rollen Sie auf 2 mm Stärke aus. Verwenden Sie Puderzucker zum Stäuben, um ein Ankleben des Gelatinezuckers zu vermeiden. Für eine gleichmäßige Stärke können Sie Metallschienen verwenden, die Sie in Baumärkten kaufen können. Rollen Sie mit einem Rollholz so lange den Gelatinezucker aus, bis das Rollholz auf den Schienen aufliegt **(Abb. 15)**.

Auf dem USB-Stick zum Buch finden Sie im Verzeichnis „**Arbeitsvorlagen**" Unterverzeichnis „**Schriftdekor**" Unterverzeichnis „**Schriftdekor Textbogen**" drei kreisförmige Schablonen mit unterschiedlichem Durchmesser (in **Abb. 16** sind alle drei Schablonen übereinander dargestellt), z.B. die Datei „**Textbogen Ausschneidevorlage 08.jpw**". Schneiden Sie diese Schablonen aus und legen Sie die Schablone mit dem größten Durchmesser auf den ausgerollten Gelatinezucker. Schneiden Sie nun mit einem Messer an den Kanten der Schablone entlang den Gelatinezucker kreisförmig aus **(Abb. 17)**. Nun legen Sie die Schablone mit dem mittleren Durchmesser und zum Schluss die Schablone mit dem kleinsten Durchmesser auf den Gelatinezucker und schneiden ebenfalls an deren Kanten entlang den Gelatinezucker kreisförmig aus. Platzieren Sie die Schablonen auf dem Gelatinezucker so, dass diese wie in **Abb. 16** nacheinander liegen. Dadurch entstehen zwei unterschiedlich breite Bänder. Sie können diese Bänder natürlich auch als Streifen schneiden und später auf der Biegeschablone kreisförmig platzieren – allerdings kann der Gelatinezucker dadurch Risse bekommen, da dessen Oberfläche sehr schnell austrocknet.

Legen Sie das kreisförmige Band mit dem größten Durchmesser auf den äußeren Rand der Biegeschablone

(Abb. 19 A). Passen Sie das Band der kreisförmigen Außenkante der Biegeschablone an und schneiden das Band in der benötigten Länge zurecht. Nun legen Sie das zweite Band auf die Biegeschablone **(Abb. 19 C)**. Zwischen die beiden Bänder legen Sie eine Kordel mit etwa 1 mm Stärke **(Abb. 19 B)**. Die Kordel ist unbedingt notwendiger Platzhalter für die Stärke der später zu garnierenden senkrechten Streben. Sofern die Kordel sich kringelt und sich nicht der Biegeschablone anpasst, ziehen Sie diese mehrmals über einen Messerrücken und drücken dabei die Kordel mit dem Daumen fest gegen den Messerrücken **(Abb. 18)**. Besser eignet sich Gummischnur, diese gibt es allerdings nur im Fachhandel. Beide Bänder und die Kordel dazwischen, passen Sie exakt der kreisförmigen Außenkante der Biegeschablone an und schneiden beide Bänder auf gleiche Länge **(Abb. 19)**. Die Kordel soll beidseitig etwa 1 cm länger sein. Lassen Sie den entstandenen Bogen einen Tag lang trocknen.

Auf dem USB-Stick zum Buch finden Sie im Verzeichnis „**Arbeitsvorlagen**" Unterverzeichnis „**Schriftdekor**" Unterverzeichnis „**Schriftdekor Textbogen**" finden Sie eine Korrekturschablone für den Sockel des Unterteiles **(Abb. 20)**. Schneiden Sie diese Schablone aus. Stellen Sie mit den drei kreisförmigen Schablonen wieder zwei gebogene Streifen aus Gelatinezucker mit einer Stärke von 2 mm genauso her, wie es zuvor für den Bogen beschrieben wurde. Legen Sie das kreisförmige Band mit dem größten Durchmesser an den kreisförmigen Innenrand der Korrekturschablone **(Abb. 20 A)**. Passen Sie das Band exakt der kreisförmigen Innenkante der Korrekturschablone an. Nun legen Sie das zweite Band an das erste **(Abb. 20 C)**. Zwischen die beiden Bänder legen Sie eine Kordel mit etwa 1 mm Stärke **(Abb. 20 B)**. Beide Bänder und die Kordel dazwischen passen Sie exakt der kreisförmigen Innenkante der Biegeschablone an **(Abb. 20)**. Die Kordel soll beidseitig etwa 1 cm länger sein. Die Länge der Bänder wird erst später korrigiert.

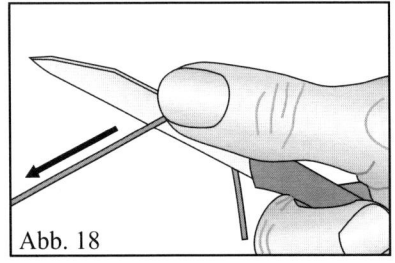
Abb. 18

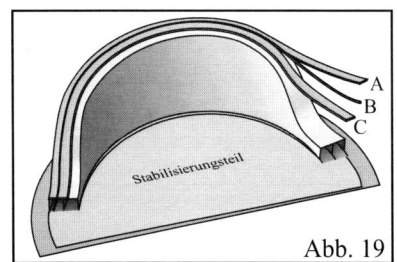
Abb. 19

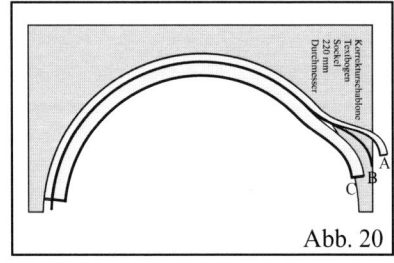
Abb. 20

154

Das Fachbuch „Die Garniertüte", Eigenverlag Heinrich Fischer, Darmstadt. Adresse: **www.garniertuete.de**

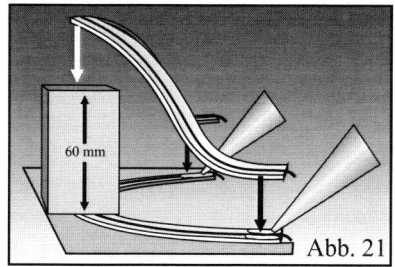

Abb. 21

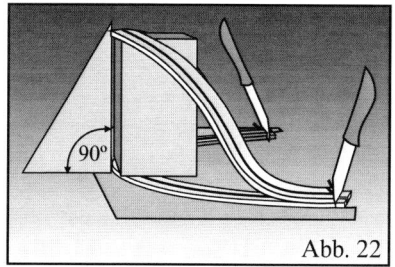

Abb. 22

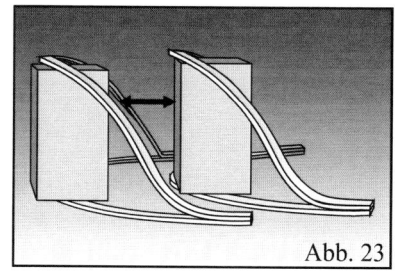

Abb. 23

Für den nächsten Arbeitsschritt benötigen Sie als Stütze einen Schaumstoffstreifen von etwa 60 mm Höhe **(Abb. 21)**. Diese Stütze darf nicht aus einem steifen Material sein, z. B. Holz, da diese sonst später nur sehr schwierig wieder zu entfernen ist. Weiter benötigen Sie etwas Eiweißspritzglasur oder mit Wasser zu einem Brei angerührten Puderzucker als Klebstoff. Diesen tragen Sie an den Enden des Sockels auf **(Abb. 21)**. Die Stütze stellen Sie in der Mitte des Sockels **(Abb. 21)**. Nun platzieren Sie den am Vortag hergestellten Bogen auf dem Sockel, den Sie kurz zuvor hergestellt haben und der noch weich ist, und der Stütze. Korrigieren Sie mit einem rechten Winkel, z. B. Geodreieck, dass die Ränder des Bogens und des Sockels exakt übereinander liegen **(Abb. 22)**. Schneiden Sie die Enden des Sockels entsprechend den Enden des Bogens zurecht. Die Kordel zwischen den Gelatine-zuckerstreifen des Sockels und des Bogens sollten etwa 1 cm hervorragen. Lassen Sie das entstandene Unterteil des Schriftdekors einen Tag lang trocknen. Sobald das Unterteil fest ist, entfernen Sie vorsichtig die Kordel, und Sie können dann zwei schmale Unterteile hoffentlich problemlos auseinanderziehen **(Abb. 23)**. Beide Teile müssen mit einem Schaumstoffstreifen von etwa 60 mm Höhe gestützt werden.

Nun stellen Sie eine Eiweißspritzglasur her. Verwenden Sie ein Rezept mit einem Gelatine-Glukose-Sirup für sehr lange Garnierfäden (siehe **Kapitel „Rezepte", Seite 202**). Garnieren Sie nun die senkrechten Streben an die Außenkanten des Innenteiles **(Abb. 24)**. Beginnen Sie mit dem Garnieren in der Mitte, z. B. hin zu dem rechten Ende **(Abb. 25)**. Mit einem Geodreieck, das Sie neben der ersten Strebe platzieren, können Sie diese erste wichtige Strebe kontrolliert senkrecht garnieren. Sie können sich auch an der senkrechten Stütze orientieren. Wichtig sind der exakte Abstand aller Streben zueinander und deren senkrechter Verlauf! Die Stütze sollten Sie erst entfernen, wenn die Streben fest sind. Das fertige Innenteil sollte entsprechend der **Abb. 25 und Abb. 26, rechts,** aussehen.

Nun fügen Sie das Innen- und das Außenteil des Schrift-dekors zusammen **(Abb. 26 und 27)**. In die Zwischen-räume spritzen Sie Eiweißspritzglasur **(Abb. 27 A und B)**. Die Glasur für den Sockel sollte so weich sein, dass sie glatt verläuft. Die für den Bogen sollte so fest sein, dass Sie diese mit einem Messer so glatt verstreichen können, dass die Naht nicht mehr erkennbar ist **(Abb. 27 C)**. Die Enden des ausgehärteten Unterteiles können Sie mit einer feinen Holzfeile korrigieren **(Abb. 27 D)**.

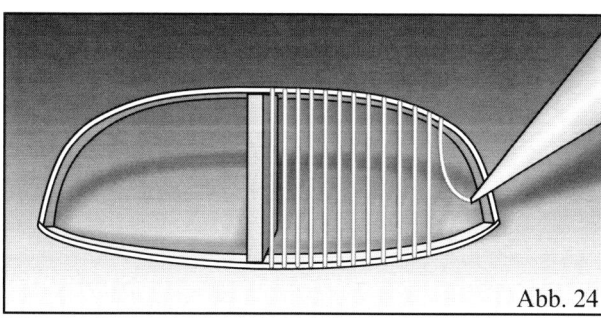

Abb. 24

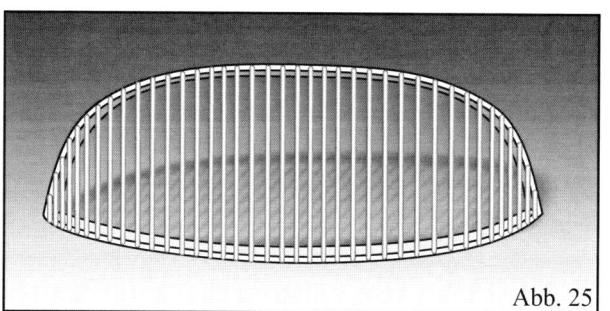

Abb. 25

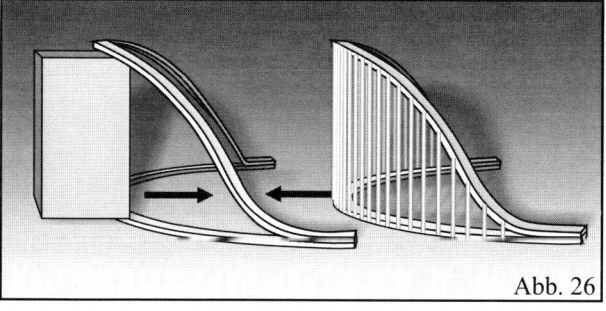

Abb. 26

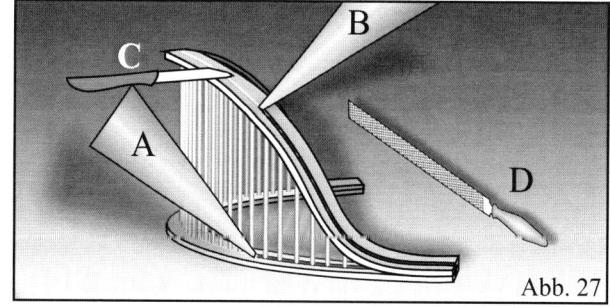

Abb. 27

Das Fachbuch „Die Garniertüte", Eigenverlag Heinrich Fischer, Darmstadt. Adresse: **www.garniertuete.de**

Schriftdekor – Buchstaben herstellen

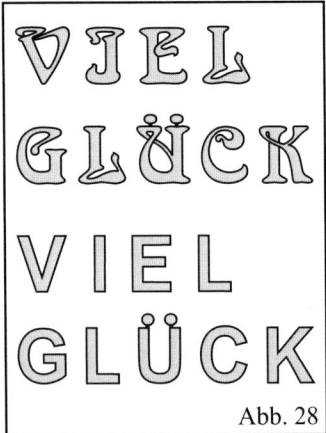

Abb. 28

Abb. 29

Als Text für den Schriftdekor ist **„VIEL GLÜCK"** vorgesehen. Sie können natürlich auch andere Texte, z. B. die Vornamen des Hochzeitspaares, wählen. Der Text sollte je Wort nicht mehr als 6 bis 8 Buchstaben haben, um die Worte noch auf dem bogenförmigen Unterteil des Schriftdekors platzieren zu können, ansonsten müssen Sie die Größe der Buchstaben verkleinern. Für die Buchstaben und eigene Texte haben Sie die Auswahl unter neun verschiedenen Schrifttypen, die Sie Auf dem USB-Stick zum Buch finden Sie im Verzeichnis **„Arbeitsvorlagen"** Unterverzeichnis **„Schriftdekor"** Unterverzeichnis **„Auflegebuchstaben"** finden **(Abb. 29).** Die in **Abb. 29** dargestellte Schriftart finden Sie im Unterverzeichnis **„07".** Für diesen Schriftdekor wurde die Größe 36 mm gewählt. Eine Auswahlübersicht aller Schriften finden Sie ab **Seite 245.**

Die Buchstabendekors stellen Sie als Auflegedekors her. Lesen Sie hierzu auch das Kapitel **„Auflegedekors und Schaustücke"** ab **Seite 84.**

– Schieben Sie die Garniervorlage in eine dünne Kunststofffolie. Schriftgröße hier: 36 mm.
– Garnieren Sie die Umrisse der Buchstaben mit einer garnierfähigen Eiweißspritzglasur **(Abb. 30,** Rezept siehe **Kapitel „Rezepte", Seite 199).**

– Füllen eine fließfähige Eiweißspritzglasur in die Buchstaben so ein (Rezept siehe **Kapitel „Rezepte", Seite 203),** dass diese sich zur Mitte hin tropfenförmig wölbt **(Abb. 31).**

Abb. 30

Abb. 31

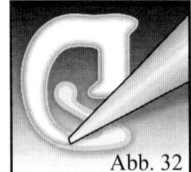
Abb. 32

– Lassen die Buchstaben einen Tag lang trocknen.
– Ziehen Sie die Buchstabendekors von der Garnierfolie ab.
– Füllen Sie die Rückseite der Buchstabendekors mit einer fließfähigen Eiweißspritzglasur so ein, dass diese sich zur Mitte hin tropfenförmig wölbt **(Abb. 32)** – den Umriss der Buchstaben brauchen Sie auf der Rückseite nicht zu garnieren.
– Lassen Sie die Buchstabendekors einen Tag lang trocknen – fertig.

Die Buchstabendekors befestigen Sie auf dem bogenförmigen Unterteil mit garnierfähiger Eiweißspritzglasur. Allerdings müssen Sie die Buchstaben so lange mit irgendwelchen Gegenständen stützten, bis die Eiweißspritzglasur so fest ist, dass die Buchstaben nicht mehr umkippen **(Abb. 33).**

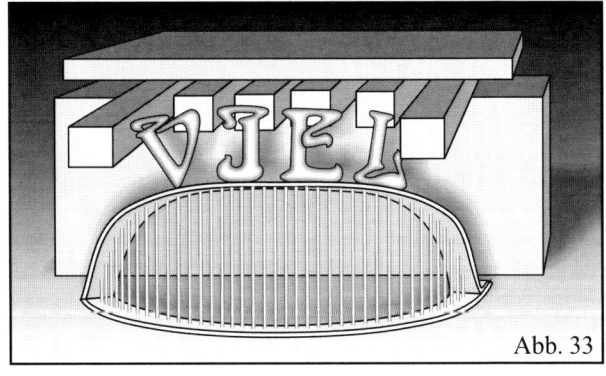
Abb. 33

Gestaltungsmöglichkeiten

Der zuvor beschriebene Schriftdekor ist durch seinen geschwungenen Bogen, die senkrechten Streben und die großen Buchstaben für die meisten Augen ein außergewöhnlicher Blickfang **(Abb. 34 B, 35 B, 36 B).** Er wirkt allerdings nur attraktiv, wenn er auch exakt hergestellt wurde. Die zuvor beschriebene Technik ist zugegebener Maßen relativ umständlich, führt aber auch für weniger Geübte zu exakten Ergebnissen. Sofern Sie den Schriftdekor öfters herstellen, wird sich der sehr hohe Zeitaufwand durch Erfahrung und Übung sehr schnell vermindern!

Das Problem sind die senkrechten Streben. Diese sind nicht nur für die Gestaltung wichtig, sie stützen auch das bogenförmige Oberteil. Sofern diese Streben unsauber garniert werden, z. B. ungleichmäßige Abstände, durchhängende Garnierfadenenden am Sockel und unsaubere An- und Absätze bei den Garnierfäden, schräger Verlauf, sieht dieser Schriftdekor möglicherweise sehr hässlich aus. Die Streben gänzlich wegzulassen, sieht ebenfalls nicht schön aus und gefährdet die Stabilität. Sie können probieren, die Streben in den fertigen Schriftdekor einzugarnieren – für die meisten wird es zu keinem akzeptablen Ergebnis führen. Sie können auch probieren, die Streben an die Innenkanten **(Abb. 34 C, 35 C, 36 C)** oder Außenkanten **(Abb. 34 A, 35 A, 36 A)** des Schriftdekors anzugarnieren. Einen kleinen Eindruck von der optischen Wirkung geben die drei Grafiken – mir persönlich gefallen diese beiden zusätzlichen Möglichkeiten überhaupt nicht: der eine Dekor sieht aus wie ein Gefängnisfenster und der andere wie ein Käfig. Da es hier aber um Geschmack und Gestaltung geht, bilden Sie sich durch Experimente Ihr eigenes Urteil!

Eine weitere praktische Bedeutung für die optische Erscheinung ist die Position der Streben in der Tiefe des Dekors: Sollen diese exakt in der Mitte oder mehr vorne oder mehr hinten platziert sein? Hier ist auch die Frage entscheidend, von welcher Seite aus wird der Schriftdekor betrachtet – von außen oder von innen. Ich persönlich neige der Möglichkeit zu, dass die Streben im vorderen Drittel platziert sein sollen, welches dem Betrachter zugewandt sein soll. Auch hier gilt: Bilden Sie sich durch praktische Experimente Ihr eigenes Urteil!

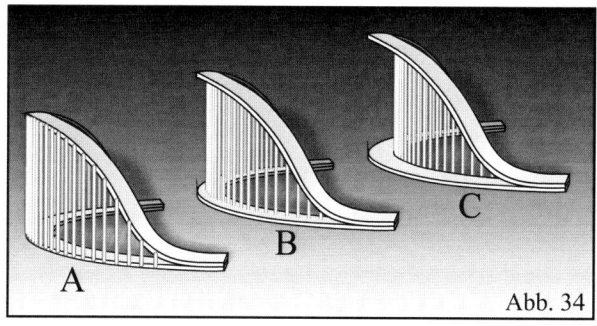

Abb. 34

Der nächste gewichtige Gestaltungspunkt ist der Schrifttyp. Von mir wurde ein Schrifttyp gewählt, der sich an der Schrift „Arabia" orientiert. Dieser Schrifttyp passt sich durch seine runden Formen und seine Schnörkel der Gestaltung der Hochzeitstorte an. Ihnen stehen in diesem Buch noch weitere acht Schrifttypen zur Verfügung – probieren Sie aus und finden Sie evtl. eine Ihnen angenehmere Gestaltung. **Ein Tipp**: Jedes Schreibprogramm auf Computern verfügt meist über mehrere hundert Schrifttypen. Drucken Sie Ihren Text in entsprechender Größe mit unterschiedlichen Schriftarten aus!

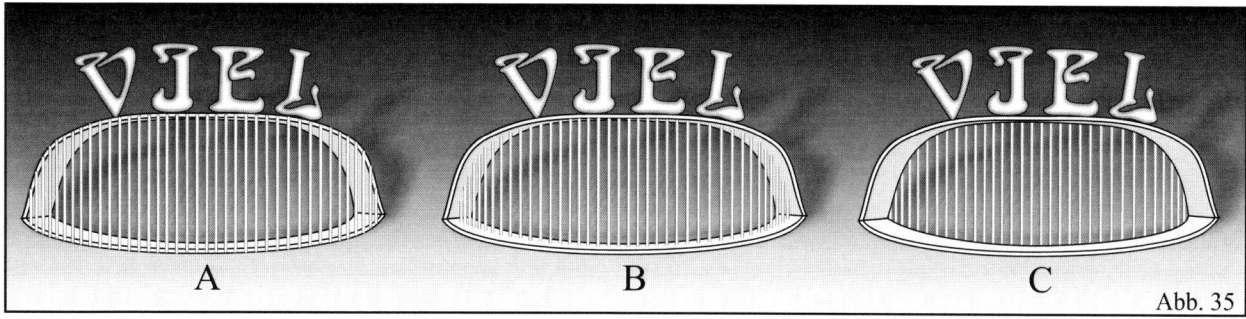

Abb. 35

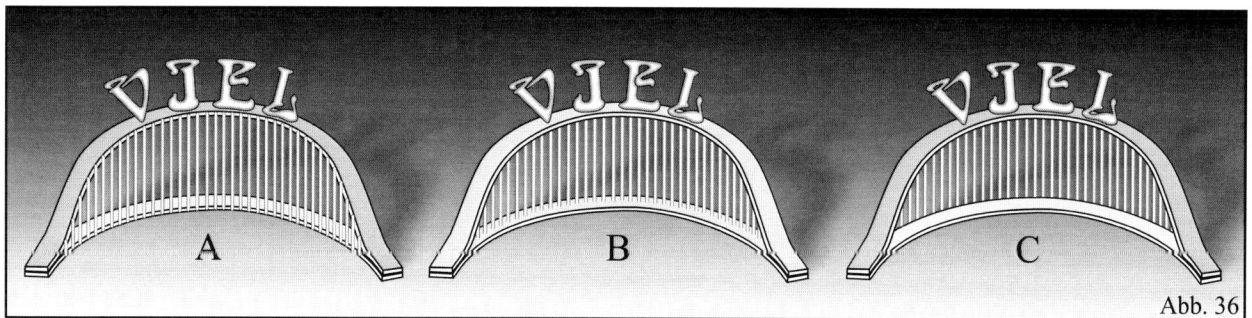

Abb. 36

157

Das Fachbuch „Die Garniertüte", Eigenverlag Heinrich Fischer, Darmstadt. Adresse: **www.garniertuete.de**

Schaustück Hochzeitstorte – Dekors der 3. Etage

Übersicht

Das Fachbuch „Die Garniertüte", Eigenverlag Heinrich Fischer, Darmstadt. Adresse: **www.garniertuete.de**

159

Vorbemerkungen

Die 3. Etage der Hochzeitstorte wird auf dem Titelbild des Buches mit einem dreidimensionalen Textdekor gestaltet mit dem Text: „**VIEL GLÜCK**". In diesem Abschnitt möchte ich ihnen eine Alternative dazu anbieten: ein Taubenpaar auf einem stilisierten Herz und einem zaunähnlichen Herzdekor. Die Garniervorlagen finden Sie in neun verschiedenen Größen auf dem USB-Stick zum Buch im Verzeichnis „**Arbeitsvorlagen**" Unterverzeichnis „**Herzen**" Unterverzeichnis „**26**" für die Taubendekors und im Unterverzeichnis „**27**" für die zaunähnlichen Herzdekors. Eine Auswahlübersicht dazu finden Sie auf **Seite 230** und **Seite 231**.

Bei der Herstellung dieser Dekors sollten Sie darauf achten, dass diese sich der runden Tortenform anpassen. Dazu garnieren Sie die Dekors nicht auf einer flachen Unterlage, sondern auf einer gebogenen. Als Unterlage können Sie hier z. B. einen Eimer oder eine Schüssel mit einem Durchmesser von etwa 22 cm verwenden oder sich die Garnierschablone herstellen, die Sie auf dem USB-Stick zum Buch im Verzeichnis „**Arbeitsvorlagen**" Unterverzeichnis „**Biegeschablonen für Dekors**" finden. Um eine dreidimensionale Wirkung zu verbessern, sollten

Sie die Dekors auch auf deren Rückseite garnieren und gewölbt ausfüllen.

Damit die Dekors nicht zu leicht umkippen, sollten Sie diese mit einem dünnen Sockel aus Gelatinezucker verbinden (Rezept siehe **Kapitel „Rezepte", Seite 207**). Die Ausschneideschablonen für solche Sockel finden Sie auf der jeweiligen Garniervorlage in passender Größe.

Diese beiden Dekors lassen sich sehr gut unterschiedlich gestalten. Deshalb finden Sie am Ende des jeweiligen Abschnittes eine Gestaltungsstudie, damit Sie eigene Ideen entwickeln und umsetzen können, um Ihren Torten eine individuelle Gestaltung zu geben. Die entsprechenden Garniervorlagen wählen Sie in der Auswahlübersicht auf **Seite 230** und **Seite 231** aus.

Für die Gestaltung dieser Etage gibt es sicherlich viele andere Möglichkeiten, z. B. die Dekorbögen der 1. Etage (beides weiter hinten ausführlich beschrieben). Auch weiße modellierte Rosen können schön aussehen. Alle genannten Alternativen eignen sich alleine oder zusammen mit anderen Dekors für diese Etage.

Das Fachbuch „Die Garniertüte", Eigenverlag Heinrich Fischer, Darmstadt. Adresse: **www.garniertuete.de**

Gebogene Garnierunterlage herstellen

Die Ausschneidevorlage für diese Biegeschablonen finden Sie auf dem USB-Stick zum Buch im Verzeichnis „**Arbeitsvorlagen**" Unterverzeichnis „**Biegeschablonen für Dekors**" **(Abb. 1)**. In dem Verzeichnis finden Sie Vorlagen mit einem Durchmesser von 8 bis 33 cm Durchmesser. **Für die Dekore hier empfehle ich die Ausschneidevorlagen mit 21 cm Durchmesser.** Es ist empfehlenswert, dass Sie sich möglichst viele oder gar alle gebogenen Garnierunterlagen mit den unterschiedlichen Durchmessern herstellen, um bei Bedarf schnell die optimale auswählen zu können, da sich diese Biegeschablonen auch für viele andere Dekore eigenen.

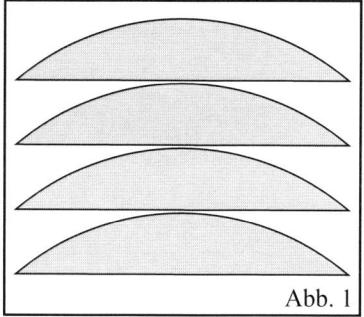

Abb. 1

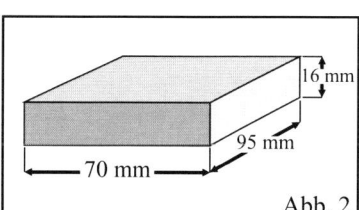

16 mm
95 mm
70 mm

Abb. 2

Besorgen Sie sich zusätzlich drei Holzplatten in der Größe 70 × 95 mm in einer Stärke von etwa 16 mm (z. B. beschichtete Spanplatten) **(Abb. 2)**. Weiter benötigen Sie noch Klebstoff und einen DIN-A4-Papierbogen mit etwa 120 bis 200 g/m² (in Ausnahmefällen genügt auch Schreibmaschinenpapier mit 80 g/m²).

Schneiden Sie zunächst die 4 notwendigen Teile der gebogenen Garnierunterlage aus **(Abb. 1)** und schneiden einen Papierbogen auf 19 cm Breite zurecht = 19 × 29,7 cm.

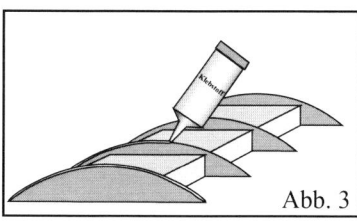

Abb. 3

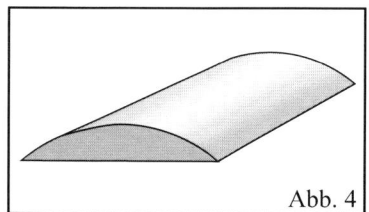

Abb. 4

Nun verkleben Sie die 4 Teile der Garnierunterlage mit den 3 Holzplatten **(Abb. 3)**. Die Papierkanten bestreichen Sie mit Klebstoff **(Abb. 3)** und passen den zurechtgeschnitten Papierbogen darauf. Damit erhalten Sie die fertige gebogene Garnierunterlage **(Abb. 4)**.

Bereiten Sie nun diese gebogene Garnierunterlage entsprechend der **Abb. 5** vor: Legen Sie die Garniervorlage auf die gebogene Garnierunterlage, legen eine dünne Kunststofffolie darüber und befestigen beides mit zwei Gummiringen.

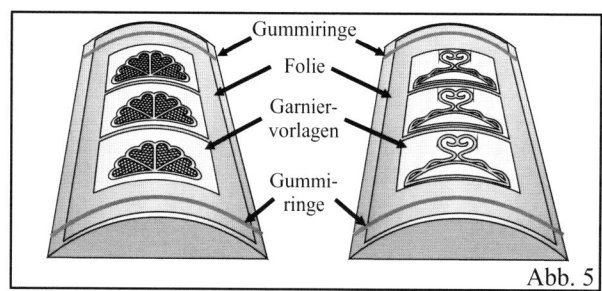

Gummiringe
Folie
Garniervorlagen
Gummiringe

Abb. 5

Abb. 6

Die benötigten Garniervorlagen finden Sie in neun verschiedenen Größen auf dem USB-Stick zum Buch im Verzeichnis „**Arbeitsvorlagen**" Unterverzeichnis „**Herzen**" Unterverzeichnis „**26**" für die Taubendekors und im Unterverzeichnis „**27**" für die zaunähnlichen Herzdekors.

Eine Auswahlübersicht dazu finden Sie auf **Seite 230** und **Seite 231 (Abb. 6)**. Für die Hochzeitstorte des Titelbildes wurden für die Taubendekors die Garniervorlagen der Form 26-F in der Größe 05 und für die zaunähnlichen Herzdekors die Garniervorlagen der Form 27-F ebenfalls in der Größe 05 eingesetzt. Schneiden Sie die Garniervorlagen aus, und legen Sie diese auf die gebogene Garnierunterlage **(Abb. 5)**. Darauf legen Sie eine dünne Kunststofffolie (z. B. eine Prospekthülle). Damit die Garniervorlagen und die Folie nicht verrutschen, befestigen Sie diese mit Gummiringen.

Die Garniertechniken für diese beiden Dekor werden auf den folgenden Seiten ausführlich beschrieben.

Nun können Sie mit den Garnierarbeiten beginnen – viel Erfolg!

Das Fachbuch „Die Garniertüte", Eigenverlag Heinrich Fischer, Darmstadt. Adresse: **www.garniertuete.de**

Taubendekors garnieren

Abb. 7

Ein fertiger Tauben-dekor ist in **Abb. 7** dargestellt. Um diese Dekors herzustellen, bereiten Sie die Garniervorlagen ent-sprechend der voran-gegangenen Seite vor (Sie können die Dekors auch auf einer ebenen Unterlage garnieren). Nun stellen Sie eine garnierfähige Eiweißspritzglasur her (Rezept siehe **Kapitel „Rezepte" ab Seite 199)**. Beachten Sie hierzu auch das Kapitel **„Auflegedekors und Schaustücke" ab Seite 84.**

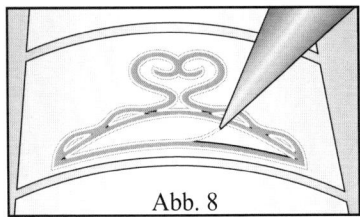

Abb. 8

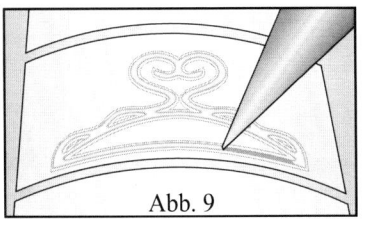

Abb. 9

Garnieren Sie zu-nächst den Umriss des Herzdekors **(Abb. 8).** Danach stellen Sie eine Ei-weißspritzglasur zum Ausfüllen her und füllen den Innenbe-reich des Dekors aus **(Abb. 9).** Achten Sie darauf, dass die Füllung sich mög-lichst ohne Uneben-heiten wölbt. Die Dekors sollten Sie

auf der Garnierunterlage einen Tag lang an einem warmen und trockenen Ort aushärten lassen.

Sobald die Dekors fest sind, entfernen Sie die Kunst-stofffolie von deren Unterseite. Als Nächstes garnieren Sie die Streben in deren unterem Bereich **(Abb. 10).**

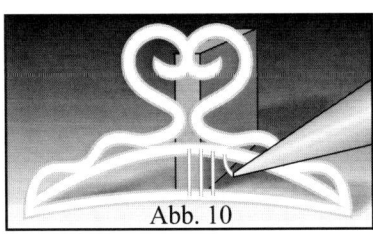

Abb. 10

Damit die Dekors nicht umkippen, stellen Sie einen Gegenstand davor, z. B. eine Holzplatte oder eine Schüssel. Die Streben werden auf die Rückseite der Dekors garniert, die zuvor mit der Folie verbunden war. Als Garniermasse benötigen Sie wieder garnierfähige Eiweißspritzglasur. Garnieren Sie die Streben von der Mitte zum Rand, damit Sie besser die Abstände ein-schätzen können – ungleichmäßige Abstände sehen laienhaft und damit sehr schlecht aus und fallen dem Betrachter auch sofort auf!

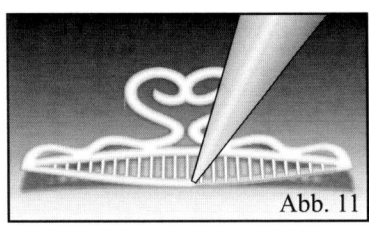

Abb. 11

Sobald die Streben fest sind, nach etwa einer Stunde, füllen Sie die Rückseite auf **(Abb. 11).** Als Gar-niermasse stellen Sie eine fließfähige Eiweißspritzglasur her (Rezept siehe **Kapitel „Rezepte" ab Seite 203).** Die aufgefüllte Rückseite sollte sich ohne Un-ebenheiten wölben und die Enden der Streben sollten nicht mehr erkennbar sein.

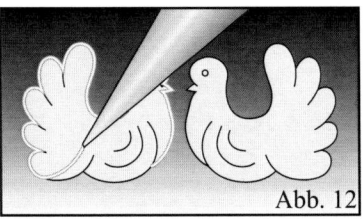

Abb. 12

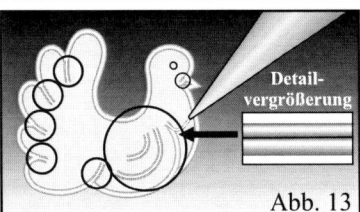

Detail-vergrößerung

Abb. 13

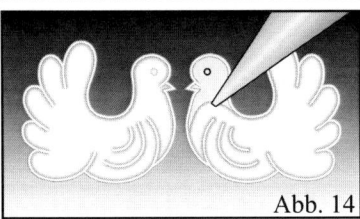

Abb. 14

Nun fehlen noch die Tauben für die Dekors. Schieben Sie die Garniervorlage in eine Klarsicht-hülle. Als Garnier-masse dient eine garnierfähige Ei-weißspritzglasur. Die Tauben garnieren Sie auf einer ebenen Fläche. Garnieren Sie zunächst den Umriss der Tauben **(Abb. 12).** Die Innen-bereiche (mit Krei-sen hervorgehoben in **Abb. 13)** gar-nieren Sie etwas stärker als den Um-riss. Auf die Innen-bereiche garnieren Sie noch eine zweite Linie, die etwas dünner sein sollte **(Abb. 13, Detailvergrößerung von der Seite).** Diese zweite Linie ermöglicht, dass Sie den Innenbereich der Dekors so stark ausfüllen können, dass sich die Füllung etwas wölbt und die Garnierlinien im Innenbereich nicht „überflutet" werden.

Nun füllen Sie den Innenbereich der Tauben mit einer fließfähigen Eiweißspritzglasur aus **(Abb. 14).** Achten Sie bei der Festigkeit darauf, dass diese Eiweißspritzglasur so flüssig ist, dass sie ohne Unebenheiten zu bilden verläuft, aber an den Rändern eine Wölbung ermöglicht – dies verbessert einen dreidimensionalen Eindruck! Achten Sie weiter darauf, dass die Garnierlinien im Innenbereich nicht überflutet werden. Sofern die Linien überflutet werden, müssen Sie diese später auf die Taubendekors aufgarnieren – dies sieht erheblich schlechter aus und vermindert auch den dreidimensionalen Eindruck.

162

Das Fachbuch „Die Garniertüte", Eigenverlag Heinrich Fischer, Darmstadt. Adresse: **www.garniertuete.de**

Rückseite der Tauben
genauso dekorieren! **Abb. 15**

Den dreidimensionalen Eindruck können Sie noch verbessern, wenn Sie den Schwanz zusätzlich auffüllen. Lassen Sie dazu die Eiweiß-spritzglasur etwas fest werden und spritzen dann zusätzlich Masse in die entsprechenden Bereiche **(Abb. 15)**. Allerdings kann bei einfach hergestellter Eiweißspritzglasur die Oberfläche dann so aufreißen, dass feine Risse erkennbar sind. Für diesen Effekt empfehle ich deshalb zum Ausfüllen des Innenbereiches eine Eiweißspritzglasur, die Sie mit einem Gelatine-Glukose-Fond herstellen (Rezept im **Kapitel „Rezepte", Seite 203)**. Deren Oberfläche verhautet sehr schnell, und beim nachträglichen Einfüllen von Eiweißspritzglasur wölbt diese sich sehr schön, ohne aufzureißen – allerdings müssen Sie den richtigen Zeitpunkt selbst herausfinden, sonst funktioniert es trotzdem nicht optimal!

Zum Schluss tragen Sie noch einen kleinen Garnierpunkt für das Auge auf.

Für einen optisch sehr schönen Eindruck sollten Sie die Rückseite der Tauben genauso garnieren, wie deren Vorderseite. Allerdings sollte die Vorderseite der Tauben zuvor gut angetrocknet sein – ich empfehle einen Tag Wartezeit. Den Umriss sollten Sie aber nicht nochmals garnieren, das würde weniger gut aussehen.

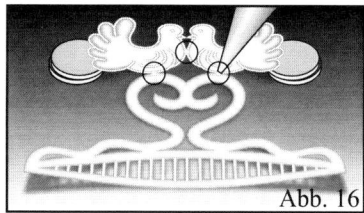

Abb. 16

Im nächsten Arbeitsschritt verbinden Sie jeweils ein Taubenpaar mit einem Herzdekor. Voraussetzung ist natürlich, dass alle Teile mindestens einen Tag Zeit hatten, um auszuhärten. Legen Sie den Herzdekor und ein Taubenpaar auf eine ebene Unterlage **(Abb. 16)**. Unter den Schwanz einer jeden Taube legen Sie ein bis zwei Münzen. Dadurch passen sich die flach garnierten Tauben der runden Form des Dekors und damit der runden Form der Torte an – eine kleine Maßnahme mit einem relativ großen Effekt!

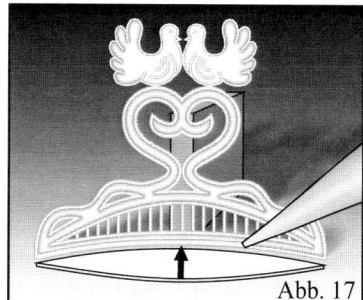

Abb. 17

Tragen Sie auf den mit drei Kreisen in **Abb. 16** hervorgehobenen Bereichen dünn weiche Eiweißspritzglasur auf. Es reicht unter Umständen auch, wenn Sie etwas Puderzucker mit Wasser zu einem dicken Brei anrühren und diesen dort auftragen. Je nach Art der Klebemasse müssen die zusammengefügten Dekors mindestens eine Stunde bis hin zu einem Tag unbewegt liegen bleiben. Eine Eiweißspritzglasur, die Sie sehr warm und mit einem Gelatine-Glukose-Fond herstellen (Rezept im **Kapitel „Rezepte", Seite 202)** vermindert die Wartezeit erheblich!

Da die Tauben im Gegensatz zu dem Herzdekor sehr schwer sind, ist der gesamte Dekor sehr „kopflastig" und kann sehr leicht umkippen – der Dekor würde dann sehr wahrscheinlich zerbrechen. Deshalb empfehle ich, dass Sie an der Rückseite des Dekors unten einen kleinen Sockel anbringen **(Abb. 17)**. Ob Sie diesen Sockel aus Eiweißspritzglasur oder Gelatinezucker herstellen, garnieren oder ausstechen ist Ihrem Geschmack überlassen. Auch für die Form gibt es sicherlich viele Möglichkeiten. Ich empfehle einen Sockel aus Gelatinezucker, der mandelförmig ausgeschnitten wird.

Verbinden Sie den Sockel mittels Eiweißspritzglasur mit

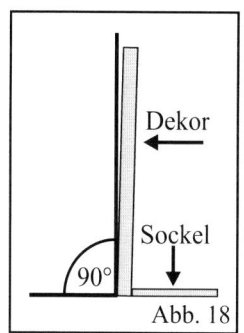

Dekor

Sockel

90°

Abb. 18

dem Dekor **(Abb. 17)**. Damit der Dekor nicht umkippt, stellen Sie einen Gegenstand davor, z. B. ein Brett oder eine Schüssel. **Achtet Sie darauf, dass der Dekor nicht nach vorne, sondern kaum sichtbar nach hinten geneigt ist (Abb. 18), sonst fällt der Dekor später möglicherweise trotzdem um!** Die Trocknungszeit dieser Verbindung ist wieder abhängig von der eingesetzten Masse – von einer Stunde bis hin zu einem Tag!

163

Das Fachbuch „Die Garniertüte", Eigenverlag Heinrich Fischer, Darmstadt. Adresse: **www.garniertuete.de**

Gestaltungsstudien der Taubendekors

Auf dieser Seite sehen Sie Gestaltungsstudien von Taubendekors **(Abb. 19 bis 22)**. Die Garniervorlagen finden Sie Auf dem USB-Stick zum Buch im Verzeichnis **„Arbeitsvorlagen"** Unterverzeichnis **„Herzen"** Unterverzeichnis **„26"**. Eine Auswahlübersicht dazu finden Sie auf **Seite 230**. Diese Studien sollen Sie motivieren, eigene Ideen zu entwickeln und zu verwirklichen und Torten individuell zu gestalten. Die Technik, wie Sie die Gitter im Herz gleichmäßig garnieren, ist im nächsten Abschnitt bei den Herzdekors beschrieben.

Abb. 19

Abb. 20

Abb. 21

Abb. 22

Das Fachbuch „Die Garniertüte", Eigenverlag Heinrich Fischer, Darmstadt. Adresse: **www.garniertuete.de**

Herzdekors garnieren

Abb. 23

Ein Beispiel eines fertigen zaunähnlichen Herzdekors sehen Sie in **Abb. 23.** Um solche Dekors herzustellen, bereiten Sie die Garniervorlagen wie auf **Seite 161** vor (Sie können die Dekors natürlich auch auf einer ebenen Unterlage garnieren). Nun stellen Sie eine garnierfähige Eiweißspritzglasur her (Rezept siehe **Kapitel „Rezepte", Seite 199).** Beachten Sie hierzu auch das Kapitel **„Auflegedekors und Schaustücke" ab Seite 84.**

Garnieren Sie zunächst das Gitter der Dekors **(Abb. 24).** Sobald die Garniermasse fest ist (ein bis zwei Stunden), entfernen Sie die Gitter von der Garnierunterlage. Sofern Sie mehrere Gitter auf eine Garnierfolie garniert haben, schneiden Sie die Garnierfolie so in Stücke, dass sich jedes Gitter auf einer gesonderten Folie befindet.

Nun garnieren Sie den Umriss der Herzdekors **(Abb. 25).** Danach stellen Sie eine fließfähige Eiweißspritzglasur her und füllen den Innenbereich der Dekors aus **(Abb. 26).** Die Dekors lassen Sie auf der Garnierunterlage einen Tag lang an einem warmen und trockenen Ort fest werden. Sobald die Dekors fest sind, entfernen Sie diese von der Kunststofffolie. Als Nächstes garnieren Sie weiche Eiweißspritzglasur dünn auf die Rückseite des Dekors **(Abb. 27)** und legen die Gitter darauf **(Abb. 28).** Sobald Sie die Gitter auf den Dekors zurechtgerückt haben, entfernen Sie die Folie von den Gittern **(Abb. 28).** Danach füllen Sie die Rückseite der Dekors auf **(Abb. 29).** Die aufgefüllte Rückseite sollte sich wölben und keine Unebenheiten aufweisen, und die Enden der Gitter sollten nicht mehr erkennbar sein.

Gestaltungsstudien zu diesen Herzdekors sehen Sie auf **Seite 166, Abb. 30 bis 33.** Diese Gestaltungsstudien unterscheiden sich von der Anzahl der Herzen, der Weite der Maschen des rautenförmigen Gitters und ob die Dekors flach oder gebogen hergestellt wurden.

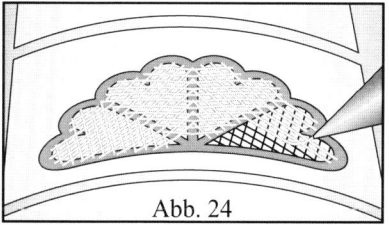

Abb. 24

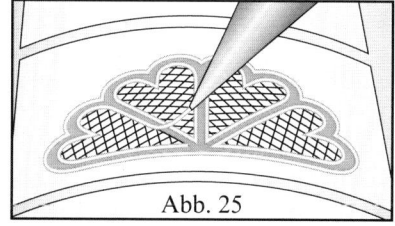

Abb. 25

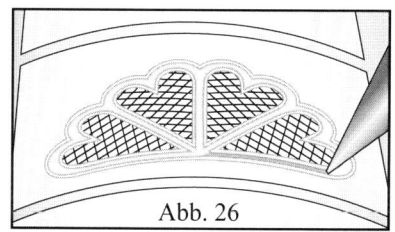

Abb. 26

Abb. 27

Abb. 28

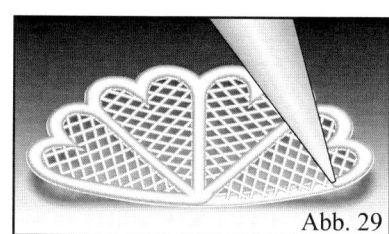

Abb. 29

Das Fachbuch „Die Garniertüte", Eigenverlag Heinrich Fischer, Darmstadt. Adresse: **www.garniertuete.de**

Gestaltungsstudien der Herzdekors

Auf dieser Seite sehen Sie verschiede Gestaltungsstudien von Herzdekors **(Abb. 30 bis 33).** Die Garniervorlagen finden Sie Auf dem USB-Stick zum Buch im Verzeichnis **„Arbeitsvorlagen"** Unterverzeichnis **„Herzen"** Unterverzeichnis **„27".** Eine Auswahlübersicht dazu finden Sie auf **Seite 230** und **Seite 231.** Diese Studien sollen Sie

motivieren, evtl. eigene Ideen zu entwickeln und zu verwirklichen, um Ihre Torten individuell zu gestalten. In diesen Gestaltungsstudien wird die optische Wirkung von flach und gewölbt garnierten Dekors und die Anzahl der Herzen und die Weite der Maschen dargestellt.

Abb. 30

Abb. 31

Abb. 32

Abb. 33

Das Fachbuch „Die Garniertüte", Eigenverlag Heinrich Fischer, Darmstadt. Adresse: **www.garniertuete.de**

Schaustück Hochzeitstorte – Hochzeitskutschen

Übersicht

Das Fachbuch „Die Garniertüte", Eigenverlag Heinrich Fischer, Darmstadt. Adresse: **www.garniertuete.de**

Hochzeitskutschen für Torten

Ansicht Originalgröße Hochzeitskutsche 1

Das Fachbuch „Die Garniertüte", Eigenverlag Heinrich Fischer, Darmstadt. Adresse: **www.garniertuete.de**

Hochzeitskutschen für Torten

Ansicht Originalgröße Hochzeitskutsche 2

Das Fachbuch „Die Garniertüte", Eigenverlag Heinrich Fischer, Darmstadt. Adresse: **www.garniertuete.de**

Hochzeitskutschen für Torten

Vorbemerkungen

Auf den nächsten Seiten sind für zwei sehr ähnliche, aber doch verschiedenartige Hochzeitskutschen alle Techniken beschrieben, damit Sie diese herstellen können.

Die Hochzeitskutschen werden in der Regel aus Gelatinezucker und die Pferde aus Eiweißspritzglasur hergestellt. Vom Material sind hier kaum Grenzen gesetzt – auch Kuvertüre und gebackene Massen können natürlich zum Einsatz kommen. Allerdings bei dieser Hochzeitstorte aus Gestaltungsgründen nicht!

Auf dem USB-Stick zum Buch sind alle Teile der Kutschen als Schablonen zum Ausschneiden in 11 verschiedenen

Größen dargestellt. **Für die Hochzeitstorte auf dem Titelbild wurden für die Hochzeitskutsche die Garnier- und Ausschneidevorlagen der Größe 06 eingesetzt.** Das Papier auf dem Sie die Vorlagen ausdrucken, sollte möglichst Karton sein mit einem Gewicht von etwa 200 g/m².

Für einen optimalen rationellen Einsatz empfiehlt es sich, Ausstecher aus Bandeisen herzustellen, statt die Teile aus Gelatinezucker mit einem Messer und Schablonen auszuschneiden. Damit solche Ausstecher sich nicht verformen, empfehle ich, diese in Flüssigkunststoff einzugießen. Ausführlichere Hinweise finden Sie weiter hinten.

Biegeschablonen für die Hochzeitskutschen herstellen

Als Erstes stellen Sie die Biegeschablonen her, deren Teile Sie auf dem USB-Stick zum Buch im Verzeichnis „Arbeitsvorlagen" Unterverzeichnis „Hochzeitstorte" Unterverzeichnis „Hochzeitskutschen" und im jeweiligen Unterverzeichnis „A" oder „B" finden. Dort müssen Sie sich für eine entsprechende Größe entscheiden, **empfehlenswert ist hier die Größe 06. Abb. 1** zeigt die Ausschneidevorlagen für die Kutsche mit gebogenen Boden und **Abb. 2** die für die Kutsche mit geradem Boden. Mit diesen Biegeschablonen geben Sie den Einzelteilen aus Gelatinezucker der beiden beschriebenen Kutschen ihre passgenaue Form. Die Einzelteile der Biege-

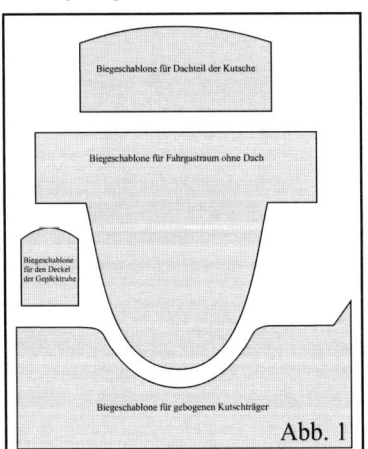

schablonen schneiden Sie aus. Danach besorgen Sie sich entsprechend lange Holzstäbe, die etwa eine Stärke von 25 mm haben sollten (erhältlich in Baumärkten). Sind die Stäbe schmaler, benötigen Sie mehr Einzelteile für jede Biegeschablone. Je mehr Einzelteile Sie für jede Schablone verwenden, umso stabiler und länger haltbar wird diese natürlich – allerdings müssen Sie sich dann zusätzliche Kopien erstellen! Wichtig ist, dass Sie eine Breite der Biegeschablonen von mindestens 45 mm erhalten. Nun kleben Sie die Einzelteile jeder Schablone so hintereinander, wie es in **Abb. 3** für den gebogenen Kutschträger als Beispiel für alle Biegeschablonen dar-

gestellt ist: Schablone, Holz, Schablone, Holz, Schablone. Die Oberseite jeder Schablone überkleben Sie mit einem

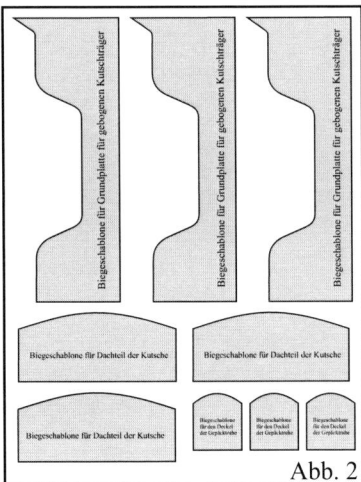

Abb. 2

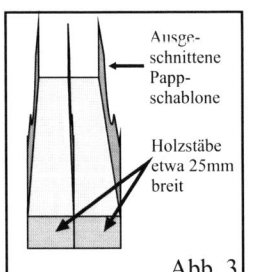

Abb. 3

entsprechend breiten und langen Streifen dünnen Kartons (etwa 120g je m²). Hierzu bestreichen Sie den Kartonstreifen auf einer Seite dick mit Klebstoff. Diese mit Klebstoff bestrichene Seite drücken Sie auf die Oberseite der Kanten der zusammengeklebten Einzelteile. Bis zum Festwerden des Klebstoffes müssen Sie natürlich diesen Kartonstreifen ständig gegen die Kanten der zusammengeklebten Einzelteile drücken, sonst löst sich der Karton von den Schablonen in einzelnen Bereichen, und es entstehen Unregelmäßigkeiten, die später die Passform der Gelatinezuckereinzelteile gefährden. Das fertige Aussehen mit perspektivischer Darstellung der Biegeschablonen beider Kutschmodelle ist in **Abb. 4 und 5** dargestellt.

Um die Biegeschablonen gegen die Feuchtigkeit des Gelatinezuckers zu schützen, empfehle ich, die Oberfläche der Biegeschablonen mit Klebefolie zu überkleben.

Das Fachbuch „Die Garniertüte", Eigenverlag Heinrich Fischer, Darmstadt. Adresse: **www.garniertuete.de**

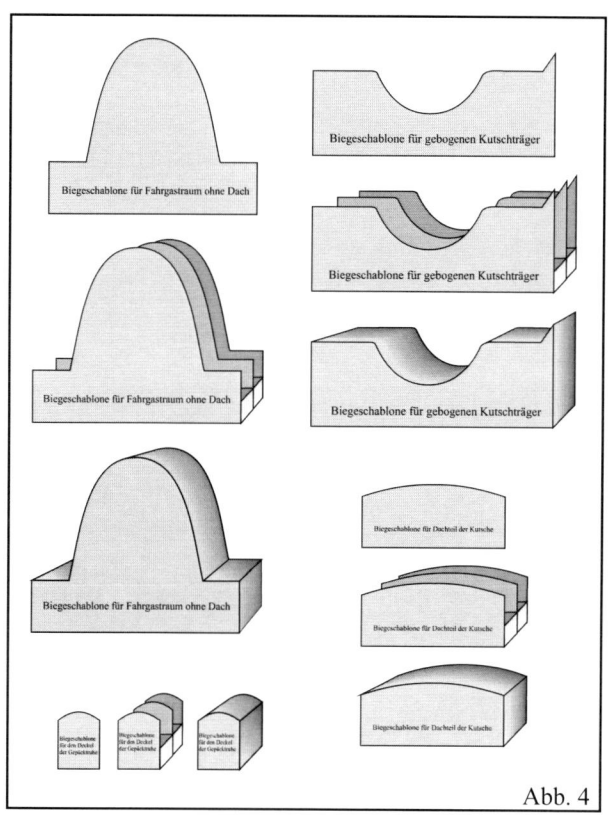

Abb. 4

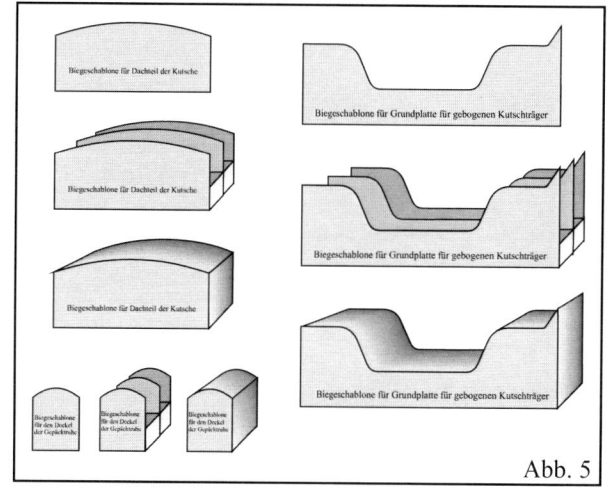

Abb. 5

Herstellen von Ausstechern

Um die Kutsche vielfach und rationell schnell herstellen zu können, empfehle ich Ihnen, sich Ausstecher anzufertigen. Eine ausführliche Anleitung würde hier allerdings zu weit führen – ich beschränke mich auf wichtige Einzelheiten.

Als Material eignet sich besonders Bandeisen, das auch Blechband genannt wird. Dieses dient normalerweise dazu, Warenpaletten zusammenzuhalten. Sie erhalten es bei Geschäften für Metallwaren. Mit Flach- und Rundzangen und den Fingern geben Sie diesem Blechband die Form der Schneideschablonen. Die Metallenden der Form sollten zusammengelötet werden. Dazu geben Sie ein kurzes Stück Lötzinndraht zwischen die Bandenden, pressen mit einer Zange diese zusammen und erhitzen sie mit einer Gasflamme, bis das Lötzinn schmilzt. Danach tauchen Sie die heiße Form in Wasser, wodurch das Lötzinn erstarrt – die Form ist fertig. Danach lassen sich noch kleinere Korrekturen an der Form vornehmen.

Sinnvoll ist es nun, den entstandenen Ausstecher zu stabilisieren. Ich empfehle hierfür Flüssigkunststoff. Diesen erhalten Sie in Baumärkten und Bastelgeschäften. Legen Sie die entsprechende Ausschneidevorlage auf eine ebene Unterlage und darauf eine Kunststofffolie. Nun rühren Sie den Flüssigkunststoff an, schütten diesen auf die Kunststofffolie in der Größe der Vorlage und verteilen ihn gleichmäßig auf etwa 2 mm Stärke. In diesen Flüssigkunststoff setzten Sie den Ausstecher und

beschweren diesen mit einer ebenen Platte, damit dieser glatt aufliegt. Nachdem der Kunststoff fest ist, setzen Sie den stabilisierten Ausstecher mit der Unterseite nochmals in Flüssigkunststoff – ohne diesen zusätzlichen Kunststoff könnte sich der zuerst eingegossene Kunststoff vom Blechband lösen. Bei komplizierten Ausstechern, z. B. für die Seitenteile der Kutsche mit den drei Fenstern, kann es zu Problemen kommen, das ausgestochene Teil einwandfrei aus dem Ausstecher herauszubekommen. Dafür biete ich folgende Lösung an (**Abb. 6**): Bohren Sie in

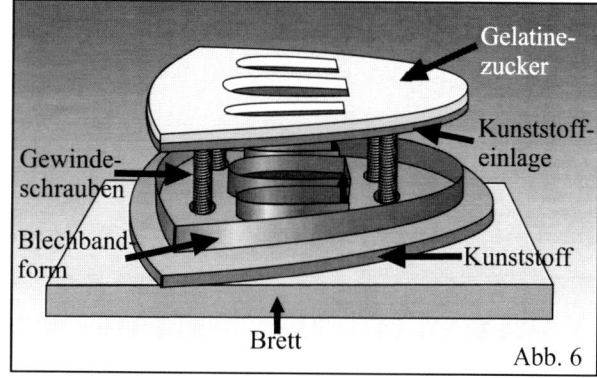

Abb. 6

den Kunststoff des Ausstechers vier Löcher. Montieren Sie vier etwa 4 cm lange Gewindeschrauben so auf ein Brett, dass diese gesamt durch die gebohrten Öffnungen des Ausstechers passen und deren Enden auf gleicher Höhe liegen. Schütten Sie Flüssigkunststoff in der Größe des Ausstechers auf eine Kunststofffolie und verteilen diesen

171

gleichmäßig dünn. Sobald der Kunststoff fest wird, stechen Sie diesen mit dem Ausstecher aus und belassen den Ausstecher in dem Kunststoff, bis dieser komplett ausgehärtet ist. Dadurch entsteht eine exakte Einlage für den Ausstecher. Nun rollen Sie Gelatinezucker auf 2 mm Stärke aus, legen die Ausstechereinlage darauf, stülpen den Ausstecher über die Einlage und stechen das Teil aus. Nun legen Sie den Ausstecher mit Einlage und dem

Gelatinezucker auf die vier Schraubenspitzen und pressen die Einlage samt dem ausgestochen Teil heraus (Abb. 6) – fertig ist das Seitenteil der Kutsche!

Achten müssen Sie darauf, dass die verwendeten Materialien lebensmittelecht sind: Das Blechband darf keinen Rost ansetzen und der Kunststoff keine gesundheitsschädlichen Bestandteile haben!

Einzelteile der Kutsche aus Gelatinezucker herstellen

Für Kutschträger, Fahrgastraum, Gepäcktruhe und Kutschbock benötigen Sie Gelatinezucker. Rezept und Herstellung finden Sie im Kapitel „Rezepte", Seite 207.

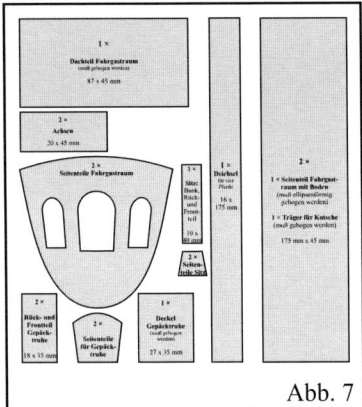

Abb. 7

Weiter benötigen Sie Schablonen zum Ausschneiden der Einzelteile der Kutsche. Diese finden Sie auf dem USB-Stick zum Buch im Verzeichnis „Arbeitsvorlagen" Unterverzeichnis „Hochzeitstorte" Unterverzeichnis „Hochzeitskutschen" und im jeweiligen Unterverzeichnis „A" oder „B". (Abb. 7, verkleinerte Darstellung aller Teile des Kutschenmodells). Schneiden Sie diese Schablonen mit einer scharfen Schere exakt aus.

Den Gelatinezucker rollen Sie auf etwa 2 mm Stärke aus. Hilfreich sind entsprechend dicke Aluminiumschienen.

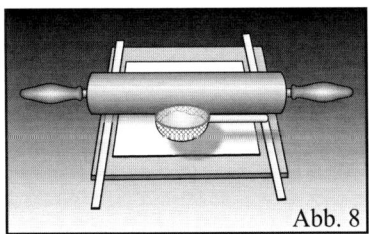

Abb. 8

Zwischen diesen Stäben legen Sie den auszurollenden Gelatinezucker. Mit einem Rollholz rollen Sie nun den Gelatinezucker so dick aus, bis das Rollholz die Aluminiumschienen berührt (Abb. 8). Dabei streuen Sie dünn Puderzucker auf die Arbeitsfläche, damit der auszurollende Gelatinezucker auf keinen Fall an der Arbeitsfläche anhaftet. Sofern die Stärke des Gelatinezuckers nicht stimmt, passen später einzelne gebogene Teile beim Zusammenbau der Kutsche nicht zusammen! Danach schneiden Sie die Teile mit den Schneideschablonen sofort aus. Achten Sie beim Ausschneiden darauf, dass der Gelatinezucker sich nicht verformt. Sehr lange und gerade Teile sollten Sie mit

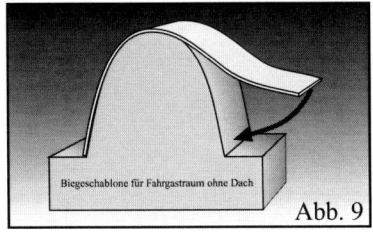

Biegeschablone für Fahrgastraum ohne Dach

Abb. 9

einem langen Messer durch Drücken abstechen und nicht schneiden. Stellenweise können Sie Bereiche mit runden Ausstechern ausstechen. Rollen Sie nicht zu viel Gelatinezucker aus, da dieser sehr schnell antrocknet und beim Biegen dann reißt – mehr als 5 Minuten sollte er nicht offen liegen! Packen Sie nicht benötigten Gelatinezucker unbedingt luftdicht in Kunststofffolie ein.

Die zu biegenden Teile (Kutschträger, Fahrgastraum, Dach des Fahrgastraumes und den Deckel der Gepäcktruhe) legen Sie nach dem Zurechtschneiden sofort auf die jeweiligen Biegeschablonen (Abb. 9) – schon nach 1 bis 2

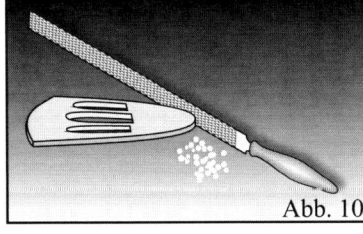

Abb. 10

Minuten ist der Gelatinezucker derart angetrocknet, dass dessen Oberfläche spröde wird und reißt! Danach sollten die Teile aus Gelatinezucker mindestens eine Nacht lang trocknen. Die richtig getrockneten Teile sind hart und zerbrechlich und im Klang wie Keramik. Vor dem Trocknen können Sie die Teile noch mit Eiweißspritzglasur dekorieren. Sofern beim Ausschneiden Unregelmäßigkeiten entstanden sind, lassen diese sich an den getrockneten Teilen mit einer feinen Feile oder mit einem kleinen Messer, evtl. mit feiner Sägezahnschneide, vorsichtig korrigieren (Abb. 10).

172

Das Fachbuch „Die Garniertüte", Eigenverlag Heinrich Fischer, Darmstadt. Adresse: **www.garniertuete.de**

Spezielle Einzelteile der Kutsche aus Eiweißspritzglasur garnieren

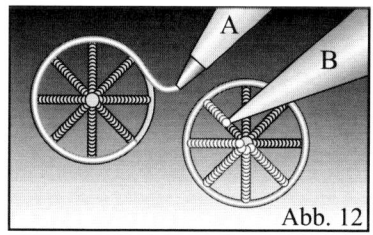

Abb. 11

Die Räder und sonstige Dekors der Kutsche stellen Sie mit Eiweißspritzglasur und der Garniertüte her. Die Garniervorlage finden Sie auf dem USB-Stick zum Buch im Verzeichnis „**Arbeitsvorlagen**" Untervz. „**Hochzeitstorte**" Unterverzeichnis „**Hochzeitskutschen**" und im jeweiligen Unterverzeichnis „**A**" oder „**B**". **(Abb. 11).** Die Rezepte für eine garnierfähige und eine fließfähige Eiweißspritzglasur und deren Herstellung finden Sie im **Kapitel „Rezepte", Seite 199.** Beachten Sie hierzu auch das Kapitel **„Auflegedekors und Schaustücke"** ab der **Seite 84.**

Die Garniervorlage schieben Sie in eine sehr dünne Klarsichthülle (Dokumentenhülle), auf die Sie die Dekors garnieren.

Für die Räder garnieren Sie zuerst die „Reifen" mit einer Lochtülle mit einer Öffnung von etwa 2 mm Durchmesser

Abb. 12

(Abb. 12 A). Um mehr Gefühl beim Garnieren mit dieser Lochtülle zu haben und um möglichst wenig Garniermasse zu benötigen, empfehle ich, eine Tülle durch Abschneiden so zu kürzen, dass diese in eine Garniertüte passt (genauer beschrieben im **Kapitel 1, Seite 8**). Die Speichen garnieren Sie mit einer normalen Garniertüte. Als Technik empfehle ich ein spiralförmiges Garnieren **(Abb. 12 B).** Nachdem die Garniermasse ausgehärtet ist, lösen Sie die Räder von der Garnierfolie

und tragen auf deren Rückseite auf allen Bereichen leicht verlaufende Eiweißspritzglasur so auf, dass diese sich wölbt und der Eindruck entsteht, als hätten die Reifen und die Speichen einen kreisrunden Durchmesser. Dies verbessert die Stabilität der Raddekors, die später das Gewicht der Hochzeitskutsche zu tragen haben.

Abb. 13

Für die Krone der Kutsche habe ich zwei Möglichkeiten mit sehr unterschiedlichem Arbeitsaufwand und sehr unterschiedlicher Schwierigkeit dargestellt: Eine dreizackige Krone als Auflegedekor **(Abb. 13,** unten rechts) und eine Krone, die aus mehreren Einzelteilen zusammengesetzt wird **(Abb. 13,** unten links).

Die dreizackige Krone können Sie mit oder ohne Umriss garnieren – ich empfehle ohne. Die Garniertechnik dieses Dekors ist genau auf **Seite 136** bei der Herstellung der Dekors für den Tortenseitenrand beschrieben. Garnieren Sie auch deren Rückseite genauso wie deren Vorderseite.

Für die zusammengesetzte Krone garnieren Sie zunächst alle Einzelteile **(Abb. 13,** oben). Die Einzelteile verbinden Sie mit zwei Tupfen Eiweißspritzglasur.

Die weiteren Dekors für die Seitenteile der Kutsche und die Trittleiter werden als einfache Auflegedekors erstellt – die Rückseite wird nicht aufgefüllt. Die kleinen Dekorherzen und Krönchen werden ohne Umriss garniert. Die Garniertechnik dieser beiden Dekors ist genau ab **Seite 136** bei der Herstellung der Dekors für den Tortenseitenrand beschrieben.

Alle beschriebenen Dekors benötigen etwa einen Tag Lagerung, bis sie sich von der Garnierfolie sauber ablösen lassen. Einige der Dekors lassen sich auch direkt auf die Kutsche garnieren, sofern Sie dabei ohne Garniervorlage auskommen.

Das Fachbuch „Die Garniertüte", Eigenverlag Heinrich Fischer, Darmstadt. Adresse: **www.garniertuete.de**

173

Kutschpferde garnieren

Die Kutschpferde werden aus einer festen und einer fließfähigen Eiweißspritzglasur hergestellt. Die Rezepte für eine garnierfähige und eine fließfähige Eiweißspritzglasur und deren Herstellung finden Sie im **Kapitel „Rezepte", Seite 199**. Die Garniervorlagen finden Sie auf Seite dem USB-Stick zum Buch im Verzeichnis **„Arbeitsvorlagen"** Unterverzeichnis. **„Hochzeitstorte"** Unterverzeichnis **„Hochzeitskutschen"** und im jeweiligen Unterverzeichnis **„A"** oder **„B"**.

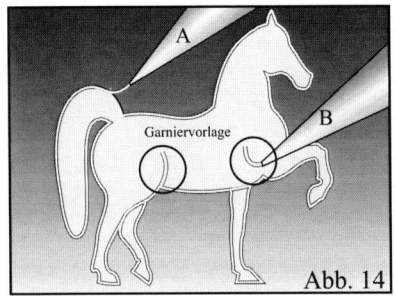

Abb. 14

Abb. 15

Abb. 16

Schieben Sie die Garniervorlage in eine dünne Kunststofffolie, auf die Sie garnieren. Garnieren Sie zuerst den Umriss der Pferde **(Abb. 14 A)**. Die Konturen der Schenkel garnieren Sie mit einem etwas stärkeren Garnierfaden **(Abb. 14 B)**. Nun füllen Sie den Innenbereich der Pferde mit einer fließfähigen Eiweißspritzglasur aus **(Abb. 15)**. Achten Sie bei der Festigkeit dieser Eiweißspritzglasur darauf, dass diese so fest ist, dass an den Rändern und den Konturen der Schenkel und Beine eine möglichst starke Wölbung entsteht, die Spritzglasur so gut verläuft, dass an der eingefüllten Oberfläche keine Unregelmäßigkeiten erkennbar sind und dass die Konturen der Schenkel nicht überflutet werden. Dadurch entsteht ein sehr schöner dreidimensionaler Eindruck **(Abb. 16)**.

Sobald die Dekors fest genug sind, lösen Sie diese von der Garnierfolie. Für einen besseren optischen Eindruck sollten Sie auch die Rückseite der Pferde ähnlich garnieren wie deren Vorderseite. Dadurch entsteht ein weiterer sehr schöner plastischer Eindruck. Dazu legen Sie die Pferde mit deren Oberseite auf eine Unterlage. Den Umriss sollten Sie nicht mehr garnieren, sondern lediglich die Konturen der Schenkel und der Beine, die durch vier

Kreise markiert sind **(Abb. 17)**. **Achten Sie auf die leicht veränderte Anordnung dieser Konturen – sie unterscheiden sich etwas von der Vorderseite!** Vergleichen Sie hierzu **Abb. 14 mit Abb. 17** und **Abb. 16 mit** Abb. **19**. Diese veränderte Anordnung hat nicht nur optische Gründe, sie verbessert auch die Stabilität der Pferdedekors! Danach füllen Sie die Innenfläche wieder mit fließfähiger Eiweißspritzglasur aus **(Abb. 18)**. Achten Sie wieder darauf, dass an den Rändern und den Konturen der Schenkel und Beine eine möglichst starke Wölbung entsteht, die Spritzglasur so gut verläuft, dass an der eingefüllten Oberfläche keine Unregelmäßigkeiten erkennbar sind und dass die Konturen der Schenkel nicht überflutet werden.

Lassen Sie die so garnierten Pferde wieder mindestens einen Tag lang an einem warmen Ort trocken.

Sobald die Pferde fest genug sind, können Sie diese mit Eiweißspritzglasur dekorieren: Mähne, Augen und evtl. Mund und Nasen (Nüstern). Für die Mähne empfehle ich eine spiralförmige Garniertechnik **(Abb. 19, Detailzeichnung rechts „Mähne von oben")**.

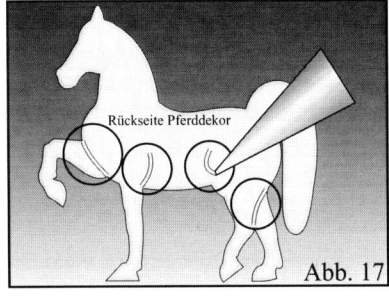

Abb. 17

Abb. 18

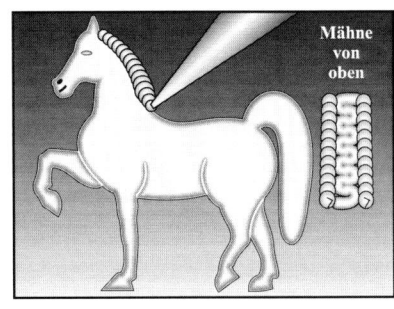

Abb. 19

Das Fachbuch „Die Garniertüte", Eigenverlag Heinrich Fischer, Darmstadt. Adresse: **www.garniertuete.de**

Pferdepaare zusammenbauen

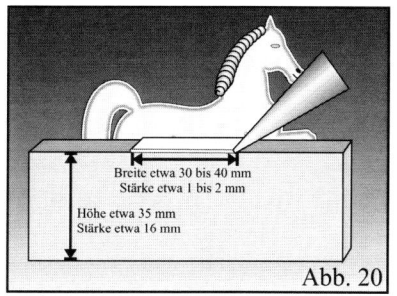

Breite etwa 30 bis 40 mm
Stärke etwa 1 bis 2 mm
Höhe etwa 35 mm
Stärke etwa 16 mm

Abb. 20

Die Pferde sollten Sie auf der Hochzeitstorte paarweise platzieren. Diese Paare kleben Sie mit einem etwa 1 mm starken und 30 bis 40 mm langen und ca. 16 mm breiten Plättchen aus Gelatinezucker mit Eiweißspritzglasur zusammen **(Abb. 20)**. Damit die Pferde beim Zusammenkleben nicht umkippen und Sie das Verbindungsplättchen richtig platzieren können, verwenden Sie eine Holzleiste

Pferde gemeinsam verschieben
verhindert das Ankleben!

Abb. 21

aus 16 mm starken Spanplatten. Schneiden Sie diese Leisten auf eine Breite von etwa 35 mm – die Länge wählen Sie danach, ob Sie jeweils ein oder mehrere Paare zusammenkleben möchten. Stellen Sie die Leiste entsprechend der **Abb. 20** auf. Tragen Sie an den langen Rändern des Verbindungsplättchens Eiweißspritzglasur

auf und drücken es entsprechend **Abb. 20** gegen eines der Pferde. Das zweite Pferd drücken Sie entsprechend **Abb. 21** gegen die andere Seite des Verbindungsplättchens. Nach dem Zusammenkleben der beiden Pferde sollten Sie das Paar mehrmals entlang der Leiste verschieben, damit keine Verbindung des Paares mit der Leiste durch die Eiweißspritzglasur entsteht – dies könnte sonst erhebliche Probleme bereiten! Diese Verbindung sollten Sie mehrere Stunden, besser einen Tag lang, aushärten lassen.

Die Pferdepaare verbinden Sie auf der Hochzeitstorte mit einer Deichsel. Diese Deichsel können Sie aus 1 bis 2 mm dick ausgerolltem Gelatinezucker ausschneiden oder aus Eiweißspritzglasur garnieren. Die Deichsel sollte so gebo-

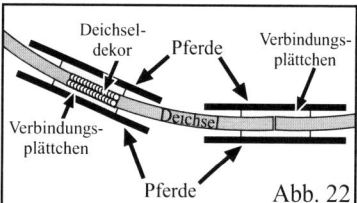

Deichseldekor | Pferde | Verbindungsplättchen
Verbindungsplättchen
Deichsel
Pferd
Abb. 22

gen sein, dass sie sich der Tortenform anpasst **(Abb. 22)**. Die Deichsel können Sie mit der Garniertüte dekorieren, z. B. mit einem spiralförmigen Dekor, der schon bei der Kutsche verwandt wurde. Die Deichsel können Sie auf das Verbindungsplättchen eines Pferdepaares mit Eiweißspritzglasur aufkleben oder einfach nur auflegen.

Kutschen zusammenbauen

Für das Zusammenfügen der einzelnen Gelatinezuckerteile der Kutschen finden Sie auf den **Seiten 176 und 177 (Abb. 23a bis f und Abb. 24a bis f)** zwei Konstruktionszeichnungen. Als Klebstoff verwenden Sie garnierfähige Eiweißspritzglasur. Diese tragen Sie an den zusammenstoßenden Kanten mit der Garniertüte entsprechend dick auf. Sofern Lücken zwischen den Teilen entstehen, können Sie diese ebenfalls mit Eiweißspritzglasur ausfüllen. Dekoriert wird die Kutsche erst nach deren Zusammenbau und bevor die Räder angebracht werden (Beispiele dafür auf **Seite 168 und Seite 169**). Um die Kanten der zusammengefügten Teile der Kutsche, der Gepäcktruhe und des Kutschbockes zu verdecken, empfehle ich eine spiralförmige Garniertechnik an deren Kanten. Die auf Folie garnierten Dekorteile kleben Sie mit Eiweißspritzglasur auf die Kutsche auf. Ansonsten sind lediglich die Umrisse der Türen und die Dekorpunkte an den Ecken des Daches zu garnieren.

Um die Räder anbringen zu können, müssen Sie die Kutsche mit entsprechend dicken Gegenständen unterbauen und auf der richtigen Höhe stabilisieren. Die Räder müssen und können das Gewicht der Kutsche ohne

Probleme tragen – wenn sie richtig garniert und gemäß der Konstruktionszeichnung richtig angebracht sind!

Die Kutsche und die Pferde lassen sich normalerweise problemlos auf der Tortenoberfläche einer solchen Hochzeitstorte platzieren. Wenn durch die Tortenoberfläche jedoch die Gefahr besteht, dass die Teile mit dieser verkleben, sollten Sie diese auf einen Sockel aus Gelatinezucker stellen, evtl. darauf aufkleben. Dazu müssen Sie evtl. den Sockel aus mehreren Teilen herstellen, damit er nicht zu groß wird, z. B. die Kutsche auf einen Teil und die Pferde auf zwei bis drei weitere Teile oder für jedes Pferdepaar einen eigenen Sockel. Achten Sie darauf, dass diese Sockel sich möglichst exakt der kreisrunden Form der Torte anpassen und ein gleichmäßiger Abstand zum Tortenrand möglich ist. Durch diese Sockel lässt sich die Kutsche und den Pferden auch besser transportieren. Bevor Sie die Kutsche mit dem Sockel auf die Torte stellen, sollten Sie eine dünne Lebensmittelfolie unterlegen, damit nichts mit der Tortenoberfläche verkleben kann. Dadurch lässt sich die Hochzeitskutsche später problemlos von der Torte herunternehmen und als Erinnerungsstück aufheben.

Das Fachbuch „Die Garniertüte", Eigenverlag Heinrich Fischer, Darmstadt. Adresse: **www.garniertuete.de**

175

Konstruktionszeichnung für den Zusammenbau der Hochzeitskutsche Modell A

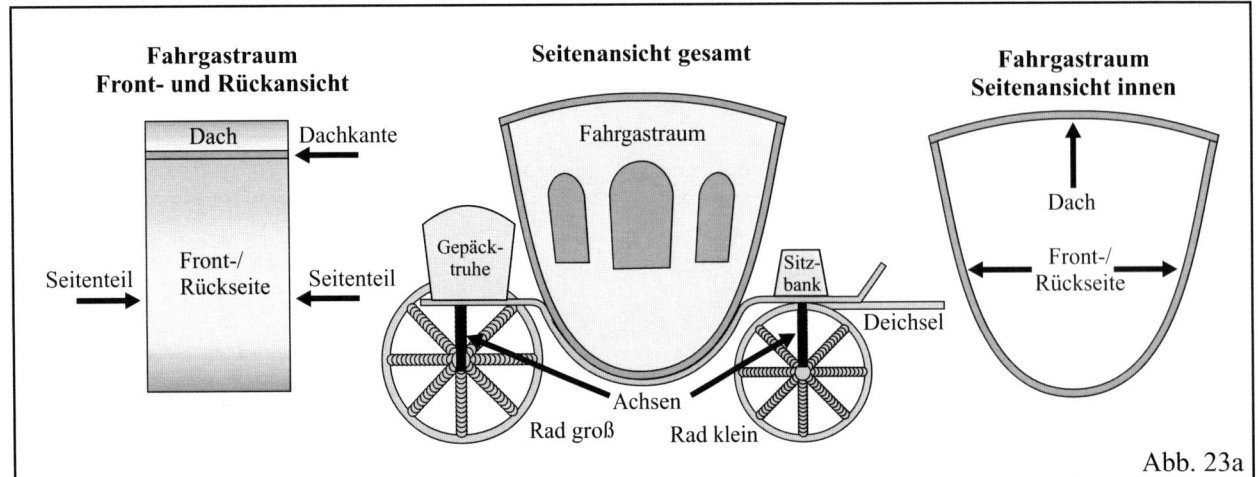

Fahrgastraum Front- und Rückansicht

Dach — Dachkante

Seitenteil — Front-/Rückseite — Seitenteil

Seitenansicht gesamt

Fahrgastraum

Gepäck-truhe — Sitz-bank — Deichsel

Achsen — Rad groß — Rad klein

Fahrgastraum Seitenansicht innen

Dach

Front-/Rückseite

Abb. 23a

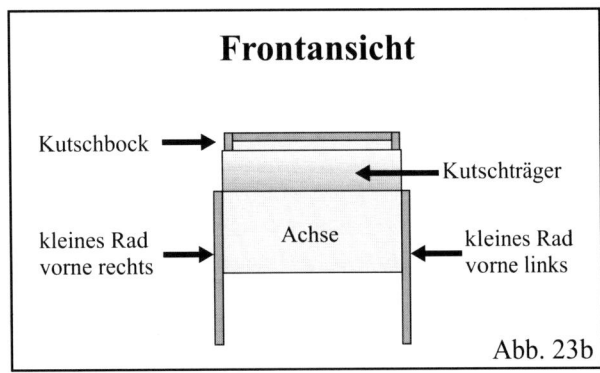

Frontansicht

Kutschbock — Kutschträger

kleines Rad vorne rechts — Achse — kleines Rad vorne links

Abb. 23b

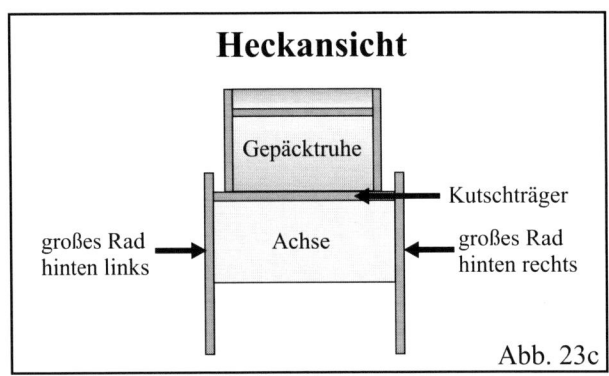

Heckansicht

Gepäcktruhe

Kutschträger

großes Rad hinten links — Achse — großes Rad hinten rechts

Abb. 23c

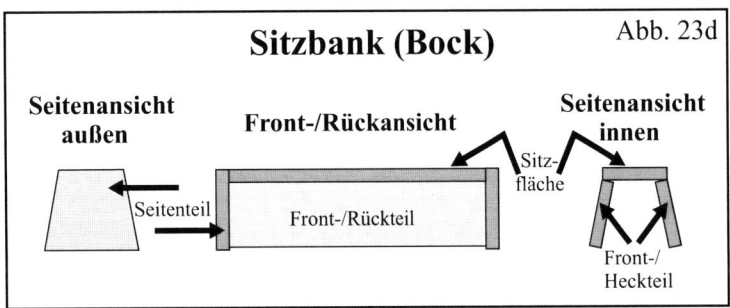

Sitzbank (Bock)

Abb. 23d

Seitenansicht außen — Front-/Rückansicht — Seitenansicht innen

Seitenteil — Front-/Rückteil — Sitz-fläche — Front-/Heckteil

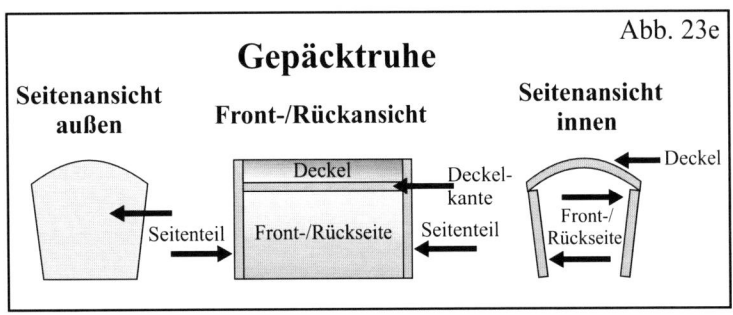

Gepäcktruhe

Abb. 23e

Seitenansicht außen — Front-/Rückansicht — Seitenansicht innen

Deckel — Deckel-kante — Deckel

Seitenteil — Front-/Rückseite — Seitenteil — Front-/Rückseite

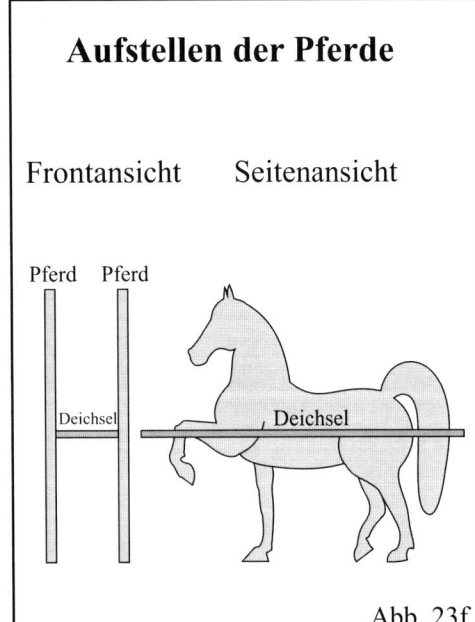

Aufstellen der Pferde

Frontansicht — Seitenansicht

Pferd — Pferd

Deichsel — Deichsel

Abb. 23f

Das Fachbuch „Die Garniertüte", Eigenverlag Heinrich Fischer, Darmstadt. Adresse: **www.garniertuete.de**

Konstruktionszeichnung für den Zusammenbau der Hochzeitskutsche Modell B

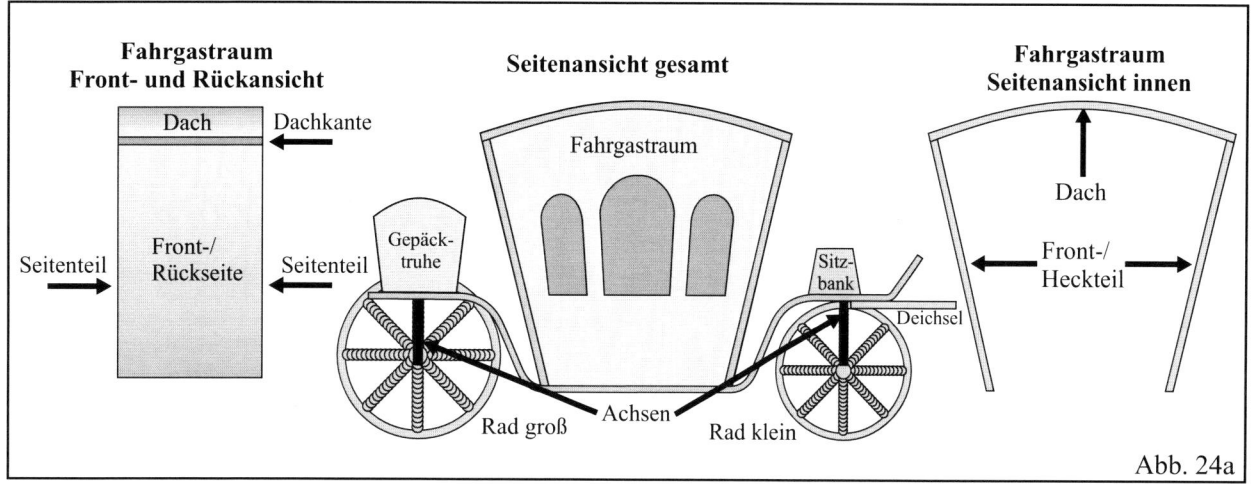

Abb. 24a

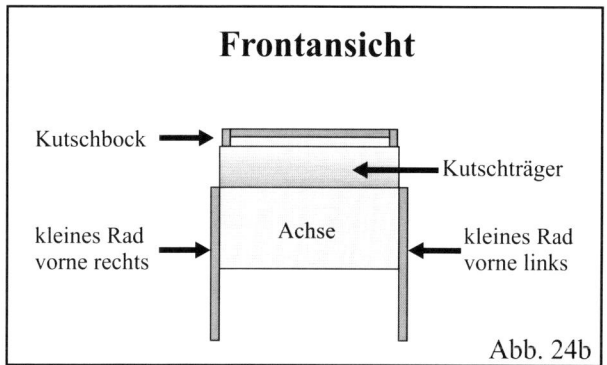

Abb. 24b

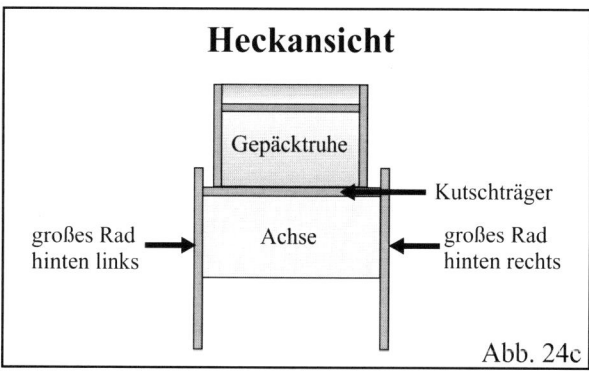

Abb. 24c

Abb. 24d

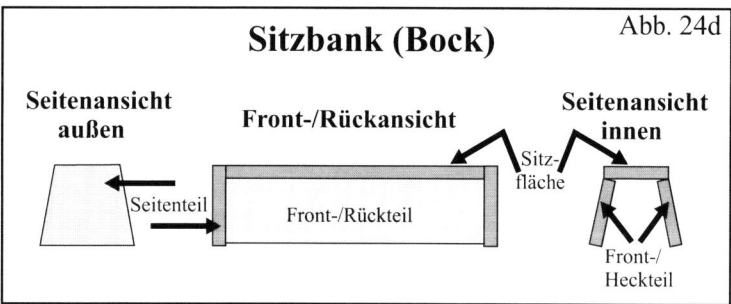

Abb. 24e

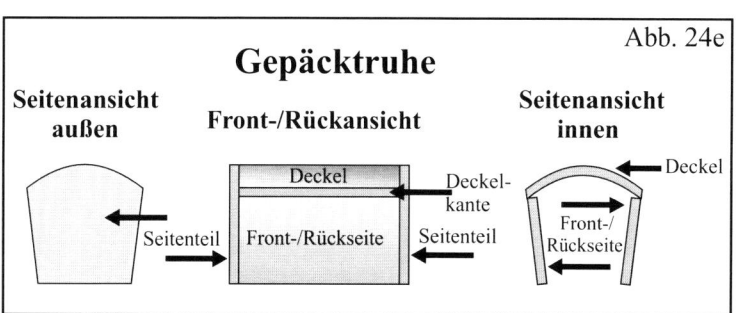

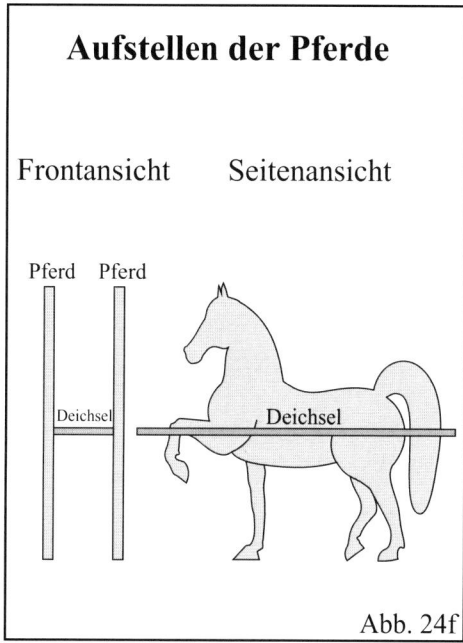

Abb. 24f

Das Fachbuch „Die Garniertüte", Eigenverlag Heinrich Fischer, Darmstadt. Adresse: **www.garniertuete.de**

177

Das Fachbuch „Die Garniertüte", Eigenverlag Heinrich Fischer, Darmstadt. Adresse: **www.garniertuete.de**

Schaustück Hochzeitstorte – Bogendekors der 1. Etage

Übersicht

179

Das Fachbuch „Die Garniertüte", Eigenverlag Heinrich Fischer, Darmstadt. Adresse: **www.garniertuete.de**

Schaustück Hochzeitstorte – Bogendekors der 1. Etage

Garniervorlagen herstellen

Die 1. Etage der beschriebenen Hochzeitstorte ist bewusst kleiner im Durchmesser als die darüber liegende 2. Etage. Dadurch wirkt diese Torte erheblich leichter und filigraner

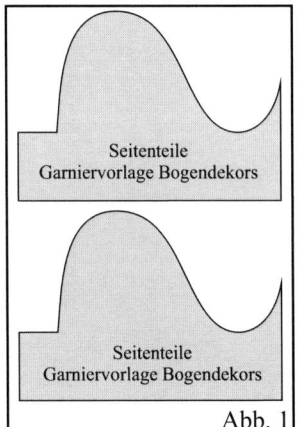

Abb. 1

als Torten, bei denen unten die Etage mit dem größten Durchmesser liegt. Als Dekors wurden hier Bogendekors gewählt, die wie Blätter wirken. Natürlich lässt diese Etage auch viele andere Gestaltungsmöglichkeiten zu, wie z. B. modellierte Rosen alleine oder zusätzlich zu den Bogendekors. Sehr abstrakt gedacht, stellen diese Dekors die Blätter einer Knospe (Torte als Symbol für das Hochzeitspaar) dar, aus der sich neues Leben entwickeln soll. Um die Symbolik für neu entstehendes Leben noch zu verstärken, können Sie zusätzlich noch eine oder mehrere Wiegen zwischen den Bögen platzieren. Wie Sie eine solche Wiege herstellen, wird im nächsten Abschnitt sehr ausführlich dargestellt.

Im ersten Schritt stellen Sie die dreidimensionalen Garniervorlagen her – die Herstellungstechnik dieser Vorlagen ist gleich den Biegeschablonen für die Teile der Hochzeitskutsche. Die Vorlagen für diese Garniervorlagen finden Sie auf dem USB-Stick zum Buch im Verzeichnis **„Arbeitsvorlagen"** Unterverzeichnis **„Hochzeitstorte"** Unterverzeichnis **„Bogendekors"** und im jeweiligen Unterverzeichnis **„Form A, B oder C"** Abb. 1 und 2, stark verkleinert). Die Formen unterscheiden sich durch die Höhe des Bogens. Sie finden in den angegebenen Verzeichnissen 9 verschieden Größen der jeweiligen Form. **Die Bogendekors der Hochzeitstorte auf der Titelseite wurden mit den Vorlagen der Form A in der Größe 06 hergestellt.** Eine Auswahlübersicht finden Sie

auf **Seite 223**. Schneiden Sie die Teile mit einer scharfen Schere aus. Die Teile der **Abb. 2** schneiden Sie entlang des rechteckigen Rahmens. Besorgen Sie sich zusätzlich Holzstücke mit den Maßen etwa 18 cm lang, 3 cm breit und 2 cm stark. Kleben Sie jeweils zwei Seitenteile mit einem Holzstück zusammen **(Abb. 3)**. Die Garniervorlagen **(Abb. 2)** bestreichen Sie auf deren Rückseite mit Klebstoff und drücken diese auf die Kanten der Seitenteile. Bis der Klebstoff fest ist, müssen Sie darauf achten, dass sich die Garniervorlage nicht von den

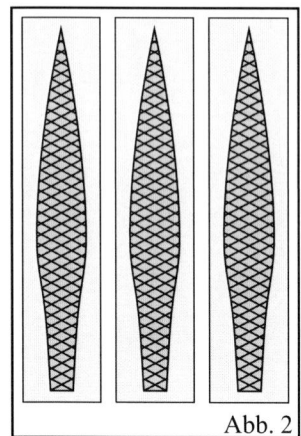

Abb. 2

Seitenteilen abhebt und die Seitenteile möglichst rechtwinkelig und senkrecht stehen – korrigieren Sie rechtzeitig mit den Händen! Sobald der Klebstoff fest ist, können Sie die Garniervorlage einsetzen. Damit Sie möglichst rationell arbeiten können, sollten Sie mehrere solcher Garniervorlagen herstellen.

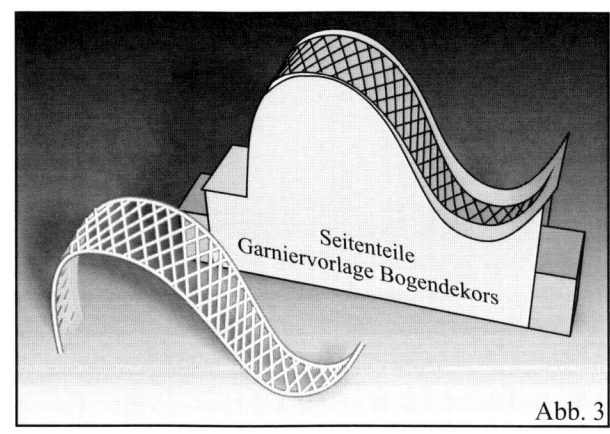

Abb. 3

180

Das Fachbuch „Die Garniertüte", Eigenverlag Heinrich Fischer, Darmstadt. Adresse: **www.garniertuete.de**

Bogendekors garnieren

Für die beschriebene Hochzeitstorte benötigen Sie 8 Bogendekors.

Legen Sie zunächst dünne Folien über die Garniervorlagen und befestigen diese mit Büroklammern **(Abb. 4).** Stellen Sie danach eine garnierfähige Eiweißspritzglasur her (Rezepte siehe **Kapitel „Rezepte", Seite 199).** Garnieren Sie zunächst die Gitter der Dekors **(Abb. 4 links),** danach deren Umriss **(Abb. 4, rechts).** Achten Sie beim Garnieren des Umrisses darauf, dass die Enden der Gitter durch den Garnierfaden verdeckt werden.

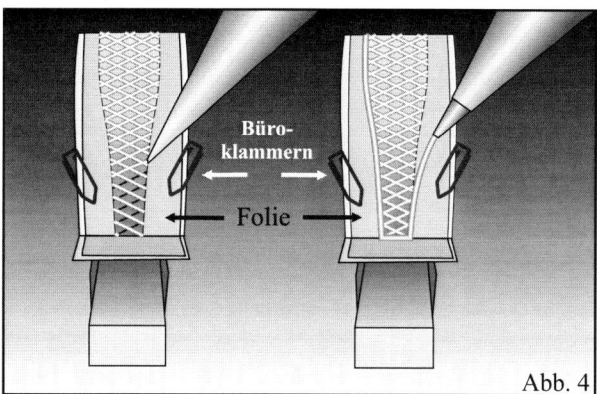

Abb. 4

Der Garnierfaden für den Umriss sollte eine Stärke von 1 bis 1,5 mm haben. Bei dieser Fadenstärke ist eine Papiertüte ungeeignet, da der Faden selten exakt rund wird. Verwenden Sie deshalb als Düse eine Lochtülle. Um mehr Gefühl beim Garnieren mit dieser Tülle zu haben und um möglichst wenig Garniermasse zu benötigen, empfehle ich, eine Tülle durch Abschneiden so zu kürzen, dass diese in eine Garniertüte passt (genauer beschrieben in **Kapitel 1, Seite 8).**

Sofern Sie nur drei Garniervorlagen erstellt und das dritte Bogendekor garniert haben, ist die Eiweißspritzglasur des ersten Dekors meist so fest, dass Sie die Büroklammern zur Befestigung der Garnierfolie lösen können. Kippen Sie dann die Garniervorlage mit dem Dekor vorsichtig zu Seite – der Dekor rutscht meist problemlos von der Vorlage und bleibt auf der Folienkante liegen. Nun können Sie diese Garniervorlage wieder mit Folie belegen und weiter garnieren.

Lassen Sie die fertigen Bogendekors möglichst einen Tag lang an einem warmen und trockenen Ort fest werden, bevor Sie die Folien von deren Rückseite abziehen.

Das Fachbuch „Die Garniertüte", Eigenverlag Heinrich Fischer, Darmstadt. Adresse: **www.garniertuete.de**

Das Fachbuch „Die Garniertüte", Eigenverlag Heinrich Fischer, Darmstadt. Adresse: **www.garniertuete.de**

Schaustück Hochzeitstorte – Wiege

Übersicht

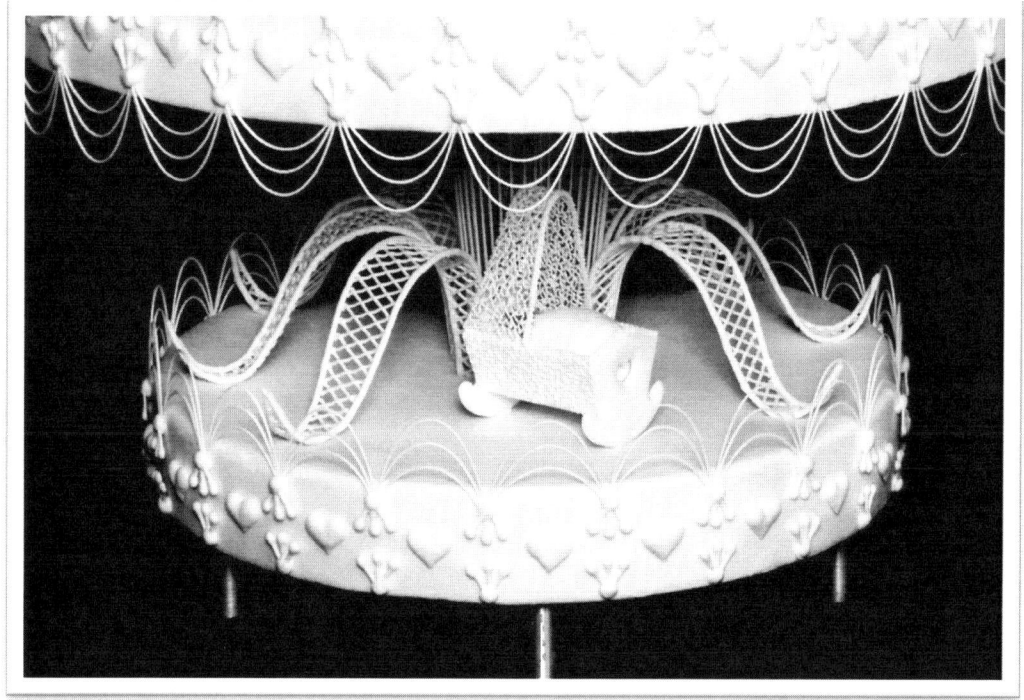

Das Fachbuch „Die Garniertüte", Eigenverlag Heinrich Fischer, Darmstadt. Adresse: **www.garniertuete.de**

183

Schaustück Hochzeitstorte – Wiege

Dachhaube herstellen

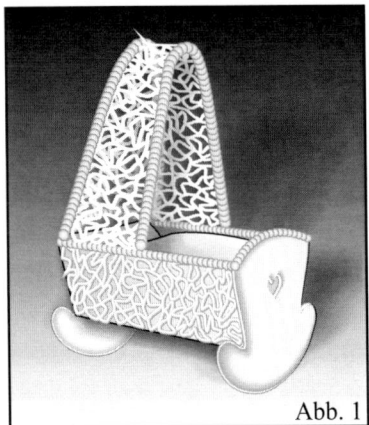

Abb. 1

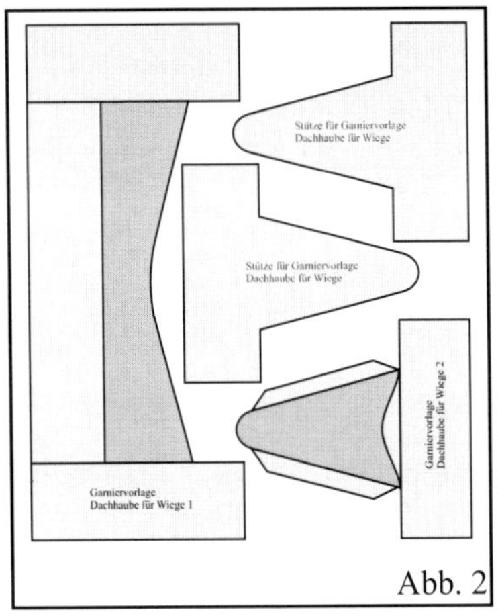

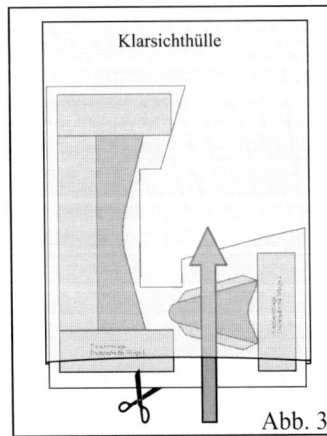

Abb. 2

Für die 1. Etage der Hochzeitstorte wurden als Dekors Bogendekors gewählt, die wie Blätter wirken. Sehr abstrakt gedacht, stellen diese Dekors die Blätter einer Knospe (Torte als Symbol für das Hochzeitspaar) dar, aus der sich neues Leben entwickelt. Als Symbol für dieses neue Leben können Sie auch zusätzlich zu diesen Bögen noch eine oder mehrere Wiegen herstellen und diese zwischen den Bögen platzieren **(Abb. 1)**. Allerdings ist Vorsicht geboten, wenn Sie eine Wiege auf der Torte als Dekor aufstellen – diese Wiege könnte missverstanden werden, wie wenn die Braut schwanger wäre! Prinzipiell sollten Sie deshalb in eine solche Wiege keinen Säugling legen.

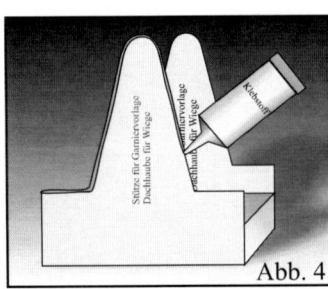

Klarsichthülle

Abb. 3

Im ersten Schritt stellen Sie die dreidimensionalen Garniervorlagen her – die Herstellungstechnik dieser Vorlagen ist gleich den Biegeschablonen für die Bogendekors im Abschnitt zuvor. Die Vorlagen für diese Ausschneide- und Garniervorlagen finden Sie finden Sie auf dem USB-Stick zum Buch im Verzeichnis „**Arbeitsvorlagen**" Unterverzeichnis „**Hochzeitstorte**" Unterverzeichnis „**Wiege**" Abb. 2, stark verkleinert). Sie finden dort 11 verschiedene

Größen. **Die Wiege für die Torte auf der Titelseite wurde in der Größe 06 hergestellt.** Schneiden Sie zuerst

Abb. 4

die Teile mit der Bezeichnung „**Stütze für Garniervorlage Dachhaube für Wiege**" aus. Die verbleibenden beiden Teile lassen Sie zusammen und schieben diese in eine Klarsichthülle **(Abb. 3)**.

Diese beiden Teile schneiden Sie zusammen mit der Folie mit einer scharfen Schere aus. Besorgen Sie sich zusätzlich ein Holzstück mit den Maßen etwa 8 cm lang,

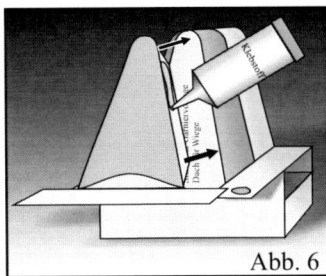

Abb. 5

4 cm breit und 2 cm stark. Kleben Sie an die 8 cm breiten Seiten jeweils ein Teil mit der Bezeichnung „**Stütze für Garniervorlage Dachhaube für Wiege**" **(Abb. 4)**. Die oberen Kanten

dieser Stützen bestreichen Sie mit Klebstoff **(Abb. 4)**. Auf diese Kanten drücken Sie die „**Garniervorlage Dachhaube für Wiege 1**". Dieses Teil sollten Sie zuvor an den Enden knicken – wo, ersehen Sie in **Abb. 5**.

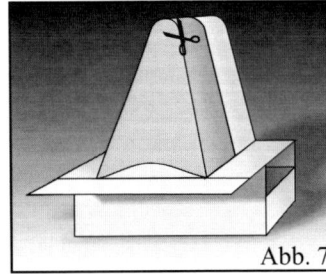

Abb. 6

Bis der Klebstoff fest ist, müssen Sie darauf achten, dass sich die Garniervorlage nicht von den Seitenteilen abhebt und die Seitenteile möglichst rechtwinkelig und senkrecht stehen – korrigieren Sie rechtzeitig mit den Händen! Sobald der Klebstoff fest ist, bauen Sie das Teil „**Garniervorlage Dachhaube für Wiege 2**" in die Garniervorlage ein **(Abb. 6)**. Knicken Sie zuvor die Kleberänder und den geraden Bereich des Teils um – wo und wie, ersehen Sie in **Abb. 6,** und bestreichen Sie die Kleberänder und die Enden des geraden Teiles mit Klebstoff. Passen Sie das Teil exakt in die Garniervorlage ein. Sofern im oberen runden Bereich Papier übersteht, schneiden Sie dieses mit einer Schere ab **(Abb. 7)**.

Abb. 7

Das Fachbuch „Die Garniertüte", Eigenverlag Heinrich Fischer, Darmstadt. Adresse: **www.garniertuete.de**

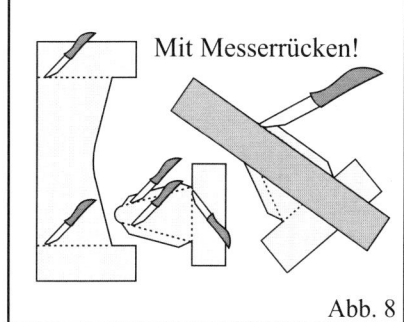

Abb. 8

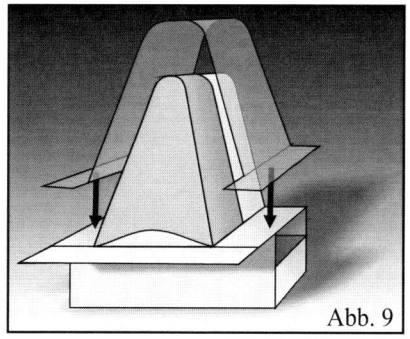

Abb. 9

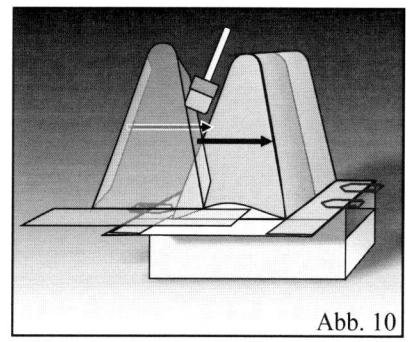

Abb. 10

Auf die Garniervorlage müssen Sie nun die Garnierfolie aufbringen. Die Folien haben Sie bereits mit den Einzelteilen der Garniervorlagen ausgeschnitten **(Abb. 3)**. Sofern die Folie scharfkantig geknickt werden muss, sollten Sie die Knicke mit einem Messer vorbereiten **(Abb. 8)**. Legen Sie dazu z. B. ein Lineal an die in **Abb. 8** gestrichelt dargestellten Linien der Folien und fahren mit leichtem bis starkem Druck mit der Messer**rückseite** an dem Lineal entlang – die Folie dürfen Sie dadurch natürlich nicht durchtrennen! Legen Sie die Folie für den Dachbogen entsprechend **Abb. 9** über die Garniervorlage und befestigen diese mit Büroklammern **(Abb. 10)**. Das Seitenteil wird mit den umgeknickten Seiten (Laschen) unter die erste Folie geschoben. Damit beide Folien ein Mindestmaß an Zusammenhalt haben, bestreichen Sie die Laschen mit Wasser – durch die Adhäsionskraft des Wassers haften die Folien an den feuchten Stellen zusammen.

Die beiden Folien dürfen Sie auf keinen Fall mit Klebestreifen oder Klebstoff miteinander verbinden, da Sie die Folien sonst kaum noch von der garnierten Dachhaube abziehen können! Befestigen Sie den umgeknickten unteren Bereich mit Büroklammern mit der Garniervorlage **(Abb. 11)**. Achten Sie weiterhin unbedingt darauf, dass an den Verbindungsbereichen der beiden Folien keine Wölbung und damit keine breiten Schlitze entstehen. Sofern Sie später beim Garnieren Eiweißspritzglasur in solche Schlitze spritzen, wird die Folienkante derart von der Eiweißspritzglasur umschlossen, dass Sie die Folie kaum noch von der fertigen Dachhaube entfernen können!

Nun stellen Sie eine garnierfähige Eiweißspritzglasur her (Rezept siehe **Kapitel „Rezepte" ab Seite 199).** Garnieren Sie zunächst den Dachbogen **(Abb. 12 A)** und dann die Rückseite der Dachhaube **(Abb. 12 B)**. Hier wurde eine unregelmäßige wellenförmige Garniertechnik gewählt. Mit der Tütenspitze halten Sie beim Garnieren zur Garnierfolie lediglich einen Abstand von 1 bis 2 mm. Achten Sie darauf, dass die Garnierlinien sich ab und zu berühren. Je öfter sich die Linien berühren, umso stabiler wird die Dachhaube. Beim Garnieren der Rückseite können Sie so garnieren, dass beide Teile sich verbinden. Für eine bessere Stabilität und für einen besser aussehenden Abschluss der Kanten empfehle ich eine spiralförmig garnierte Linie **(Abb. 13)**. Diese können Sie auf den Kanten hin zur Rückseite auch weglassen, was die Dachhaube wesentlich filigraner erscheinen lässt – erfordert allerdings, dass die Verbindung beider Bereiche sauber garniert ist!

Der schwierigste Teil ist das Entfernen der Garnierfolie. Entfernen Sie zuerst die Folie des Dachbogens und dann die des Rückteiles. Beginnen Sie möglichst an mehreren Enden, um herauszufinden, von welcher Ecke aus sich die Folie am besten entfernen lässt. Sofern Folienkanten in der Eiweißspritzglasur eingeschlossen sind, hilft meist eine Pinzette. Legen Sie die Dachhaube auf eine weiche Unterlage, z. B. Schaumstoff, packen Sie die Folie mit der Pinzette in der Nähe der Problemstelle an und ziehen sehr vorsichtig und ruckartig, bis die Folie sich hoffentlich löst. Sofern sich die Folie dadurch immer noch nicht löst, können Sie an der Problemstelle evtl. mit einer Zahnstocherspitze tropfenweise Wasser auftragen und die Eiweißspritzglasur dadurch erweichen.

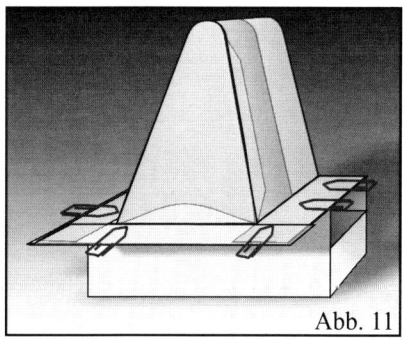

Abb. 11

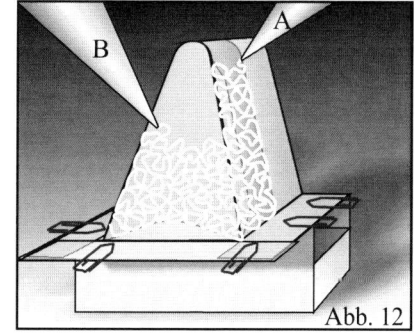

Abb. 12

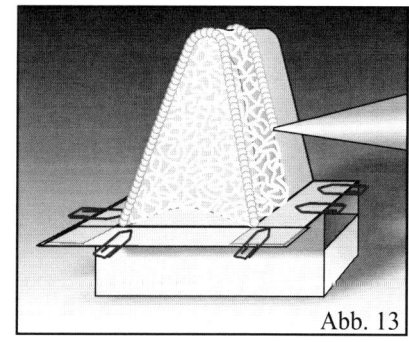

Abb. 13

Das Fachbuch „Die Garniertüte", Eigenverlag Heinrich Fischer, Darmstadt. Adresse: **www.garniertuete.de**

185

Wiegenkörper herstellen

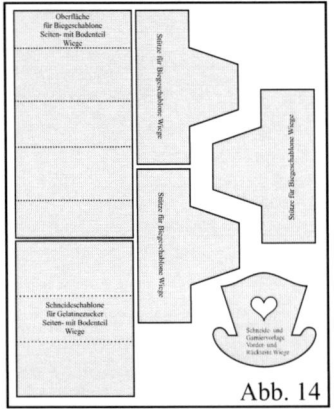

Abb. 14

Als ersten Schritt für die Herstellung des Wiegenkörpers stellen Sie die Biegeschablone her – die Herstellungstechnik dieser Biegeschablone ist ähnlich der, die Sie für die Garniervorlage der Dachhaube benötigten (**Abb. 14,** stark verkleinert). Schneiden Sie zuerst die Teile mit der Bezeichnung „**Stütze für Biegeschablone Wiege"** aus. Besorgen Sie sich zusätzlich zwei Holzstücke mit den Maßen etwa 8 cm lang, 3 cm breit und etwa 2 cm stark. Kleben Sie an die 8 cm breiten Seiten jeweils ein Teil mit der Bezeichnung „**Stütze für Biegeschablone Wiege"** (**Abb. 15).** Die oberen Kanten dieser Stützen bestreichen

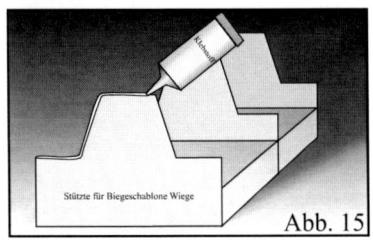

Abb. 15

Sie mit Klebstoff (**Abb. 15).** Auf diese Kanten drücken Sie das Teil „**Oberfläche für Biegeschablone ...".** Dieses Teil sollten Sie zuvor an den gestrichelten Linien knicken – wo und wie ersehen Sie in **Abb. 16.** Bis der Klebstoff fest ist, müssen Sie darauf achten, dass sich die Garniervorlage nicht von den Seitenteilen abhebt und die Seitenteile möglichst rechtwinkelig und senkrecht stehen –

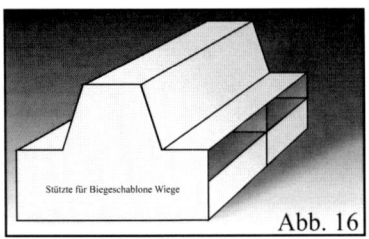

Abb. 16

korrigieren Sie rechtzeitig mit den Händen! Sobald der Klebstoff fest ist, können Sie die Oberfläche der Biegeschablone noch mit Klebefolie gegen die Feuchtigkeit des Gelatinezuckers schützen – allerdings dürfen beim Bekleben der Biegeschablone keine Falten in der Klebefolie entstehen!

Für den Wiegenkörper stellen Sie ausrollbaren Gelatinezucker her (Rezept siehe **Kapitel „Rezepte",** <mark>Seite 207</mark>). Diesen rollen Sie auf 2 mm Stärke aus. Verwenden Sie Puderzucker zum Stäuben, um ein Ankleben des Gelatine-

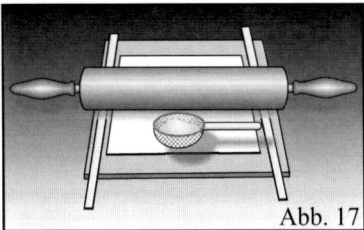

Abb. 17

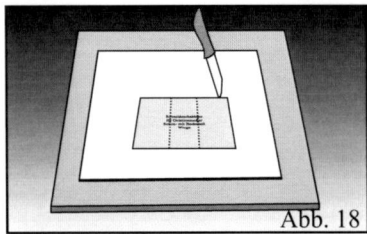

Abb. 18

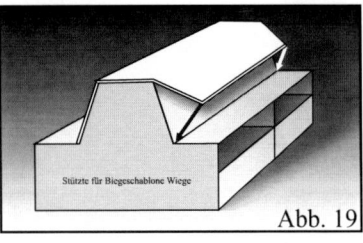

Abb. 19

zuckers zu vermeiden. Für eine notwendige gleichmäßige Stärke können Sie Aluschienen verwenden, die Sie in Baumärkten kaufen können. Rollen Sie mit einem Rollholz solange den Gelatinezucker aus, bis das Rollholz auf den Schienen aufliegt (**Abb. 17).** Schneiden Sie mit Hilfe der Vorlage „**Schneideschablone für Gelatinezucker Seiten- mit Bodenteil Wiege"** ein rechteckiges Stück aus dem ausgerollten Gelatinezucker und legen es sofort auf die Biegeschablone (**Abb. 19,** diese Schablone befindet sich auf dem gleichen Ausschneidebogen wie die Teile für die Biegeschablone).

Die Vorder- und die Rückseite der Wiege können Sie ebenfalls aus Gelatinezucker ausschneiden – ich empfehle

Abb. 20

aus optischen Gründen, diese beiden Teile mit der Garniertüte herzustellen. Legen Sie dazu eine Kunststofffolie auf die Garniervorlage und umranden mit einer garnierfähigen Eiweißspritzglasur deren Umriss (**Abb. 20, links),** diese Schablone befindet sich auf dem gleichen Ausschneidebogen wie die Teile für die Biegeschablone – Rezept siehe **Kapitel „Rezepte", Seite 199).** Danach füllen Sie fließfähige Eiweißspritzglasur so in den Innenbereich der Teile (**Abb. 20, rechts),** dass sich die eingefüllte Eiweißspritzglasur vom Rand hin nach innen erkennbar wölbt (Rezept siehe **Kapitel „Rezepte", Seite 203).** Die garnierten Teile lassen Sie mindestens einen Tag lang trocknen.

186

Das Fachbuch „Die Garniertüte", Eigenverlag Heinrich Fischer, Darmstadt. Adresse: **www.garniertuete.de**

Wiege zusammenbauen

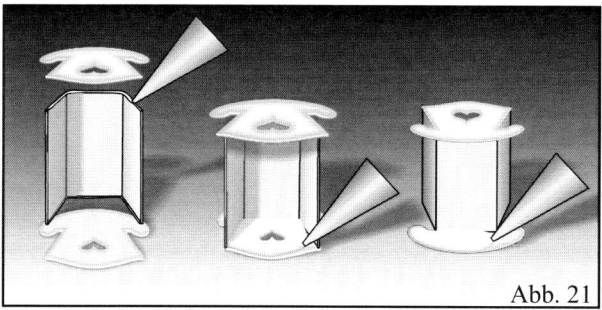

Abb. 21

Für den Zusammenbau der Wiege benötigen Sie garnierfähige Eiweißspritzglasur (Rezept sie **Kapitel „Rezepte",** **Seite 199).** Tragen Sie mit einer Spritztüte an den Seiten des Wiegenkörpers dünn Eiweißspritzglasur auf **(Abb. 21, links)** und verbinden dieses Teil mit der garnierten Vorder- und Rückseite der Wiege **(Abb. 21, Mitte). Die Fläche dieser Teile, die zuvor mit der Garnierfolie verbunden war, zeigt in den Innenraum der Wiege!** Danach füllen Sie fließfähige Eiweißspritzglasur so auf diese Fläche **(Abb. 21, Mitte und rechts),** dass sich die

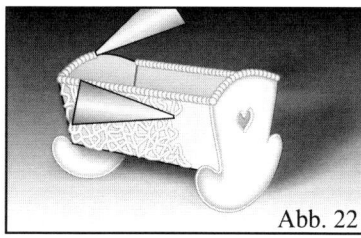

Abb. 22

eingefüllte Eiweißspritzglasur vom Rand hin nach innen erkennbar wölbt. Die Außenwände des Wiegenkörpers, den Sie aus Gelatinezucker hergestellt haben, können Sie noch dekorieren – ich empfehle die gleiche Garniertechnik wie für die Dachhaube **(Abb. 22 und Abb. 12).** Die oberen Kanten der Wiege können Sie rundum mit einer spiralförmigen Garniertechnik dekorieren **(Abb. 22).**

Abb. 23

Für den Innenbereich der Wiege benötigen Sie noch „Bettwäsche". Ich empfehle, diese aus Gelatinezucker zu modellieren (Rezept siehe **Kapitel „Rezepte", Seite 207).** Sie benötigen lediglich ein Kopfkissen

und eine Bettdecke **(Abb. 23).** Sie können natürlich auch noch einen Säugling in die Wiege legen (Garniervorlagen

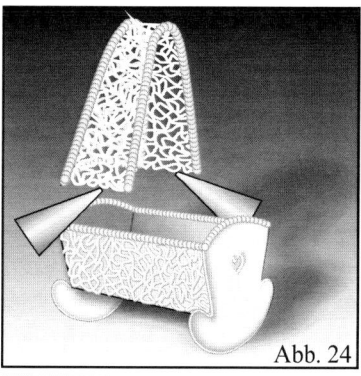

Abb. 24

finden Sie auf dem USB-Stick zum Buch im Verzeichnis „**Arbeitsvorlagen**" Unterverz. „**Hochzeitstorte**" Unterverzeichnis „**Säuglinge**". Sie finden dort Garniervorlagen in 11 verschiedenen Größen. **Bei der Hochzeitstorte auf dem Titelbild wurde die Größe 04 gewählt.** Die Herstellung der „Zuckerbabys" wird auf **Seite 148** beschrieben. Allerdings sollten Sie darauf achten, dass durch einen solchen Säugling in dieser Wiege für das Hochzeitspaar keine Missverständnisse auftreten (siehe Hinweis am Anfang dieses Abschnittes) – ich empfehle, keinen Säugling in die Wiege zu legen! **Die Bettwäsche sollten Sie dem Innenbereich der Wiege anpassen, solange Sie die Dachhaube noch nicht aufgeklebt haben!**

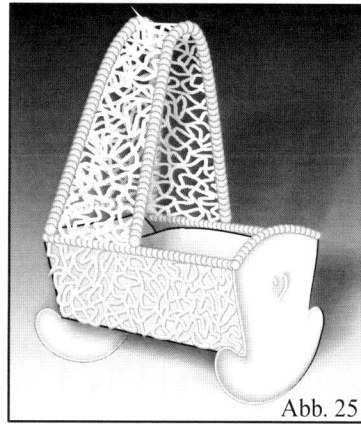

Abb. 25

Zum Schluss kleben Sie die Dachhaube auf die Wiege. Als Klebstoff verwenden Sie Eiweißspritzglasur oder Puderzucker, den Sie mit Wasser zu einem dünnen Brei anrühren. Tragen Sie die Zuckermasse an einigen wenigen Bögen an den unteren Enden der Dachhaube auf **(Abb. 24)** und setzen die Dachhaube sofort auf die Wiege. Sofern sich „Löcher" zeigen zwischen Dachhaube und Wiege, können Sie diese mit Eiweißspritzglasur schließen, indem Sie den Dekor der Dachhaube bis zur Wiege hin erweitern. Die fertige Wiege ist in **Abb. 25** dargestellt.

Kapitel 9 – Anwendungen für die Gastronomie

Übersicht

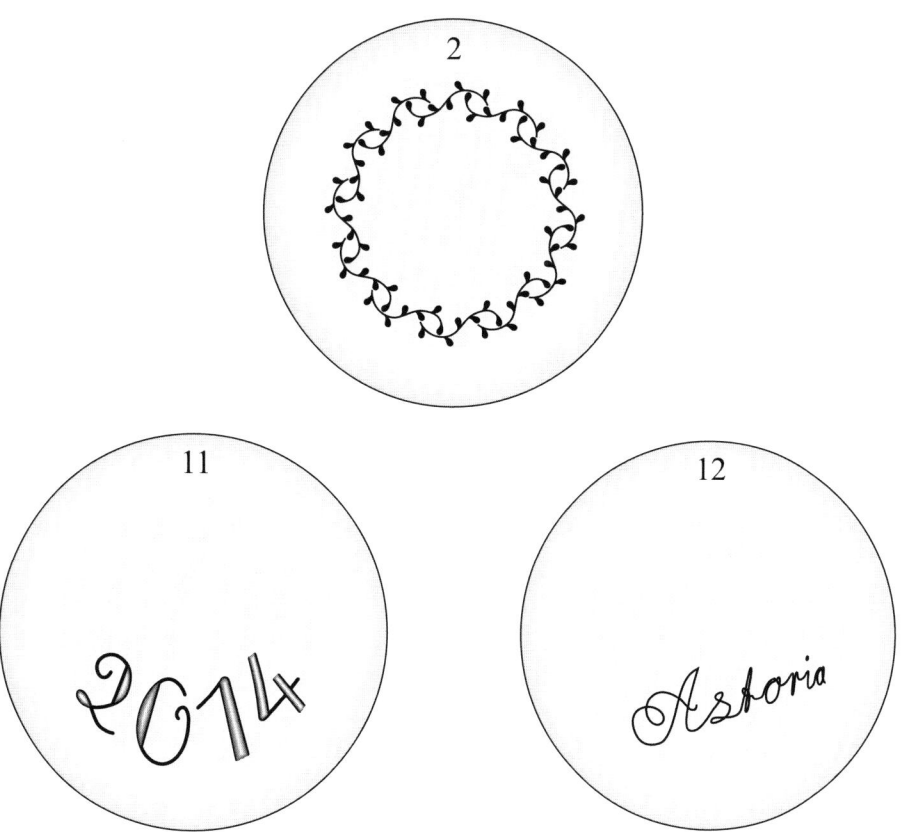

Das Fachbuch „Die Garniertüte", Eigenverlag Heinrich Fischer, Darmstadt. Adresse: **www.garniertuete.de**

Anwendungen für die Gastronomie

In der Gastronomie lässt sich das Werkzeug „Garniertüte" sehr vielseitig einsetzen – Sie müssen allerdings von der Vorstellung wegkommen, dass mit der Garniertüte nur süße Produkte dekoriert werden können! Auf den nächsten Seiten werde ich versuchen, Ihnen etliche Anregungen für den Einsatz bei süßen Desserts auf Tellern und für nichtsüße Produkte, z. B. Canapés, Vor- und Hauptspeisentellern und Büfettplatten zu geben.

Für die praktische Anwendung sollten Sie sich alle Auswahlvorlagen der Garniervorlagen ab **Seite 211** ansehen und sich Gedanken machen, wo der Einsatz welcher Dekors eine Aufwertung Ihrer gastronomischen Erzeugnisse bewirken kann. Eine Vielzahl von Schmuckelementen und Motiven lässt sich mit den nachfolgend genannten Massen auf nichtsüße Produkte zur Gestaltung übertragen.

Desserts auf Tellern

Desserts werden in der Regel auf Tellern angerichtet und bestehen aus einer Süßspeise, Gebäck und oft noch einer oder mehrerer Dessertsaucen. Meist wird die freie Tellerfläche mit Ornament- oder Motivdekor geschmückt **(Abb. 2, Seite 191)**. Bei der Tellergestaltung ist zu berücksichtigen, dass keinerlei Produkte auf dem Tellerrand platziert werden – **der Tellerrand gehört dem Gast**!

Für die Platzierung der eigentlichen Süßspeise gibt es zwei grundlegende Möglichkeiten: im Tellerzentrum **(Abb. 2, Teller 1 bis 4)** oder zum Tellerrand hin **(Abb. 2, Teller 5 bis 12)**. Empfehlenswert ist es, die Süßspeise zum Tellerrand hin zu platzieren, um den Bereich davor intensiv zu gestalten und die Dessertsaucen dort ideenreich anzuordnen. Bei diesem Arrangement nimmt der Gast in der Regel mit einem Löffel etwas von der Süßspeise ab und kann den gefüllten Löffel dann noch durch die Dessertsaucen ziehen, um die beabsichtigte Geschmackskomposition dadurch zu vollenden. Die meisten der dargestellten Tellerdekorationen der **Abb. 2** gehen von dieser Platzierung aus.

Bei der Tellerdekoration mit der Garniertüte kann man zwei grundlegende Arbeitstechniken unterscheiden: Mit einer Garniertüte entweder einen Garnierfaden erzeugen und diesen dekorativ auf dem Teller ablegen oder auf den Teller „malen". Ein gelegter Garnierfaden ermöglicht eine ausreichend dicke Einfassung, um verschiedene Dessertsaucen voneinander zu trennen **(Abb. 2, Teller 5 bis 12)**, ist aber oft zu dick und zu steif, um feine Ornamente zu garnieren. Sofern Sie auf den Teller mit Garnierschokolade künstlerisch „malen" möchten **(Abb. 2, Teller 1 bis 3)**, sollte der Teller warm sein. Mit der Tütenspitze berühren Sie bei dieser Technik fast die Telleroberfläche. Sofern der Teller kalt ist, verfestigt sich die Garnierschokolade in der Tüte, und die Dekors werden unsauber. Diese Technik sollten Sie ausreichend geübt haben, da gemalte Dekors sehr schnell ungleichmäßig dick werden und dadurch unsauber wirken. Beim Malen ist Nussnugatkrem, den es im Lebensmittelhandel als Brotaufstrichmasse zu kaufen gibt, besonders zu empfehlen, da dieser nicht fest wird – allerdings ist er

milchbraun, was möglicherweise einen ungenügenden Kontrast zur Farbe des Tellers ergibt.

Dessertsaucen wirken oft farblich sehr intensiv und werden vorwiegend aus Früchten, Schokoladen und Nüssen

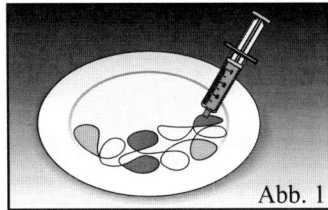

Abb. 1

hergestellt. Es gibt sie einsatzfertig im Lebensmittelhandel zu kaufen. Wenn Sie solche Saucen selbst herstellen möchten, informieren Sie sich bitte in entsprechender Fachliteratur. Die Saucen können Sie hier sehr dekorativ in einen Fadendekor einfüllen, den Sie auf die freie Fläche des Tellers garnieren, z. B mit Garnierschokolade (Rezept siehe **Seite 194**). Größere Mengen an Dessertsaucen können Sie sehr leicht mit einer Einwegspritze (ohne Nadelaufsatz) auf einem Teller auftragen **(Abb. 1)**, z. B. in Schleifen von Dekors. Oft werden solche Saucen auch in Kunststoffflaschen gehandelt, welche für die Dosierung eine entsprechend geeignete kleine Düse aufweisen.

Eine weitere Gestaltungsmöglichkeit für Dessertteller haben Sie, wenn Sie zusätzlich noch kleinere oder größere Auflegedekors herstellen und diese auf dem Dessert oder auf dem Teller dreidimensional platzieren, z. B. Schmuck- und Motivdekor oder Blüten. Hinweise für die Herstellung von Auflegedekors finden Sie im **Kapitel „Auflegedekors und Schaustücke"** ab **Seite 84.**

In **Abb. 2** sind verschiedene Tellerdekors als Beispiele abgebildet. **Teller 1 bis 3** stellen einen Filigrandekor in verschiedenen Größen dar, welcher die Innenfläche der Teller umrandet und in der Regel auf den Teller „gemalt" wird. **Teller 4** ist stellvertretend für Umrandungen, die mit Dessertsaucen ausgefüllt werden. **Teller 5 bis 9** stellen verschieden Phantasiemotive dar, der **Teller 8** das Symbol eines Sternzeichens, z. B. für eine Geburtstagsfeier. **Teller 10 und 11** sind Beispiele für eine Silvesterfeier. **Teller 12** steht stellvertretend für Schriftdekors auf solchen Tellern.

Das Fachbuch „Die Garniertüte", Eigenverlag Heinrich Fischer, Darmstadt. Adresse: **www.garniertuete.de**

Gestaltungsmöglichkeiten für Dessertteller (Abb. 2)

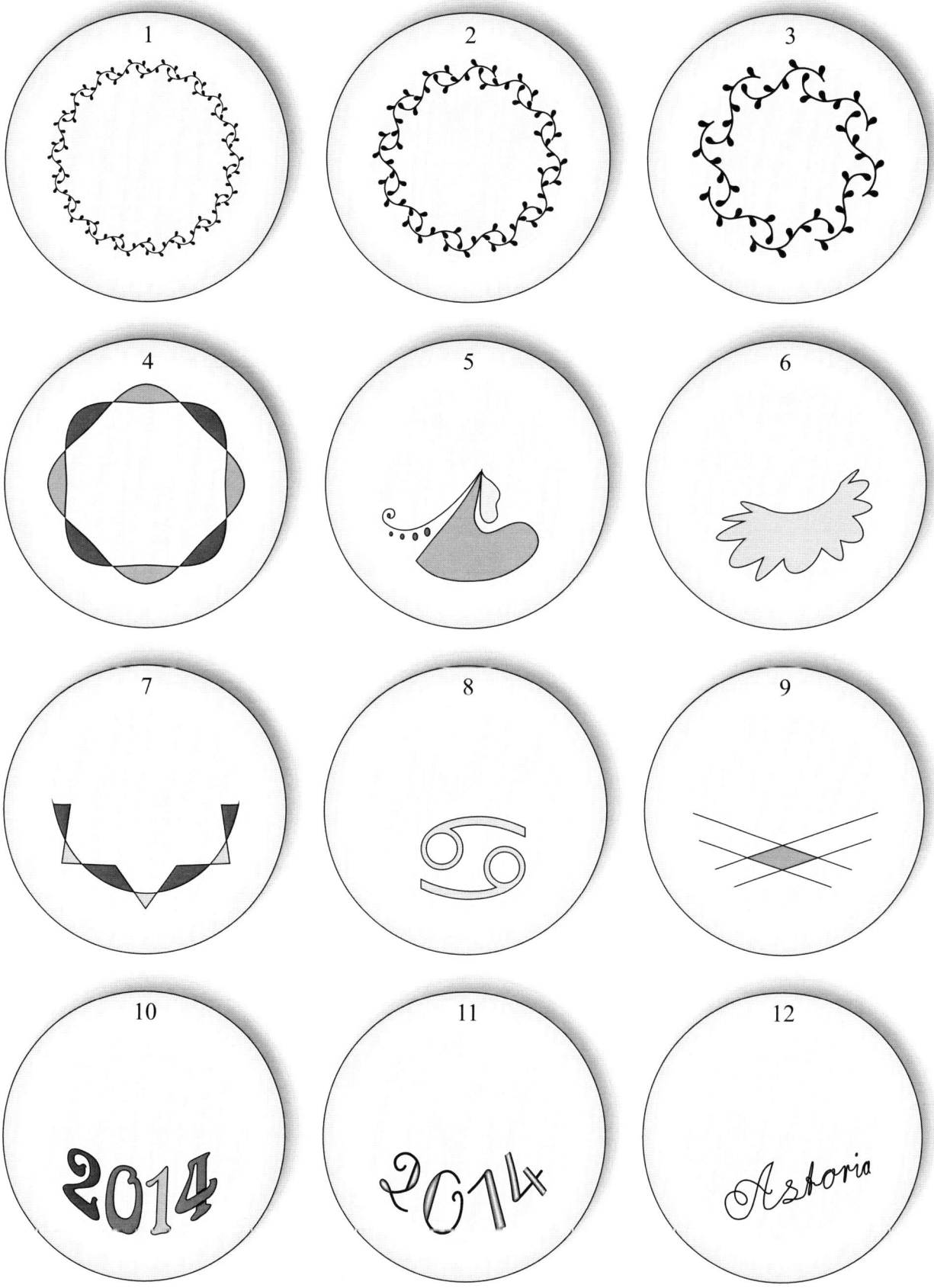

Das Fachbuch „Die Garniertüte", Eigenverlag Heinrich Fischer, Darmstadt. Adresse: **www.garniertuete.de**

Nichtsüße Anwendungen

Kaum angewendet wird die Möglichkeit, nichtsüße Produkte mit der Garniertüte zu gestalten. Hier gibt es sowohl Garniermassen für Auflegedekors und Schaustücke als auch Garniermassen, mit denen solche Erzeugnisse direkt gestaltet werden können.

Garniermassen

Massen für Auflegedekors und Schaustücke

Für Auflegedekors und Schaustücke eignet sich insbesondere die Brandmasse **(Rezept siehe Seite 208).** Wie diese verarbeitet wird, ist im **Kapitel „Auflegedekors und Schaustücke" ab Seite 95** ausführlich beschrieben.

Massen für Fadendekors

Für Fadendekorgarniermassen eignen sich hier besonders in Tuben gehandelte Mayonnaise und Senf. Mayonnaise lässt sich hervorragend noch mit Tomatenmark (Fertigprodukt) und Lebensmittelfarbstoffen einfärben. Weitere Garniermassen können Sie aus streichfähigen Wurstsorten herstellen, z. B. Mettwurst und Kalbsleberwurst. Wenn solche Art Massen zu grobfaserig sind, müssen Sie diese vor dem Garnieren noch durch ein sehr feines Sieb passieren. Zu feste Massen können Sie noch mit Mayonnaise vermischen.

Massen zum Ausfüllen von Fadendekors

Zum Ausfüllen von Fadendekors eignet sich besonders Ketchup. Weiter sind in Tuben gehandelte Mayonnaise und Senf zu empfehlen, wenn Sie diese Massen mit Salatöl verdünnen. Auch verschiedene Cocktailsaucen, die meist in Flaschen gehandelt werden, bieten sich zum Gestalten an. Interessante Effekte können Sie mit Massen erreichen, wenn diese Farbpigmente enthalten, z. B. sehr fein gehackte Kräuter. Helle Massen können Sie mit Lebensmittelfarbstoffen einfärben oder mit Kräuter- oder Gemüsesaft vermischen.

Anwendungsbeispiele

Beispiele für nichtsüße Einsatzmöglichkeiten

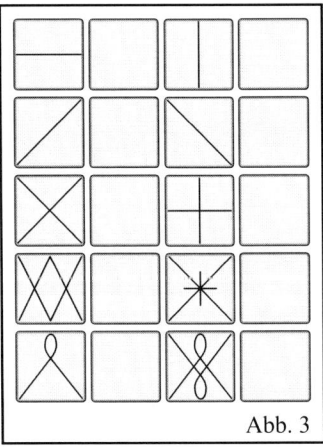

Abb. 3

Auf **Canapés** können Sie Texte garnieren, z. B. den Namen der gastgebenden Personen oder der Firma oder als Werbung der Name Ihrer Gaststätte, oder Sie können die Canapés zur weiteren Gestaltung mit Ornamenten, Blüten und zu Weihnachten mit garnierten Tannenzweigen ausschmücken. Garniervorlagen für dekorative Motive finden Sie insbesondere bei **„Garniervorlagen für Petits Fours" in der Auswahlübersicht ab Seite 235**.

Bei **Büfettplatten** können Sie den Rand der Innenfläche mit Ornamenten verzieren, Texte oder Motive (z. B. Wappen) garnieren oder einzelne Produkte gestalten, z. B. Braten- oder Wurstscheiben, Tomatendeckel von gefüllten Tomaten usw. Dekorative Randgarnierungen finden Sie insbesondere bei **„Garniervorlagen für Torten" ab Seite 265 (Abb. 4)**. Schmuckmotive finden Sie insbesondere bei **„Garniervorlagen für Petits Fours" ab Seite 235 (Abb. 3)**.

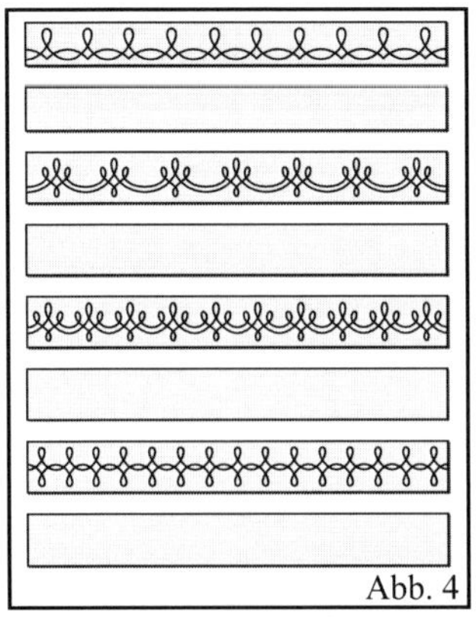

Abb. 4

Vor- oder Hauptspeisenteller können Sie ähnlich wie Dessertteller garnieren oder einfach nur das Monogramm der gastgebenden Person oder Firma garnieren. Allerdings sollte die Gestaltung von Vor- und Hauptspeisentellern sehr dezent ausfallen, da hier schnell die Grenze zum Kitsch überschritten ist!

Das Fachbuch „Die Garniertüte", Eigenverlag Heinrich Fischer, Darmstadt. Adresse: **www.garniertuete.de**

Kapitel 10 – Rezepte

Übersicht

Das Fachbuch „Die Garniertüte", Eigenverlag Heinrich Fischer, Darmstadt. Adresse: **www.garniertuete.de**

193

Rezepte und Arbeitstechniken für Garniermassen

Nussnugatkrem

Verarbeitung

Nussnugatkrem wird im Lebensmittelhandel als fertige Brotaufstrichmasse angeboten. Sie lagern ihn bei Zimmertemperatur und füllen ihn ohne weitere Vorbereitungen in eine Garniertüte um – fertig!

Verwendung

Für Übungszwecke und sehr zeitaufwendige Dekors, bei denen ein sehr dünner Garnierfaden gebraucht wird, z. B. Schriftbänder.

Anmerkung

Nussnugatkrem wird nicht fest und kann durch Berührung oder Verpackung leicht verschmieren.

Garnierschokolade (Schokoladenspritzglasur)

Rezept 1

> 100 g Kuvertüre oder Fettglasur in den Farben Schwarzbraun, Milchbraun oder Weiß
>
> 30 g Sahne oder Dosenmilch
>
> 30 g Honig oder Glukosesirup

Verarbeitung

Sahne, Dosenmilch oder Wasser mit Honig oder Glukosesirup aufkochen, danach die fein zerkleinerte Kuvertüre oder Fettglasur zugeben und alles glattrühren.

Lagerung und Erwärmung

Die Garniermasse können Sie über Wochen auf Vorrat in verschließbaren Gläsern im Kühlschrank lagern. In diesen Lagergläsern können Sie die Masse später in einem Wasserbad bei etwa 50 °C oder in einem Mikrowellengerät problemlos erwärmen. Vorsicht, beim Erwärmen in einem Mikrowellengerät dürfen Sie ein Glas mit etwa 300 bis 500 g Garniermasse nur in Etappen von etwa 5 bis 10 Sekunden erhitzen und müssen danach die Masse jedes Mal umrühren! Sofern Sie die Masse auf einmal erwärmen, kann die Masse in verschiedenen Bereichen des Glases kochen, wodurch der enthaltene Zucker dort karamellisieren kann, was zu Klümpchen führt, welche die Düse der Garniertüte später verstopfen.

Verwendung

Dekormasse für Gebäcke, Petits Fours und Schriftdekors. Auflegeornamente sind mit diesen Massen nicht herstellbar! Für eine vielfältige Gestaltung sollten Sie Garnierschokoladen in allen verfügbaren Farben der Kuvertüre/Fettglasur herstellen: Weiß, Milchbraun und Schwarzbraun.

Rezept 2

> 100 g Kuvertüre oder Fettglasur in den Farben Schwarzbraun, Milchbraun oder Weiß
>
> 15 g Wasser
>
> 30 g Glukosesirup oder Honig

Problembehandlungen

Sehr oft erscheint die Masse zu weich und/oder grießig, wodurch kein gleichmäßiger Garnierfaden möglich ist – der Garnierfaden reißt bei der Arbeit schon bei kurzen Längen ab, Fett setzt sich von der Masse ab, und der Garnierfaden läuft breit.

Bei zu weicher Masse kann es helfen, wenn Sie klein gehackte Kuvertüre oder Fettglasur unter die noch heiße Masse unterrühren und die Masse weiter erhitzen.

Eine grießige Beschaffenheit ist darauf zurückzuführen, dass die Zutaten sich noch nicht richtig verbunden haben. Das passiert meist dann, wenn in der Masse zu wenig Flüssigkeit enthalten ist, diese zu kalt ist oder die Masse ungenügend gerührt wurde. Dieses Problem beheben Sie, wenn Sie zunächst mit einem Schneebesen, besser mit einer Handrührmaschine, schnell in der Masse rühren und diese dabei weiter erhitzen, z. B. in einem Wasserbad bei 50 bis 60 °C. Hilft dies nicht, geben Sie der Masse beim Rühren langsam Flüssigkeit zu.

Anmerkung

Die Rezepte unterscheiden sich lediglich in der Qualität der Zutaten und der daraus notwendigen Menge Flüssigkeit. Prinzipiell sollten Sie die Zutaten verwenden, die Sie ohne große Umstände zur Verfügung haben. Ein

194

Das Fachbuch „Die Garniertüte", Eigenverlag Heinrich Fischer, Darmstadt. Adresse: **www.garniertuete.de**

qualitativer Unterschied der fertigen Massen beim Garnieren ist in der Regel nicht feststellbar. Probleme lassen sich meist durch die Menge der Zutaten und deren Verarbeitung beheben. Gleiche Zutaten von verschiedenen Herstellern können unterschiedliche Eigenschaften haben! Vom Geschmack her sind die Massen als Dekor in der Regel nicht wahrnehmbar. Ein Konditor oder Patissier wird aus beruflich ethischen Gründen in der Regel auf die hochwertigsten Zutaten zurückgreifen – also auf Kuvertüre, Sahne und Honig. Glukosesirup ist ein Einfachzucker, der aus Stärke gewonnen wird. Seine Beschaffenheit ist gelblich, durchsichtig klar, sehr zäh und klebrig. Er schmeckt leicht süß. Bei Garnierschokolade begünstigt er, genau wie der Honig, einen geschmeidigen Garnierfaden, der sich sehr dünn garnieren lässt. Erhältlich ist Glukosesirup im Fachhandel für das Ernährungsgewerbe.

Kuvertüre

Zusammensetzung und Handelsarten

Kuvertüre ist eine spezielle Art Schokolade zum Überziehen von Lebensmittelerzeugnissen. Als Kuvertüre bezeichnet man solche Schokoladen, die spezielle gesetzliche Richtlinien bei der Zusammensetzung erfüllen und beim Erwärmen ein besonderes Schmelz- oder Fließverhalten zeigen. Beim Erkalten erstarrt Kuvertüre seiden glänzend. Die speziellen Eigenschaften der Kuvertüre beruhen auf dem hohen Anteil an Kakaobutter.

Die Zusammensetzung der Kuvertürearten ist in der Kakao-Verordnung gesetzlich festgelegt. Dunkle Kuvertüre besteht aus Kakaomasse, Kakaobutter und Zucker. Die Qualitätsunterschiede in der dunklen Kuvertüre werden durch den Anteil von Zucker und Kakaobutter beeinflusst und bewirken, dass die Kuvertüre z. B. dick- oder dünnflüssig ist und besondere Glanzeigenschaften aufweist. Über die Qualität der Kuvertüre geben die Zahlen Auskunft, die auf der Verpackung angegeben sind, z. B. bedeutet die Angabe „70/30/40": 70 Prozent Kakaobestandteile gesamt, 30 Prozent Zuckeranteil und 40 Prozent Kakaobutteranteil. Milchkuvertüre und weiße Kuvertüre haben eine andere Zusammensetzung und enthalten zusätzlich noch Milchfett und Milchtrockenmasse, wobei diese beiden Bestandteile die Kakaotrockenmasse vermindern oder ersetzen. Erhältlich ist Kuvertüre im Lebensmittelgroßhandel und in jedem Lebensmittelgeschäft.

Verwendung

Mit Kuvertüre stellt man in der Regel Auflegedekors her, die später auf ein Produkt aufgelegt werden, z. B. eine Blüte als Dekor für eine Rosette auf einem Tortenstück oder ein Tierkreiszeichen als Dekor des Tortenzentrums einer Geburtstagstorte. Auch lassen sich aus Kuvertüre Schaustücke herstellen, die z. B. auf Torten gestellt werden oder ein kaltes Büfett als Blickfang schmücken, z. B Tortenaufsätze. Für Fadendekors und die Umrandung von Dekors benötigen Sie temperierte, verfestigte Kuvertüre und zum Ausfüllen der Dekors temperierte, flüssige. Durch die drei üblichen Handelsfarben Schwarzbraun, Milchbraun und Weiß, lassen sich sehr schöne und interessante farbliche Gestaltungen erzielen. Sehr ausführliche Informationen finden Sie im **Kapitel „Auflegedekors und Schaustücke" ab Seite 84.**

Kuvertüre erfordert ein spezielles und sorgfältiges Verarbeitungsverfahren: das „Temperieren". Dieses Temperieren bewirkt, dass die hergestellten Produkte aus Kuvertüre später einen schönen seidenmatten Glanz haben und nicht unansehnlich grau werden. Auf die speziellen Arbeitstechniken wird nachfolgend detailliert eingegangen.

Das Fachbuch „Die Garniertüte", Eigenverlag Heinrich Fischer, Darmstadt. Adresse: **www.garniertuete.de**

Das Temperieren von Kuvertüre

Vorbemerkungen

Kuvertüre erfordert eine spezielle Vorbereitung, damit sie optimal verarbeitet werden kann und einen schönen Seidenglanz bekommt. Diese Vorbereitung nennt man „Temperieren". Das Temperieren kann durch verschiedene Methoden erfolgen, die nachfolgend beschrieben werden. Im Prinzip wird bei allen Methoden zunächst die Kuvertüre auf etwa 40 °C erwärmt und dadurch vollständig verflüssigt. Danach folgt ein Abkühlen eines Teiles der aufgelösten Kuvertüre oder die Zugabe von sehr fein geriebener fester Kuvertüre. Dieses Abkühlen oder die Zugabe von fein geriebener Kuvertüre hat den Zweck, dass in der flüssigen Kuvertüre Kristalle entstehen oder eingebracht werden, die später zu einem schnellen Festwerden (Kristallisieren) und damit zu einem optimalen Seidenglanz führen. Anschließend erfolgt eine Erwärmung auf eine ganz bestimmte Temperatur, die über die gesamte Verarbeitungszeit konstant gehalten werden muss. Führt man dieses zeitaufwendige Temperieren nicht oder mangelhaft durch, verfestigt sich die Kuvertüre nach dem Garnieren zu langsam, flüssige Kakaobutter trennt sich von den übrigen Bestandteilen der Kuvertüre und setzt sich zur Oberfläche hin ab. Dadurch bekommt die Oberfläche der Dekors ein mattgraues, Schimmel ähnliches unangenehmes Aussehen, was Verbraucher als „verdorben" ansehen.

Für das Temperieren von Kuvertüre gibt es verschiedene Möglichkeiten, hiervon die drei häufigsten:
- Das Abkühlen verflüssigter Kuvertüre auf einem Tisch durch dauerndes Ausstreichen mit einer Palette (Tablieren).
- Das langsame Abkühlen verflüssigter Kuvertüre in einer Schüssel, wobei die Kuvertüre ab und zu vorsichtig und langsam durchgerührt wird.
- Das Hinzugeben von sehr fein geriebener Kuvertüre zur verflüssigten (Impfverfahren).

Als schnellstes und einfachstes Temperierverfahren empfehle ich das „Impfverfahren" in Verbindung mit einem Mikrowellengerät.

Die Temperatur der Kuvertüre sollte, insbesondere wenn man wenig Erfahrung beim Temperieren von Kuvertüre hat, möglichst laufend mit einem Thermometer kontrolliert werden, um Fehler zu vermeiden und Zeit einzusparen. Als Thermometer eignen sich einfache Teigthermometer. Besser geeignet sind jedoch elektronische Thermometer mit Messfühler. Sie zeigen schneller und exakter die tatsächliche Temperatur an. Es gibt sie in einfachster Ausführung schon sehr preisgünstig im Elektrohandel.

Beim Temperieren sollten Sie nicht nur die Temperatur der Kuvertüre überprüfen, sondern auch deren wichtigsten Eigenschaften: Geschwindigkeit des Verfestigens (Anziehen der Kuvertüre), Fließfähigkeit und ob der gewünschte Glanz erreicht wird. All diese Eigenschaften hängen nicht nur von der Kuvertüre ab, sondern auch von den Bedingungen des Arbeitsraumes, insbesondere dessen Temperatur. Eine ideale Probe hierfür ist folgende: Tauchen Sie z. B. ein kurzes Stück einer Messerklinge in die Ihrer Meinung nach optimal temperierte Kuvertüre und legen das Messer an den Ort, wo später die Dekors zum Festwerden liegen sollen. Verfestigt sich die Kuvertüre (sie zieht an) innerhalb von etwa 3 bis 4 Minuten, läuft nicht breit und hat einen Seidenglanz ohne Schlieren, so ist sie optimal temperiert. Ansonsten muss diese evtl. neu temperiert werden, da sie möglicherweise zu stark erwärmt wurde!

Beim Temperieren und bei der Verarbeitung muss Kuvertüre ab und zu umgerührt werden, damit diese nicht an den Rändern des Arbeitsgefäßes fest wird und gleichmäßig warm und optimal flüssig bleibt. Dieses Umrühren muss so vorsichtig geschehen, dass keine Luft untergerührt wird. Diese Luft würde sich in der temperierten Kuvertüre „verfangen" – die Kuvertüre wäre schaumig gerührt. Schaumig gerührte Kuvertüre führt zu Bläschen an der Oberfläche der späteren Dekors oder zu einer Kuvertüre, die sich verfestigt und ihre notwendige Fließfähigkeit zum Ausfüllen von Dekors verloren hätte.

Die Idealtemperatur der temperierten Kuvertüre muss über die gesamte Verarbeitungszeit beibehalten und darf keinesfalls überschritten werden. Sofern die Kuvertüre auch nur kurze Zeit diese Idealtemperatur überschreitet, muss der Temperiervorgang von Anfang an neu durchgeführt werden! Sofern die Idealtemperatur über längere Zeit unterschritten wird, verfestigt sich die Kuvertüre und der Glanz der Dekors wird beeinträchtigt.

Das Verflüssigen von fester Kuvertüre im Wasserbad oder Mikrowellengerät

Zum Verflüssigen von fester Kuvertüre ist das beste Hilfsmittel ein Wasserbad, welches durch einen Thermostat gesteuert wird, erhältlich im Fachhandel. In dieses Wasserbad stellen Sie eine Schüssel, in die Sie die feste Kuvertüre geben – am besten in kleine Stücke gehackt.

Sofern Sie Ihre Arbeit rechtzeitig planen, stellen Sie die Temperaturregelung des Wasserbades auf etwa 40 °C, decken die Schüssel ab und überlassen das Verflüssigen der Kuvertüre über Nacht sich selbst. Die Temperatur des Wasserbades sollte 40 °C nicht über längere Zeit über-

196

Das Fachbuch „Die Garniertüte", Eigenverlag Heinrich Fischer, Darmstadt. Adresse: **www.garniertuete.de**

schreiten, da dies die Kuvertüre schädigen könnte. Sie müssen weiterhin sicherstellen, dass weder Wasser noch sich entwickelnder Wasserdampf des Wasserbades mit der sich verflüssigenden Kuvertüre in Verbindung kommt – Wasser würde die Kuvertüre im verflüssigten Zustand verfestigen (anstocken). Wenn alles optimal läuft, brauchen Sie am nächsten Tag die verflüssigte Kuvertüre meist nur noch umrühren und können diese dann temperieren. Unter Umständen befinden sich noch genügend feste, kremige „Inseln" in der verflüssigten Kuvertüre. Im Idealfall können diese festen Bestandteile dazu führen, dass Sie die Kuvertüre nach einem gründlichen Durchrühren und evtl. einem leichten Erwärmen sofort verarbeiten können und nicht mehr umständlich temperieren müssen. Die temperierte Kuvertüre muss dann über die gesamte Arbeitszeit gleichmäßig auf ihrer Idealtemperatur gehalten werden!

Sofern Sie die Kuvertüre sehr schnell benötigen, hacken Sie diese in sehr kleine Stücke. Diese geben Sie in eine Schüssel, die Sie in ein 40 bis 45 °C (keine höheren Temperaturen!) erwärmtes Wasserbad stellen. Unter ständigem vorsichtigem Rühren mit einem Spatel löst sich so die Kuvertüre rasch auf.

Ein weiteres Hilfsmittel Kuvertüre schnell zu erwärmen, ist ein Mikrowellengerät. Um Kuvertüre damit zu verflüssigen, hacken Sie die Kuvertüre in kleine Stücke und geben sie in eine Glasschüssel – keine Metallschüssel! Beim Erwärmen der Kuvertüre im Mikrowellengerät müssen Sie beachten, dass 1 kg Kuvertüre sich in etwa 5 Sekunden um etwa 1 bis 2 °C erwärmt. Das bedeutet, dass Sie die sich auflösende Kuvertüre, je nach Menge, mehrmals nach wenigen oder mehreren Sekunden aus dem Mikrowellengerät herausnehmen und umrühren müssen. Sofern Sie dieses mehrmalige Herausnehmen und Umrühren unterlassen, kommt es zu einer unregelmäßigen Wärmeverteilung in der sich verflüssigenden Kuvertüre. In kleinen „Hitzeinseln" kann die Kuvertüre dann beginnen zu kochen. Der in der Kuvertüre enthaltene Zucker löst sich dort auf und kann karamellisieren. Dadurch entstehen evtl. kleine Klümpchen!

Temperieren von Kuvertüre durch Tablieren

Dieses Verfahren ist das historisch am häufigsten angewendete Verfahren, ist aber meiner Meinung nach hygienisch sehr bedenklich.

Erwärmen Sie Kuvertüre auf etwa 40 °C. Danach kühlen Sie ein Drittel der aufgelösten Menge durch Tablieren ab. Zum Tablieren gießen Sie die flüssige Kuvertüre auf einen gründlich gereinigten Tisch (am besten ein Marmortisch) und verstreichen dort die Kuvertüre z. B. mit einer Winkelpalette, damit sie abkühlt. Sofort nach dem Verteilen schieben Sie die abkühlende Kuvertüre zusammen und verteilen sie wieder, wodurch sie durchmischt wird und sich dabei gleichmäßig abkühlen soll.

Hierbei dürfen keine Klümpchen entstehen! Den Rest der Kuvertüre halten Sie während dieser Zeit warm bei etwa 36 °C. Das Abkühlen der Kuvertüre ist dann beendet, sobald sich die Kuvertüre zu einer kremigen Masse verfestigt (bei 26 bis 28 °C). Der abgekühlte Teil der Kuvertüre wird mit dem warmflüssigen vermischt und vorsichtig auf 28 bis 31 °C erwärmt bei weißer Kuvertüre und Milchkuvertüre und bis etwa 32 °C bei dunkler Kuvertüre. Diese Idealtemperatur kann bei unterschiedlichen Kuvertüremarken verschieden sein. Um die Idealtemperatur herauszufinden, müssen Sie möglichst mit elektronischem Thermometer und Protokoll experimentieren.

Temperieren von Kuvertüre durch Abkühlen und Abstehen

Dieses Verfahren ist im Prinzip ein Tablieren – nicht auf einem Tisch, sondern hygienisch besser in einer Schüssel. Erwärmen Sie Kuvertüre auf etwa 40 °C. Danach geben Sie ein Drittel der flüssigen Kuvertüre in einer Schüssel und lassen Sie dort durch Abstehen auskühlen, wobei Sie die Kuvertüre ab und zu umrühren müssen. Die Schüssel können Sie zusätzlich in ein kühles Wasserbad stellen, das die Temperatur von etwa 25 °C möglichst nicht unterschreitet. Beim Abkühlen darf die Kuvertüre am Gefäßrand nicht fest werden! Den Rest der Kuvertüre halten Sie während dieser Abkühlzeit bei etwa 36 °C warm. Das Abkühlen des einen Drittels der Kuvertüre ist

dann beendet, sobald sich diese Kuvertüre zu einer kremigen Masse verfestigt hat (26 bis 28 °C). Der abgekühlte Teil der Kuvertüre wird mit dem warmflüssigen vermischt und temperiert auf 28 bis 31 °C bei weißer Kuvertüre und Milchkuvertüre und bis etwa 32 °C bei dunkler Kuvertüre. Diese Idealtemperatur kann bei unterschiedlichen Kuvertüremarken verschieden sein. Um die Idealtemperatur herauszufinden, müssen Sie möglichst mit elektronischem Thermometer und Protokoll experimentieren.

197

Temperieren von Kuvertüre durch Impfen

Erwärmen Sie klein gehackte Kuvertüre auf etwa 40 °C. Danach lassen Sie die erwärmte Kuvertüre durch Abstehen auf etwa 36 °C abkühlen. Anschließend geben Sie etwa 5 Prozent sehr fein geriebene Kuvertüre zu (etwa 50 g geriebene Kuvertüre auf 1 kg aufgelöste) und rühren diese gründlich unter. Im Anschluss daran temperieren Sie die Kuvertüre auf 28 bis 31 °C bei weißer Kuvertüre und Milchkuvertüre und bis etwa 32 °C bei dunkler Kuvertüre. Diese Idealtemperatur kann bei unterschiedlichen Kuvertüremarken verschieden sein. Um die Idealtemperatur herauszufinden, müssen Sie möglichst mit elektronischem Thermometer und Protokoll experimentieren.

Temperiertes warmhalten von Kuvertüre

Nachdem die Kuvertüre durch Tablieren, Abkühlen oder Impfen temperiert wurde, muss diese auf der Idealtemperatur konstant gehalten werden. Dies erreichen Sie am besten in einem Warmhaltegerät, welches durch ein Thermostat gesteuert wird. Diese Geräte können Sie im Fachhandel für Bäckereigeräte kaufen. Ansonsten hilft nur ein ständiges Überprüfen der Temperatur und, wenn nötig, ein vorsichtiges Erwärmen in einem warmen Wasserbad oder in einem Mikrowellengerät. Diese Idealtemperatur kann bei unterschiedlichen Kuvertüremarken verschieden sein. In der Regel ist sie bei hellen Sorten niedriger und bei dunklen Sorten höher. Sie liegt etwa zwischen 28 und 32 °C.

Die Idealtemperatur der aufgelösten Kuvertüre muss über die gesamte Verarbeitungszeit beibehalten und darf keinesfalls überschritten werden. Sofern die Kuvertüre auch nur kurze Zeit diese Idealtemperatur überschritten hat, muss der Temperiervorgang von Anfang an neu durchgeführt werden! Verwenden Sie die unter „Vorbemerkungen" beschriebene Probe für die Verarbeitungseigenschaften der Kuvertüre! Sofern die Idealtemperatur über längere Zeit unterschritten wird, verfestigt sich die Kuvertüre, und der Glanz der Dekors oder Schaustücke wird beeinträchtigt. Um die Idealtemperatur herauszufinden, müssen Sie möglichst mit elektronischem Thermometer und Protokoll experimentieren.

Verfestigen (Anstocken) von Kuvertüre

Für einfache Auflegedekors, die lediglich aus einem Garnierfaden bestehen und für den Umriss von Schaustücken, verwendet man in der Regel angestockte (verfestigte) Kuvertüre, da sonst der Garnierfaden breit laufen würde. Das Anstocken erreichen Sie paradoxerweise durch tropfenweise Zugabe von Wasser oder Alkohol zur temperierten Kuvertüre. Alkohol führt evtl. zu einem besseren Glanz.

Um die Tropfen in Anzahl und Größe gezielt der Kuvertüre zuzugeben, empfehle ich, dass Sie sich in einer Apotheke ein Tropffläschchen besorgen, in dessen Verschluss eine Glaspipette eingebaut ist.

Während des Anstockens rühren Sie die Kuvertüre ständig sehr vorsichtig um, ohne dass Sie diese schaumig rühren. Legen Sie beim Anstocken Zwischenpausen von 10 bis 20 Sekunden ein – denn Kuvertüre braucht einige Zeit, um entsprechend der Flüssigkeitsmenge so anzustocken, dass sie später nicht mehr unkontrollierbar fester wird!

Die Garnierfestigkeit der angestockten Kuvertüre sollten Sie, zumindest bei Ihren ersten Versuchen, ständig durch Garnierproben überprüfen. Die notwendige Flüssigkeitsmenge und Anstockzeit werden Sie schnell durch eigene Erfahrung herausfinden.

Das Anstocken sollten Sie nicht durch Abkühlen erreichen, was zu einem matten und damit schlechteren Aussehen der Dekors führen würde.

Sofern Sie die angestockte Kuvertüre über einen längeren Zeitraum verarbeiten, müssen Sie diese in einem Warmhaltegerät bei einer konstanten Temperatur so lagern, dass deren Idealtemperatur nicht überschritten wird. Sofern die angestockte Kuvertüre ihre Idealtemperatur überschreitet, bekommen die daraus hergestellten Dekors eine mattgraue, hässliche Oberfläche. Angestockte Kuvertüre sollten Sie allerdings sofort verarbeiten und nicht über längere Zeit warm halten, weil die Kuvertüre während einer solchen Warmhaltezeit ihre Garniereigenschaften in der Regel negativ verändert – sie wird fester. Ein nachträgliches Verdünnen ist normalerweise nicht zu empfehlen, weil dies auf Kosten des Glanzes und somit auf Kosten des Aussehens geht! Angestockte Kuvertüre können Sie in der Regel nicht mehr für Garnier- und Überzugzwecke verwenden und müssen Sie in Krem oder in Kuchen verarbeiten.

Das Fachbuch „Die Garniertüte", Eigenverlag Heinrich Fischer, Darmstadt. Adresse: **www.garniertuete.de**

Eiweißspritzglasur und Fondant

Vorbemerkungen

Eiweißspritzglasur und Fondant sind beide weiße Zuckermassen. Eiweißspritzglasur besteht in der Regel aus Puderzucker und Eiklar, Fondant wird industriell aus Zucker, Wasser und Glukosesirup hergestellt. Eiklar für Eiweißspritzglasur stammte in der Regel bisher unbehandelt direkt aus frischen Hühnereiern. Dies ist nach den gesetzlichen Bestimmungen jedoch kaum noch möglich (siehe unten). Sie können flüssige Eiprodukte durch den Fachhandel beziehen. Diese Flüssigeiprodukte sind auf die Bedürfnisse verarbeitenden Betriebe abgestimmt und bedürfen lediglich einer bestimmten Lagerung.

Sehr große optische Unterschiede gibt es zwischen Eiweißspritzglasur und Fondant in ausgefüllten Flächen: Fondant glänzt nach dem Trocknen erheblich stärker und schöner als Eiweißspritzglasur.

Ferner gibt es erhebliche Unterschiede in der Stabilität getrockneter Auflegedekors und Schaustücken: Dekors aus Eiweißspritzglasur haben eine erheblich höhere Stabilität als solche aus Fondant. Lesen Sie hierzu die sehr ausführlichen Hinweise im **Kapitel „Auflegedekors und Schaustücke" ab Seite 100.**

Verwendung der Massen

Kremig feste Eiweißspritzglasur wird als Fadendekorgarniermasse zum direkten Dekorieren von Torten und Desserts und für die Herstellung von Auflegedekors und Schaustücken eingesetzt. Breiig weiche Eiweißspritzglasur und erwärmten Fondant verwendet man zum teilweisen oder gesamten Ausfüllen der Flächen solcher Dekors. Zum Ausfüllen von Flächen bei Auflegedekors und Schaustücken eignet sich aus Gründen der Stabilität im Prinzip

nur Eiweißspritzglasur. Kommt es Ihnen bei solchen Dekors auf einen besonders schönen Glanz an, ist Fondant nur dann geeignet, wenn Sie damit Flächen ausfüllen möchten, die entweder sehr klein sind oder aus stabil aushärtenden Massen und Teigen unterlegt sind, z. B. aus Gelatinezucker. Lesen Sie zu Eiweißspritzglasur die sehr ausführlichen Hinweise im **Kapitel „Auflegedekors und Schaustücke" ab Seite 100.**

Trocknen und Lagern von Auflegedekors und Schaustücken

Mit Eiweißspritzglasur und Fondant hergestellte Auflegedekors und Schaustücke müssen meist mehrere Stunden bis zu mehreren Tagen an einem warmen und trockenen Ort auf der Garnierunterlage trocknen. Erst dadurch werden sie so fest, dass sie sich von der Garnierunterlage ablösen und auf Torten und Desserts platzieren lassen. Dekors aus Eiweißspritzglasur sind über

Wochen und Monate an einem trockenen Ort (unter 50 Prozent relative Luftfeuchte) lagerfähig – Dekors, die mit Fondant ausgefüllt wurden, kristallisieren meist schon nach wenigen Tage aus (es bilden sich weiße Flecken in den ausgefüllten Flächen, und die Oberfläche wird matt). Lesen Sie hierzu die sehr ausführlichen Hinweise im **Kapitel „Auflegedekors und Schaustücke" ab Seite 103.**

Gesetzliche Bestimmungen für Hühnereier

Die nachfolgenden Ausführungen wurden den entsprechenden Gesetzen und Verordnungen entnommen und erheben keinen Anspruch auf Vollständigkeit – genauere Angaben müssen Sie in den Gesetzen und Verordnungen in der gültigen Fassung nachlesen!

Für die Verarbeitung und Weitergabe von Produkten, die Hühnerei enthalten, ist die Hühnereier-Verordnung in Verbindung mit dem Lebensmittel-Bedarfsgegenstände-gesetz maßgeblich. Die Verordnung und das Gesetz sagen aus, dass Hühnereier und Produkte daraus gewerbsmäßig nur unter Einhaltung bestimmter Anforderungen in den Verkehr gebracht werden dürfen.

Hühnereier sind vom Beginn der Lagerung im Erzeugerbetrieb bis zur Abgabe an den Verbraucher vor nachtei-

ligen Beeinflussungen wie Verunreinigungen Feuchtigkeit und Witterungseinflüssen, insbesondere Sonneneinwirkung, zu schützen und bei vorzugsweise konstanter Temperatur aufzubewahren und zu befördern, wobei vom 18. Tag nach dem Legen an eine Temperatur von +5 °C bis + 8 °C einzuhalten ist. Die Verwendung von Hühnereiern darf die Frist von 28 Tagen nach dem Legen nicht überschreiten.

In Gaststätten und Einrichtungen zur Gemeinschaftsverpflegung dürfen Lebensmittel, die dort unter Verwendung von rohen Bestandteilen der Hühnereier hergestellt und nicht einem Erhitzungsverfahren unterzogen worden sind, nur an Verbraucher abgegeben werden, wenn diese Lebensmittel zum unmittelbaren Verzehr an Ort und Stelle innerhalb von 2 Stunden bestimmt sind. Lebens-

199

Das Fachbuch „Die Garniertüte", Eigenverlag Heinrich Fischer, Darmstadt. Adresse: **www.garniertuete.de**

mittel, die auf eine Temperatur von höchstens +7 °C abgekühlt wurden, müssen innerhalb von 24 Stunden nach Herstellung abgegeben werden. Tiefgefrorene Lebensmittel müssen innerhalb von 24 Stunden nach dem Auftauen abgegeben werden, wobei die Temperatur von +7 °C nicht überschritten werden darf.

Diese Einschränkungen bei der Abgabe von Lebensmitteln trifft nicht zu, wenn ein Erhitzungsverfahren angewendet wird, das Salmonellen abtötet, was die Verfahren „Sterilisieren" und „Pasteurisieren" erfüllen.

In Einrichtungen zur Gemeinschaftsverpflegung für alte oder kranke Menschen oder Kinder müssen Lebensmittel, die dort unter Verwendung von rohen Bestandteilen der Hühnereier hergestellt worden sind, einem Erhitzungsverfahren unterzogen werden.

In Gaststätten und Einrichtungen zur Gemeinschaftsverpflegung sind von allen Lebensmitteln, die unter Verwendung von rohen Bestandteilen der Hühnereier hergestellt und anschließend nicht einem Erhitzungsverfahren unterzogen worden sind und die eine Menge von 30 Portionen übersteigen, Rückstellproben bei einer Temperatur von maximal +4 °C für den Zeitraum von 96 Stunden vom Zeitpunkt der Abgabe an den Verbraucher an aufzubewahren. Die Proben sind mit dem Datum und der Stunde des Herstellungszeitpunktes zu kennzeichnen und der zuständigen Behörde auf Verlangen auszuhändigen.

Verstöße gegen die Hühnereier-Verordnung und das Lebensmittel- und Bedarfsgegenständegesetz können Straftaten oder Ordnungswidrigkeiten sein und mit erheblichen Strafen geahndet werden!

Konsequenzen aus den gesetzlichen Bestimmungen für Hühnereier

Generell sollten Sie im gewerblichen Bereich für die Herstellung von Produkten und somit auch von Dekors aus Eiweißspritzglasur kein unbehandeltes Eiklar aus frischen Eiern verwenden. Alternativ bieten sich pasteurisierte, gefrorene und getrocknete Produkte an, die von der Industrie gemäß der Rechtslage hergestellt werden. Da pasteurisierte und gefrorene Produkte trotzdem Probleme bereiten können, z.B. bei schlechter oder zu langer Lagerung, sollten Sie generell nur pulverisiertes Hühnereiweiß für Dekors aus Eiweißspritzglasur verwenden.

Sofern Sie aus speziellen Gründen trotzdem Eiklar aus frischen Eiern verwenden möchten, müssen Sie die Dekors mit Wärme behandeln – das sind z. B. die Verfahren „Pasteurisieren" und „Sterilisieren". Beim Pasteurisieren werden Dekors bei einer Dauererhitzung mindestens 30 Minuten lang einer Temperatur von 62 bis 65 °C oder mindestens 30 bis 40 Sekunden lang einer Temperatur von 71 bis 74 °C oder mindestens 10 Sekunden lang einer Temperatur von 85 °C ausgesetzt. Die angegebenen

Temperaturen und Zeiten müssen in allen Bereichen des Produktes eingehalten werden – also auch im Kern. Bei sehr dicken Produkten können somit erheblich längere Erhitzungszeiten notwendig sein! Beim Sterilisieren müssen in den Produkten über 100 °C erreicht werden – was aber für Dekors aus Eiweißspritzglasur kaum möglich ist, weil diese sich dabei verfärben können und die Garnierfolie zerstört werden. Insbesondere das Pasteurisieren, also bei ca. 65 °C behandeln, dürfte hier kein Problem bereiten, da Auflegedekors aus Eiweißspritzglasur zur schnelleren Verwendung im Wärmeschrank getrocknet werden sollten.

Ferner kann davon ausgegangen werden, dass der extrem hohe Zuckeranteil in der Eiweißspritzglasur den möglichen Keimen die Lebensgrundlage entzieht und sie damit inaktiv macht, deren Vermehrung stoppt oder diese sogar abtötete und das Risiko damit extrem minimiert wird – allerdings ist diese These als nicht immer zutreffend anzusehen und jegliches Risiko zu vermeiden!

Eiweißspritzglasuren für Fadendekor – allgemeine Hinweise zur Herstellung

Achten Sie bei den später angegebenen Rezepten unbedingt auf deren Verwendungszweck – nicht jedes Rezept ist für jede Aufgabe geeignet! In den Rezepten werden zum einen frisches Hühnereiklar und zum anderen das daraus industriell hergestellte Trockenpulver verarbeitet. Das Trockenpulver hat den Vorteil, dass Sie keine Probleme bezüglich der Lebensmittelgesetze befürchten müssen und dass keine Reste wie bei frischen Eiern übrig bleiben, z. B. nicht benötigte Eigelbe. Ferner können in der Rezeptflüssigkeit mehr Eiweißstoffe eingebracht werden als im normalen Eiklar vorhanden ist, was in der Regel zu einem besseren Aufschlagverhalten der Masse führt

und auch eine bessere Garniermasse ergibt. Geeignetes Eiweißpulver gibt es meist nur im Fachhandel.

Sofern Sie natürliches Eiklar verwenden, sollte es aus frischen Eiern stammen. Eiweißspritzglasur aus alten Eiern (im Lebensmittelgewerbe im Prinzip nicht zulässig) lässt sich nur sehr schlecht schaumig rühren und ergibt Garnierfäden mit einer geringeren Elastizität – der Garnierfaden reißt leichter und kann breit laufen!

Wenn Sie das frische, unbehandelte Eiklar aus frischen Eiern gegen Hühnereiweißpulver und Wasser aus-

200

Das Fachbuch „Die Garniertüte", Eigenverlag Heinrich Fischer, Darmstadt. Adresse: **www.garniertuete.de**

tauschen, sollten Sie die verrührten Zutaten etwa 5 Minuten ruhen lassen, damit das Eiweißpulver quellen kann und sich optimal aufschlagen lässt.

Der Puderzucker für Eiweißspritzglasur sollte nur aus frisch geöffneten Verpackungen stammen. Steht der Puderzucker längere Zeit und evtl. noch bei hoher Luftfeuchte, so bilden sich Zuckerkristalle, die beim Garnieren später erheblich stören, da diese die Düse der Garniertüte verstopfen können. Zur Sicherheit sollten Sie Puderzucker noch durch ein sehr feines Sieb passieren.

Zur Herstellung der Eiweißspritzglasur wird zunächst der Puderzucker mit nur vier Fünftel der Eiklarmenge aufgeschlagen. Das restliche Fünftel wird erst bei Bedarf zum Schluss zum Verdünnen der schaumig gerührten Masse dosiert eingesetzt. Zum Aufschlagen der Eiweißspritzglasur eignen sich bei kleinen Mengen (bis etwa 30 g Puderzucker) eine Glasschüssel und ein kleiner Kaffeelöffel. Für größere Mengen empfiehlt sich eine kleine Handrührmaschine. Den mit dem Eiklar vermischten Puderzucker schlagen Sie mit dem Löffel durch eine schnell kreisende Bewegung der Hand oder mit einer Rührmaschine schaumig auf. Das Schaumigrühren kann durchaus 10 bis 15 Minuten lang dauern! Durch das Aufschlagen verdoppelt sich in etwa das Volumen der Masse. Durch das Schaumigrühren soll die Eiweißspritzglasur stabil werden (sie soll Stand erhalten) und die Zutaten sollen sich miteinander zu einer kremigen, geschmeidigen und leicht elastischen Masse verbinden. Die richtige Festigkeit der Masse bestimmen Sie mit folgender Methode: Nehmen Sie das Rührwerkzeug aus der Masse. Die daran haftende Masse bildet eine etwa 2 cm lange Spitze. Sobald Sie das Rührwerkzeug waagrecht halten, sollte sich diese Spitze nicht mehr nach unten neigen. Sofern die Spitze sich nach unten neigt

oder Masse herunterläuft, müssen Sie weiter rühren. Sofern die Masse zu fest ist, müssen Sie diese mit Eiklar oder Wasser verdünnen.

Beim Rühren der Eiweißspritzglasur können am Gefäßrand größere Kristalle durch ungenügend untergemischten Zucker oder durch austrocknende Masse entstehen. Diese Kristallbildung am Gefäßrand ist bei der Herstellung der Garniermasse unbedingt zu vermeiden, z. B. indem Sie mit einem feuchten Pinsel oder einem absolut sauberen feuchten Schwamm die entstandenen Kristalle am Gefäßrand abwischen.

Zum Gestalten ist es möglich, die Eiweißspritzglasur mit flüssigem Lebensmittelfarbstoff einzufärben (erhältlich in Apotheken und im Fachhandel). Eiweißspritzglasur sollten Sie erst nach dem Schaumigrühren einfärben, da es Ihnen erst dann möglich ist, den erwünschten Farbton exakt zu bestimmen. Auch können Farbstoffe Bestandteile enthalten, die das Schaumigrühren beeinträchtigen oder unmöglich machen. Kakaopulver können Sie nicht zum Färben verwenden, da das Fett des Kakaopulvers das Schaumigrühren der Eiweißspritzglasur unmöglich macht und eine Zugabe bei der fertigen Eiweißspritzglasur diese schnell zusammenfallen lässt.

Die Garnierfadenstärke bei Eiweißspritzglasur mit Puderzucker kann wegen noch vorhandener Zuckerkristalle für Ihre Anforderungen zu dick sein. Sofern Sie dünnere Garnierfäden benötigen, müssen Sie den Puderzucker gegen einen nichtkristallinen Zucker austauschen. Hierfür eignet sich besonders das Rezept mit Fondant.

Sofern Sie besonders stabile Dekors benötigen, die auch ein Mindestmaß an Biegsamkeit aufweisen, verwenden Sie das Rezept mit einem Gelatine-Glukose-Fond.

Eiweißspritzglasuren mit Eiklar (Trockeneiweiß) und Puderzucker für Fadendekor

Rezept mit Eiklar

    150 g Puderzucker, gesiebt
      30 g Eiklar (Menge von einem Ei)

Rezept mit Hühnereiweißpulver

    150 g Puderzucker, gesiebt
      30 g Wasser
        5 g Hühnereiweißpulver

Verarbeitung

Vermischen sie die Zutaten des jeweiligen Rezeptes miteinander. Sofern Sie Eiweißpulver verwenden, lassen Sie die vermischten Zutaten etwa 5 Minuten abgedeckt stehen. Danach schlagen Sie die Zutaten miteinander zu einem stabilen, geschmeidigen Eiweißschaum auf. Zum

Schluss können Sie der Masse noch flüssigen Lebensmittelfarbstoff zugeben. Beachten Sie bitte die weitergehenden Ausführungen unter **„Herstellen von Garniermassen für Fadendekor – allgemeine Hinweise zur Herstellung"** auf Seite 200!

Anmerkung

In beiden Massen können noch größere Zuckerkristalle enthalten sein, welche in der Lage sind, die Öffnung der Garniertüte zu verstopfen. Deshalb sind in der Regel keine Dekors in Zwirnsfadenstärke möglich.

Verwendung

Stabile Auflegeornamente, Garniermasse für Dekors auf Torten und Desserts.

201

Eiweißspritzglasur mit Fondant für sehr dünne, lange und biegsame Fadendekors

Rezept mit Eiweißpulver

100 g	Fondant, erwärmt
5 g	Wasser
4 g	Hühnereiweißpulver
2 Tropfen	Zitronensäure (1 zu 1) bei Bedarf

Verarbeitung

Fondant besteht zu einem großen Teil aus Wasser. Somit könnten Sie nur sehr wenig Eiklar verwenden, wodurch Ihnen das im Eiklar vorhandene Eiweiß fehlt, welches zum Aufschlagen der Masse unbedingt nötig ist. Aus diesem Grund ist die Verwendung von Eiweißpulver beim Einsatz von Fondant für Eiweißspritzglasur unbedingt notwendig. Eine ideale Dosierung der Eiweißmenge liegt bei 3 bis 5 Prozent bezogen auf das Gewicht des Fondants. Vor dem Aufschlagen müssen Sie Fondant erwärmen und mit einem Teil des Wassers und Eiweißpulver vermischen. Danach bestimmen Sie durch die dosierte Zugabe der restlichen Menge Wassers die notwendige Festigkeit – die Masse sollte eine dickbreiige Beschaffenheit haben, Konturen sollten nur zäh und langsam verlaufen. Die verrührten Zutaten sollten Sie etwa 5 Minuten ruhen lassen, damit das Eiweißpulver aufquellen kann. Danach schlagen Sie die Masse mit einer Handrührmaschine auf und können Sie mit Lebensmittelfarbstoff einfärben. Beachten Sie bitte die weitergehenden Ausführungen hierzu unter **„Herstellen von Garniermassen für Fadendekor – allgemeine Hinweise zur Herstellung"**, **Seite 200** Sofern die Masse sich nicht oder nur schlecht aufschlagen lässt, müssen Sie entweder mehr Eiweiß-pulver hinzugeben oder Säure, z. B. Zitronensäure oder Zitronensaft. Bei der Zugabe von Säure ist äußerste Vorsicht geboten – zu viel Säure zerstört die Garniereigenschaften und die Stabilität der getrockneten Dekors. Für 100 g Fondant reichen 1 bis 2 Tropfen der im Backgewerbe üblichen Zitronensäure in der Regel aus (ein 1-zu-1-Gemisch von Zitronensäurepulver zu Wasser)! Deshalb sollten Sie die Säure tropfenweise mit einer Pipette dem Fondant zugeben, die Sie in Apotheken samt kleinen verschließbaren Tropffläschchen erhalten, in denen Sie die notwendigen Säuren auch lagern können.

Verwendung

- Für sehr dünne Garnierfäden, die mit Eiweißspritzglasur aus Puderzucker nicht möglich sind.
- Für sehr lange Dekorbögen, die an Torten herunterhängen – ohne Probleme sind Längen von 6 cm zu erreichen (siehe **Kapitel „Hochzeitstorte als Schaustück" ab Seite 123**).

Anmerkung

Diese Eiweißspritzglasur ergibt sehr dünne und sehr reißfeste Garnierfäden. Garnierte Bögen an Torten brechen auch nicht ab, wenn man sie 1 bis 2 Zentimeter nach innen oder außen biegt! Allerdings trocknet diese Masse sehr langsam und härtet nicht so stabil aus wie die, welche mit Puderzucker hergestellt wird. Die Dekors sind wenig stabil und Sie können diese auch kaum in die Hand nehmen, ohne dass sie dabei zerbrechen!

Eiweißspritzglasur mit Gelatine-Glukose-Fond für besonders stabile und lange Garnierfäden

Rezept Gelatine-Glukose-Fond

100 g	Wasser, kalt
2	Blattgelatine (etwa 5 g)
20 g	Glukosesirup

Rezept Eiweißspritzglasur

100 g	Puderzucker, gesiebt
3 g	Hühnereiweiß, getrocknet
15 g	Gelatine-Glukose-Fond
1 Tropfen	Fruchtsäure bei Bedarf

Verarbeitung

Zunächst stellen Sie den Gelatine-Glukose-Fond her. Geben Sie alle angegebenen Zutaten in ein Gefäß. Die Gelatine muss zunächst einige Minuten in der angegebenen Wassermenge komplett bedeckt aufweichen. Danach erhitzen Sie die Zutaten (nicht über 50 °C), bis diese sich komplett aufgelöst haben. Da Gelatine und Glukosesirup verflüssigt zugegeben werden müssen, können Sie kein zusätzliches Eiklar verwenden – Sie müssen also Trockeneiweiß einsetzen. Für die Herstellung der Eiweißspritzglasur geben Sie gesiebten Puderzucker, warmen Gelatine-Glukose-Fond und Eiweißpulver in ein Gefäß. Vermischen Sie zunächst die Zutaten. Die Beschaffenheit der entstehenden Masse sollte dickbreiig sein, gerührte Konturen sollten langsam verlaufen. Danach rühren Sie die Masse schaumig. Beachten Sie bitte die weitergehenden Ausführungen hierzu unter **„Herstellen von Garniermassen für Fadendekor – allgemeine Hinweise zur Herstellung" auf Seite 200!** Diese Masse lässt sich mit Lebensmittelfarbstoffen einfärben.

Sofern Sie besonders lange Garnierfäden benötigen und die Masse ihnen zu früh abreißt, gibt es mehrere Möglichkeiten, die Masse entsprechend anzupassen:

Das Fachbuch „Die Garniertüte", Eigenverlag Heinrich Fischer, Darmstadt. Adresse: **www.garniertuete.de**

- Rühren Sie die Eiweißspritzglasur weiter schaumig, damit sie fester wird.
- Geben Sie der Masse 1 bis 2 Tropfen Fruchtsäure hinzu und rühren die Masse noch 1 bis 2 Minuten weiter schaumig.
- Stellen Sie die Masse mit weniger Gelatine-Glukose-Fond her, damit sie erheblich fester ist und gerührte Konturen nicht mehr verlaufen. Rühren Sie die Masse wenig schaumig – für sehr lange Garnierfäden kann es notwendig sein, dass die Masse so fest sein muss, dass Sie zwei Papiertüten ineinander stecken müssen, damit das Papier beim Garnieren nicht platzt.
- Probieren Sie die Eiweißspritzglasur mit Fondant aus, diese ergibt durch ihre homogene Beschaffenheit sehr lange Garnierfäden, die aber nicht so stabil sind, wie die aus der hier beschriebenen Eiweißspritzglasur mit Gelatine-Glukose-Fond.

Besonders zu beachten ist bei dieser Eiweißspritzglasur mit Gelatine-Glukose-Fond, dass sie fest wird, sobald sie abkühlt. Während der Garnierarbeit müssen Sie diese z. B. in einem Wasserbad bei 30 bis 40 °C warm halten oder in einem Mikrowellengerät bei Bedarf erwärmen – hier dürfen Sie das Mikrowellengerät nur wenige Sekunden einschalten und müssen dann die Masse umrühren und bei Bedarf weiter erwärmen. Sofern Sie die Masse in der Mikrowelle zu lange erwärmen, zerstören Sie deren Garniereigenschaften!

Besonderheiten und Verwendung

Sehr filigran aus Eiweißspritzglasur garnierte Dekors sind sehr zerbrechlich. Sofern Sie Dekors benötigen, die z. B. aus sehr langen Garnierfäden bestehen und einen notwendigen Transport heil überstehen müssen, brauchen Sie Dekors, die nach dem Trocknen möglichst stabil und etwas biegsam sind. Als Beispiel möchte ich hier die Bögen an den Torten und die Streben zum Verkleiden der Tortenständersäulen der Hochzeitstorte nennen (siehe **Kapitel „Hochzeitstorte als Schaustück" ab Seite 123)**. Solche Dekors können Sie erzielen, wenn Sie diese Eiweißspritzglasur verwenden.

Glukosesirup ist ein Einfachzucker, der aus Stärke gewonnen wird. Seine Beschaffenheit ist gelblich, durchsichtig klar, sehr zäh und klebrig. Er schmeckt leicht süß. Bei dieser Eiweißspritzglasur bewirkt er, dass die trockenen Garnierfäden nicht so hart aushärten, dadurch etwas biegsam sind und weniger schnell brechen. Erhältlich ist Glukosesirup im Fachhandel für das Ernährungsgewerbe und in Konditoreien.

Gelatine bewirkt bei Eiweißspritzglasur, dass die trockenen Garnierfäden sehr stabil und etwas biegsam sind und dadurch weniger schnell brechen. Statt Blattgelatine können Sie auch Pulvergelatine verwenden – dem Rezept liegen Gelatineblätter mit einem Gewicht von etwa 2,5 g und einer Größe von etwa 22,5 × 7,5 cm zugrunde.

Ausfülleiweißspritzglasur mit Puderzucker und Eiklar – klassisches Rezept

Rezept mit Eiklar

100 g	Puderzucker, gesiebt
20 g	Eiklar

Rezept mit Trockeneiweiß

100 g	Puderzucker, gesiebt
4 g	Hühnereiweiß, getrocknet
20 g	Wasser, kalt

Verarbeitung und Eigenschaften

Als Zutaten verwenden Sie gesiebten Puderzucker und Eiklar, ersatzweise Wasser und Eiweißpulver. Vermischen Sie zunächst die Zutaten. Die Beschaffenheit der entstehenden Masse sollte breiig weich sein, gerührte Konturen sollten nach wenigen Sekunden verlaufen. Danach rühren Sie die Masse noch schaumig – wie stark, ist von einigen Bedingungen abhängig, die Sie an diese Masse stellen. Anstreben sollten Sie eine Masse, die im getrockneten Zustand sehr schön mattglänzend ist. Einen solchen Glanz erreichen Sie nur, wenn Sie unter die Glasur wenig Luft rühren – also die Zutaten im Prinzip nur verrühren. Sofern unter der Masse wenig Luft ist, benötigt diese unter Umständen mehrere Tage, bis sie ausgehärtet ist und die damit hergestellten Dekors sind weniger stabil. Je schneller die Masse trocknen und je stabiler sie sein soll, umso mehr Luft müssen Sie unterschlagen, wodurch der Glanz zunehmend verschwindet! Hier kommt es also auf einen Kompromiss an.

Allerdings lässt sich der Glanz der Oberfläche der ausgefüllten Dekors erhöhen – wie, erfahren Sie im **Kapitel „Auflegedekors und Schaustücke ab Seite 84**. Nach dem Garnieren muss sich eine absolut glatte Oberfläche bilden. Bei umrandeten Dekors sollte die Masse sich vom Rand hin zur Dekormitte tropfenartig wölben – eine Oberflächenspannung sollte erhalten bleiben. Bei zu dünnflüssiger Glasur verlieren die Dekors ihren räumlichen Eindruck und ausgefüllte Flächen können beim Trocknen evtl. muldenförmig einsinken, was zu einem laienhaften Aussehen führt.

Für das Gestalten können Sie diese Eiweißspritzglasur auch mit Lebensmittelfarbstoffen einfärben (erhältlich in Apotheken und im Fachhandel). Die Farbe sollten Sie erst nach der eigentlichen Herstellung der Eiweißspritzglasur zugeben, wodurch sich der Farbton am besten bestimmen lässt. Ein Einsatz von Kakaopulver ist nicht möglich!

203

Das Fachbuch „Die Garniertüte", Eigenverlag Heinrich Fischer, Darmstadt. Adresse: **www.garniertuete.de**

Ausfülleiweißspritzglasur mit Gelatine-Glukose-Fond

Rezept Eiweißspritzglasur	**Rezept Gelatine-Glukose-Fond**
100 g Puderzucker gesiebt	100 g Wasser, kalt
4 g Hühnereiweißpulver	1 St. Blattgelatine (etwa 2,5 g)
20 g Gelatine-Glukose-Fond	10 g Glukosesirup

Verarbeitung

Zunächst stellen Sie den Gelatine-Glukose-Fond her. Geben Sie alle Zutaten in ein Gefäß. Die Gelatine muss zunächst einige Minuten in der angegebenen Wassermenge komplett bedeckt aufweichen. Danach erhitzen Sie die Zutaten, bis diese sich komplett aufgelöst haben.

Für die Herstellung der Eiweißspritzglasur geben Sie gesiebten Puderzucker, warmen Gelatine-Glukose-Fond und Eiweißpulver in ein Gefäß. Vermischen Sie zunächst die Zutaten. Die Beschaffenheit der entstehenden Masse sollte breiig weich sein, gerührte Konturen sollten nach wenigen Sekunden verlaufen. Danach rühren Sie die Masse schaumig – wie stark und mit welcher Festigkeit, ist von den gleichen Bedingungen abhängig, wie im Rezept zuvor bei der normalen Eiweißspritzglasur beschrieben. Diese Masse lässt sich ebenfalls mit Lebensmittelfarbstoffen einfärben.

Anmerkung

Diese spezielle Eiweißspritzglasur ist von mir für Zwecke entwickelt worden, bei denen es auf einen sehr stabilen Dekor ankommt, der sehr schnell, evtl. durch Hitze, trocknen und eine tadellose Unterseite aufweisen soll. Glukosesirup und Gelatine bewirken bei dieser Eiweißspritzglasur eine homogenere und stabilere Masse, die sich insbesondere beim Trocknen durch Wärmeeinwirkung kaum absetzt und in der Regel nicht auskristallisiert. Der Glanz getrockneter Dekors kann durch diese Zutaten günstig beeinflusst werden.

Zu beachten ist bei dieser Masse, dass Sie fest wird, sobald sie abkühlt. Während der Garnierarbeit müssen Sie diese z. B. in einem Wasserbad bei 30 bis 40 °C warm halten oder in einem Mikrowellengerät bei Bedarf erwärmen – hier dürfen Sie das Mikrowellengerät nur wenige Sekunden einschalten und müssen dann die Masse umrühren und bei Bedarf weiter erwärmen. Sofern Sie die Masse in der Mikrowelle zu lange erwärmen, zerstören Sie deren Garniereigenschaften!

Glukosesirup ist ein Einfachzucker, der aus Stärke gewonnen wird. Seine Beschaffenheit ist gelblich, durchsichtig klar, sehr zäh und klebrig. Er schmeckt leicht süß. Erhältlich ist Glukosesirup im Fachhandel für das Ernährungsgewerbe. Statt Blattgelatine können Sie auch Pulvergelatine verwenden – dem Rezept liegen Gelatineblätter mit einem Gewicht von etwa 2,5 g und einer Größe von etwa 22,5 × 7,5 cm zugrunde. Beide Zutaten verbessern die Bindung und Stabilität der Masse.

Fondant zum Ausfüllen

Rezept

150 g	Fondant, erwärmt
30 g	Glukosesirup
2 Tropfen	Zitronensäure

Verarbeitung

Fondant ist eine Zuckermasse und wird in fast allen Konditoreien und Bäckereien verarbeitet. Er ist einsatzfertig in sehr fester oder auch verdünnter Form im Lebensmittelgroßhandel erhältlich. Für Dekorzwecke eignet sich ausschließlich die festeste Handelsform. Die Vorbereitung von Fondant ist relativ einfach: Geben Sie alle Zutaten des Rezeptes in ein Gefäß. Bei der Verwendung von Säure sollten Sie diese tropfenweise mit einer Pipette dem Fondant zugeben. Dieses Gefäß stellen Sie in ein warmes Wasserbad (etwa 40 °C). Bei langsamem Rühren erwärmen Sie die Masse auf etwa 36 °C (Blutwärme). Danach passen Sie die Festigkeit der Masse durch Zugabe von Wasser dem Einsatzweck an. Die Festigkeit der fertigen Garniermasse sollte eine dickbreiige Beschaffenheit haben und nach wenigen Sekunden verlaufen, wobei sich eine absolut glatte Oberfläche

Das Fachbuch „Die Garniertüte", Eigenverlag Heinrich Fischer, Darmstadt. Adresse: **www.garniertuete.de**

bilden muss. Sofern die Masse zu langsam verläuft, entstehen an der Oberfläche der Dekors Unebenheiten, die dem Dekor ein hässliches und laienhaftes Aussehen verleihen. Bei umrandeten Dekors sollte die Masse sich vom Rand hin zur Dekormitte tropfenartig wölben – eine Art Oberflächenspannung sollte erhalten bleiben. Bei zu dünnflüssiger Glasur verlieren die Dekors ihren räumlichen Eindruck, und ausgefüllte Flächen können beim Trocknen evtl. muldenförmig einsinken, was zu einem laienhaften Aussehen führt. Die Temperatur des Fondants soll 36 °C unwesentlich unter- noch überschreiten. Ist die Fondantmasse zu kalt, so wird mehr Wasser zum Verdünnen benötigt, was den Trocknungsprozess erheblich verzögern kann und die Oberfläche beim Trocknen evtl. muldenförmig einsinken lässt. Ist Fondantmasse zu warm, so trocknet diese an der Dekoroberfläche zu schnell aus, was zu einem matten und evtl. weiß auskristallisiertem Aussehen führt.

Den Fondant lagern Sie in einem Gefäß, das lückenlos abgeschlossen ist, z. B. einem Glas mit Deckel, und stellen dieses in ein gleichmäßig temperiertes Wasserbad – die Temperatur des Fondants sollte bei dieser Lagerung 36 °C weder unter- noch überschreiten!

Für das Gestalten können Sie Fondant mit Lebensmittelfarbstoffen und Kakao einfärben. Die Farbe sollten Sie zugeben, bevor Sie die endgültige Festigkeit der Masse bestimmen.

Verwendung und Anmerkung

Mit Fondant können Sie die Flächen von Dekors z. B. auf Torten und Desserts ausfüllen. Sein wichtigster Vorteil ist sein intensiv schöner Glanz, der ein mit Fondant gestaltetes Produkt für den Betrachter (Käufer) sehr attraktiv erscheinen lässt. Allerdings kann Fondant schon nach wenigen Tagen auskristallisieren (er stirbt ab), wodurch sich anfangs kleine weiße Flecken bilden, die immer größer werden und in der Regel das Produkt verunstalten. Ferner erscheint die Oberfläche dann matt.

Damit Fondantdekors weniger schnell auskristallisieren und dadurch möglichst lange schön glänzen, ist in dem angegebenen Rezept Glukosesirup und Zitronensäure angegeben – zum Ausfüllen „kurzlebiger" Dekors, z. B. auf Torten und Desserts, sind beide Zutaten nicht notwendig.

Glukosesirup ist ein Einfachzucker, der aus Stärke gewonnen wird. Seine Beschaffenheit ist gelblich, durchsichtig klar, sehr zäh und klebrig. Er schmeckt leicht süß. Erhältlich ist Glukosesirup im Fachhandel für das Ernährungsgewerbe.

Frucht- oder Zitronensäure ist ebenfalls im Fachhandel für das Lebensmittelgewerbe erhältlich. Sie können sich diese auch in einer Apotheke in kleinen Mengen mischen lassen. Dazu werden gewichtsmäßig 1 Teil Zitronensäurepulver mit 1 Teil Wasser gemischt. Sinnvoll ist es, wenn Sie sich diese Säure in ein Tropffläschchen abfüllen lassen.

Sofern Sie Glukosesirup und/oder Fruchtsäure dem Fondant zugeben, trocknen die damit garnierten Dekors erheblich langsamer, behalten aber erheblich länger ihren Glanz. Sofern Sie zu viel Glukosesirup oder Säure verwenden, werden die garnierten Dekors nicht mehr fest. Bei Auflegedekors können Sie diese dann nicht mehr von einer Garnierunterlage entfernen – die Dekors sind damit unbrauchbar. Für Auflegedekors sollten Sie Glukosesirup ganz weglassen und auf 100 g Fondant 1 bis 2 Tropfen der im Backgewerbe üblichen Zitronensäure zugeben!

Flächen, die mit Fondant ausgefüllt werden, sind in der Regel nicht so stabil, wie Flächen, die mit Eiweißspritzglasur ausgefüllt wurden. Mit Fondant sollten Sie deshalb nur Innenflächen von direkt auf Torten und Desserts garnierten Dekors oder von kleinen Auflegedekors ausfüllen, die auch innerhalb weniger Tage verzehrt werden (siehe **Kapitel „Auflegedekors und Schaustücke" ab Seite 100**). Für größere Flächen von Schaustücken eignet sich Fondant weniger. Sofern Sie größere Flächen mit Fondant gestalten möchten, sollten diese aus einem stabil aushärtenden Material unterbaut sein, z. B. Gelatinezucker (siehe Rezept und Anmerkungen dazu auf **Seite 207** und **Kapitel „Auflegedekors und Schaustücke" ab Seite 106**). Die Flächen sollten Sie gegenüber dem Fondant dick versiegeln, z. B. mit einem Gelatine-Glukose-Fond (Rezept siehe **Seite 202**), ansonsten kristallisiert der Fondant sehr schnell aus, was sich durch weiße Punkte und eine matte Oberfläche bemerkbar macht! Der Verbraucher betrachtet solche Produkte in der Regel als verdorben!

Das Fachbuch „Die Garniertüte", Eigenverlag Heinrich Fischer, Darmstadt. Adresse: **www.garniertuete.de**

Zuckersud für Kristalleffekte

Rezept

    500 g   Zuckerraffinade, fein
    200 g   Wasser

Verarbeitung

Kochen Sie beide Zutaten zusammen auf. Nachdem die entstandene Lösung vollständig auf Raumtemperatur abgekühlt ist, entfernen Sie Zuckerkristalle an deren Oberfläche z. B mit einem Teesieb.

Verwendung

Die entstandene Lösung ist eine übersättigte Zuckerlösung, das heißt, in ihr ist so viel Zucker gelöst, dass die Lösung keinen weiteren Zucker mehr aufnehmen kann. Dadurch können Sie trockene Dekors aus Eiweißspritzglasur und/oder Fondant in die Lösung legen, die sich dadurch nicht auflösen können. Bei Eiweißspritzglasurdekors können Sie den optischen Eindruck noch erheblich steigern, wenn Sie diese mit einem Kristalleffekt ausstatten. Als Beispiel hierfür möchte ich die Kuppel des Tempels der Hochzeitstorte nennen (siehe **Kapitel „Hochzeitstorte als Schaustück" ab Seite 140)**. Wie Sie solche Kristalleffekte erzielen, lesen Sie bitte im **Kapitel „Auflegedekors und Schaustücke" ab Seite 104** nach.

Dekorkonfitüre

Rezept

    100 g   Konfitüre ohne Fruchtstücke
      15 g   Glukosesirup (nicht unbedingt erforderlich)
      30 g   Zucker

Verarbeitung

Alle Zutaten miteinander aufkochen, bis die Masse klar erscheint. Beim Aufkochen die Masse evtl. einfärben. Danach direkt in eine Garniertüte umfüllen und mit der Dekoration beginnen.

Anmerkung

Zucker macht die Masse nach dem Erkalten fester und dadurch unempfindlicher gegen Verlaufen und gegen Berührung, z. B. beim Verpacken. Die Zuckermenge kann, je nach Einsatzzweck, erheblich vermindert oder vergrößert werden. Ist die Konfitüre zu fest, empfiehlt sich die Zugabe von Wasser beim Kochen. Sofern Sie die Zutaten nur kalt glatt rühren, verläuft die Masse und glänzt weniger. Glukosesirup ist nicht unbedingt erforderlich, er verlängert lediglich die optische Wirkung der mit Konfitüre ausgefüllten Dekors.

Verwendung

Zum Einfüllen in Dekors, die direkt auf ein Produkt aufgarniert wurden, z. B. auf Petits Fours, oder Torten in die Schleifen von Dekors, die mit Spritzschokolade garniert wurden. Die in die Dekors eingefüllte Masse sollte ein tropfenförmiges Aussehen haben. Mit einem vorsichtigen Einsatz von Lebensmittelfarben lässt sie sich interessant gestalten (Farbe muss deklariert werden!). Allerdings gibt es verschiedenfarbige Konfitüren fertig!

Das Fachbuch „Die Garniertüte", Eigenverlag Heinrich Fischer, Darmstadt. Adresse: **www.garniertuete.de**

Gelatinezucker

Gelatinezucker einfach

Rezept Gelatinezucker	
100 g	Puderzucker
11 g	Gelatine-(Glukose)Fond
	Aroma, z. B. Vanille oder Zitrone

Rezept Gelatinefond	
100 g	Wasser, kalt
2 Blatt	Gelatine

Rezept Gelatine-Glukose-Fond	
100 g	Wasser, kalt
2 Blatt	Gelatine
20 g	Glukosesirup

Gelatinezucker zum Torten eindecken und zum Modellieren

Rezept Gelatinezucker	
100 g	Puderzucker
12 g	Gelatine-Glukose-Fond
8 g	Pflanzenfett fest (Brat- oder Frittierfett)
	Aroma, z. B. Vanille oder Zitrone

Rezept Gelatine-Glukose-Fond	
100 g	Wasser, kalt
4 Blatt	Gelatine (10 g)
40 g	Glukosesirup

Informationen zu den Zutaten

Glukosesirup ist ein Einfachzucker, der aus Stärke gewonnen wird. Seine Beschaffenheit ist gelblich, durchsichtig klar, sehr zäh und klebrig. Er schmeckt leicht süß. Er macht den Gelatinezucker elastischer und formbarer, wodurch der Gelatinezucker beim Verarbeiten weniger bricht, besser ausgerollt und modelliert werden kann. Vor allem sorgt er dafür, dass der Gelatinezucker weniger schnell austrocknet und dadurch länger bearbeitbar ist. Erhältlich ist Glukosesirup im Fachhandel für das Ernährungsgewerbe.

Die Gelatine ist für die Bindung des Gelatinezuckers verantwortlich. Statt Blattgelatine können Sie auch Pulvergelatine verwenden – dem Rezept liegen Gelatineblätter mit einem Gewicht von etwa 2,5 g und einer Größe von etwa 22,5 × 7,5 cm zugrunde.

Das Pflanzenfett verbessert die Verformbarkeit des Gelatinezuckers und bewirkt, dass er beim Verarbeiten weniger schnell austrocknet. Geeignet ist weißes Pflanzenfett, das bei Raumtemperatur streichfähig ist. Es wird in der Regel zum Braten oder zum Frittieren verwendet. Ungeeignet ist z. B. Kakaobutter, da diese bei Raumtemperatur zu fest ist. Butter und Margarine sind wegen der gelblichen Farbe ebenfalls ungeeignet.

Verarbeitung

Zunächst stellen Sie den jeweiligen Gelatine-(Glukose-)Fond her. Geben Sie Wasser, Gelatine und gegebenenfalls Glukosesirup in ein Gefäß. Die Gelatine muss zunächst einige Minuten in der angegebenen Wassermenge komplett bedeckt aufweichen, bis sie sich weich anfühlt. Danach erhitzen Sie die Zutaten, bis diese sich komplett aufgelöst haben. Nun sieben Sie den Puderzucker, geben die entsprechende Menge Fond dazu (beim Eindeckgelatinezucker noch Fett) und vermischen die Zutaten. Dadurch bildet sich ein weicher Teig. Da der Fond zur Verarbeitung warm sein muss, lassen Sie den entstandenen Gelatinezucker, je nach Menge, 1 bis 2 Stunden luftdicht eingepackt bei Raumtemperatur liegen. Danach passen Sie die Festigkeit den Verarbeitungsbedingungen an, indem Sie evtl. noch Puderzucker oder Wasser unterkneten. Der entstehende Teig soll sich anfühlen und kneten lassen wie z. B. Marzipan. Den Gelatinezucker können Sie mit Lebensmittelfarbstoffen einfärben. Der fertige Gelatinezucker muss **sofort** in einer Kunststofftüte luftdicht eingepackt werden, da er sonst an der Oberfläche austrocknet und eine Kruste bildet.

Hinweis

Gelatinezucker zum Eindecken von Torten härtet nicht so fest aus als der, welcher nach dem Rezept für einfachen Gelatinezucker hergestellt wird. Allerdings hat der Gelatinezucker zum Eindecken von Torten noch spürbare Zuckerkristalle, die zwar sehr fein sind, aber diese Eindeckmasse gegenüber der industriellen Eindeckmasse in diesem Punkt unterscheiden – industriell hergestellte Eindeckmasse ist extrem glatt und Zuckerkristalle sind nicht spürbar, ähnlich wie bei Fondant! Hier müssen Sie entscheiden, ob für Sie dieser Vorteil der industriellen Eindeckmasse den erheblichen Preisunterschied wert ist. Durch die Zugabe von Aromastoffen, z.B. Vanille oder Zitrone, wird dies dem Kunden kaum auffallen – testen Sie das aber bitte vorher mit Ihren Kunden!

Verwendung

Einfacher Gelatinezucker ist für stabile Dekors vorgesehen, z. B. für die Hochzeitskutsche oder für den Hochzeitstempel. Der andere Gelatinezucker ist z. B. zum Eindecken von Torten, für ausgestochene Dekors und zum Modellieren von z. B. Rosen geeignet. Für Schaustücke, bei denen es auf Stabilität ankommt, z. B. Hochzeitskutsche, ist der 2. Gelatinezucker nicht geeignet, da er nicht so stabil aushärtet. Anwendungshinweise finden Sie im **Kapitel „Auflegedekors und Schaustücke", Seite 106.**

207

Das Fachbuch „Die Garniertüte", Eigenverlag Heinrich Fischer, Darmstadt. Adresse: **www.garniertuete.de**

Brandmassen

Brandmasse konventionell

Rezept

110 g	Milch
35 g	Fett
1 g	Salz
70 g	Weizenmehl, gesiebt
100 g	Vollei (2 St.)
55 g	Wasser

Für dunkle Masse zugeben

10 g	Kakao, gesiebt
20 g	Wasser

Verarbeitung

Zuerst kochen Sie Milch, Fett und Salz auf, dann geben Sie das Mehl hinzu und binden die Masse, bis diese sich ballt und vom Gefäßboden ablöst. Nachdem die Masse etwas abgekühlt ist, rühren Sie die Eier unter. Diese Masse passieren Sie durch ein sehr feines, nicht oxidierendes Sieb. Mit dem Wasser passen Sie zum Schluss die Festigkeit der Masse dem Einsatzzweck an. Für Kakaobrandmasse rühren Sie noch zusätzlich etwa 8 g gesiebtes Kakaopulver und etwa 20 g Wasser unter die Masse.

Anmerkung

Diese Brandmasse erfordert eine sehr zeitaufwendige und handwerklich anspruchsvolle Herstellung.

Verwendung

Garniermasse für gebackene Auflegedekors, die noch mit Hippen- oder Hapiolamasse ausgefüllt werden können. Anwendungshinweise finden Sie im **Kapitel „Auflegedekors und Schaustücke", Seite 95.**

Brandmasse aus Halbfertigprodukten

Rezept

100 g	Fertigpulver
140 g	Wasser (etwa)

Für dunkle Masse zugeben

8 g	Kakao, gesiebt (etwa)
20 g	Wasser (etwa)

Verarbeitung

Das Fertigpulver wird normalerweise nur im Fachhandel für Bäcker und Konditoren angeboten, woraus z. B. Windbeutel und Spritzkuchen hergestellt werden. Das Pulver und evtl. gesiebtes Kakaopulver schütten Sie in eine Schüssel und geben das abgemessene kalte Wasser hinzu. **Wichtig:** Nach dem Zugeben des Wassers müssen alle Zutaten schnell mit einem Schneebesen gründlich vermischt werden, sonst gibt es Klumpen. Danach passieren Sie die Masse durch ein feines, nicht oxidierendes Sieb hindurch und passen die Festigkeit der Masse Ihren Wünschen an.

Anmerkung

Diese Masse erfordert eine nur sehr kurzzeitige und handwerklich einfache Herstellung.

Der Geschmack ist nur dann als negativer gegenüber herkömmlich hergestellter Brandmasse feststellbar, wenn ein direkter Vergleich möglich ist und die daraus hergestellten Dekors sehr groß sind.

Verwendung

Garniermasse für gebackene Auflegedekors, die noch mit Hippen- oder Hapiolamasse ausgefüllt werden können. Anwendungshinweise finden Sie im **Kapitel „Auflegedekors und Schaustücke", Seite 95.**

Das Fachbuch „Die Garniertüte", Eigenverlag Heinrich Fischer, Darmstadt. Adresse: **www.garniertuete.de**

Hippenmasse

Rezept

100 g	Marzipan
70 g	Puderzucker
Prise	Salz
	Zitrone, Vanille (nach Geschmack)
85 g	Eiklar (etwa 3 St.)
35 g	Weizenmehl, gesiebt
35 g	Sahne

Für dunkle Masse zugeben

10 g	Kakao gesiebt
20 g	Wasser

Verarbeitung

Rühren Sie alle Zutaten miteinander glatt. Mit der Menge der Sahne passen Sie die Festigkeit der Masse dem Einsatzzweck an. Die Masse sollte leicht zäh sein und innerhalb von einigen Sekunden so verlaufen, dass keine Konturen mehr erkennbar sind. Danach passieren Sie die Masse evtl. noch durch ein feines, nicht oxidierendes Sieb hindurch. Die Masse sollte möglichst einen Tag vor der Verarbeitung hergestellt werden!

Anmerkung

Erfordert eine Herstellung von mindestens einem Tag.

Verwendung

Füllmasse für gebackene Auflegedekors und Schaustücke. Anwendungshinweise finden Sie im **Kapitel „Auflegedekors und Schaustücke", Seite 95.**

Hapiolamasse (Hippenersatzmasse)

Rezept

50 g	Vollei (1 St.)
50 g	Puderzucker
50 g	Weizenmehl, gesiebt

Für dunkle Masse zugeben

5 g	Kakao, gesiebt (etwa)
10 g	Wasser (etwa)

Verarbeitung

Rühren Sie alle Zutaten miteinander glatt. Passen Sie die Festigkeit der Masse danach dem Einsatzzweck an. Sofern Sie zu dick ist, können Sie z. B. Wasser, Kondensmilch oder Sahne zugeben. Die Masse sollte leicht zäh sein und innerhalb von einigen Sekunden so verlaufen, dass keine Konturen mehr erkennbar sind. Die Masse können Sie direkt nach der Herstellung verarbeiten.

Anmerkung

Gegenüber Hippenmasse kann die Masse sofort weiterverarbeitet werden.

Der Geschmack gegenüber der Hippenmasse ist nur dann als weniger gut wahrnehmbar, wenn ein direkter Vergleich möglich ist und die daraus hergestellten Dekorteile sehr groß sind.

Verwendung

Füllmasse für gebackene Auflegedekors und Schaustücke. Anwendungshinweise finden Sie im **Kapitel „Auflegedekors und Schaustücke", Seite 95.**

209

Das Fachbuch „Die Garniertüte", Eigenverlag Heinrich Fischer, Darmstadt. Adresse: **www.garniertuete.de**

Kapitel 11 – Garniervorlagen Auswahlkatalog

Übersicht

Das Fachbuch „Die Garniertüte", Eigenverlag Heinrich Fischer, Darmstadt. Adresse: **www.garniertuete.de**

211

Das Fachbuch „Die Garniertüte", Eigenverlag Heinrich Fischer, Darmstadt. Adresse: **www.garniertuete.de**

Garnier- und Ausschneidevorlagen

Zu diesem Buch haben erhalten Sie einen USB-Stick. Auf diesem finden Sie über 9.000 Garnier- und Ausschneidevorlagen und Fotos als Dateien in codierter Form mit dem Dateiendung „**.jpw**". Damit Sie diese Vorlagen ansehen und ausdrucken können, befindet sich auf dem USB-Stick ein Spezialprogramm mit der Bezeichnung „**ImageViewer**".

Das spezielle Arbeitsprogramm „ImageVierwer"

Arbeitsprogramm öffnen

Verbinden Sie den USB-Stick mit Ihrem Computer. Öffnen Sie den Windows-Explorer. In Ihrem Windows-Explorer finden Sie ein neues Laufwerk mit der Bezeichnung „**GARNIERTÜTE**". Wechseln Sie zu diesem Laufwerk. Auf dem Laufwerk finden Sie im Verzeichnis „**Arbeitsvorlagen**" verschiedene Verzeichnisse mit den Garnier- und Ausschneidevorlagen. Um die Vorlagen ansehen und auswählen zu können, benötigen Sie das Spezialprogramm „**ImageViewer**", das sich auf dem USB-Stick befindet.

Das Arbeitsprogramm können Sie auf zwei Arten starten:

1. Klicken Sie auf das Laufwerk „**GARNIERTÜTE**". Im rechten Teil des Windows-Explorers sehen Sie direkt im Stammverzeichnis des USB-Sticks die Datei „**USB-Stick-Arbeitsprogramm durch Doppelklick hier starten.bat**" **(Abb. 01)**. Klicken Sie doppelt auf diese Datei. Dadurch öffnet sich das Arbeitsprogramm „**ImageViewer**". Um die Buchdateien im Verzeichnis „**Buch**" ansehen zu können, benötigen Sie ein weiteres Programm, das Sie mit einem Doppelklick auf die Datei „**Buch-Lese-Programm durch Doppelklick hier starten.bat**" öffnen.

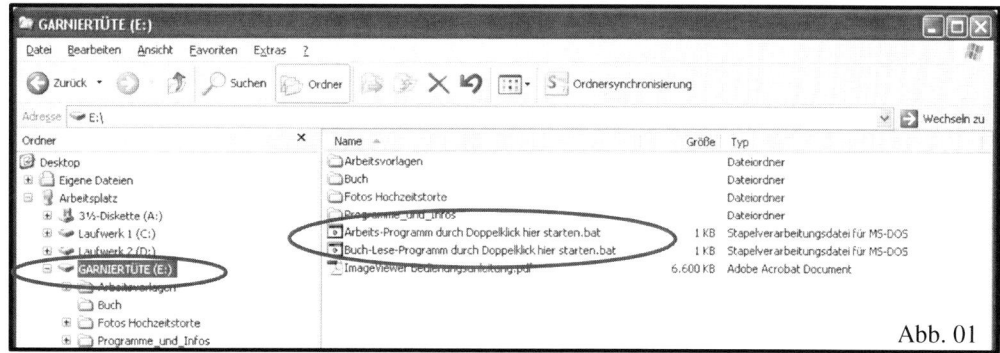

Abb. 01

2. **Alternative**: Öffnen Sie auf dem USB-Stick zum Buch das Verzeichnis „**Programme_und_Infos**" und dort das Unterverzeichnis „**Programm_Arbeitsvorlagen**". Klicken Sie dort doppelt auf die Datei „**ImageViewer.exe**" **(Abb. 02)**, bzw. im Verzeichnis „Programm_Buch_Lesen" ebenfalls auf die Datei „**ImageViewer.exe**".

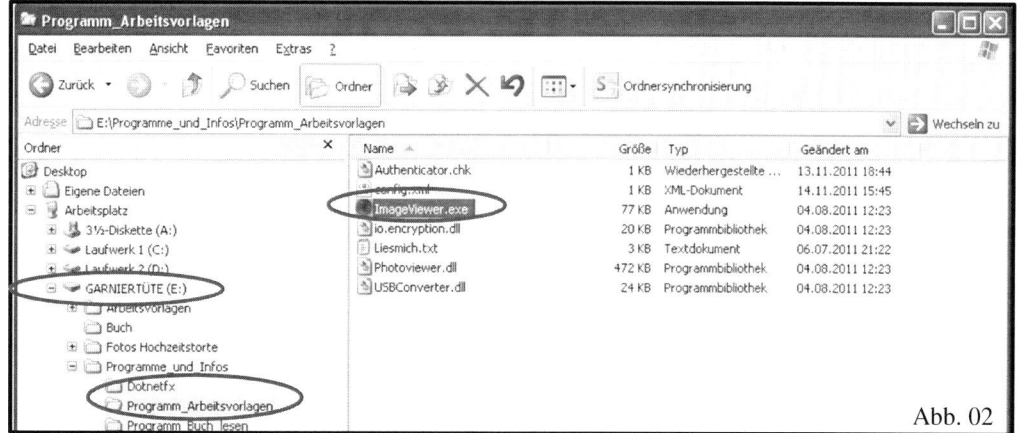

Abb. 02

<u>**Wichtige Anmerkung: Das Spezialprogramm öffnet sich nur, wenn Sie den Original-USB-Stick mit dem Laufwerk verbunden haben, ansonsten kommt eine Fehlermeldung!**</u>

Das Arbeitsprogramm bedienen

Auf den nachfolgenden Seiten finden Sie einige kurze Hinweise, wie Sie bestimmte Garnier- oder Ausschneidevorlagen finden, in ihrer Größe evtl. verändern können und wie Sie die Seiten auf welchen Druckmedien ausdrucken. Beachten Sie hierzu auch die Inforationen im **Kapitel 7 „Auflegedekors"** ab **Seite 107.**

Ausführlichere Bedienungshinweise finden Sie direkt auf dem USB-Stick zum Buch in dessen Stammverzeichnis. Dort ist die Datei **„ImageViewer Bedienungsanleitung.pdf"** gespeichert. In dieser Datei sind alle Informationen zu dem Arbeitsprogramm **„ImageViewer"** und zu den vielen Möglichkeiten, die Sie mit den Vorlagen haben, ausführlich beschrieben und mit Bildern dokumentiert! Sie benötigen zum Öffnen der Datei ein Programm, das PDF-Dateien öffnen kann, z. B. das Programm **„Adobe Reader"**. In der Regel ist auf jedem Rechner ein solches Programm schon installiert. Sollte es auf Ihrem Rechner noch nicht installiert sein, finden Sie eine installierbare Programmversion im Verzeichnis **„Programme_und_Infos"** und dort das Unterverzeichnis **„Adobe Reader"**. Klicken Sie dort doppelt auf die Datei **„AdbeRdr1013_de_DE.exe"**. Dadurch beginnt die Installation von Adobe Reader 10.1.3. Dieses Programm wird Ihnen unter Ausschluss jeglicher Gewährleistung überlassen. Sie können das Programm auch direkt von der Seite des Herstellers kostenlos herunterladen und dann installieren: **http://www.adobe.com/de/products/reader.html**

Garnier- und Ausschneidevorlagen auswählen

Im Programmfenster von **„ImageViewer"** finden Sie im linken Bereich eine Ordneransicht, die ähnlich gestaltet ist wie der Windows-Explorer. Klicken Sie 1× auf den Ordner **„Arbeitsvorlagen"**, der sich hier im Laufwerk **„F:\GARNIERTÜTE"** befindet. Im Verzeichnis **„Arbeitsvorlagen"** finden Sie weitere Unterverzeichnisse und dort alle Garnier- und Ausschneidevorlagen **(Abb. 03)**.

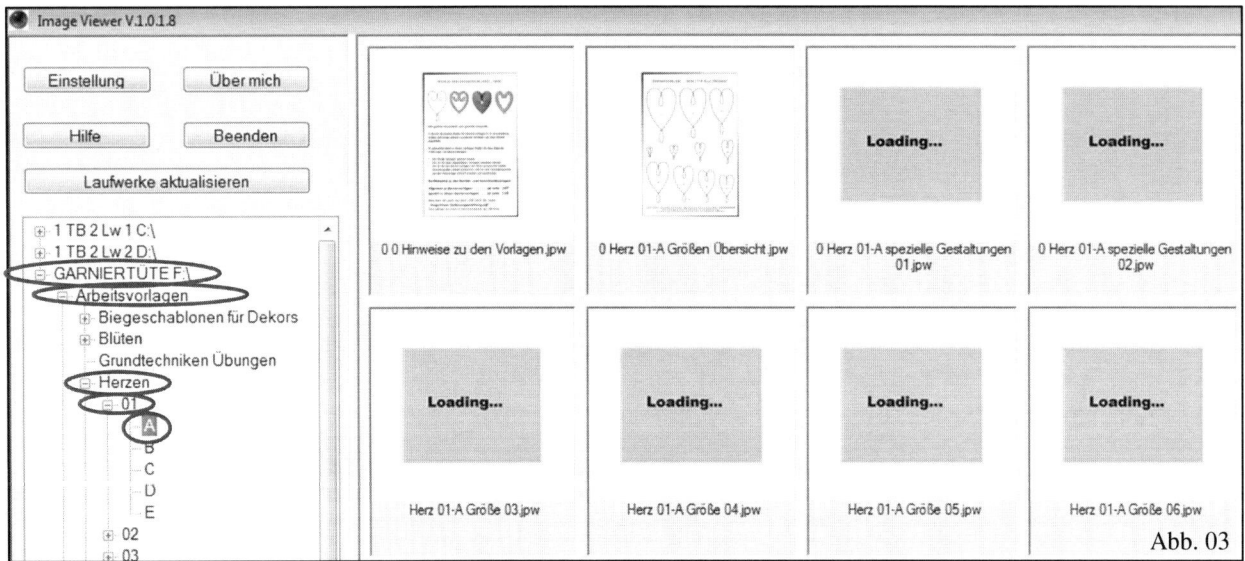

Abb. 03

Damit Sie möglichst schnell die gewünschte Garnier- oder Ausschneidevorlage finden, betrachten Sie sich zunächst die Übersichten auf den nachfolgenden Seiten ab **Seite 218**. Über jedem Motiv finden Sie eine spezielle Bezeichnung, z.B. bei **„Garniervorlagen Herzen 01"** die Bezeichnung **„01-A"** Nachfolgend möchte ich ihnen nun beschreiben, wie Sie die Garniervorlage **„Herzen 01-A Größe 04.jpw"** auf dem USB-Stick finden:

Garniervorlage „Herzen 01-A Größe 04.jpw" suchen und finden

Auf den Seiten des Vorlagen-Auswahlkataloges **(Abb. 04)** finden Sie zunächst die entsprechende Überschrift, z.B.:

Garniervorlagen Herzen 01

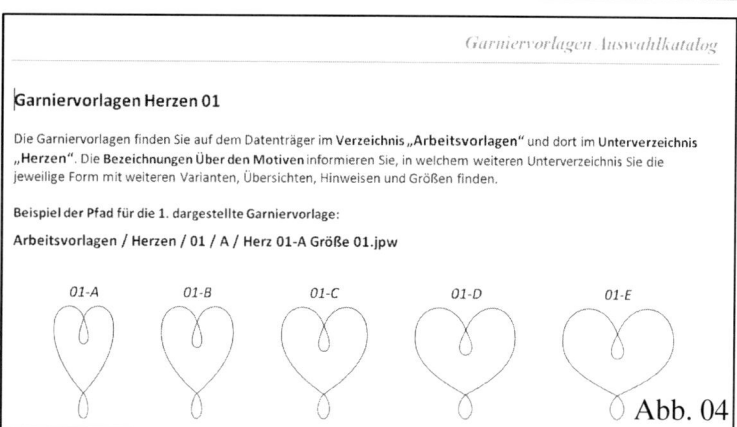

Abb. 04

Unter dieser Überschrift finden Sie einen kurzen Hinweis, z.B. Abb. 04:

Die Garniervorlagen finden Sie auf dem USB-Stick zum Buch im **Verzeichnis „Arbeitsvorlagen"** und dort im **Unterverzeichnis „Herzen"**. Die **Bezeichnungen über den Motiven** informieren Sie, in welchem weiteren Unterverzeichnis Sie die jeweilige Form mit weiteren Varianten, Übersichten, Hinweisen und Größen finden.

Dieser Hinweis bedeutet:

Klicken Sie im Programmfenster von „**ImageViewer**" links folgendes Verzeichnis an:

Arbeitsvorlagen (Abb. 05, B)

Durch den Klick öffnen sich weitere Verzeichnisse. Klicken Sie nun auf folgendes Verzeichnis:

Herzen (Abb. 05, C)

Durch den Klick öffnen sich weitere Verzeichnisse, die fortlaufend nummeriert sind. Klicken Sie nun auf Verzeichnis

01 (Abb. 05, D)

Durch den Klick öffnen sich weitere Verzeichnisse, die mit Buchstaben bezeichnet sind. Klicken Sie nun auf Verzeichnis:

A (Abb. 05, E)

Durch den Klick auf das Verzeichnis „A" öffnet sich im rechten Programmfenster von „**ImageViewer**" eine Bildübersicht der Dateien dieses Verzeichnisses **(Abb. 05, rechts).**

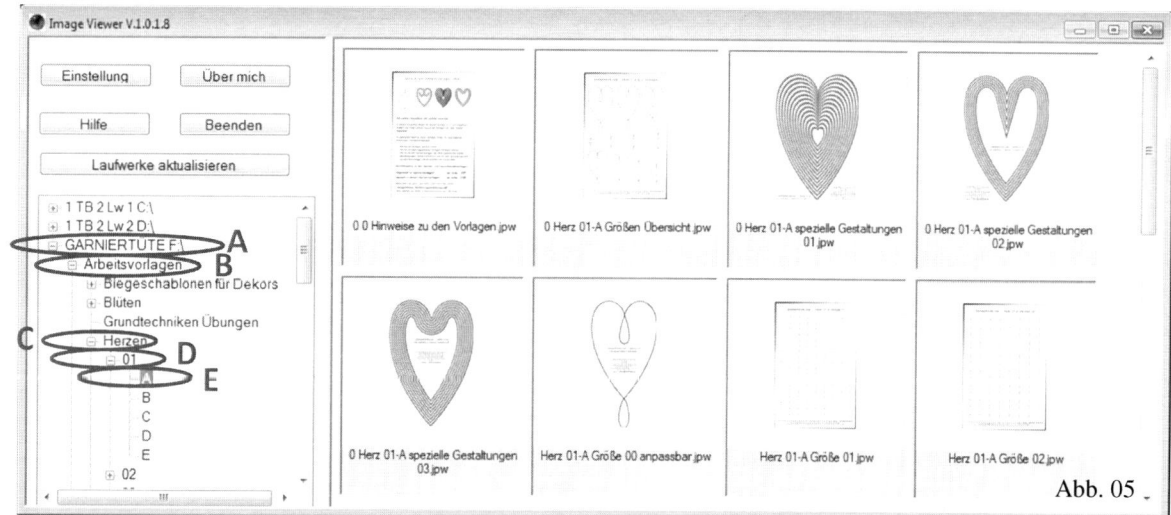

Abb. 05

Das Fachbuch „Die Garniertüte", Eigenverlag Heinrich Fischer, Darmstadt. Adresse: **www.garniertuete.de**

215

Eine Garniervorlage mit der richtigen Größe auswählen

Im rechten Programmfenster von „**ImageViewer**" finden Sie mehrere Dateien, unter anderem die Datei „**Herzen 01-A Größen Übersicht.jpg**" **(Abb. 06)**. Wenn Sie diese Datei ausdrucken, erhalten Sie eine Übersicht über die Größe der Motive in den Dateien, die mit der Bezeichnung am Ende „**... Größe 01 bis 11**" enden. Da-

durch können Sie sich die optimale Größe des Motivs und damit die richtige Garniervorlage auswählen. Sofern Sie eine ganz spezielle Größe des jeweiligen Motivs benötigen, finden Sie die Datei „**Herz 01-A Größe anpassbar.jpg**" **(Abb. 07)**. Diese Garniervorlage beinhaltet lediglich ein Motiv, das Sie vor dem Druck anpassen können.

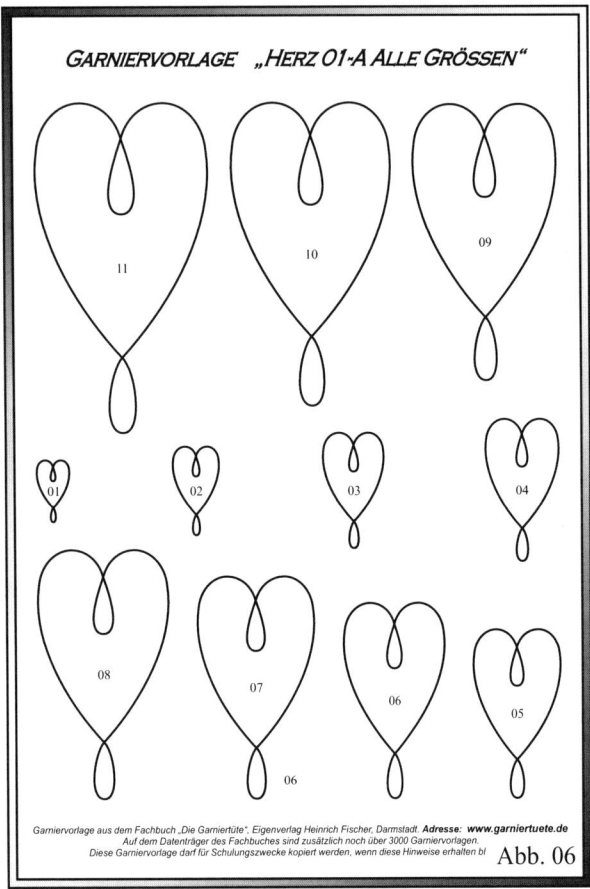

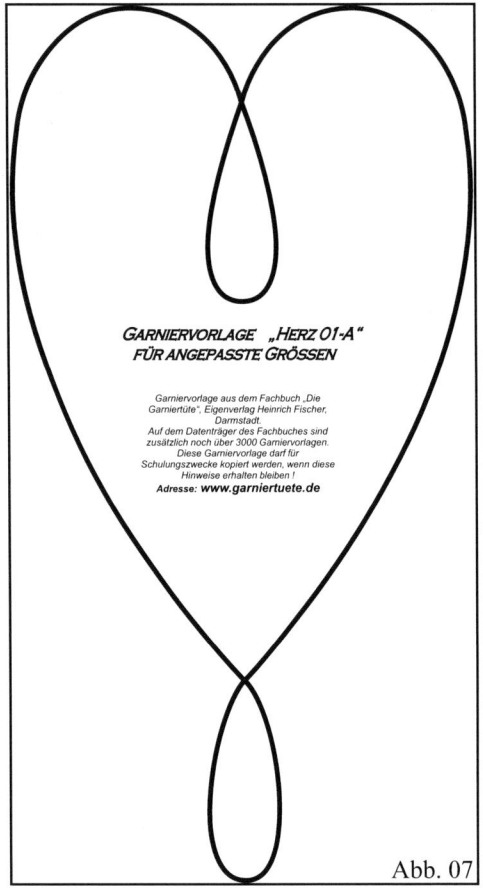

Das Fachbuch „Die Garniertüte", Eigenverlag Heinrich Fischer, Darmstadt. Adresse: **www.garniertuete.de**

Drucken der Dateien mit „ImageViewer"

Klicken Sie in der Bildübersicht des Programms 1x auf die Datei, die Sie drucken wollen. Es öffnet sich eine große Vorschau auf die Vorlage. Unter dem Bild sehen Sie ein Druckersymbol **(Abb. 08, Kreis)**. Klicken Sie entweder auf das Druckersymbol oder drücken Sie die **Taste „P"** für **„Print"** auf Ihrer Tastatur. Es öffnet sich der Druckdialog **(Abb. 09)**.

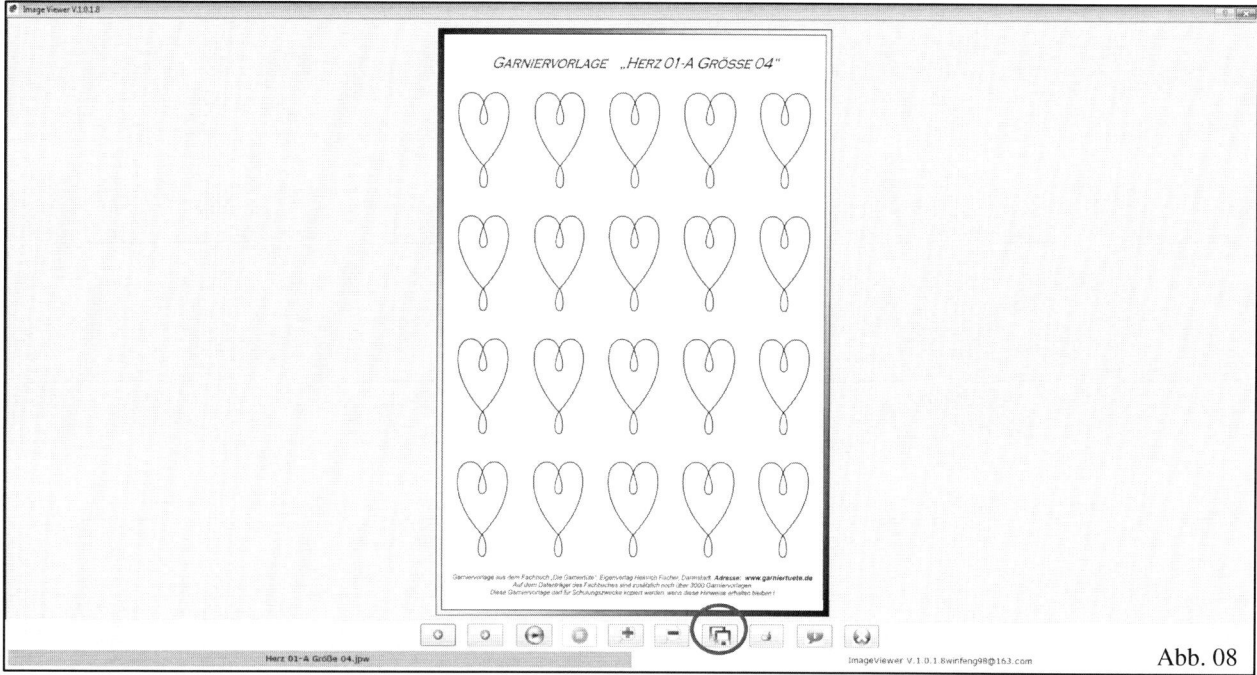

Abb. 08

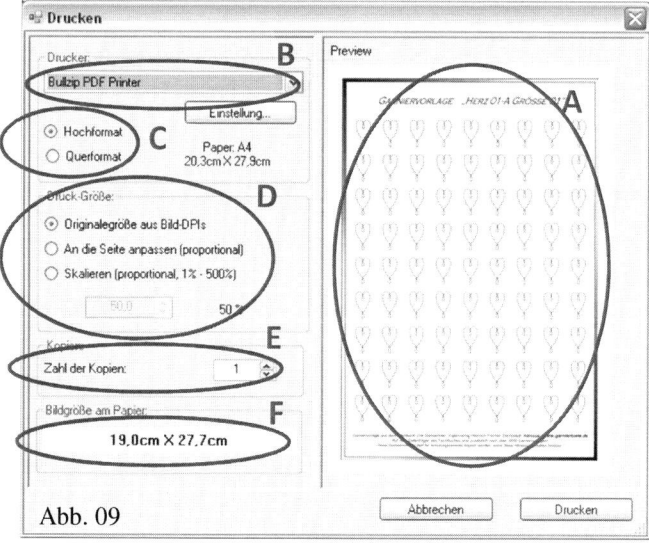

Abb. 09

Die Funktionen des Druckerdialoges (Abb. 09):

A) Dies ist die Vorschau, wie das Bild auf Ihrem Drucker später auf dem Papierformat gedruckt wird.

B) Hier wählen Sie Ihren Drucker aus.

C) Hier bestimmen Sie Hoch- oder Querformat.

D) Hier bestimmen Sie, ob das Bild in Originalgröße gedruckt wird (oben) oder ob es proportional auf die maximale Größe an die Seite angepasst wird (Mitte). Unten können Sie eine angepasste Größe in Prozent skalieren, die in F) angezeigt wird.

E) Hier bestimmen Sie die Anzahl der Ausdrucke.

F) Hier wird die tatsächliche Druckgröße in cm angegeben.

Weitere und umfangreichere Informationen erhalten Sie in der Datei „**ImageViewer Bedienungsanleitung.pdf**", die Sie auf dem USB-Stick zum Buch direkt in dessen Stammverzeichnis finden.

Das Fachbuch „Die Garniertüte", Eigenverlag Heinrich Fischer, Darmstadt. Adresse: **www.garniertuete.de**

Garnier- und Ausschneidevorlagenvorlagen Übersichten

Ausschniedevorlagen „Biegeschablonen"

Die Ausschneidevorlagen finden Sie auf dem USB-Stick zum Buch im **Verzeichnis „Arbeitsvorlagen"** und dort im **Unterverzeichnis „Biegeschablonen für Dekors"**. Arbeitsinfos dazu finden Sie auf **Seite 161**.

Der Pfad für die Garniervorlage mit dem Durchmesser 10 cm in Kurzform:

Arbeitsvorlagen / Biegeschablonen für Dekors / Biegeschablonen für Dekors Ausschneidevorlage 10 cm.jpw

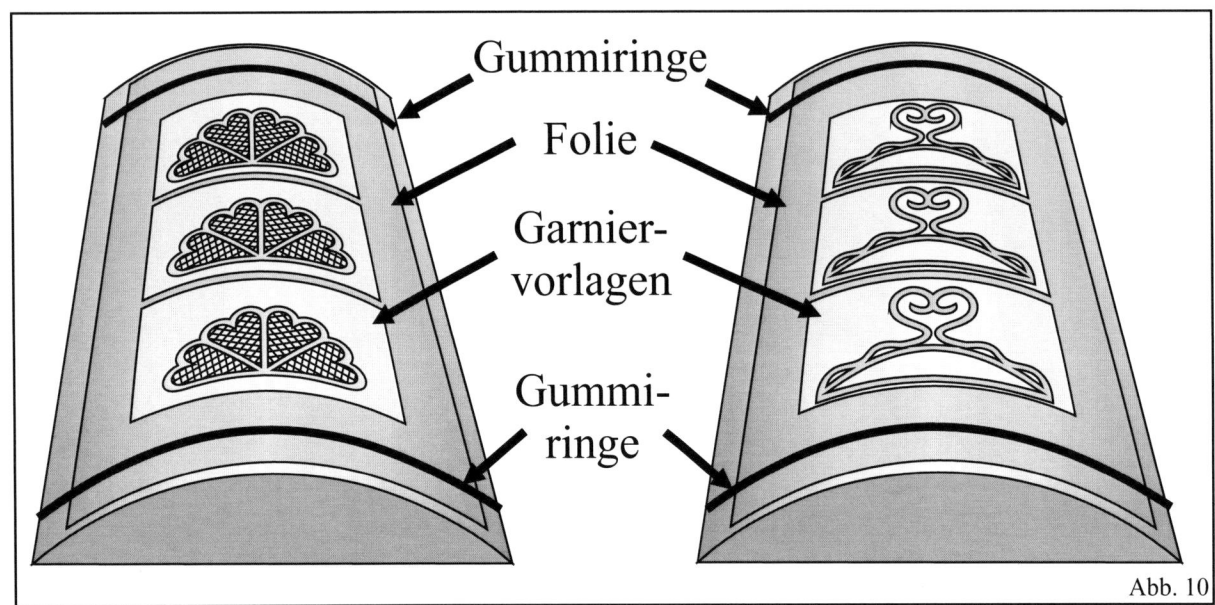

Abb. 10

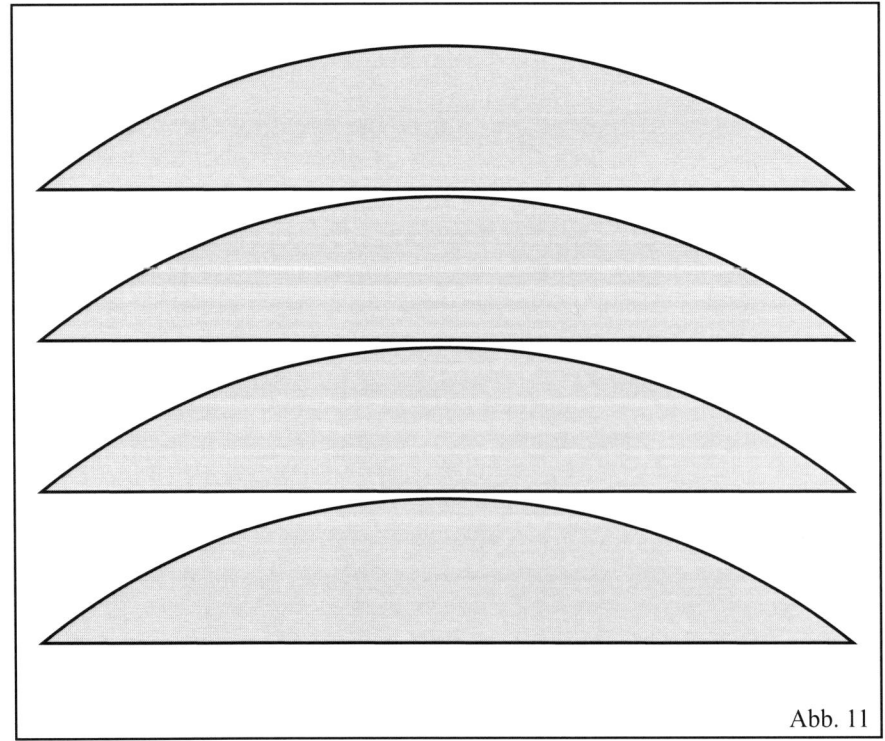

Abb. 11

Das Fachbuch „Die Garniertüte", Eigenverlag Heinrich Fischer, Darmstadt. Adresse: **www.garniertuete.de**

Garniervorlagen Blüten 01

Die Garniervorlagen finden Sie auf dem USB-Stick zum Buch im **Verzeichnis „Arbeitsvorlagen"** und dort im **Unterverzeichnis „Blüten"**. Die **Bezeichnungen über den Motiven** informieren Sie, in welchem weiteren Unterverzeichnis Sie die jeweilige Form mit weiteren Varianten, Übersichten, Hinweisen und Größen finden. Arbeitsinfos dazu finden Sie auf **Seite 113**.

Beispiel der Pfad für die 1. dargestellte Garniervorlage in Kurzform:

Arbeitsvorlagen / Blüten / 01 / A / Blüte 01-A Größe 01.jpw

Abb. 12

Das Fachbuch „Die Garniertüte", Eigenverlag Heinrich Fischer, Darmstadt. Adresse: **www.garniertuete.de**

219

Garniervorlagen Blüten 02

Die Garniervorlagen finden Sie auf dem USB-Stick zum Buch im **Verzeichnis „Arbeitsvorlagen"** und dort im **Unterverzeichnis „Blüten"**. Die **Bezeichnungen über den Motiven** informieren Sie, in welchem weiteren Unterverzeichnis Sie die jeweilige Form mit weiteren Varianten, Übersichten, Hinweisen und Größen finden. Arbeitsinfos dazu finden Sie auf **Seite 113**.

Beispiel der Pfad für die 1. dargestellte Garniervorlage in Kurzform:

Arbeitsvorlagen / Blüten / 06 / A / Blüte 06-A Größe 01.jpw

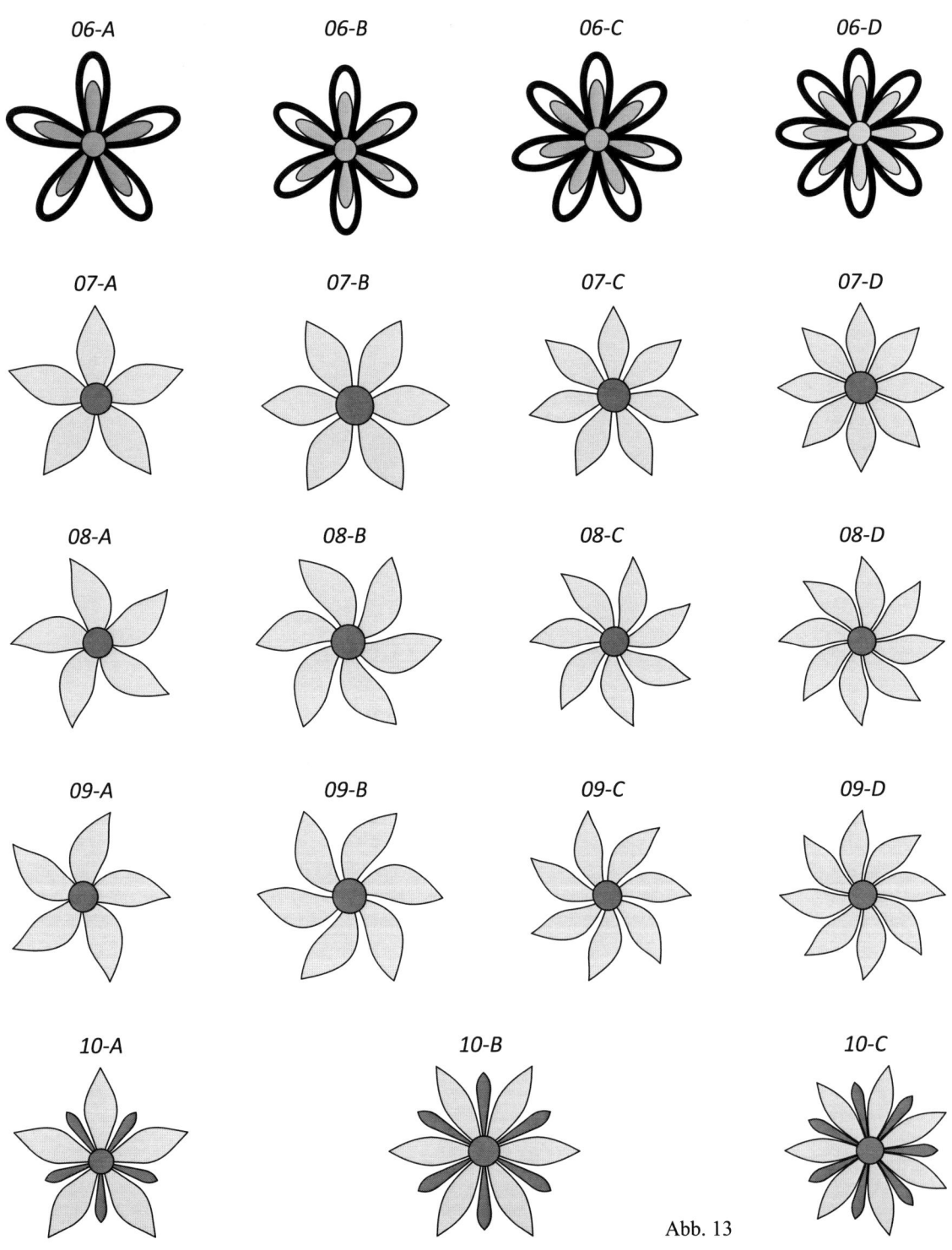

Abb. 13

Das Fachbuch „Die Garniertüte", Eigenverlag Heinrich Fischer, Darmstadt. Adresse: **www.garniertuete.de**

Garniervorlagen Blüten 03

Die Garniervorlagen finden Sie auf dem USB-Stick zum Buch im **Verzeichnis „Arbeitsvorlagen"** und dort im **Unterverzeichnis „Blüten"**. Die **Bezeichnungen über den Motiven** informieren Sie, in welchem weiteren Unterverzeichnis Sie die jeweilige Form mit weiteren Varianten, Übersichten, Hinweisen und Größen finden. Arbeitsinfos dazu finden Sie auf **Seite 113**.

Beispiel der Pfad für die 1. dargestellte Garniervorlage in Kurzform:

Arbeitsvorlagen / Blüten / 11 / A / Blüte 11-A Größe 01.jpw

Abb. 14

Das Fachbuch „Die Garniertüte", Eigenverlag Heinrich Fischer, Darmstadt. Adresse: **www.garniertuete.de**

Garniervorlagen Blüten 04

Die Garniervorlagen finden Sie auf dem USB-Stick zum Buch im **Verzeichnis „Arbeitsvorlagen"** und dort im **Unterverzeichnis „Blüten"**. Die **Bezeichnungen über den Motiven** informieren Sie, in welchem weiteren Unterverzeichnis Sie die jeweilige Form mit weiteren Varianten, Übersichten, Hinweisen und Größen finden. Arbeitsinfos dazu finden Sie auf **Seite 113**.

Beispiel der Pfad für die 1. dargestellte Garniervorlage in Kurzform:

Arbeitsvorlagen / Blüten / 16 / A / Blüte 16-A Größe 01.jpw

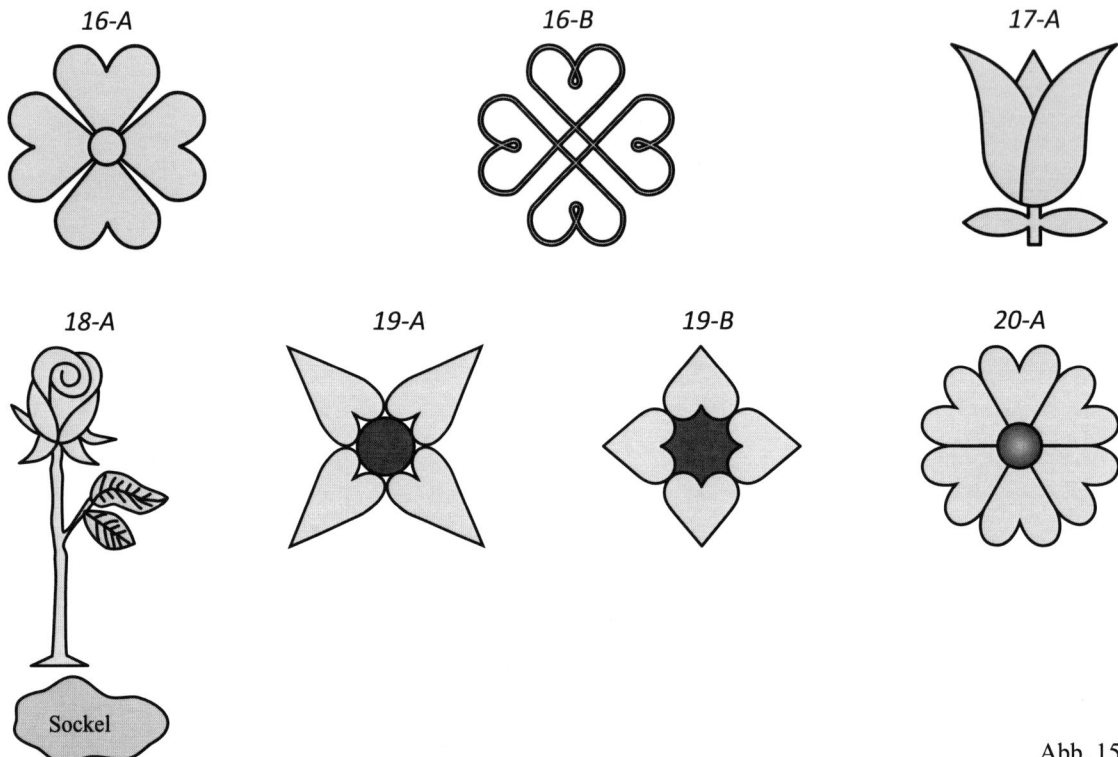

Abb. 15

Das Fachbuch „Die Garniertüte", Eigenverlag Heinrich Fischer, Darmstadt. Adresse: **www.garniertuete.de**

Garniervorlagen Bogendekors

Die Garniervorlagen finden Sie auf dem USB-Stick zum Buch im **Verzeichnis „Arbeitsvorlagen"** und dort im Unterverzeichnis **„Hochzeitstorte"** und dort im Unterverzeichnis **„Bogendekors"**. Die **Bezeichnungen zwischen den Motiven** informieren Sie, in welchem weiteren Unterverzeichnis Sie die jeweilige Form mit weiteren Varianten, Übersichten, Hinweisen und Größen finden. Arbeitsinfos dazu finden Sie auf **Seite 180**.

Beispiel der Pfad für die 1. dargestellte Garniervorlage in Kurzform:

Arbeitsvorlagen / Bogendekors / Form A / Bogendekors A Ausschneidevorlage Größe 01.jpw

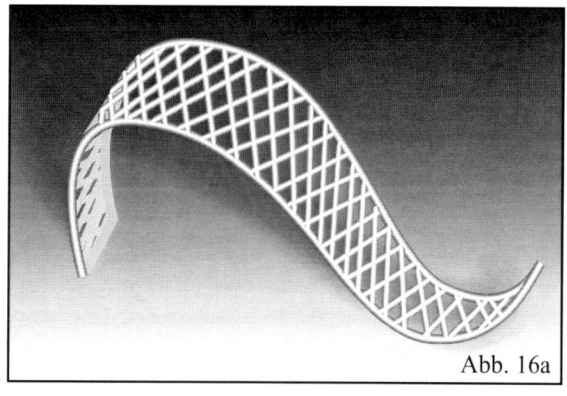

Abb. 16a

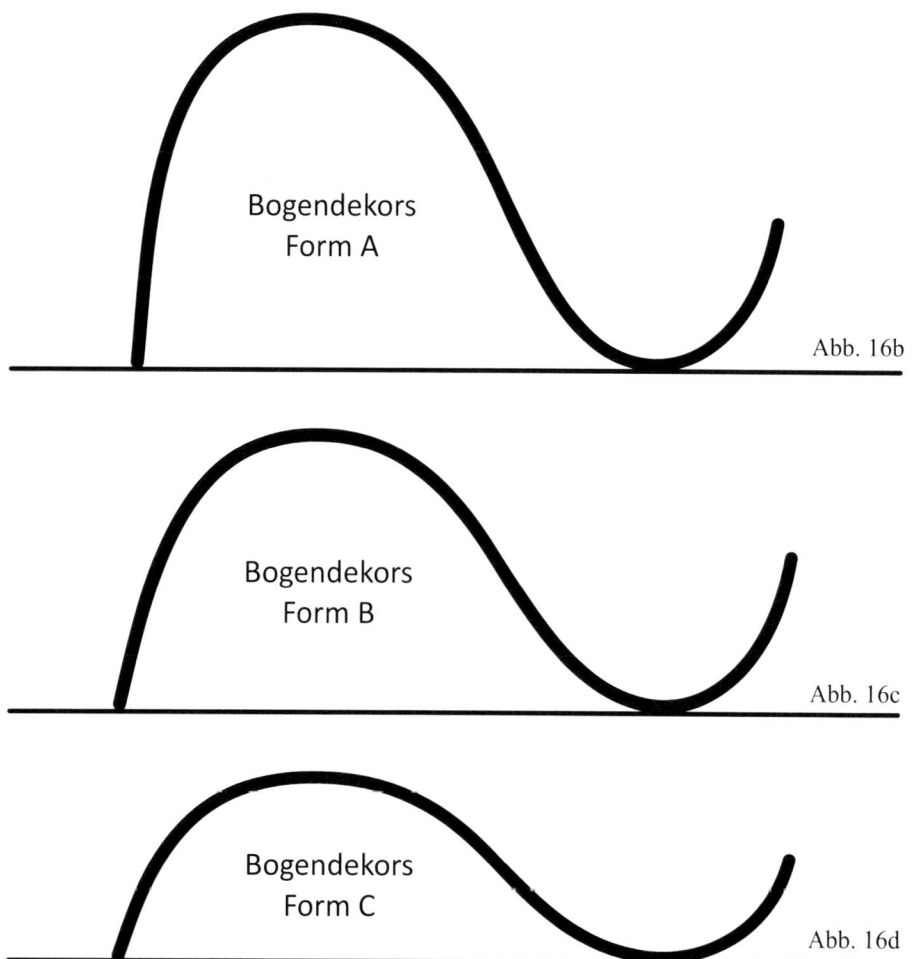

Bogendekors
Form A

Abb. 16b

Bogendekors
Form B

Abb. 16c

Bogendekors
Form C

Abb. 16d

Das Fachbuch „Die Garniertüte", Eigenverlag Heinrich Fischer, Darmstadt. Adresse: **www.garniertuete.de**

223

Garniervorlage Grundtechniken

Die Garniervorlage finden Sie auf dem USB-Stick zum Buch im **Verzeichnis „Arbeitsvorlagen"** und dort im **Unterverzeichnis „Grundtechniken Übungen"**. Arbeitsinfos dazu finden Sie auf **Seite 30**.

Der Pfad für die Garniervorlage in Kurzform:

Arbeitsvorlagen / Grundtechniken Garnierübungen / Grundtechniken.jpw

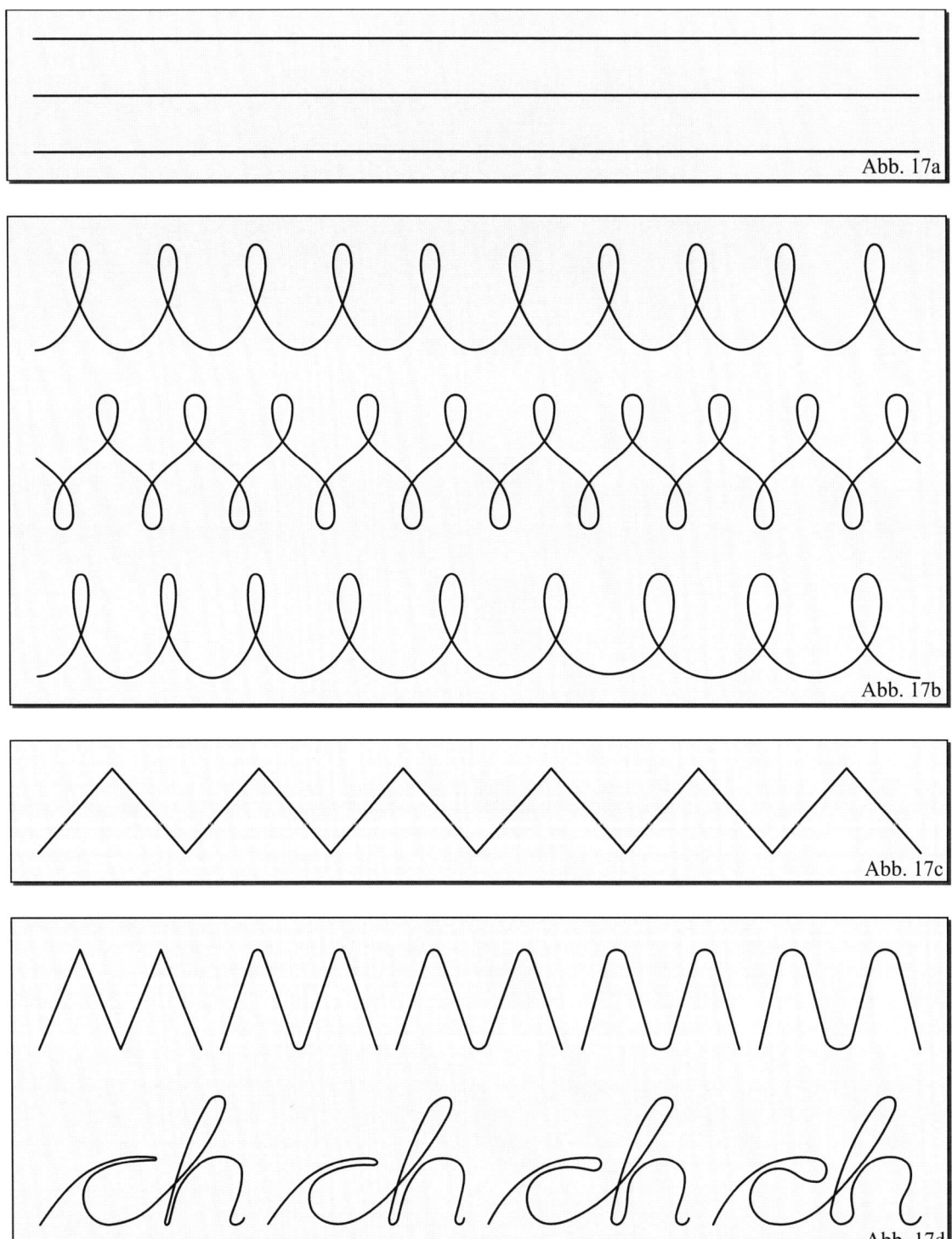

Abb. 17a

Abb. 17b

Abb. 17c

Abb. 17d

Das Fachbuch „Die Garniertüte", Eigenverlag Heinrich Fischer, Darmstadt. Adresse: **www.garniertuete.de**

Garniervorlagen Herzen 01

Die Garniervorlagen finden Sie auf dem USB-Stick zum Buch im **Verzeichnis „Arbeitsvorlagen"** und dort im **Unterverzeichnis „Herzen"**. Die **Bezeichnungen Über den Motiven** informieren Sie, in welchem weiteren Unterverzeichnis Sie die jeweilige Form mit weiteren Varianten, Übersichten, Hinweisen und Größen finden. Arbeitsinfos dazu finden Sie auf **Seite 110**.

Beispiel der Pfad für die 1. dargestellte Garniervorlage in Kurzform:

Arbeitsvorlagen / Herzen / 01 / A / Herz 01-A Größe 01.jpw

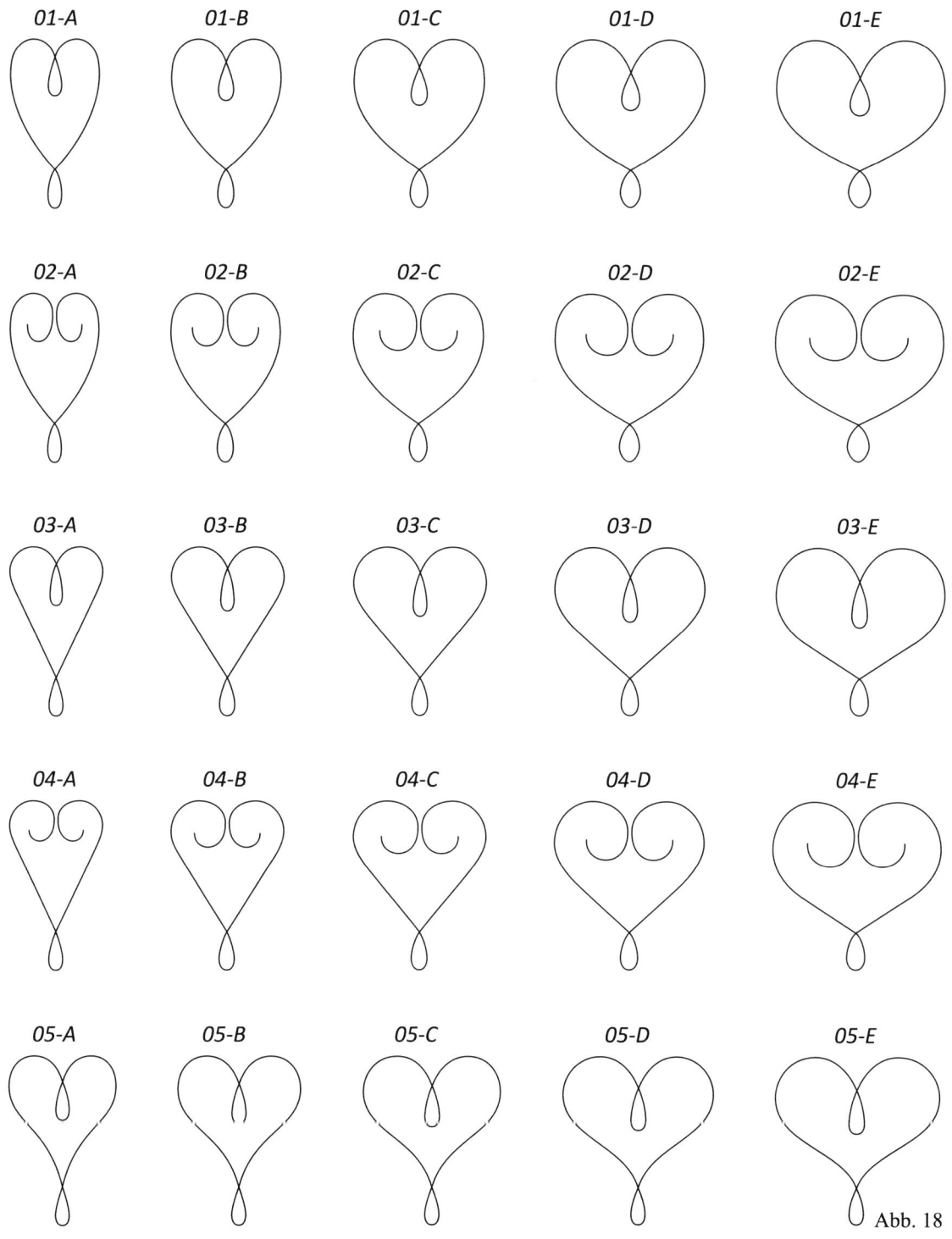

Abb. 18

Das Fachbuch „Die Garniertüte", Eigenverlag Heinrich Fischer, Darmstadt. Adresse: **www.garniertuete.de**

Garniervorlagen Herzen 02

Die Garniervorlagen finden Sie auf dem USB-Stick zum Buch im **Verzeichnis „Arbeitsvorlagen"** und dort im **Unterverzeichnis „Herzen"**. Die **Bezeichnungen Über den Motiven** informieren Sie, in welchem weiteren Unterverzeichnis Sie die jeweilige Form mit weiteren Varianten, Übersichten, Hinweisen und Größen finden. Arbeitsinfos dazu finden Sie auf Seite 110.

Beispiel der Pfad für die 1. dargestellte Garniervorlage in Kurzform:

Arbeitsvorlagen / Herzen / 06 / A / Herz 06-A Größe 01.jpw

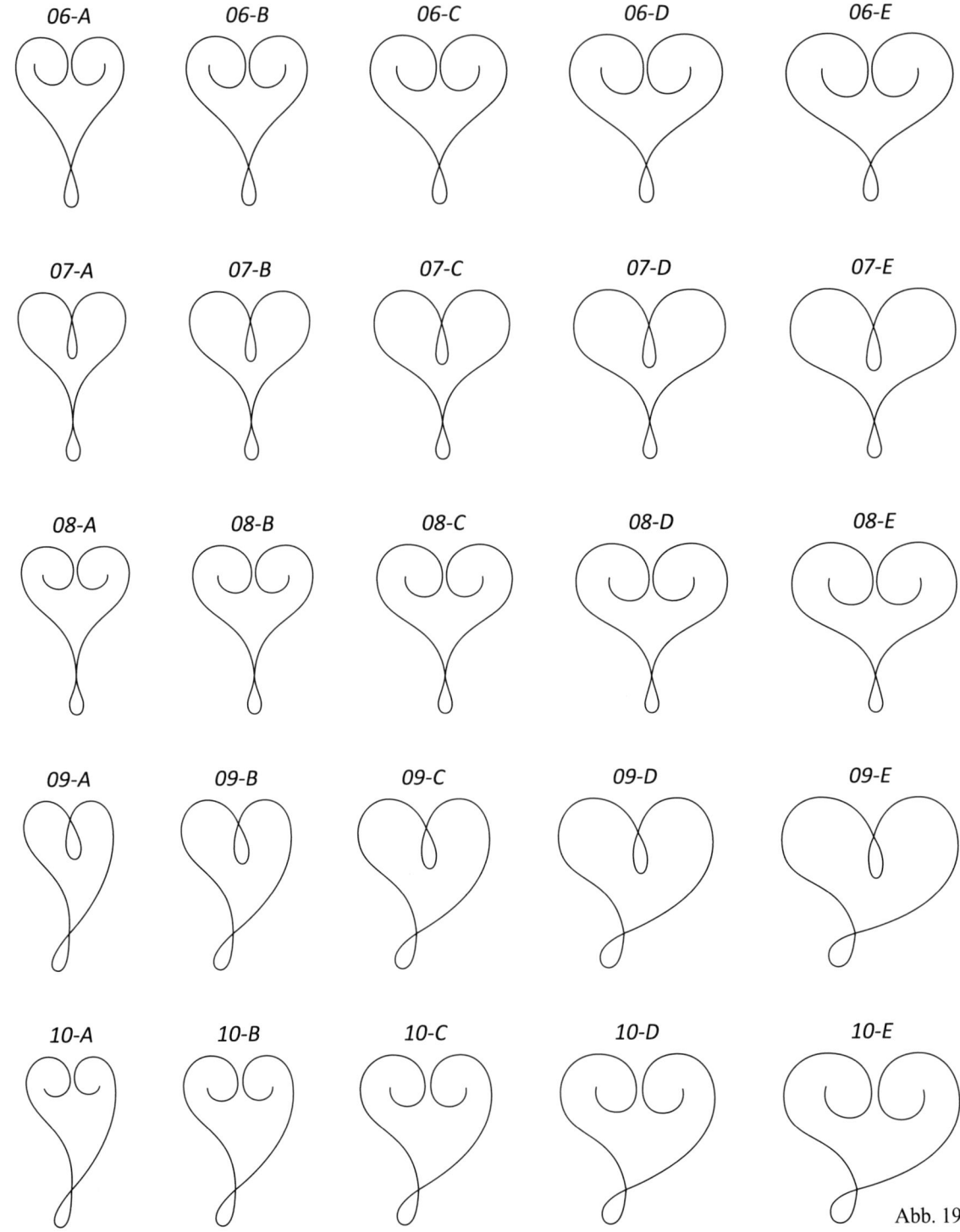

Abb. 19

Das Fachbuch „Die Garniertüte", Eigenverlag Heinrich Fischer, Darmstadt. Adresse: **www.garniertuete.de**

Garniervorlagen Herzen 03

Die Garniervorlagen finden Sie auf dem USB-Stick zum Buch im **Verzeichnis „Arbeitsvorlagen"** und dort im **Unterverzeichnis „Herzen".** Die **Bezeichnungen Über den Motiven** informieren Sie, in welchem weiteren Unterverzeichnis Sie die jeweilige Form mit weiteren Varianten, Übersichten, Hinweisen und Größen finden. Arbeitsinfos dazu finden Sie auf **Seite 110**.

Beispiel der Pfad für die 1. dargestellte Garniervorlage in Kurzform:

Arbeitsvorlagen / Herzen / 11 / A / Herz 11-A Größe 01.jpw

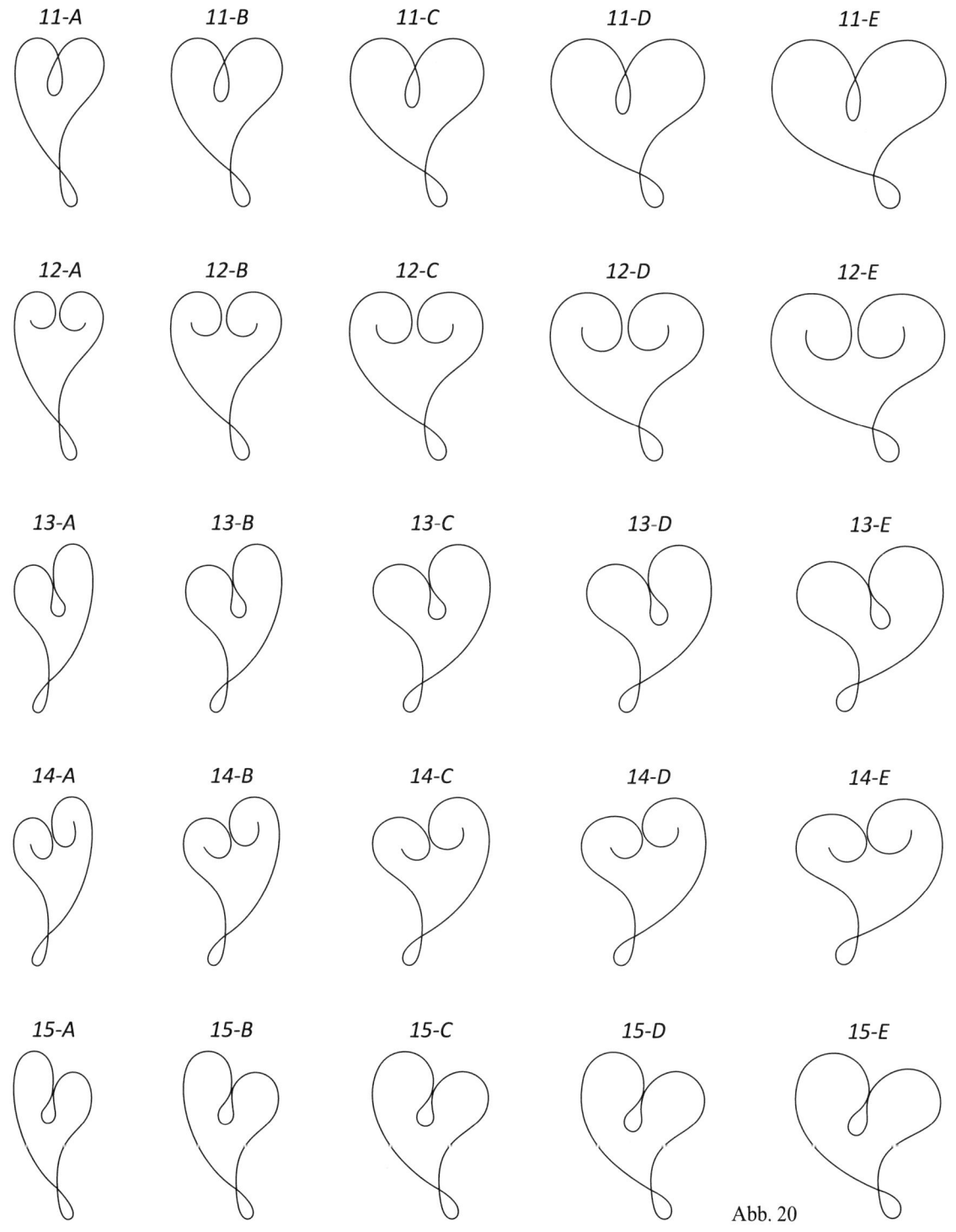

Abb. 20

Das Fachbuch „Die Garniertüte", Eigenverlag Heinrich Fischer, Darmstadt. Adresse: **www.garniertuete.de**

Garniervorlagen Herzen 04

Die Garniervorlagen finden Sie auf dem USB-Stick zum Buch im **Verzeichnis „Arbeitsvorlagen"** und dort im **Unterverzeichnis „Herzen"**. Die **Bezeichnungen Über den Motiven** informieren Sie, in welchem weiteren Unterverzeichnis Sie die jeweilige Form mit weiteren Varianten, Übersichten, Hinweisen und Größen finden. Arbeitsinfos dazu finden Sie auf **Seite 110**.

Beispiel der Pfad für die 1. dargestellte Garniervorlage in Kurzform:

Arbeitsvorlagen / Herzen / 16 / A / Herz 16-A Größe 01.jpw

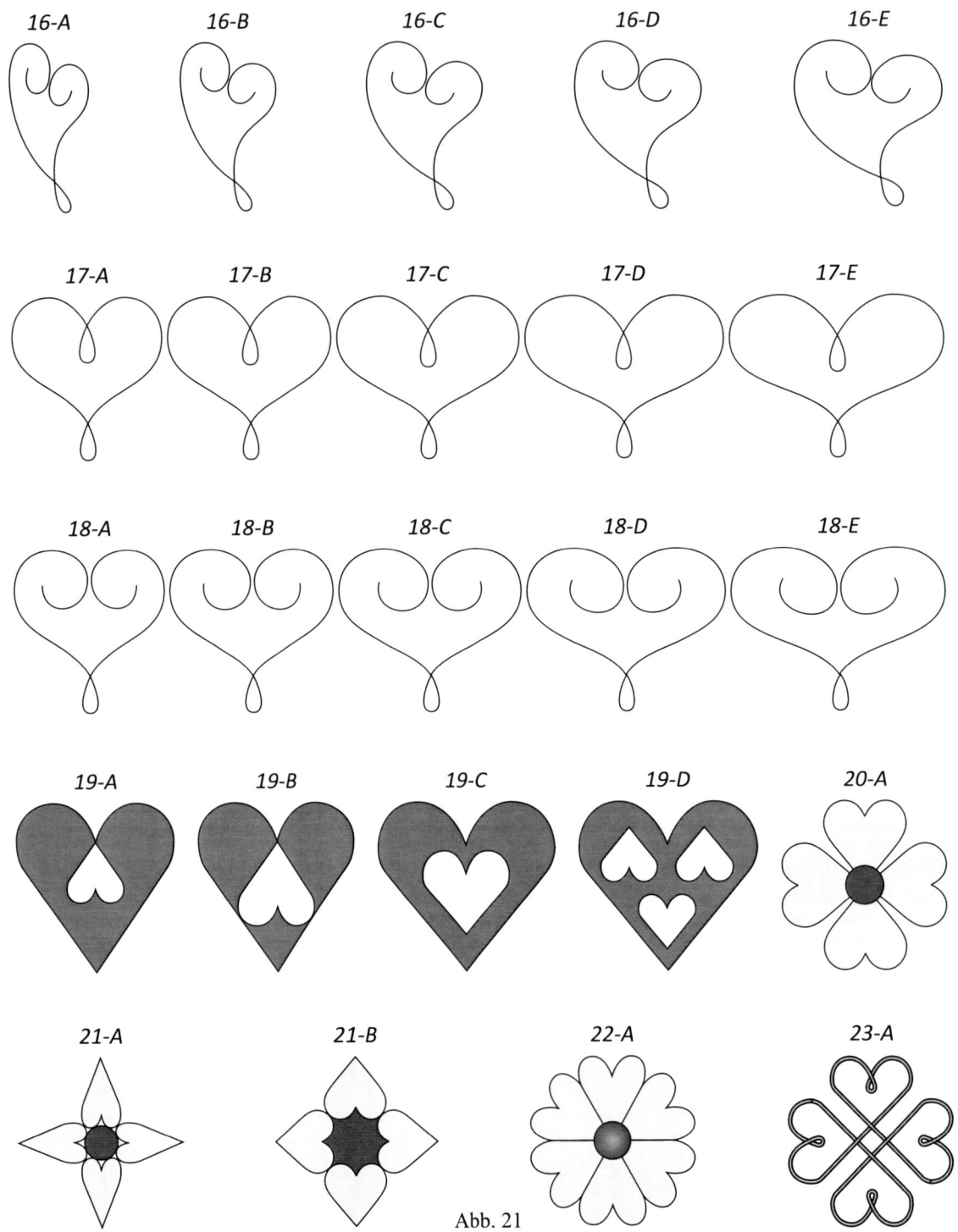

Abb. 21

228

Das Fachbuch „Die Garniertüte", Eigenverlag Heinrich Fischer, Darmstadt. Adresse: **www.garniertuete.de**

Garniervorlagen Herzen 05

Die Garniervorlagen finden Sie auf dem USB-Stick zum Buch im **Verzeichnis „Arbeitsvorlagen"** und dort im **Unterverzeichnis „Herzen"**. Die **Bezeichnungen Über den Motiven** informieren Sie, in welchem weiteren Unterverzeichnis Sie die jeweilige Form mit weiteren Varianten, Übersichten, Hinweisen und Größen finden. Arbeitsinfos dazu finden Sie auf **Seite 110**.

Beispiel der Pfad für die 1. dargestellte Garniervorlage in Kurzform:

Arbeitsvorlagen / Herzen / 24 / A / Herz 24-A Größe 01.jpw

24-A

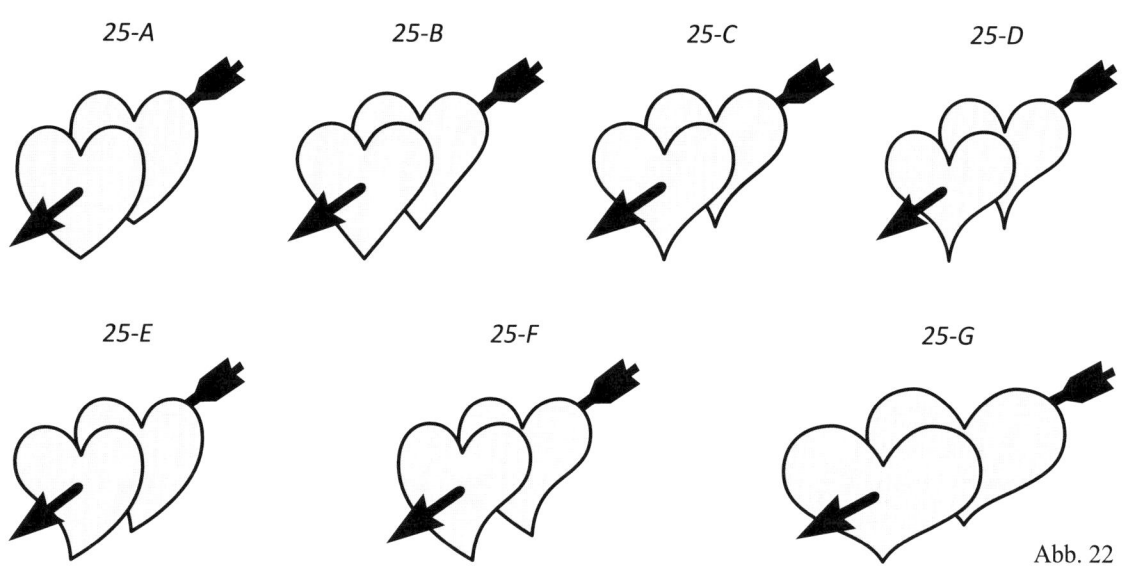

Abb. 22

Das Fachbuch „Die Garniertüte", Eigenverlag Heinrich Fischer, Darmstadt. Adresse: **www.garniertuete.de**

Garniervorlagen Herzen 06

Die Garniervorlagen finden Sie auf dem USB-Stick zum Buch im **Verzeichnis „Arbeitsvorlagen"** und dort im **Unterverzeichnis „Herzen"**. Die **Bezeichnungen Über den Motiven** informieren Sie, in welchem weiteren Unterverzeichnis Sie die jeweilige Form mit weiteren Varianten, Übersichten, Hinweisen und Größen finden. Arbeitsinfos dazu finden Sie auf **Seite 159**.

Beispiel der Pfad für die 1. dargestellte Garniervorlage in Kurzform:

Arbeitsvorlagen / Herzen / 26 / A / Herz 26-A Größe 01.jpw

Abb. 23

Das Fachbuch „Die Garniertüte", Eigenverlag Heinrich Fischer, Darmstadt. Adresse: **www.garniertuete.de**

Garniervorlagen Herzen 07

Die Garniervorlagen finden Sie auf dem USB-Stick zum Buch im **Verzeichnis „Arbeitsvorlagen"** und dort im **Unterverzeichnis „Herzen"**. Die **Bezeichnungen Über den Motiven** informieren Sie, in welchem weiteren Unterverzeichnis Sie die jeweilige Form mit weiteren Varianten, Übersichten, Hinweisen und Größen finden. Arbeitsinfos dazu finden Sie auf **Seite 159**.

Beispiel der Pfad für die 1. dargestellte Garniervorlage in Kurzform:

Arbeitsvorlagen / Herzen / 27 / A / Herz 27-A Größe 01.jpw

27-A

27-D

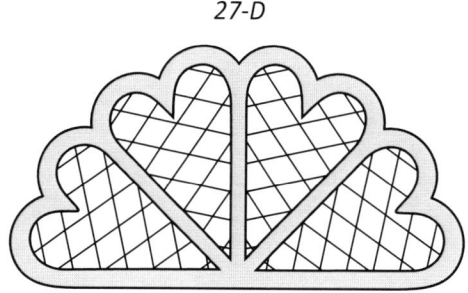

27-B

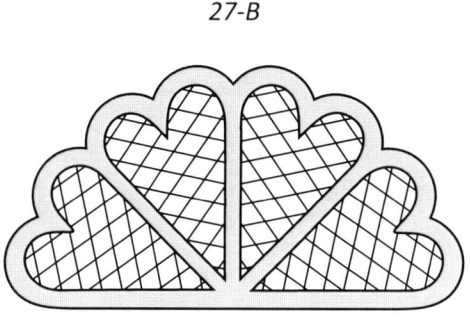

27-E

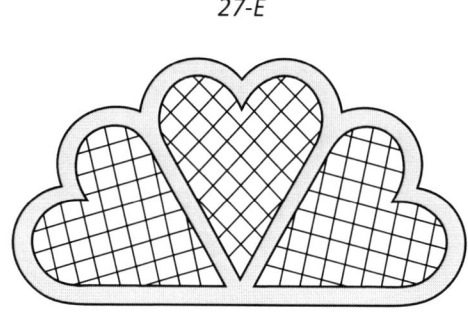

27-C

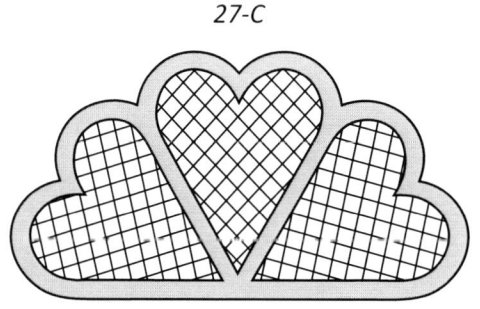

27-F

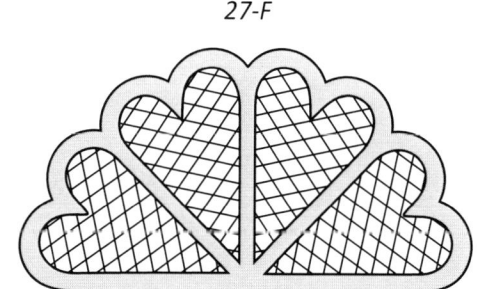

Abb. 24

Das Fachbuch „Die Garniertüte", Eigenverlag Heinrich Fischer, Darmstadt. Adresse: **www.garniertuete.de**

231

Garniervorlagen Hochzeitskutschen

Die Garniervorlagen finden Sie auf dem USB-Stick zum Buch im **Verzeichnis „Arbeitsvorlagen"** und dort im **Unterverzeichnis „Hochzeitstorte"** und dort im **Unterverzeichnis „Hochzeitskutschen"**. Die **Bezeichnungen Über den Motiven** informieren Sie, in welchem weiteren Unterverzeichnis Sie die jeweilige Form mit weiteren Übersichten, Hinweisen und Größen finden. Arbeitsinfos dazu finden Sie auf **Seite 168**.

Beispiel der Pfad für die 1. dargestellte Hochzeitskutsche in Kurzform:

Arbeitsvorlagen / Hochzeitstorte / Hochzeitskutschen / A / Größe 01 / Hochzeitskutsche A Größe 01 a.jpw

Hochzeitskutsche Form A

Abb. 25

Hochzeitskutsche Form B

Abb. 26

Das Fachbuch „Die Garniertüte", Eigenverlag Heinrich Fischer, Darmstadt. Adresse: **www.garniertuete.de**

Garniervorlagen Hochzeitspaar und Säuglinge

Die Garniervorlagen finden Sie auf dem USB-Stick zum Buch im **Verzeichnis „Arbeitsvorlagen"** und dort im **Unterverzeichnis „Hochzeitstorte"** und dort im **Unterverzeichnis „Hochzeitspaar" bzw. im Unterverzeichnis „Säuglinge"**. Die Zahlen über den Säuglingen bezeichnen die Unterverzeichnisse mit der jeweiligen Form. Arbeitsinfos dazu finden Sie auf **Seite 148**.

Beispiel der Pfad für den Säugling „01" in Kurzform:

Arbeitsvorlagen / Hochzeitstorte / Säuglinge / Form 01 / Säugling 01 Größe 01.jpw

Hochzeitspaar

Sockel

Abb. 27

Säuglinge

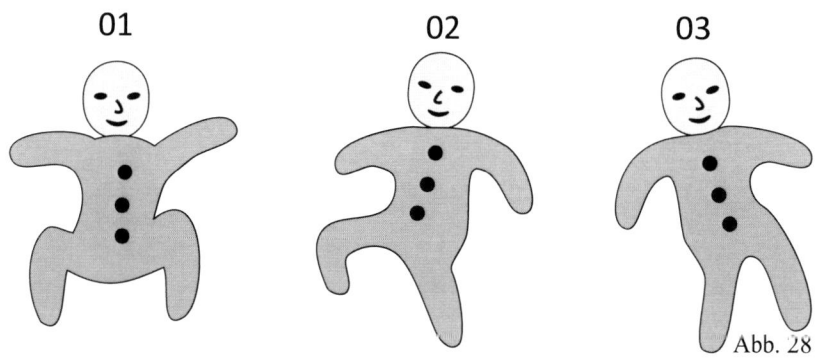

01   02   03

Abb. 28

Das Fachbuch „Die Garniertüte", Eigenverlag Heinrich Fischer, Darmstadt. Adresse: **www.garniertuete.de**

233

Ausschneidevorlagen Kreisschablonen

Diese Ausschneidevorlagen benötigen Sie zum Ausschneiden z.B. der Treppenstufen des Hochzeitstempels. Sie finden diese auf dem USB-Stick zum Buch im **Verzeichnis „Arbeitsvorlagen"** und dort im **Unterverzeichnis „Kreisschablonen"**. Dort haben Sie Kreisschablonen in Abstufungen von 5 mm Millimeter von 20 mm bis 110 mm zur Auswahl. Arbeitsinfos dazu finden Sie auf **Seite 147**.

Beispiel der Pfad für die Kreisschablone 60 mm in Kurzform:

Arbeitsvorlagen / Kreisschablonen / Kreis Ausschneidevorlagen 20 bis 60 mm.jpw

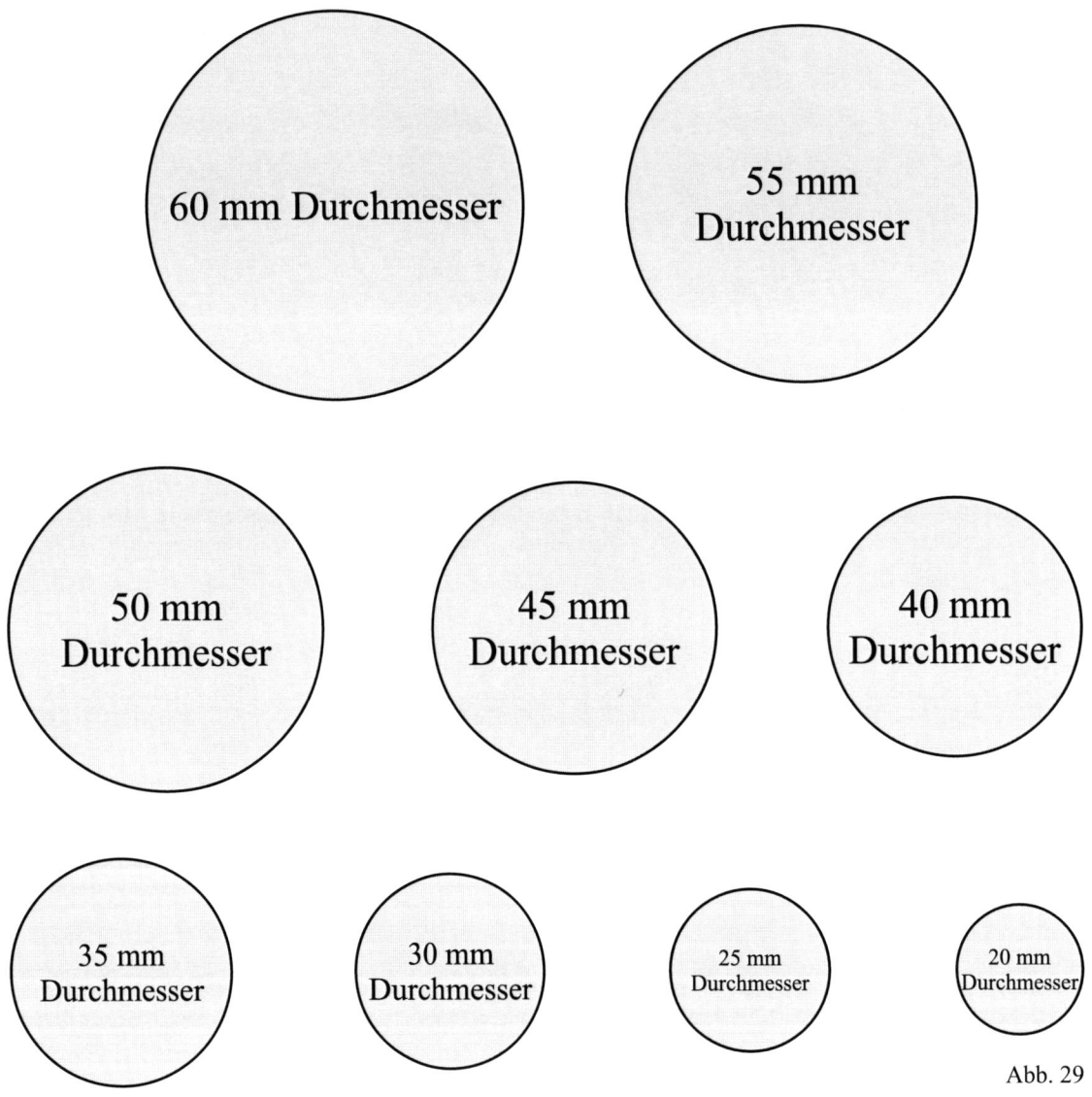

Abb. 29

Das Fachbuch „Die Garniertüte", Eigenverlag Heinrich Fischer, Darmstadt. Adresse: **www.garniertuete.de**

Garniervorlagen „Ostereier"

Die Auswahlvorlagen finden Sie auf dem USB-Stick zum Buch im **Verzeichnis „Arbeitsvorlagen"** und dort im **Unterverzeichnis „Ostereier".** Die Bezeichnungen in den Motiven informieren Sie über den jeweiligen **Verzeichnis- und Dateinamen.** Die Garniervorlagen sind in jeweils 2 Vorlagen (01 und 02) vorhanden, die sich jeweils unterschiedliche Größen enthalten. Arbeitsinfos dazu finden Sie auf **Seite 116**.

Beispiel der Pfad für die 1. Auswahlvorlage in Kurzform:

Arbeitsvorlagen / Ostereier / Mit Dekors / Ostereier 01 Vorlage 02.jpw

Abb. 30

Das Fachbuch „Die Garniertüte", Eigenverlag Heinrich Fischer, Darmstadt. Adresse: **www.garniertuete.de**

235

Garniervorlagen Petits Fours 01

Die Garniervorlagen finden Sie auf dem USB-Stick zum Buch im **Verzeichnis „Arbeitsvorlagen"** und dort im **Unterverzeichnis „Petits Fours"**. Die dargestellten Motive können Sie mit den dort gespeicherten Garniervorlagen 01 bis 06 üben. Arbeitsinfos dazu finden Sie auf **Seite 32**.

Beispiel der Pfad für die Garniervorlage 01 in Kurzform:

Arbeitsvorlagen / Petits Fours / Petits Fours Garniervorlage 01.jpw

Abb. 31

Das Fachbuch „Die Garniertüte", Eigenverlag Heinrich Fischer, Darmstadt. Adresse: **www.garniertuete.de**

Garniervorlagen Petits Fours 02

Die Garniervorlagen finden Sie auf dem USB-Stick zum Buch im **Verzeichnis „Arbeitsvorlagen"** und dort im **Unterverzeichnis „Petits Fours"**. Die dargestellten Motive können Sie mit den dort gespeicherten Garniervorlagen 07 bis 09 üben. Arbeitsinfos dazu finden Sie auf **Seite 32**.

Beispiel der Pfad für die Garniervorlage 07 in Kurzform:

Arbeitsvorlagen / Petits Fours / Petits Fours Garniervorlage 07.jpw

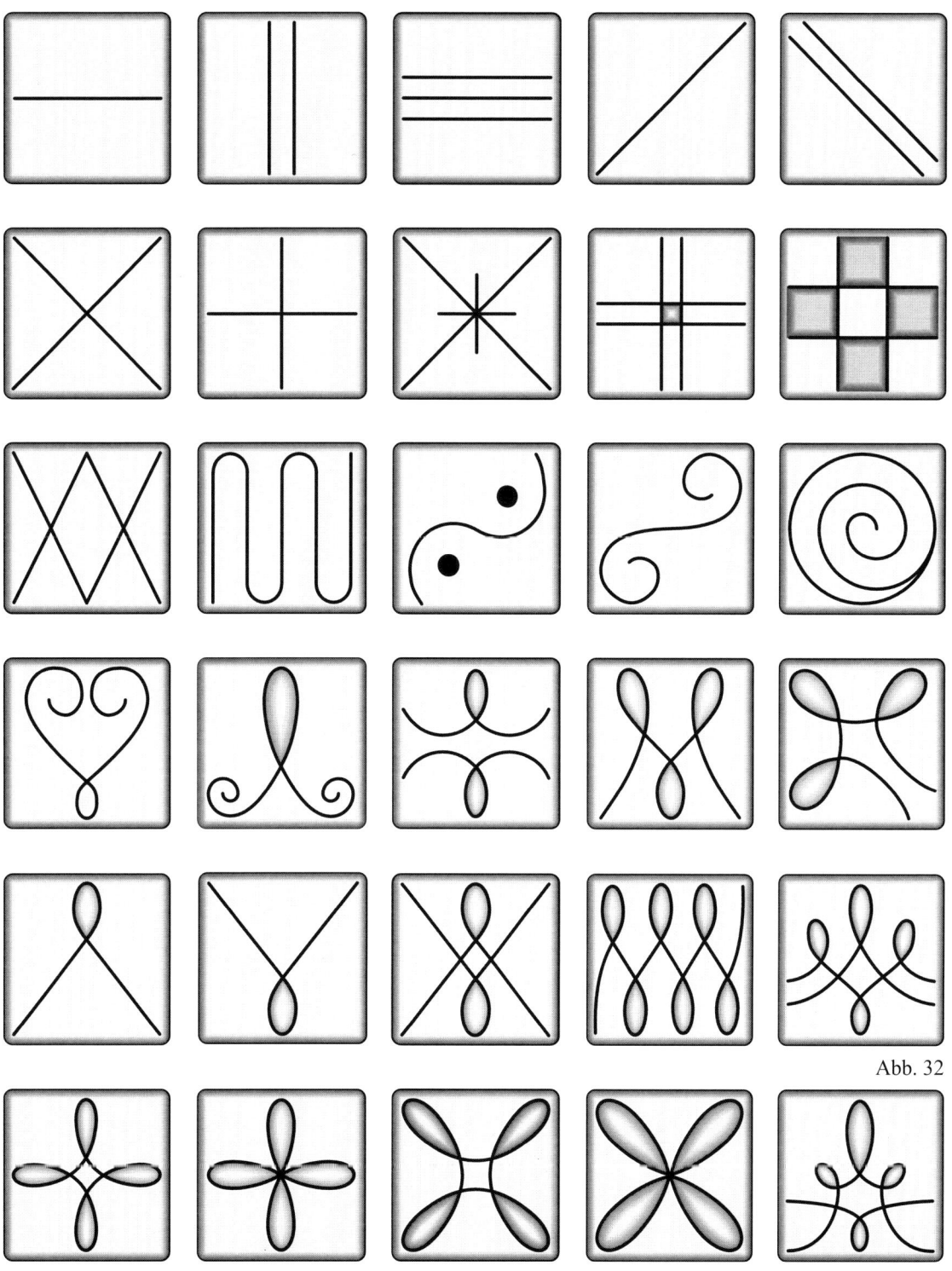

Abb. 32

Das Fachbuch „Die Garniertüte", Eigenverlag Heinrich Fischer, Darmstadt. Adresse: **www.garniertuete.de**

Garniervorlagen Petits Fours 03

Die Garniervorlagen finden Sie auf dem USB-Stick zum Buch im **Verzeichnis „Arbeitsvorlagen"** und dort im **Unterverzeichnis „Petits Fours"**. Die dargestellten Motive können Sie mit den dort gespeicherten Garniervorlagen 10 bis 15 üben. Arbeitsinfos dazu finden Sie auf **Seite 32**.

Beispiel der Pfad für die Garniervorlage 10 in Kurzform:

Arbeitsvorlagen / Petits Fours / Petits Fours Garniervorlage 10.jpw

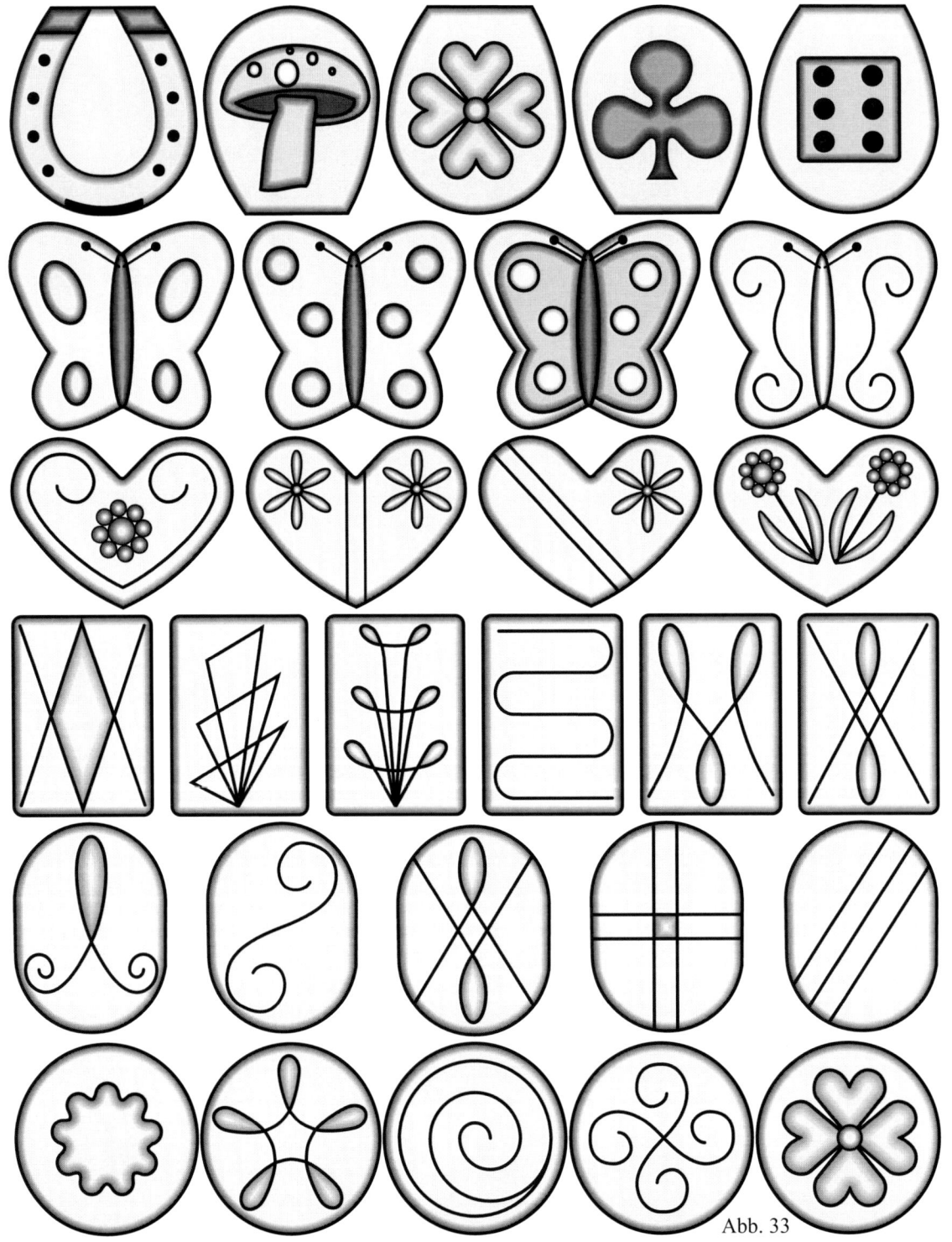

Abb. 33

Das Fachbuch „Die Garniertüte", Eigenverlag Heinrich Fischer, Darmstadt. Adresse: **www.garniertuete.de**

Garniervorlagen Petits Fours 04

Die Garniervorlagen finden Sie auf dem USB-Stick zum Buch im **Verzeichnis „Arbeitsvorlagen"** und dort im **Unterverzeichnis „Petits Fours"**. Die dargestellten Motive können Sie mit den dort gespeicherten Garniervorlagen 10 bis 15 üben. Arbeitsinfos dazu finden Sie auf **Seite 32**.

Beispiel der Pfad für die Garniervorlage 11 in Kurzform:

Arbeitsvorlagen / Petits Fours / Petits Fours Garniervorlage 11.jpw

Abb. 34

Das Fachbuch „Die Garniertüte", Eigenverlag Heinrich Fischer, Darmstadt. Adresse: **www.garniertuete.de**

239

Garnier- und Ausschneidevorlagen Säulenverkleidung Hochzeitstorte

Die Garnier- und Ausschneidevorlagen der Säulenverkleidung der Hochzeitstorte finden Sie auf dem USB-Stick zum Buch im **Verzeichnis „Arbeitsvorlagen"** und dort im **Unterverzeichnis „Säulenverkleidung Tortenständer"**. Arbeitsinfos dazu finden Sie auf **Seite 132**.

Beispiel der Pfad in Kurzform:

Arbeitsvorlagen / Säulenverkleidung Tortenständer /

Abb. 35

Abb. 36

Das Fachbuch „Die Garniertüte", Eigenverlag Heinrich Fischer, Darmstadt. Adresse: **www.garniertuete.de**

Garniervorlagen Schleifen 01

Die Garniervorlagen finden Sie auf dem USB-Stick zum Buch im **Verzeichnis „Arbeitsvorlagen"** und dort im **Unterverzeichnis „Schleifen"**. Die **Bezeichnungen Über den Motiven** informieren Sie, in welchem weiteren Unterverzeichnis Sie die jeweilige Form mit weiteren Varianten, Übersichten, Hinweisen und Größen finden. Arbeitsinfos dazu finden Sie auf **Seite 111.**

Beispiel für das erste Motiv in der Größe 01 in Kurzform:

Arbeitsvorlagen / Schleifen / 01 / A / Schleife 01-A Größe 01.jpw

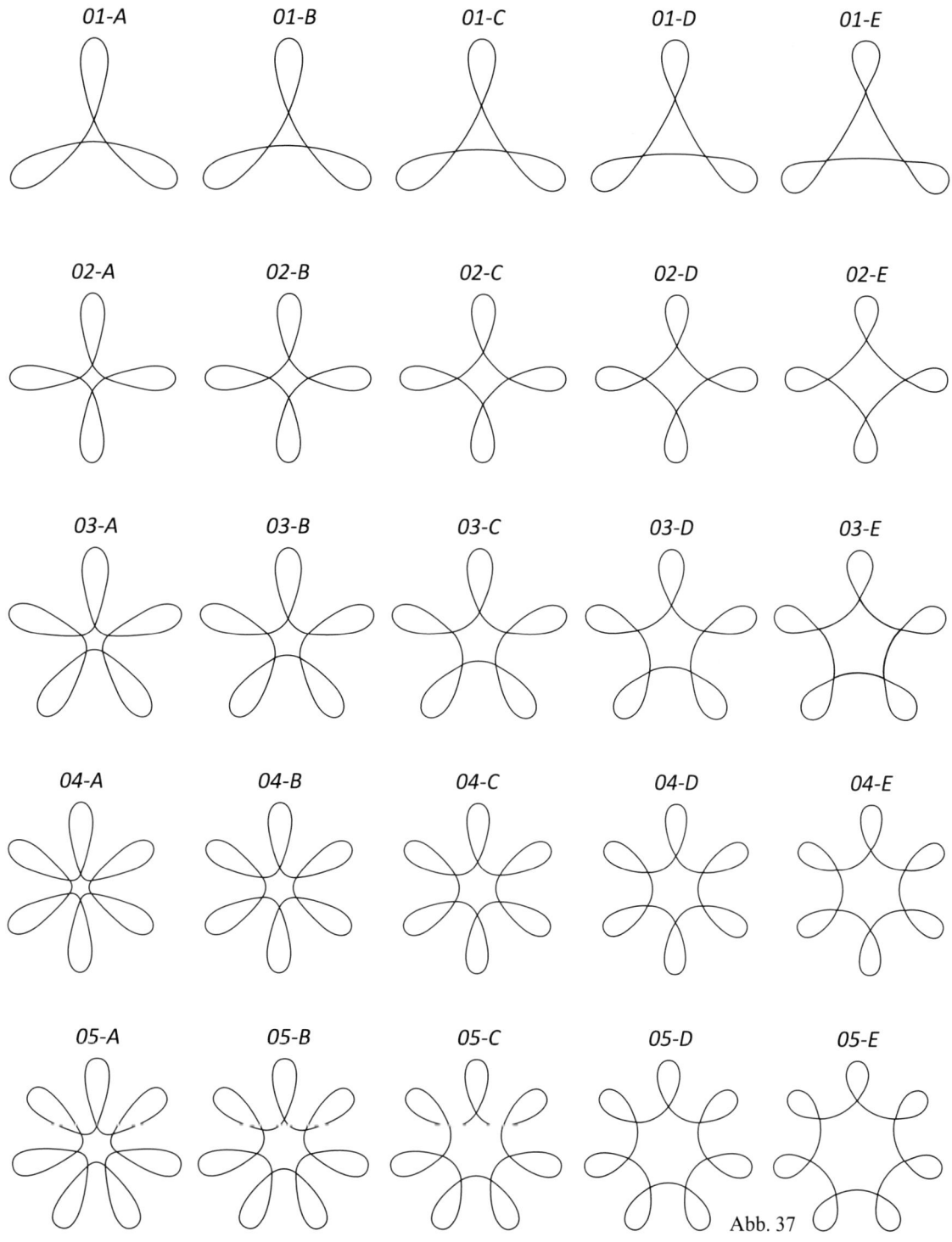

Abb. 37

Das Fachbuch „Die Garniertüte", Eigenverlag Heinrich Fischer, Darmstadt. Adresse: **www.garniertuete.de**

Garniervorlagen Schleifen 02

Die Garniervorlagen finden Sie auf dem USB-Stick zum Buch im **Verzeichnis „Arbeitsvorlagen"** und dort im **Unterverzeichnis „Schleifen"**. Die **Bezeichnungen Über den Motiven** informieren Sie, in welchem weiteren Unterverzeichnis Sie die jeweilige Form mit weiteren Varianten, Übersichten, Hinweisen und Größen finden. Arbeitsinfos dazu finden Sie auf Seite 111.

Beispiel für das erste Motiv in der Größe 01 in Kurzform:

Arbeitsvorlagen / Schleifen / 06 / A / Schleife 06-A Größe 01.jpw

Abb. 38

Das Fachbuch „Die Garniertüte", Eigenverlag Heinrich Fischer, Darmstadt. Adresse: **www.garniertuete.de**

Garniervorlagen Schleifen 03

Die Garniervorlagen finden Sie auf dem USB-Stick zum Buch im **Verzeichnis „Arbeitsvorlagen"** und dort im **Unterverzeichnis „Schleifen"**. Die **Bezeichnungen Über den Motiven** informieren Sie, in welchem weiteren Unterverzeichnis Sie die jeweilige Form mit weiteren Varianten, Übersichten, Hinweisen und Größen finden. Arbeitsinfos dazu finden Sie auf **Seite 111.**

Beispiel für das erste Motiv in der Größe 01 in Kurzform:

Arbeitsvorlagen / Schleifen / 11 / A / Schleife 11-A Größe 01.jpw

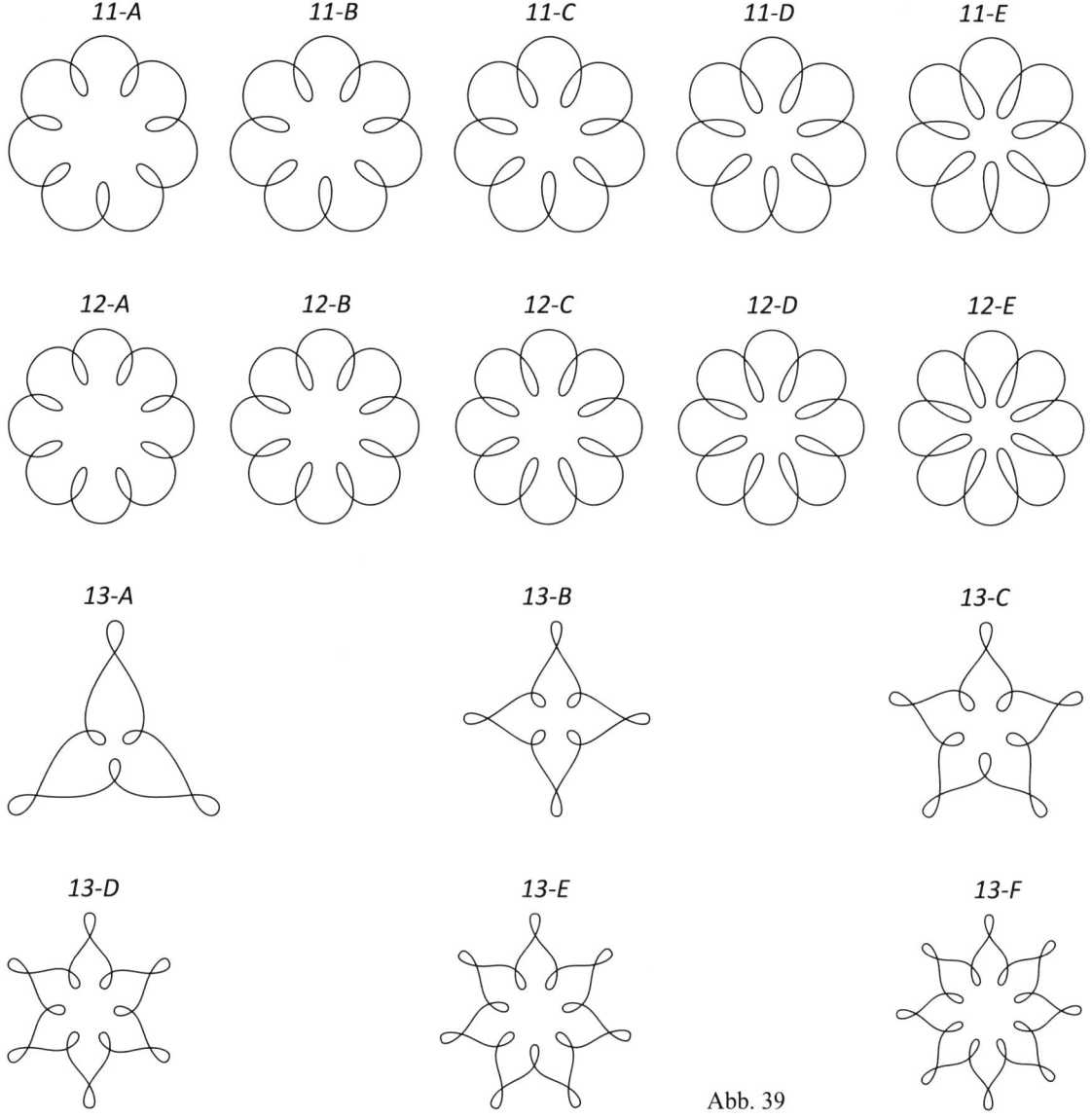

Abb. 39

Das Fachbuch „Die Garniertüte", Eigenverlag Heinrich Fischer, Darmstadt. Adresse: **www.garniertuete.de**

Garnier- und Ausschneidevorlagen für Schriftdekor Motivdekors

Die Ausschneide- und Garniervorlagen der Motive dieser Seite finden Sie auf dem USB-Stick zum Buch im **Verzeichnis „Arbeitsvorlagen"** und dort im **Unterverzeichnis „Schriftdekor"**. Die **Bezeichnungen Über den Motiven** informieren Sie, in welchem weiteren Unterverzeichnis Sie die Garnier- und Ausschneidevorlagen der jeweiligen Form finden. Arbeitsinfos dazu finden Sie auf **Seite 64**.

Beispiel der Pfad für die Garnier- und Ausschneidevorlage „Schriftdekor Herz" in Kurzform:

Arbeitsvorlagen / Schriftdekor / Schriftdekor Herz / Herz groß für Text Ausschneidevorlage.jpw

Schriftdekor Herz

Abb. 40

Schriftdekor Sportwagen

Abb. 41

Schriftdekor Textbogen

Abb. 42

Garniervorlagen für Schriftdekor Auflegebuchstaben 01

Die Garniervorlagen der Schriften dieser Seite finden Sie auf dem USB-Stick zum Buch im Verzeichnis „Arbeitsvorlagen" und dort im **Unterverzeichnis „Schriftdekor"** und dort im Unterverzeichnis „Schriftdekor Schriften" und dort im **Unterverzeichnis „Auflegebuchstaben".** Die **Bezeichnungen links neben den Schriften** informieren Sie, in welchem weiteren Unterverzeichnis Sie die Garniervorlagen der jeweiligen Schrift finden. Arbeitsinfos dazu finden Sie auf **Seite 65.**

Beispiel 1. Schrift in der Größe 16 mm mit Pfad in Kurzform:
Diese Schrift finden Sie im **Unterverzeichnis „01"** und dort im **Unterverzeichnis „A".** In diesem Verzeichnis finden Sie weitere Verzeichnisse mit Garniervorlagen in verschiedenen Größen. Auf jeder Garniervorlage befinden sich alle Buchstaben oder nur ein Teil davon.

Im **Verzeichnis „A"** finden Sie ein weiteres Unterverzeichnis, in dem sich alle **Einzelbuchstaben** der jeweiligen Schrift befinden, die Sie nach Ihren Anforderungen mit dem Spezialprogramm skalieren können.

Arbeitsvorlagen / Schriftdekor / Auflegebuchstaben / 01 / A / Auflegebuchstaben 01-A Größe 16 mm.jpw

**Auflegebuchstaben
01-A**

**Auflegebuchstaben
01-B**

**Auflegebuchstaben
02-A**

**Auflegebuchstaben
02-B**

**Auflegebuchstaben
03-A**

Abb. 43

**Auflegebuchstaben
03-B**

Das Fachbuch „Die Garniertüte", Eigenverlag Heinrich Fischer, Darmstadt. Adresse: **www.garniertuete.de**

Garniervorlagen für Schriftdekor Auflegebuchstaben 02

Die Garniervorlagen der Schriften dieser Seite finden Sie auf dem USB-Stick zum Buch im **Verzeichnis „Arbeitsvorlagen"** und dort im **Unterverzeichnis „Schriftdekor" und dort im Unterverzeichnis „Schriftdekor Schriften" und dort im Unterverzeichnis „Auflegebuchstaben".** Die **Bezeichnungen links neben den Schriften** informieren Sie, in welchem weiteren Unterverzeichnis Sie die Garniervorlagen der jeweiligen Schrift finden. Arbeitsinfos dazu finden Sie auf **Seite 65.**

Beispiel 1. Schrift in der Größe 16 mm mit Pfad in Kurzform:
Diese Schrift finden Sie im **Unterverzeichnis „04"** und dort im **Unterverzeichnis „A".** In diesem Verzeichnis finden Sie weitere Verzeichnisse mit Garniervorlagen in verschiedenen Größen. Auf jeder Garniervorlage befinden sich alle Buchstaben oder nur ein Teil davon.
Im **Verzeichnis „A"** finden Sie ein weiteres Unterverzeichnis, in dem sich alle **Einzelbuchstaben** der jeweiligen Schrift befinden, die Sie nach Ihren Anforderungen mit dem Spezialprogramm skalieren können.

Arbeitsvorlagen / Schriftdekor / Auflegebuchstaben / 04 / A / Auflegebuchstaben 04-A Größe 16 mm.jpw

**Auflegebuchstaben
04-A**

**Auflegebuchstaben
04-B**

**Auflegebuchstaben
05-A**

**Auflegebuchstaben
05-B**

**Auflegebuchstaben
06-A**

Abb. 44

**Auflegebuchstaben
06-B**

Das Fachbuch „Die Garniertüte", Eigenverlag Heinrich Fischer, Darmstadt. Adresse: **www.garniertuete.de**

Garniervorlagen für Schriftdekor Auflegebuchstaben 03

Die Garniervorlagen der Schriften dieser Seite finden Sie auf dem USB-Stick zum Buch im **Verzeichnis „Arbeitsvorlagen"** und dort im **Unterverzeichnis „Schriftdekor" und dort im Unterverzeichnis „Schriftdekor Schriften" und dort im Unterverzeichnis „Auflegebuchstaben"**. Die **Bezeichnungen links neben den Schriften** informieren Sie, in welchem weiteren Unterverzeichnis Sie die Garniervorlagen der jeweiligen Schrift finden. Arbeitsinfos dazu finden Sie auf **Seite 65.**

Beispiel 1. Schrift in der Größe 16 mm mit Pfad in Kurzform:

Diese Schrift finden Sie im **Unterverzeichnis „07"** und dort im **Unterverzeichnis „A".** In diesem Verzeichnis finden Sie weitere Verzeichnisse mit Garniervorlagen in verschiedenen Größen. Auf jeder Garniervorlage befinden sich alle Buchstaben oder nur ein Teil davon.

Im **Verzeichnis „A"** finden Sie ein weiteres Unterverzeichnis, in dem sich alle **Einzelbuchstaben** der jeweiligen Schrift befinden, die Sie nach Ihren Anforderungen mit dem Spezialprogramm skalieren können.

Arbeitsvorlagen / Schriftdekor / Auflegebuchstaben / 07 / A / Auflegebuchstaben 07-A Größe 16 mm.jpw

Auflegebuchstaben 07-A

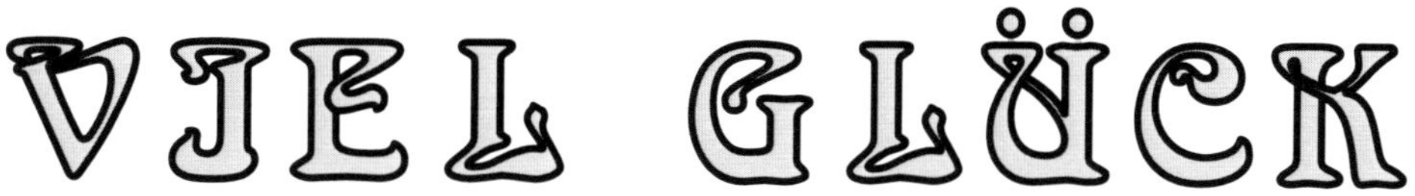

Auflegebuchstaben 07-B

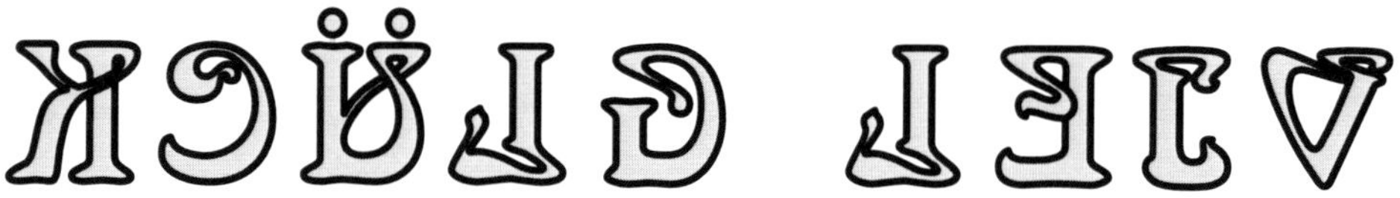

Auflegebuchstaben 08-A

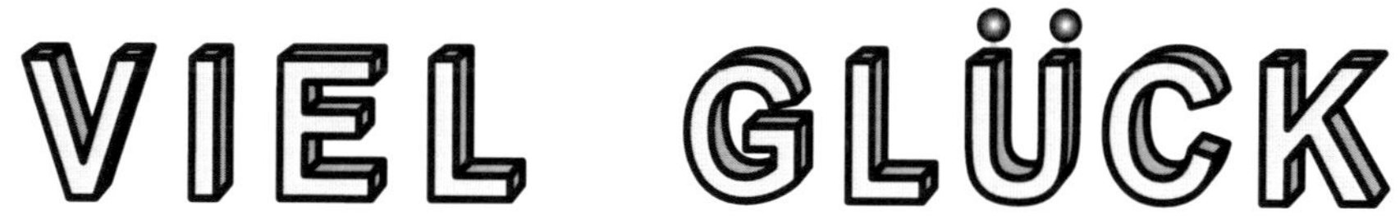

Auflegebuchstaben 08-B

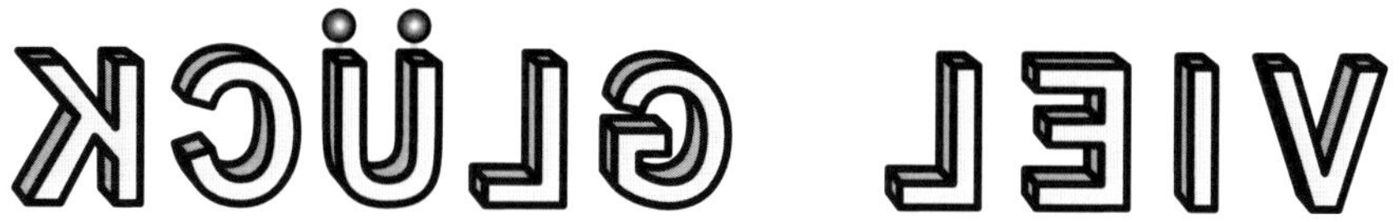

Auflegebuchstaben 09-A

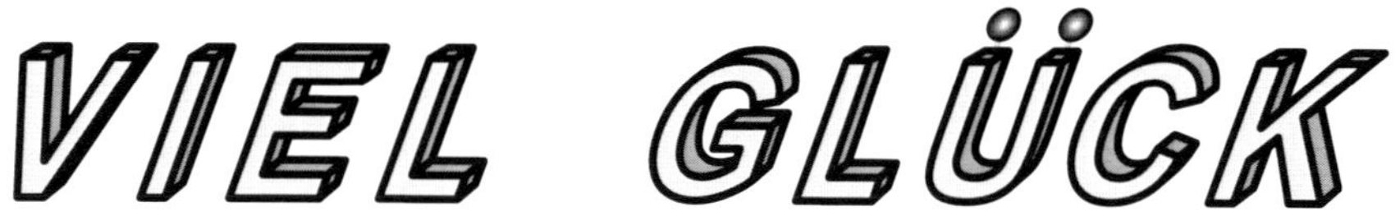

Auflegebuchstaben 09-B

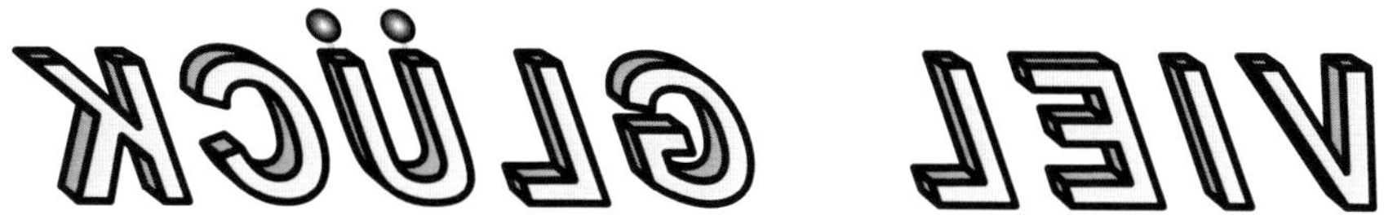

Abb. 45

Garniervorlagen für Schriftdekor Garnierschriften

Die Garniervorlagen der Schriften dieser Seite finden Sie auf dem USB-Stick zum Buch im **Verzeichnis „Arbeitsvorlagen"** und dort im **Unterverzeichnis „Schriftdekor"** und dort im **Unterverzeichnis „Schriftdekor Schriften"** und dort im **Unterverzeichnis „Garnierschriften Übungen"** und dort im Unterverzeichnis „Garnierschriften"**. Die **Bezeichnungen links neben den Schriften** informieren Sie, wie die Datei heißt, in der Sie die entsprechende Garniervorlage finden. Arbeitsinfos dazu finden Sie auf **Seite 60.**

Beispiel 1. Schrift auf dieser Seite in Kurzform:

Arbeitsvorlagen / Schriftdekor / Garnierschriften / Garnierschrift 01.jpw

Schrift 01

Schrift 02

Schrift 03

Schrift 04

Schrift 05

Schrift 06-A

Abb. 46

Schrift 06-B

Das Fachbuch „Die Garniertüte", Eigenverlag Heinrich Fischer, Darmstadt. Adresse: **www.garniertuete.de**

Garniervorlagen für Schriftdekor Schriftbänder

Die Garniervorlagen dieser Seite finden Sie auf dem USB-Stick zum Buch im **Verzeichnis „Arbeitsvorlagen"** und dort im **Unterverzeichnis „Schriftdekor"** und dort im **Unterverzeichnis „Schriftdekor Schriften"** und dort im **Unterverzeichnis „Garnierschriften Übungen"** und dort im Unterverzeichnis „Schrift-Bänder".** Die **Bezeichnungen links neben den Schriften** informieren Sie, wie die Datei heißt, in der Sie die entsprechende Garniervorlage finden. Arbeitsinfos dazu finden Sie auf **Seite 61.**

Beispiel 1. Schriftband auf dieser Seite in Kurzform:

Arbeitsvorlagen / Schriftdekor / Schrift-Bänder / Schriftband 01.jpw

Abb. 47

Abb. 48

Das Fachbuch „Die Garniertüte", Eigenverlag Heinrich Fischer, Darmstadt. Adresse: **www.garniertuete.de**

Garniervorlagen für Schriftdekor Schriftring

Die Garniervorlagen dieser Seite finden Sie auf dem USB-Stick zum Buch im **Verzeichnis „Arbeitsvorlagen"** und dort im **Unterverzeichnis „Schriftdekor"** und dort im **Unterverzeichnis „Schriftdekor Schriften"** und dort im **Unterverzeichnis „Garnierschriften Übungen"** und dort im **Unterverzeichnis „Schriftring"** und dort im **Unterverzeichnis „Garniervorlagen"**. Die Bezeichnungen für die Garniervorlagen finden Sie in den einzelnen Abbildungen. Arbeitsinfos dazu finden Sie auf **Seite 66.**

Beispiel der Pfad für dargestellte Garniervorlage Schriftring 01 in Kurzform:

Arbeitsvorlagen / Schriftdekor / Schriftring / Garniervorlagen / Schriftring 01.jpw

Schriftring 01

Abb. 49

Schriftring 02
Schriftring 03
Schriftring 04
Schriftring 05

Abb. 50

Garniervorlagen für Schriftdekor Strahlenschablonen

Die Garniervorlagen dieser Seite finden Sie auf dem USB-Stick zum Buch im **Verzeichnis „Arbeitsvorlagen"** und dort im **Unterverzeichnis „Schriftdekor"** und dort im **Unterverzeichnis „Schriftdekor Schriften"** und dort im **Unterverzeichnis „Garnierschriften Übungen" und dort im Unterverzeichnis „Schriftring" und dort im Unterverzeichnis „Strahlenschablonen".** Die Bezeichnungen für die Garniervorlagen finden Sie in den einzelnen Abbildungen. Arbeitsinfos dazu finden Sie auf **Seite 73**.

Beispiel der Pfad für dargestellte Garniervorlage Schriftring 01 in Kurzform:

Arbeitsvorlagen / Schriftdekor / Schriftdekor Schriften / Garnierschriften Übungen / Schriftring / Strahlenschablonen / einfach / Strahlenschablone 36.jpw

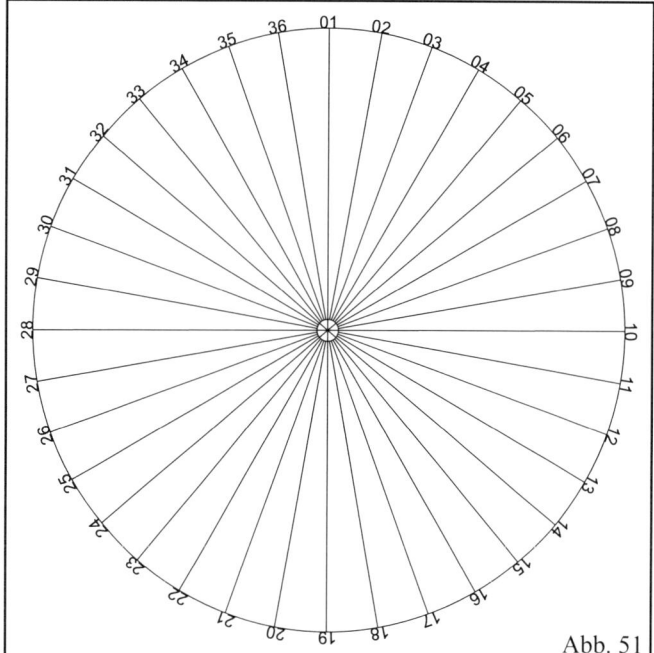

Abb. 51

Diese Art der Strahlenschablonen finden Sie im **Unterverzeichnis „einfach"**

Die Strahlenschablonen sind in folgenden Einteilungen dort abgespeichert:

In 2-er-Schritten:
12, 14, 16, 18, 20

In 4-er-Schritten:
24, 28, 32, 36, 40,44

In 10-er-Schritten:
50, 60, 70, 80, 90, 100

Die Zahlen bezeichnen auch die entsprechende Garniervorlage. Beispiel:
Die links dargestellte Garniervorlage mit 36 Strahlen
heißt: **Strahlenschablone 36.jpw**

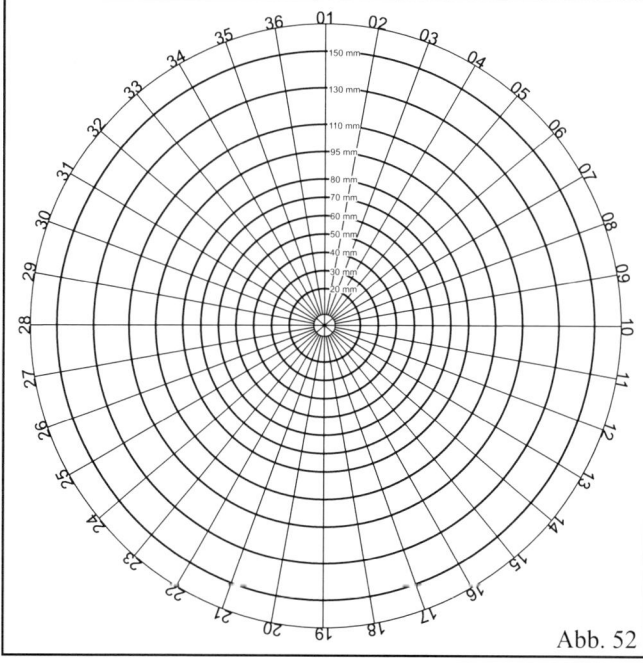

Abb. 52

Diese Art der Strahlenschablonen finden Sie im **Unterverzeichnis „mit Hilfskreisen"**

Die Strahlenschablonen sind in folgenden Einteilungen dort abgespeichert:

In 2-er-Schritten:
12, 14, 16, 18, 20

In 4-er-Schritten:
24, 28, 32, 36, 40,44

In 10-er-Schritten:
50, 60, 70, 80, 90, 100

Die Zahlen bezeichnen auch die entsprechende Garniervorlage. Beispiel:
Die links dargestellte Garniervorlage mit 36 Strahlen
heißt: **Strahlenschablone 36.jpw**

Das Fachbuch „Die Garniertüte", Eigenverlag Heinrich Fischer, Darmstadt. Adresse: **www.garniertuete.de**

Ausschneidevorlagen für dreidimensionalen Schriftdekor „Textbogen" 01

Die Garniervorlagen dieser Seite finden Sie auf dem USB-Stick zum Buch im **Verzeichnis „Arbeitsvorlagen"** und dort im **Unterverzeichnis „Schriftdekor"** und dort im **Unterverzeichnis „Schriftdekor Textbogen".** Die Bezeichnungen für die Garniervorlagen finden Sie in den einzelnen Abbildungen. Arbeitsinfos dazu finden Sie auf **Seite 151.**

Beispiel der Pfad für dargestellte Ausschneidevorlage „Textbogen 01" in Kurzform:

Arbeitsvorlagen / Schriftdekor / Schriftdekor Textbogen / Textbogen Ausschneidevorlage 01.jpw

Abb. 53

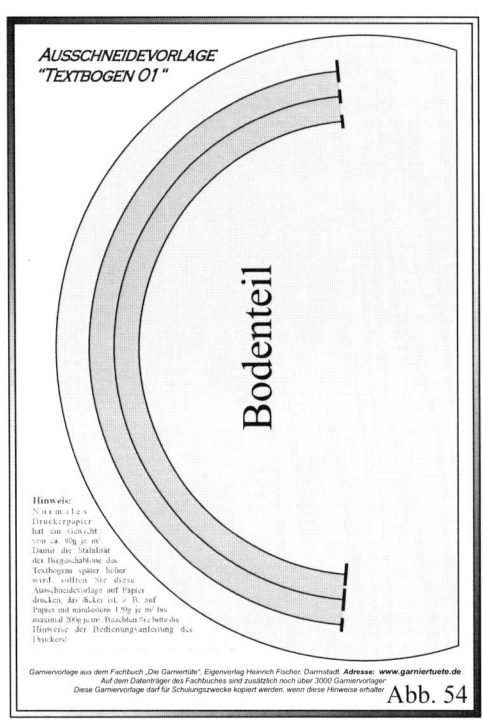

Abb. 54

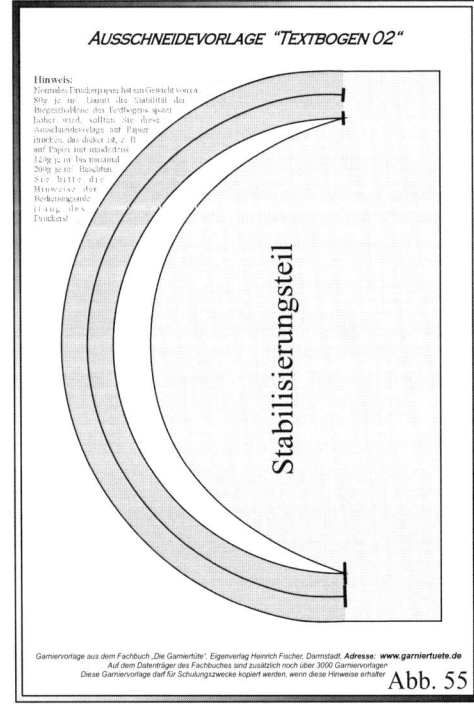

Abb. 55

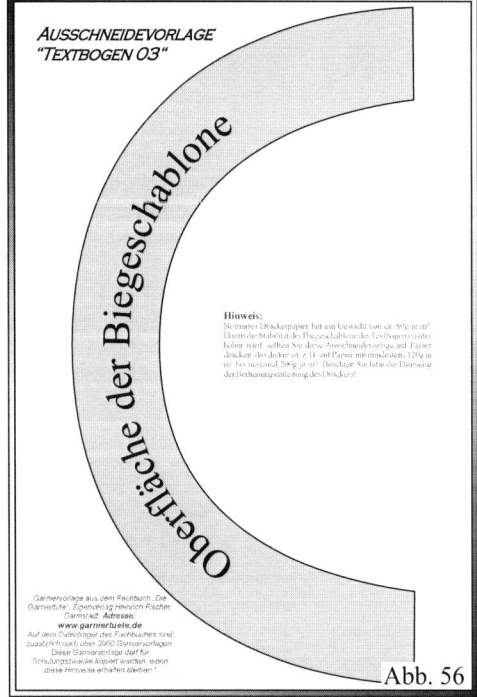

Abb. 56

Das Fachbuch „Die Garniertüte", Eigenverlag Heinrich Fischer, Darmstadt. Adresse: **www.garniertuete.de**

Ausschneidevorlagen für dreidimensionalen Schriftdekor „Textbogen" 02

Die Garniervorlagen dieser Seite finden Sie auf dem USB-Stick zum Buch im **Verzeichnis „Arbeitsvorlagen"** und dort im **Unterverzeichnis „Schriftdekor"** und dort im **Unterverzeichnis „Schriftdekor Textbogen".** Die Bezeichnungen für die Garniervorlagen finden Sie in den einzelnen Abbildungen. Arbeitsinfos dazu finden Sie auf **Seite 151.**

Beispiel der Pfad für dargestellte Ausschneidevorlage „Textbogen 04" in Kurzform:

Arbeitsvorlagen / Schriftdekor / Schriftdekor Textbogen / Textbogen Ausschneidevorlage 04.jpw

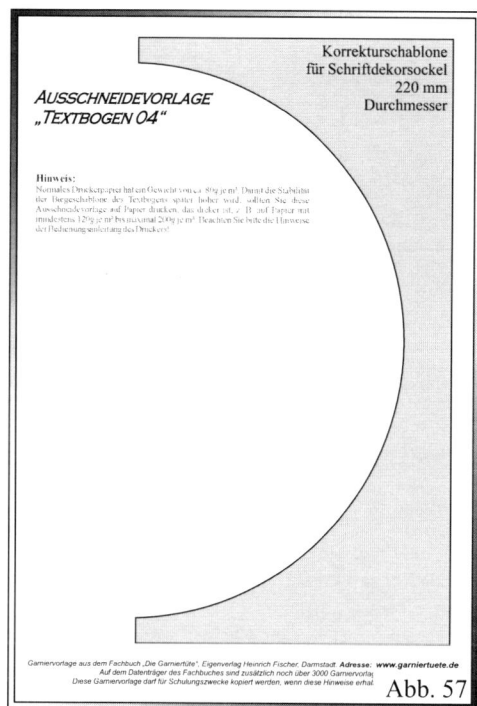

Abb. 57

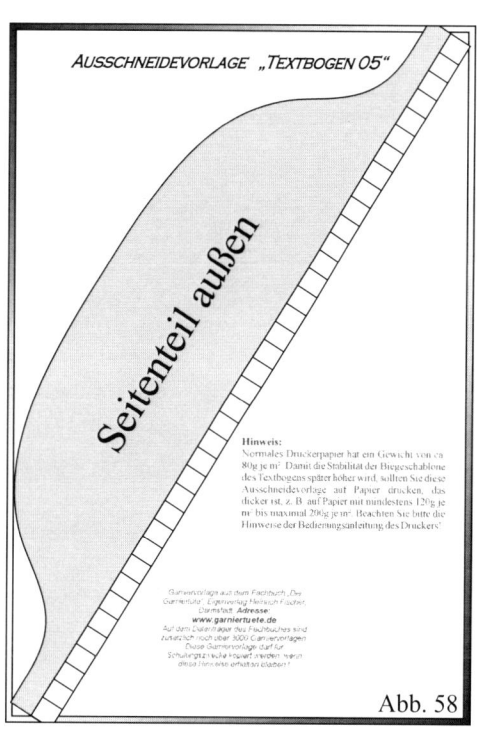

Abb. 58

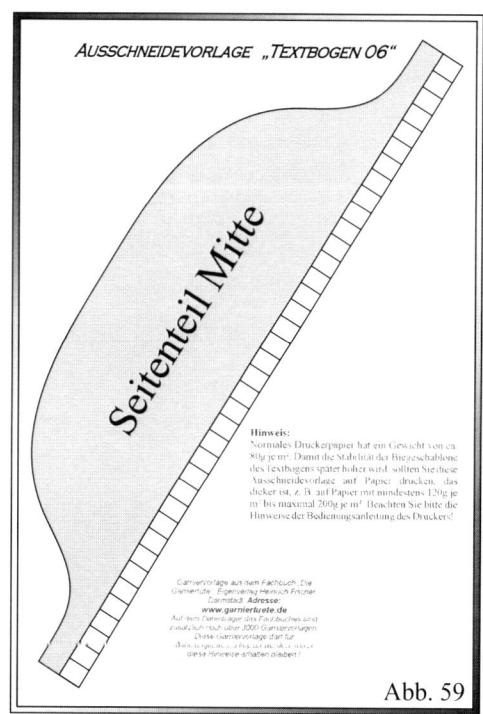

Abb. 59

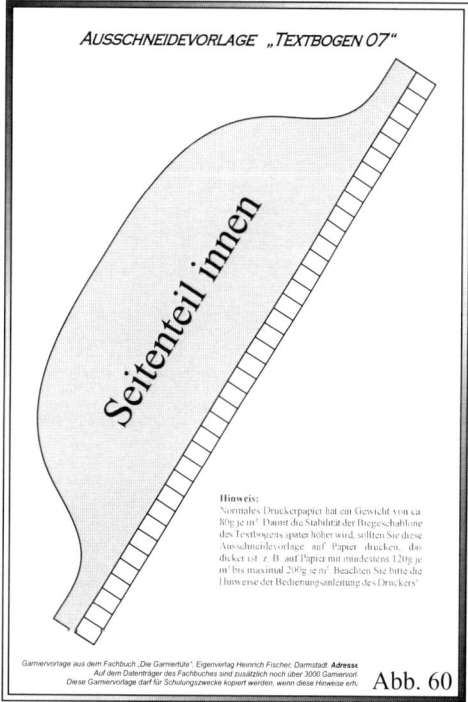

Abb. 60

Das Fachbuch „Die Garniertüte", Eigenverlag Heinrich Fischer, Darmstadt. Adresse: **www.garniertuete.de**

253

Ausschneidevorlagen für dreidimensionalen Schriftdekor „Textbogen" 03

Die Garniervorlagen dieser Seite finden Sie auf dem USB-Stick zum Buch im **Verzeichnis „Arbeitsvorlagen"** und dort im **Unterverzeichnis „Schriftdekor"** und dort im **Unterverzeichnis „Schriftdekor Textbogen".** Die Bezeichnungen für die Garniervorlagen finden Sie in den einzelnen Abbildungen. Arbeitsinfos dazu finden Sie auf Seite 151.

Beispiel der Pfad für dargestellte Ausschneidevorlage „Textbogen 08" in Kurzform:

Arbeitsvorlagen / Schriftdekor / Schriftdekor Textbogen / Textbogen Ausschneidevorlage 08.jpw

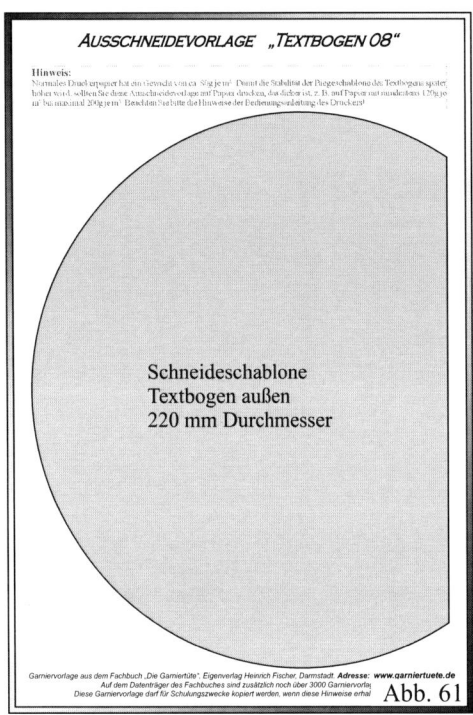

Abb. 61

Abb. 62

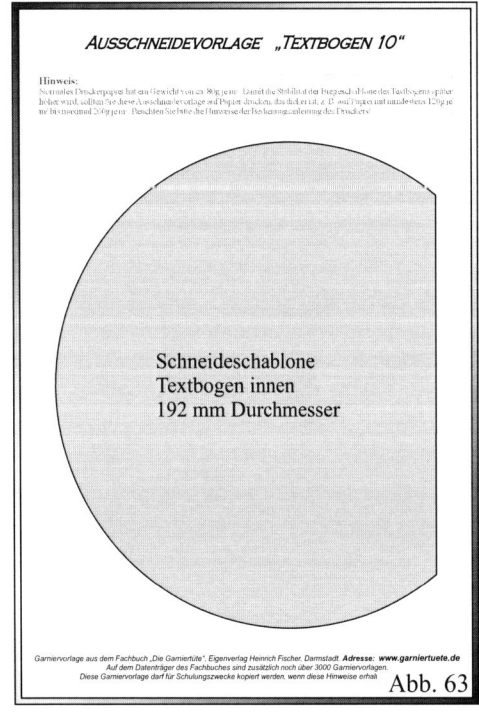

Abb. 63

Das Fachbuch „Die Garniertüte", Eigenverlag Heinrich Fischer, Darmstadt. Adresse: **www.garniertuete.de**

Garniervorlagen Sterne 01

Die Garniervorlagen finden Sie auf dem USB-Stick zum Buch im **Verzeichnis „Arbeitsvorlagen"** und dort im **Unterverzeichnis „Sterne"**. Die **Bezeichnungen Über den Motiven** informieren Sie, in welchem weiteren Unterverzeichnis Sie die jeweilige Form mit weiteren Varianten, Übersichten, Hinweisen und Größen finden. Arbeitsinfos dazu finden Sie auf **Seite 112**.

Beispiel der Pfad für die 1. dargestellte Garniervorlage in Kurzform:

Arbeitsvorlagen / Sterne / 01 / A / Stern 01-A Größe 01.jpw

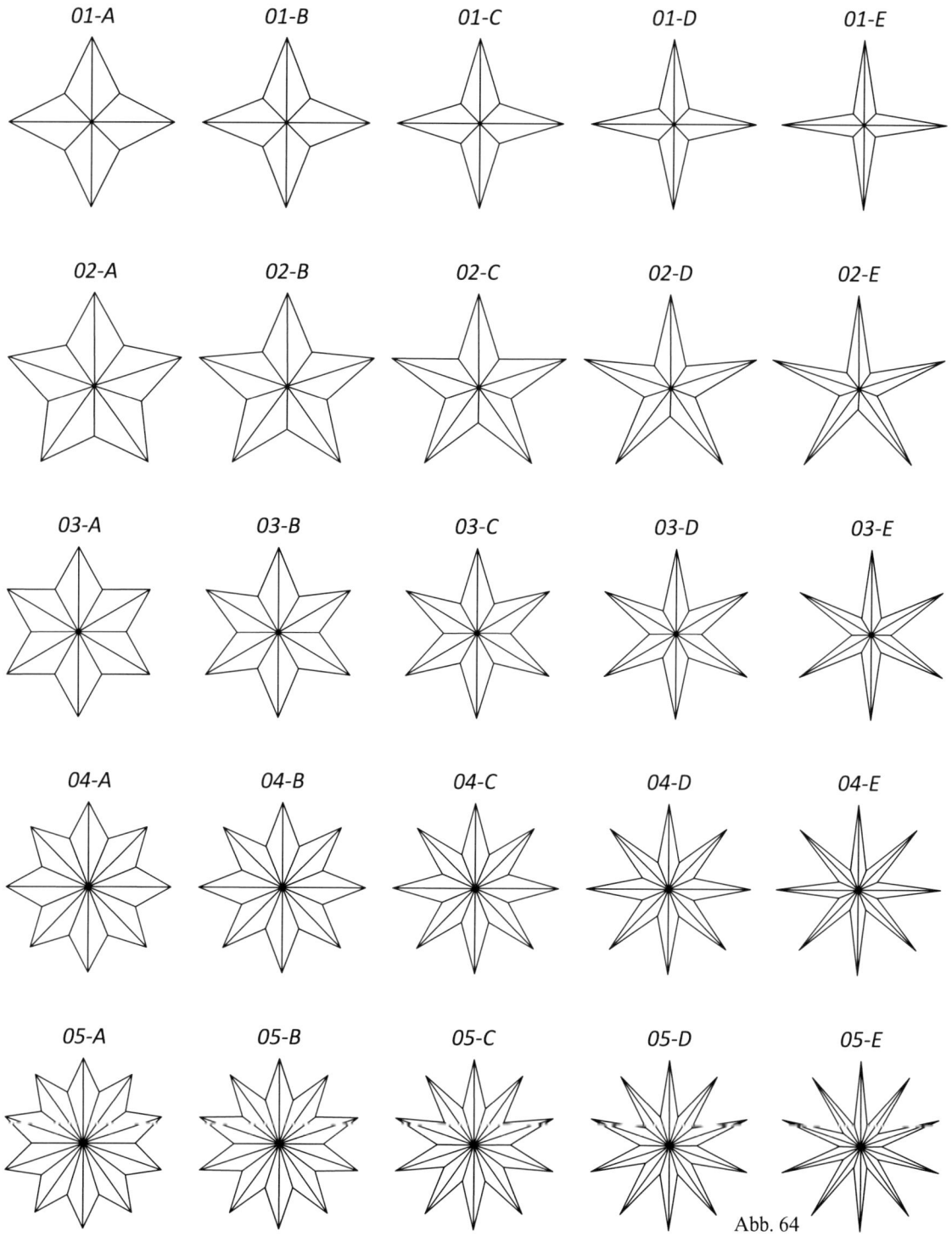

Abb. 64

255

Garniervorlagen Sterne 02

Die Garniervorlagen finden Sie auf dem USB-Stick zum Buch im **Verzeichnis „Arbeitsvorlagen"** und dort im **Unterverzeichnis „Sterne"**. Die **Bezeichnungen Über den Motiven** informieren Sie, in welchem weiteren Unterverzeichnis Sie die jeweilige Form mit weiteren Varianten, Übersichten, Hinweisen und Größen finden. Arbeitsinfos dazu finden Sie auf **Seite 112**.

Beispiel der Pfad für die 1. dargestellte Garniervorlage in Kurzform:

Arbeitsvorlagen / Sterne / 06 / A / Stern 06-A Größe 01.jpw

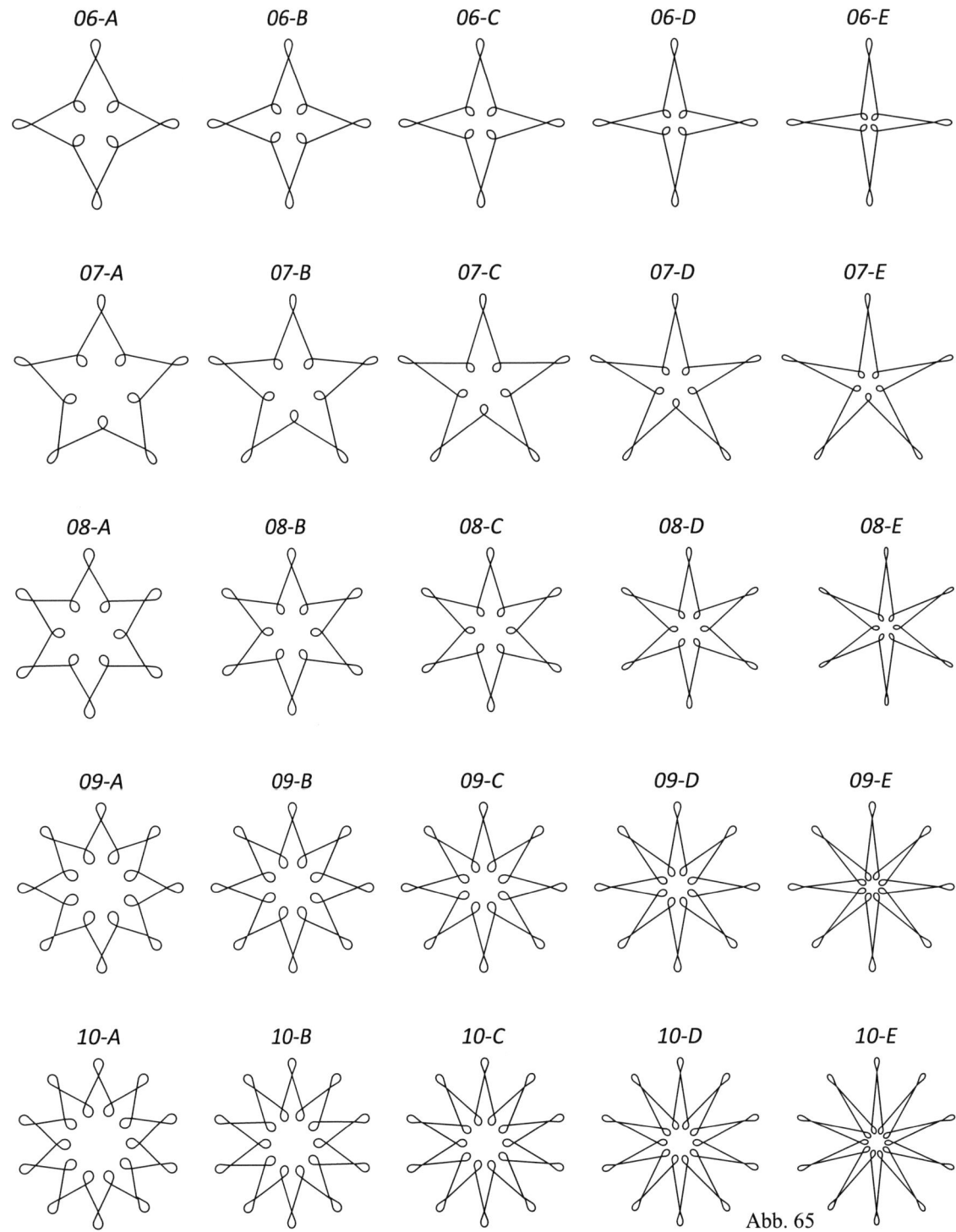

Abb. 65

Das Fachbuch „Die Garniertüte", Eigenverlag Heinrich Fischer, Darmstadt. Adresse: **www.garniertuete.de**

Garniervorlagen Sterne 03

Die Garniervorlagen finden Sie auf dem USB-Stick zum Buch im **Verzeichnis „Arbeitsvorlagen"** und dort im **Unterverzeichnis „Sterne"**. Die **Bezeichnungen Über den Motiven** informieren Sie, in welchem weiteren Unterverzeichnis Sie die jeweilige Form mit weiteren Varianten, Übersichten, Hinweisen und Größen finden. Arbeitsinfos dazu finden Sie auf **Seite 112.**

Beispiel der Pfad für die 1. dargestellte Garniervorlage in Kurzform:

Arbeitsvorlagen / Sterne / 11 / A / Stern 11-A Größe 01.jpw

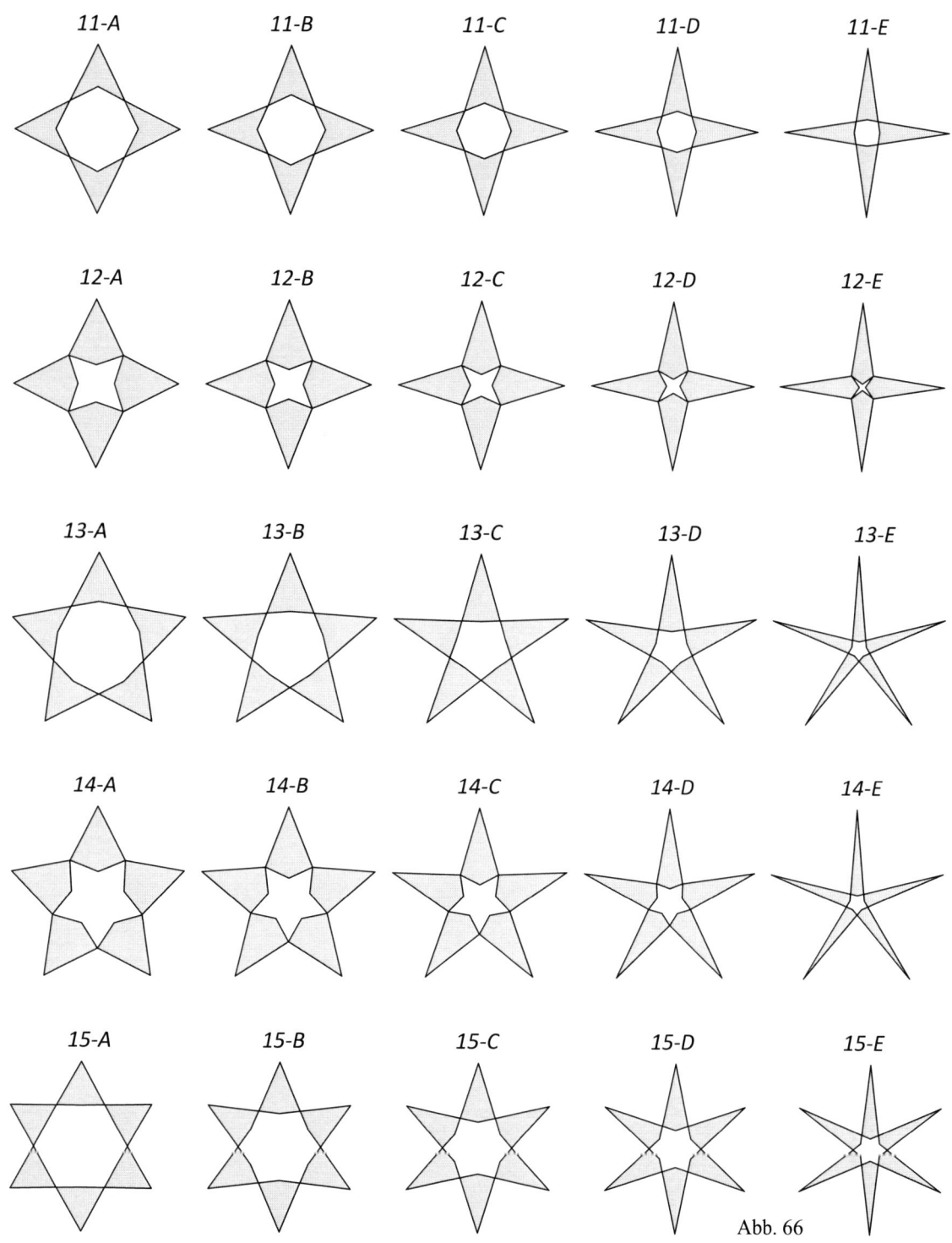

Abb. 66

Das Fachbuch „Die Garniertüte", Eigenverlag Heinrich Fischer, Darmstadt. Adresse: **www.garniertuete.de**

257

Garniervorlagen Sterne 04

Die Garniervorlagen finden Sie auf dem USB-Stick zum Buch im **Verzeichnis „Arbeitsvorlagen"** und dort im **Unterverzeichnis „Sterne"**. Die **Bezeichnungen Über den Motiven** informieren Sie, in welchem weiteren Unterverzeichnis Sie die jeweilige Form mit weiteren Varianten, Übersichten, Hinweisen und Größen finden. Arbeitsinfos dazu finden Sie auf **Seite 112.**

Beispiel der Pfad für die 1. dargestellte Garniervorlage in Kurzform:

Arbeitsvorlagen / Sterne / 16 / A / Stern 16-A Größe 01.jpw

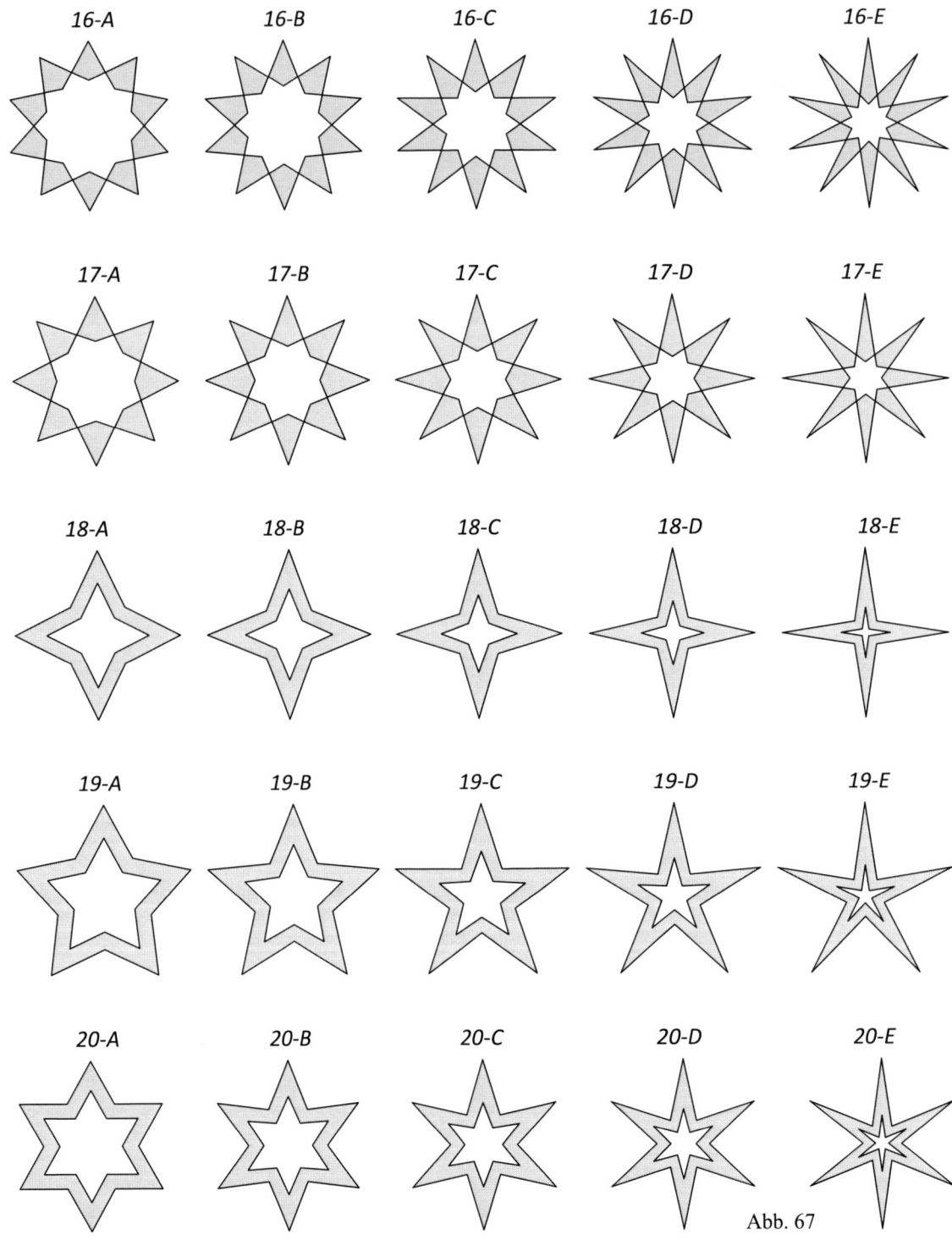

Abb. 67

Das Fachbuch „Die Garniertüte", Eigenverlag Heinrich Fischer, Darmstadt. Adresse: **www.garniertuete.de**

Garniervorlagen Sterne 05

Die Garniervorlagen finden Sie auf dem USB-Stick zum Buch im **Verzeichnis „Arbeitsvorlagen"** und dort im **Unterverzeichnis „Sterne"**. Die **Bezeichnungen Über den Motiven** informieren Sie, in welchem weiteren Unterverzeichnis Sie die jeweilige Form mit weiteren Varianten, Übersichten, Hinweisen und Größen finden. Arbeitsinfos dazu finden Sie auf **Seite 112.**

Beispiel der Pfad für die 1. dargestellte Garniervorlage in Kurzform:

Arbeitsvorlagen / Sterne / 21 / A / Stern 21-A Größe 01.jpw

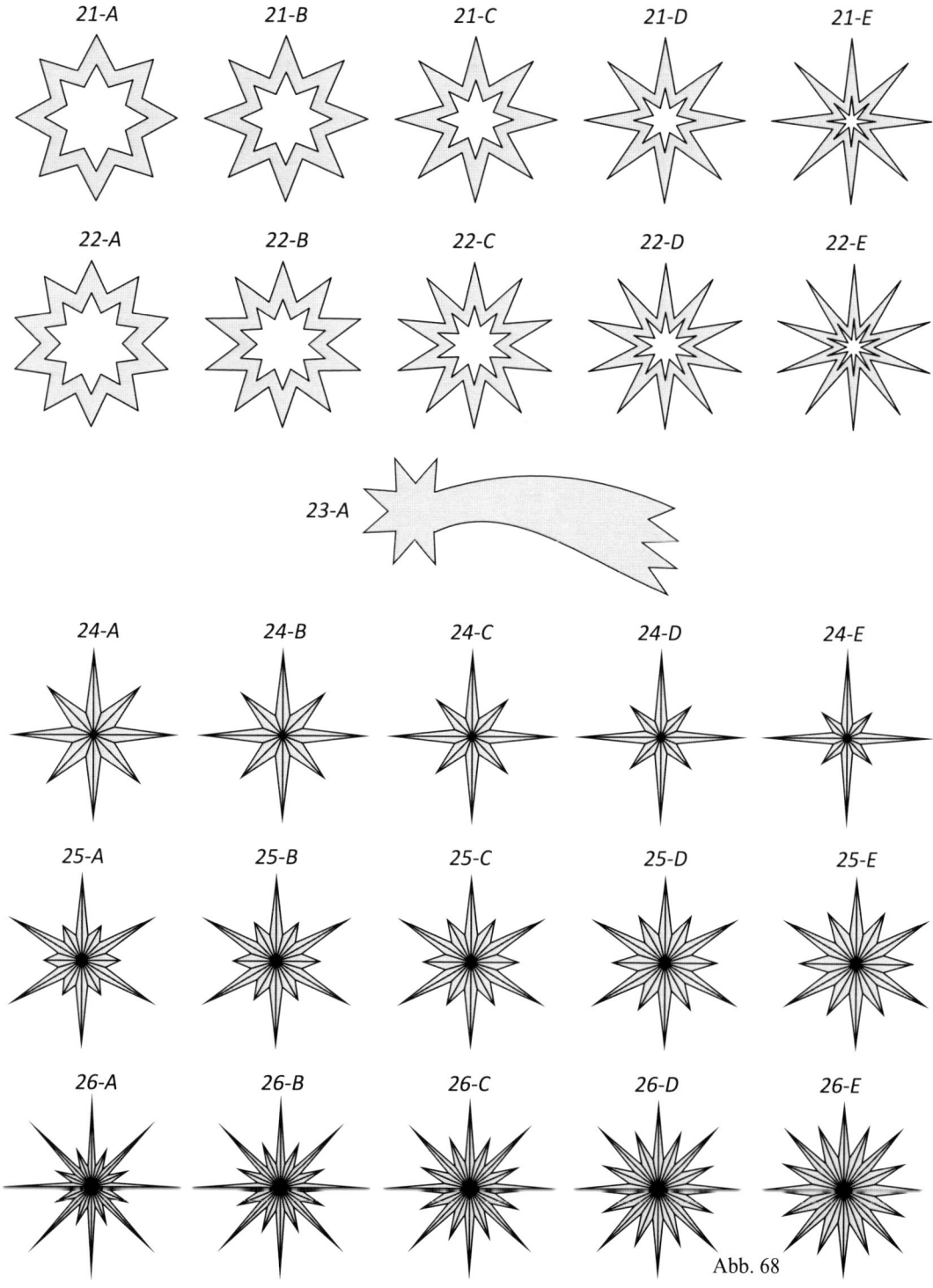

Abb. 68

Das Fachbuch „Die Garniertüte", Eigenverlag Heinrich Fischer, Darmstadt. Adresse: **www.garniertuete.de**

Garniervorlagen Sternzeichen Symbol

Die Garniervorlagen finden Sie auf dem USB-Stick zum Buch im **Verzeichnis „Arbeitsvorlagen"** und dort im **Unterverzeichnis „Sternzeichen".** Die **Bezeichnungen über den Motiven** informieren Sie, in welchem weiteren Unterverzeichnis Sie die jeweilige Form mit weiteren Varianten, Übersichten, Hinweisen und Größen finden. Arbeitsinfos dazu finden Sie auf **Seite 114.**

Beispiel der Pfad für die 1. dargestellte Garniervorlage in Kurzform:

Arbeitsvorlagen / Sternzeichen / 01 Wassermann / Symbol / Wassermann mehrfarbig Größe 01.jpw

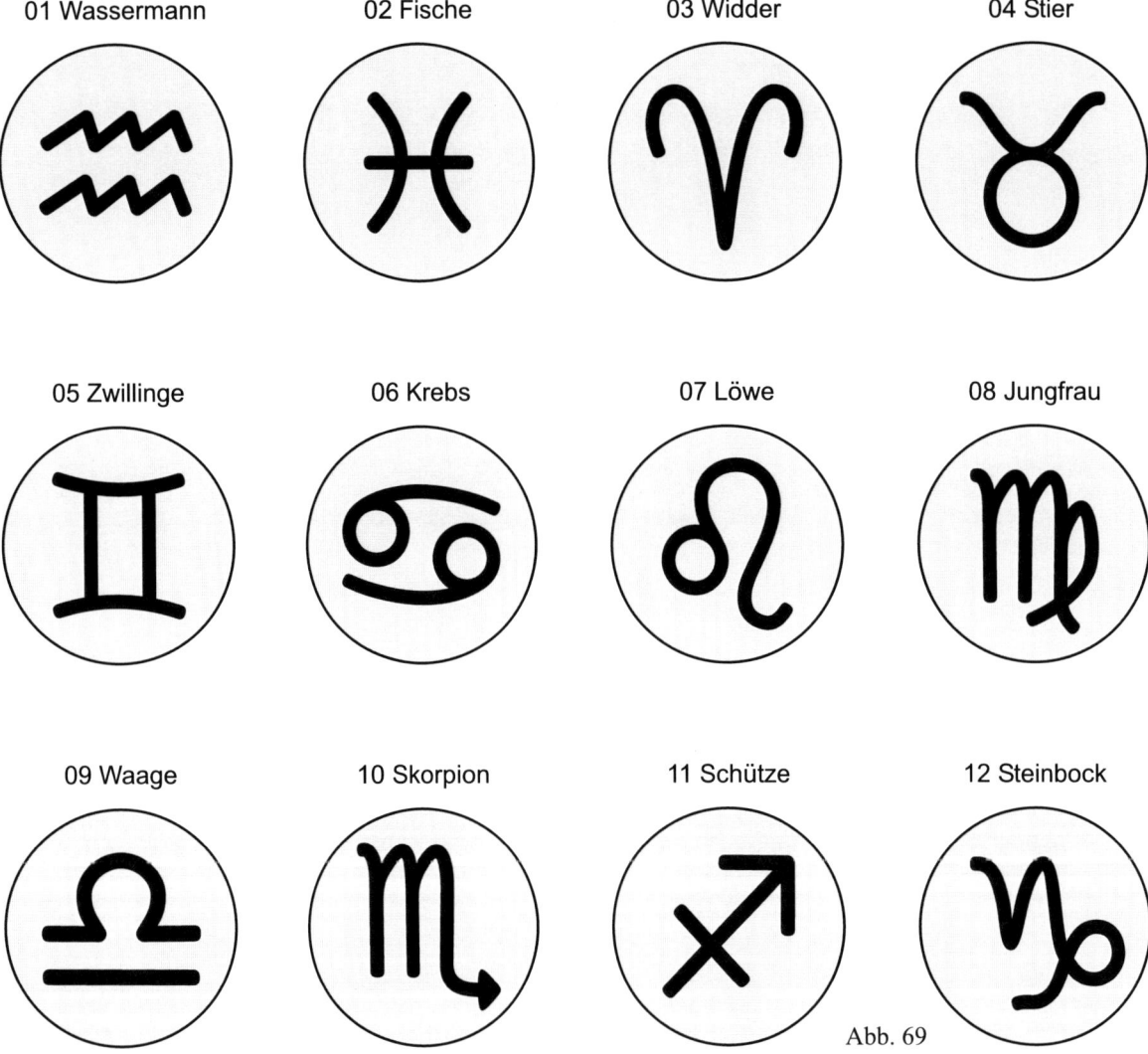

Abb. 69

Das Fachbuch „Die Garniertüte", Eigenverlag Heinrich Fischer, Darmstadt. Adresse: **www.garniertuete.de**

Garniervorlagen Sternzeichen Mehrfarbig

Die Garniervorlagen finden Sie auf dem USB-Stick zum Buch im **Verzeichnis „Arbeitsvorlagen"** und dort im **Unterverzeichnis „Sternzeichen"**. Die **Bezeichnungen über den Motiven** informieren Sie, in welchem weiteren Unterverzeichnis Sie die jeweilige Form mit weiteren Varianten, Übersichten, Hinweisen und Größen finden. Arbeitsinfos dazu finden Sie auf **Seite 114.**

Beispiel der Pfad für die 1. dargestellte Garniervorlage in Kurzform:

Arbeitsvorlagen / Sternzeichen / 01 Wassermann / Mehrfarbig / Wassermann mehrfarbig Größe 01.jpw

Abb. 70

Das Fachbuch „Die Garniertüte", Eigenverlag Heinrich Fischer, Darmstadt. Adresse: **www.garniertuete.de**

Garniervorlagen Sternzeichen Schattenbilder

Die Garniervorlagen finden Sie auf dem USB-Stick zum Buch im **Verzeichnis „Arbeitsvorlagen"** und dort im **Unterverzeichnis „Sternzeichen"**. Die **Bezeichnungen über den Motiven** informieren Sie, in welchem weiteren Unterverzeichnis Sie die jeweilige Form mit weiteren Varianten, Übersichten, Hinweisen und Größen finden. Arbeitsinfos dazu finden Sie auf Seite 114.

Beispiel der Pfad für die 1. dargestellte Garniervorlage in Kurzform:

Arbeitsvorlagen / Sternzeichen / 01 Wassermann / Schattenbilder / Wassermann Schattenbilder Größe 01.jpw

01 Wassermann	*02 Fische*	*03 Widder*	*04 Stier*
05 Zwilling 01	*05 Zwilling 02*	*06 Krebs*	*07 Löwe*
08 Jungfrau 01	*08 Jungfrau 02*	*09 Waage*	*10 Skorpion*

11 Schütze 01   *12 Steinbock 01*   *12 Steinbock 02*

Abb. 71

Das Fachbuch „Die Garniertüte", Eigenverlag Heinrich Fischer, Darmstadt. Adresse: **www.garniertuete.de**

Garniervorlagen Sternzeichen Rahmen

Die Garniervorlagen finden Sie auf dem USB-Stick zum Buch im **Verzeichnis „Arbeitsvorlagen"** und dort im **Unterverzeichnis „Sternzeichen"** und dort im Unterverzeichnis **„00 Rahmen"**. Die **Bezeichnungen über den Motiven** informieren Sie, in welchem weiteren Unterverzeichnis Sie die jeweilige Form mit weiteren Varianten, Übersichten, Hinweisen und Größen finden. Arbeitsinfos dazu finden Sie auf **Seite 114.**

Beispiel der Pfad für die 1. dargestellte Garniervorlage in Kurzform:

Arbeitsvorlagen / Sternzeichen / 00 Rahmen / Sternzeichen Rahmen 01 Größe 01.jpw

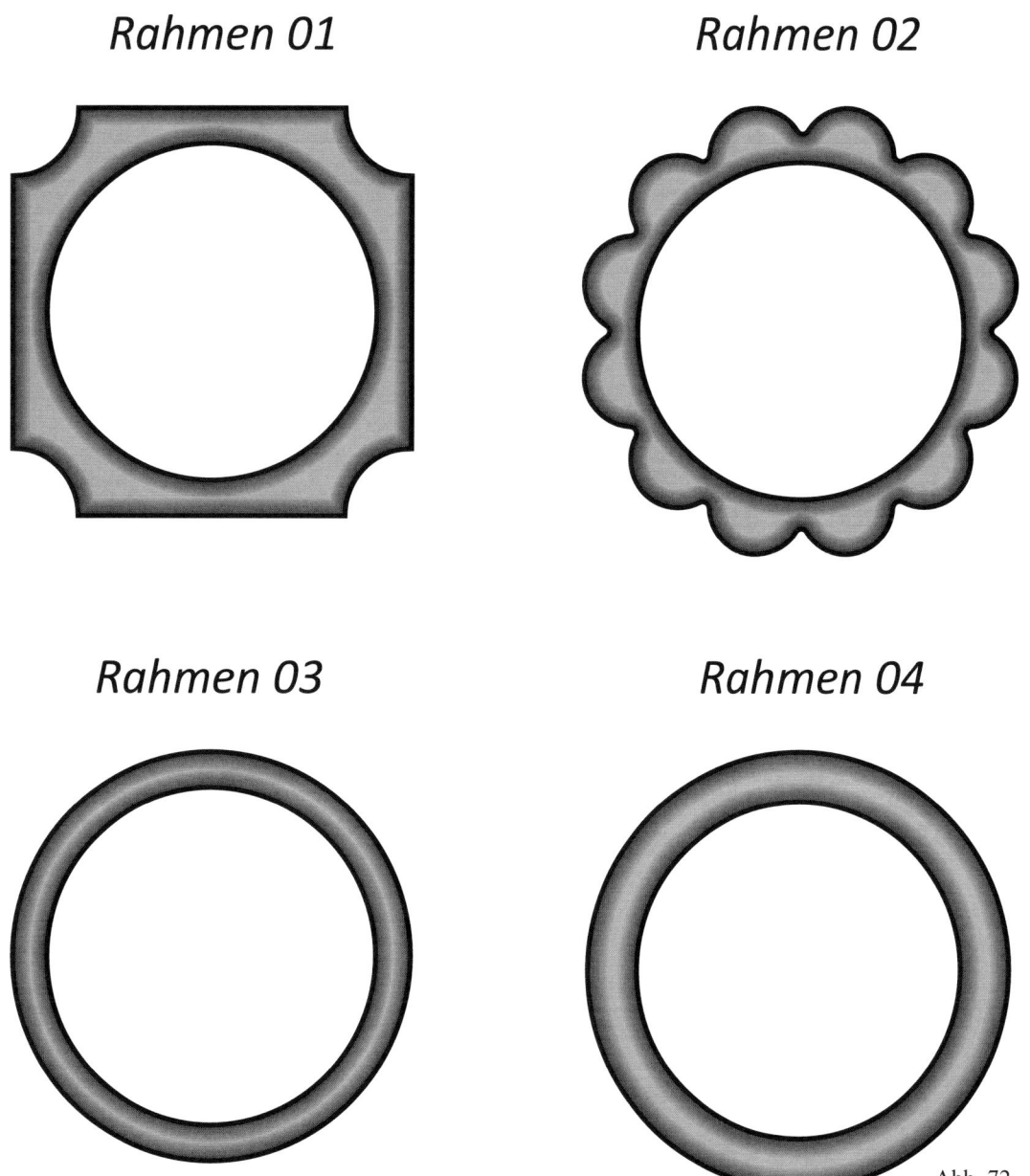

Rahmen 01

Rahmen 02

Rahmen 03

Rahmen 04

Abb. 72

Das Fachbuch „Die Garniertüte", Eigenverlag Heinrich Fischer, Darmstadt. Adresse: **www.garniertuete.de**

Garniervorlagen Tortenaufsätze

Die Garniervorlagen finden Sie auf dem USB-Stick zum Buch im **Verzeichnis „Arbeitsvorlagen"** und dort im **Unterverzeichnis „Tortenaufsätze"**. Die **Bezeichnungen über den Motiven** informieren Sie über den jeweiligen Dateinamen. Es gibt nur jeweils eine Datei als Garniervorlage je Tortenaufsatz. Mit dem Spezialprogramm des USB-Sticks können Sie die jeweilige Garniervorlage auf die notwendige Größe vergrößern oder verkleinern. Arbeitsinfos dazu finden Sie auf Seite 120.

Beispiel der Pfad für die 1. dargestellte Garniervorlage in Kurzform:

Arbeitsvorlagen / Tortenaufsätze / Tortenaufsatz 01.jpw

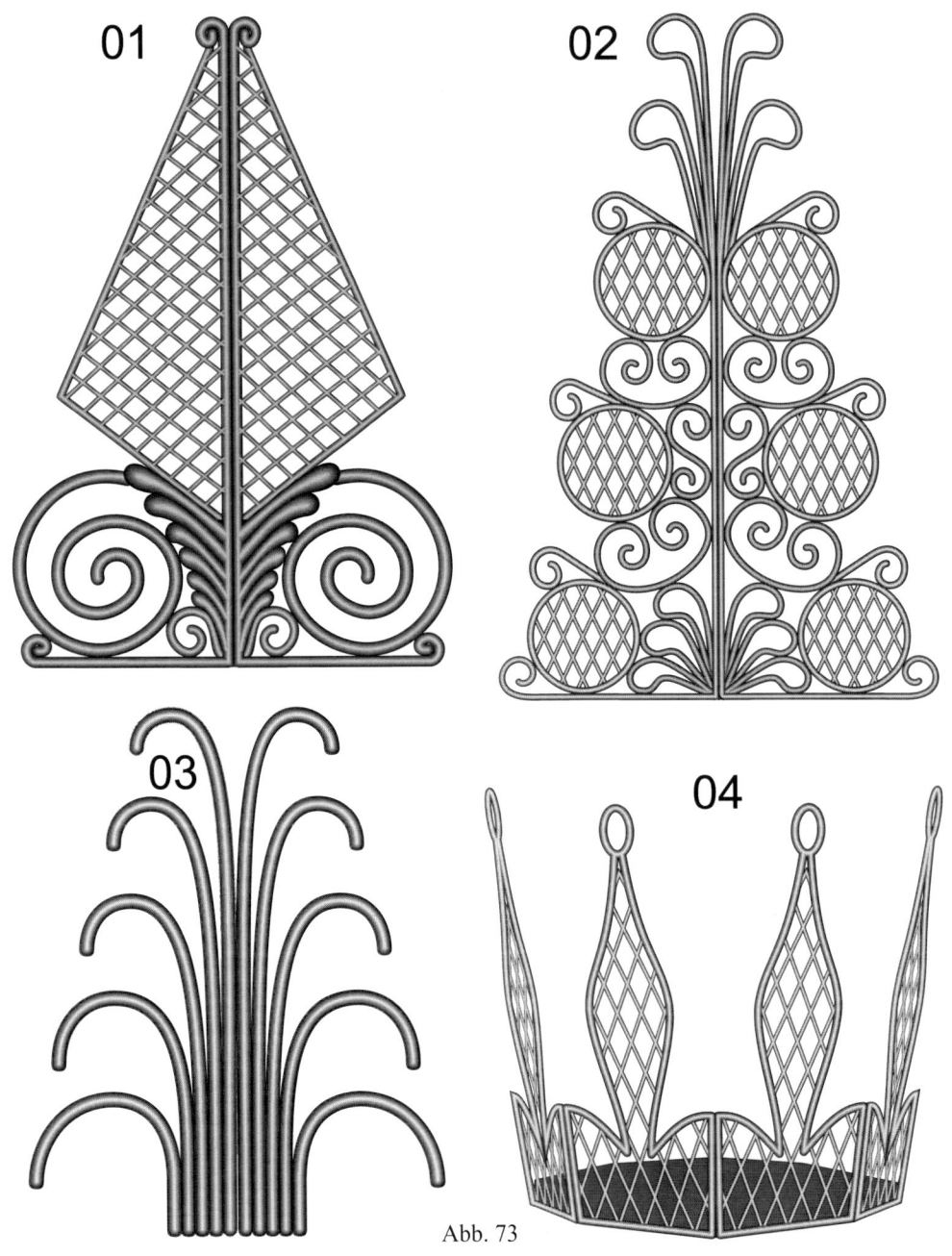

Abb. 73

Das Fachbuch „Die Garniertüte", Eigenverlag Heinrich Fischer, Darmstadt. Adresse: **www.garniertuete.de**

Garniervorlagen Tortenrand Dekore

Die Garniervorlagen finden Sie auf dem USB-Stick zum Buch im **Verzeichnis „Arbeitsvorlagen"** und dort im **Unterverzeichnis „Tortenrand"**. Die **Bezeichnungen bei den Motiven** informieren Sie über die Bezeichnung des jeweiligen Ordnernamens in dem Sie das Motiv mit den unterschiedlichen Größendarstellungen finden. Arbeitsinfos dazu finden Sie auf **Seite 43**.

Beispiel der Pfad für die 1. dargestellte Garniervorlage in Kurzform:

Arbeitsvorlagen / Tortenrand / Motiv 01 / Tortenrand 01 Größe 06.jpw

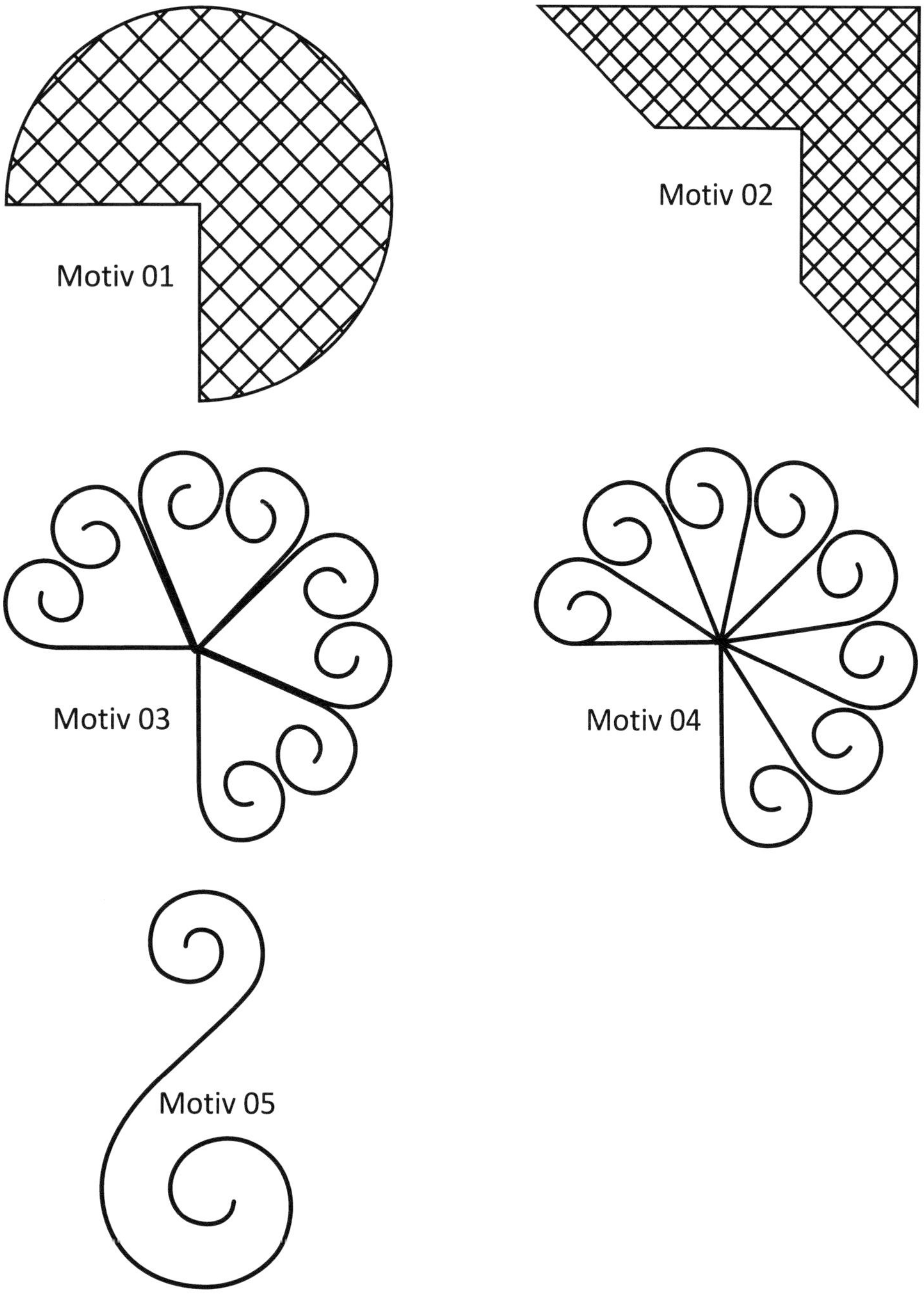

Motiv 01

Motiv 02

Motiv 03

Motiv 04

Motiv 05

Abb. 74

265

Garniervorlagen Tortenrand Garnierübungen

Die Garniervorlagen finden Sie auf dem USB-Stick zum Buch im **Verzeichnis „Arbeitsvorlagen"** und dort im **Unterverzeichnis „Tortenrand"** und dort im **Unterverzeichnis „Garnierübungen"**. Die **Bezeichnungen bei den Motiven** informieren Sie über den jeweiligen Dateinamen. In jeder Garniervorlage sind 4 bis 5 verschieden Garnierübungen dargestellt, die mit den Buchstaben „**a bis e**" bezeichnet sind. Arbeitsinfos dazu finden Sie auf **Seite 46**.

Beispiel der Pfad für die 1. dargestellte Garniervorlage in Kurzform:

Arbeitsvorlagen / Tortenrand / Garnierübungen / Tortenrand Garnierübungen 01.jpw

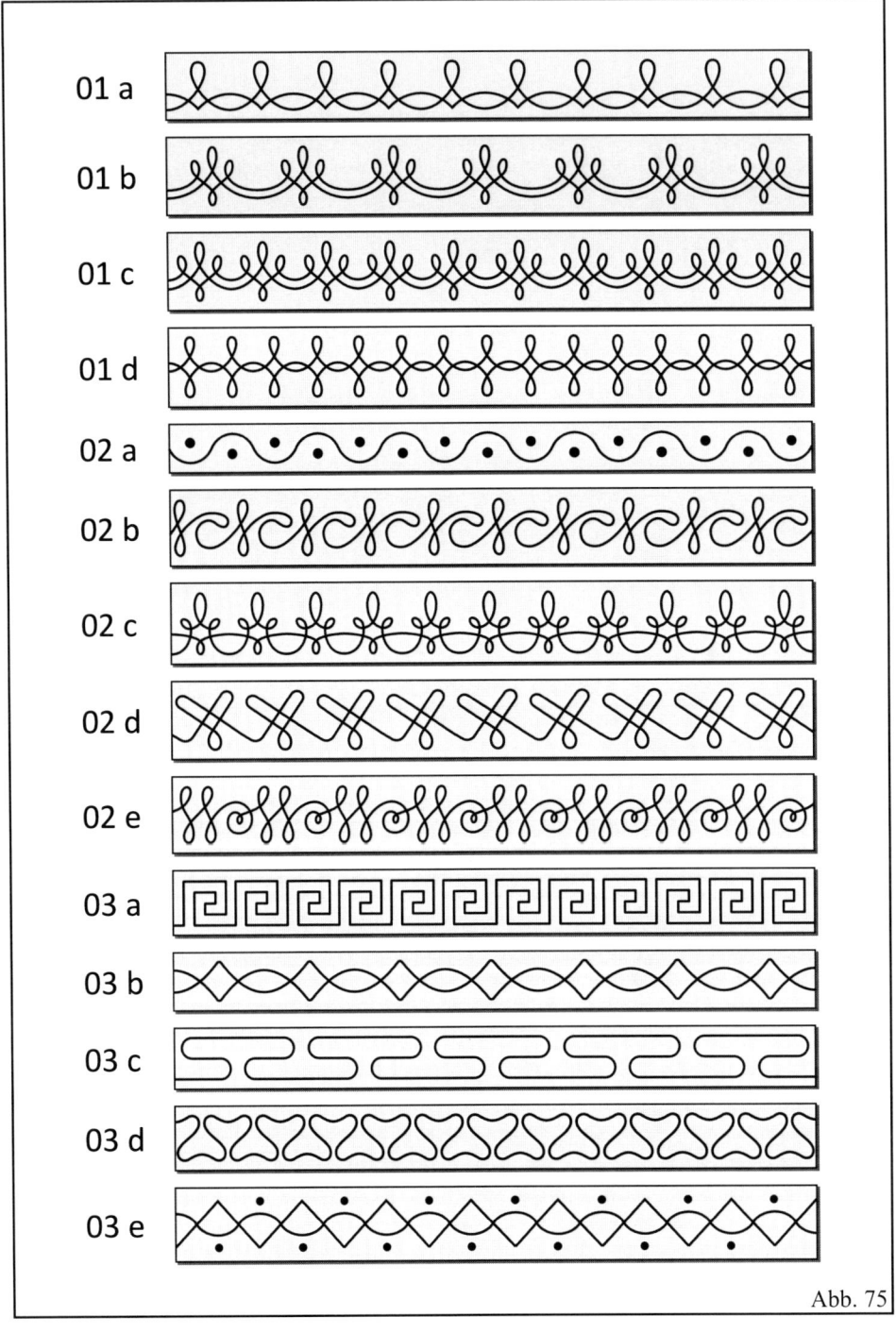

Abb. 75

Das Fachbuch „Die Garniertüte", Eigenverlag Heinrich Fischer, Darmstadt. Adresse: **www.garniertuete.de**

Garniervorlagen Tortenrand Garnierübungen

Die Garniervorlagen finden Sie auf dem USB-Stick zum Buch im **Verzeichnis „Arbeitsvorlagen"** und dort im **Unterverzeichnis „Tortenrand"** und dort im **Unterverzeichnis „Garnierübungen". Die Bezeichnungen bei den Motiven** informieren Sie über den jeweiligen Dateinamen. Die Garniervorlagen sind in nur einer Größe dort vorhanden. Arbeitsinfos dazu finden Sie auf **Seite 46**.

Beispiel der Pfad für die 1. dargestellte Garniervorlage in Kurzform:

Arbeitsvorlagen / Tortenrand / Garnierübungen / Tortenrand Garnierübungen 05.jpw

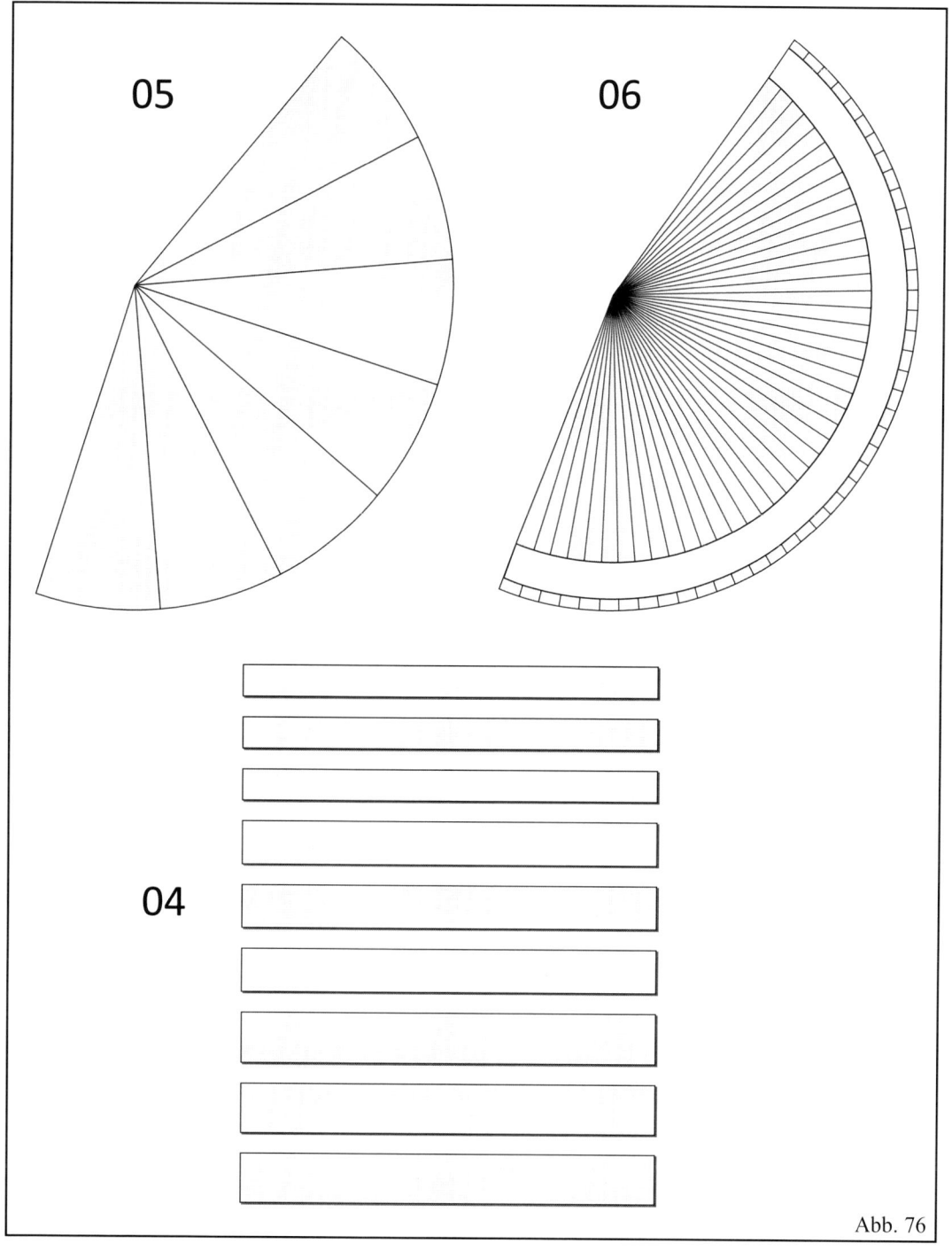

Abb. 76

Das Fachbuch „Die Garniertüte", Eigenverlag Heinrich Fischer, Darmstadt. Adresse: **www.garniertuete.de**

Garniervorlagen Tortenrand Hochzeitstorte

Die Garniervorlagen finden Sie auf dem USB-Stick zum Buch im **Verzeichnis „Arbeitsvorlagen"** und dort im **Unterverzeichnis „Tortenrand"** und dort im **Unterverzeichnis „Hochzeitstorte"**. Die Garniervorlagen sind in nur einer Größe dort vorhanden. Arbeitsinfos dazu finden Sie auf **Seite 136.**

Beispiel der Pfad für die 1. dargestellte Garniervorlage in Kurzform:

Arbeitsvorlagen / Tortenrand / Hochzeitstorte / Tortenrand Hochzeitstorte 01.jpw

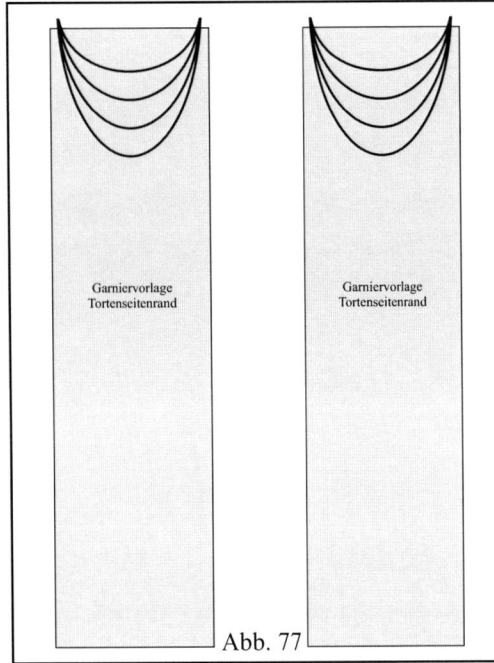

Abb. 77

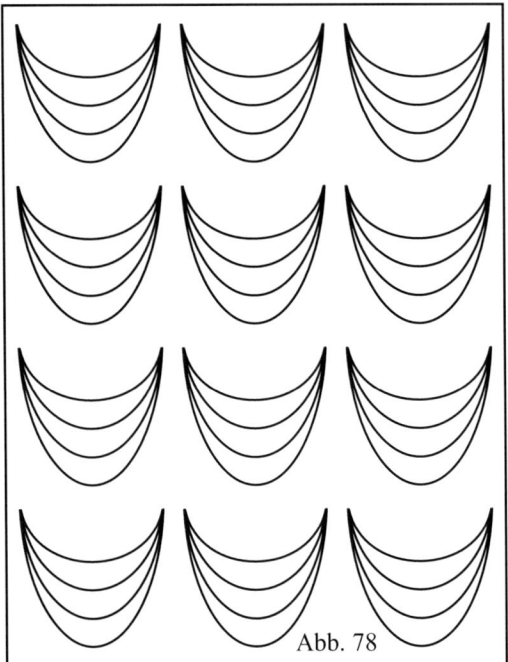

Abb. 78

Abb. 79

Das Fachbuch „Die Garniertüte", Eigenverlag Heinrich Fischer, Darmstadt. Adresse: **www.garniertuete.de**

Garniervorlagen Tortenstück Auswahlvorlagen

Die Auswahlvorlagen finden Sie auf dem USB-Stick zum Buch im **Verzeichnis „Arbeitsvorlagen"** und dort im **Unterverzeichnis „Tortenstück"** und dort im **Unterverzeichnis „Auswahlvorlagen"**. Die Bezeichung in den Abbildungen informiert Sie über den Namen der einzelnen Vorlagen. Die Auswahlvorlagen sind in nur einer Größe dort vorhanden. Arbeitsinfos dazu finden Sie auf **Seite 109.**

Beispiel der Pfad für die 1. dargestellte Auswahlvorlage in Kurzform:

Arbeitsvorlagen / Tortenstück / Auswahlvorlagen / Tortenstücke Auswahlvorlage 12.jpw

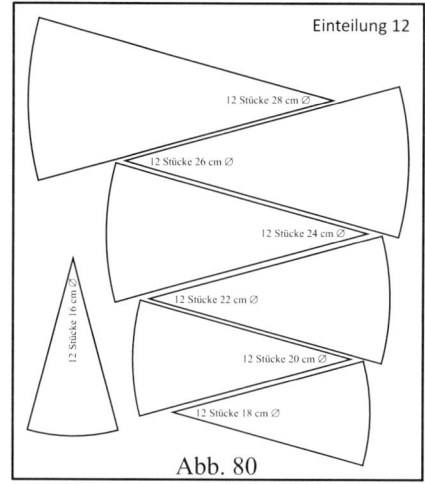

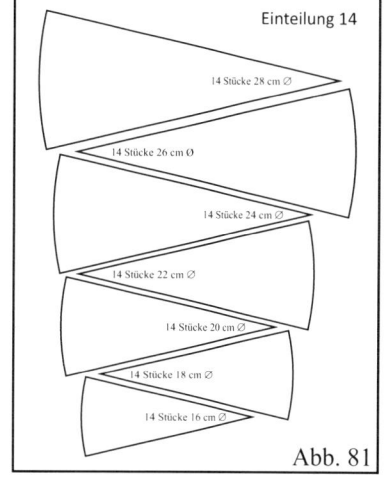

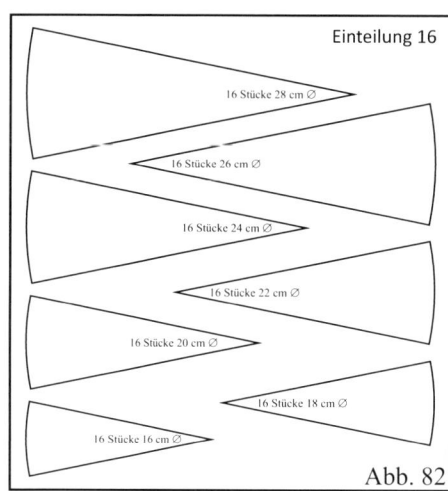

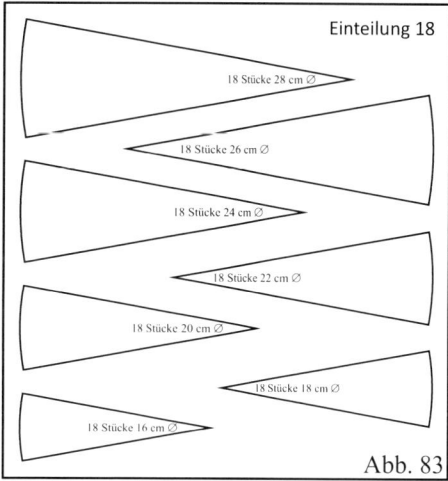

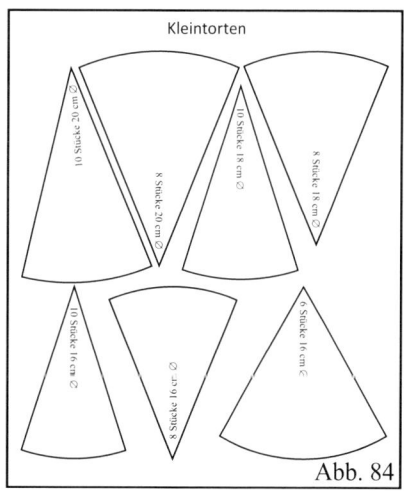

Das Fachbuch „Die Garniertüte", Eigenverlag Heinrich Fischer, Darmstadt. Adresse: **www.garniertuete.de**

269

Garniervorlagen Tortenstück Garnierübungen

Die Auswahlvorlagen finden Sie auf dem USB-Stick zum Buch im **Verzeichnis „Arbeitsvorlagen"** und dort im **Unterverzeichnis „Tortenstück"** und dort im **Unterverzeichnis „Garnierübungen"**. In diesem Verzeichnis finden Sie 5 Garniervorlagen mit den unten als Übersicht dargestellten Motiven. Die Auswahlvorlagen sind in nur einer Größe dort vorhanden. Arbeitsinfos dazu finden Sie auf **Seite 46.**

Beispiel der Pfad für die 1. Auswahlvorlage in Kurzform:

Arbeitsvorlagen / Tortenstück / Garnierübungen / Tortenstück Garnierübungen 01.jpw

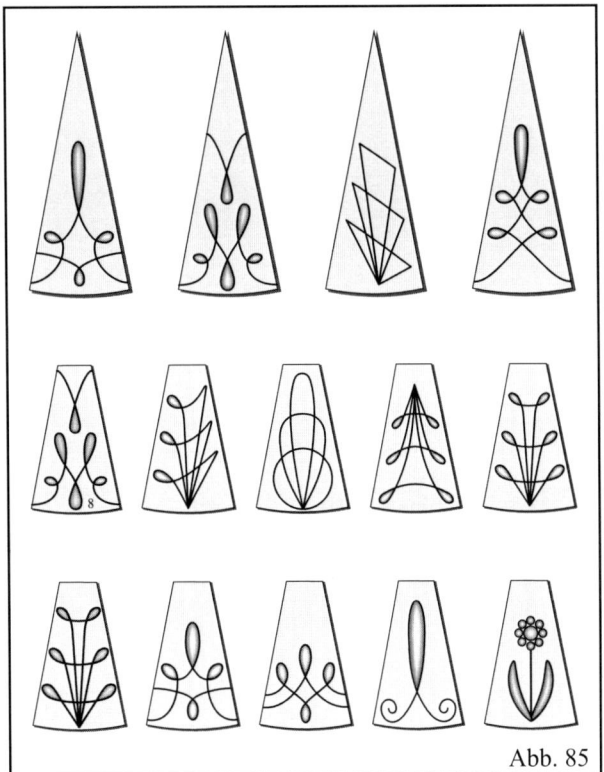

Abb. 85

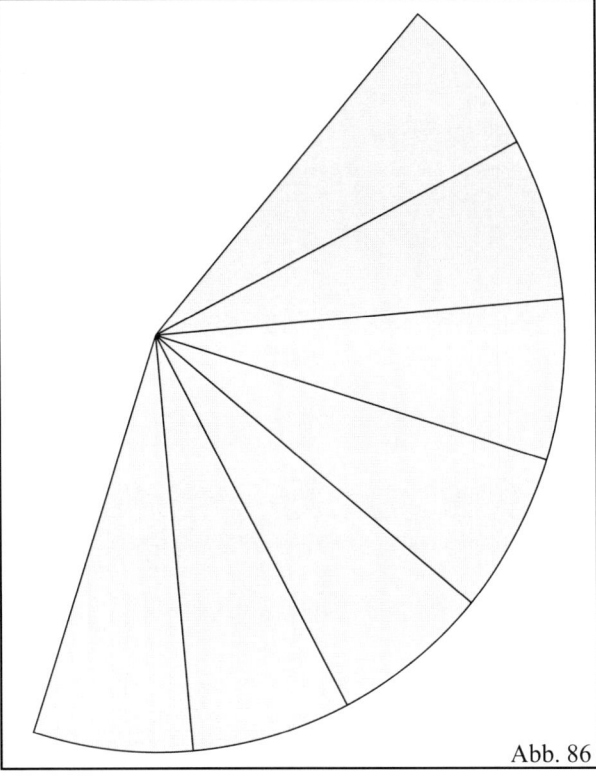

Abb. 86

Das Fachbuch „Die Garniertüte", Eigenverlag Heinrich Fischer, Darmstadt. Adresse: **www.garniertuete.de**

Garniervorlagen Verschiedene Motive Übersicht 01

Die Auswahlvorlagen finden Sie auf dem USB-Stick zum Buch im **Verzeichnis „Arbeitsvorlagen"** und dort im **Unterverzeichnis „Verschiedene Motive".** Die Bezeichnungen unter den Motiven informieren Sie über den jeweiligen **Verzeichnis- und Dateinamen**. Die Garniervorlagen sind meist in 11 verschiedenen Größen in den jeweiligen Verzeichnissen enthalten. Arbeitsinfos dazu finden Sie auf **Seite 117.**

Beispiel der Pfad für die 1. Auswahlvorlage in Kurzform:

Arbeitsvorlagen / Verschiedene Motive / Baby / Baby Größe 01.jpw

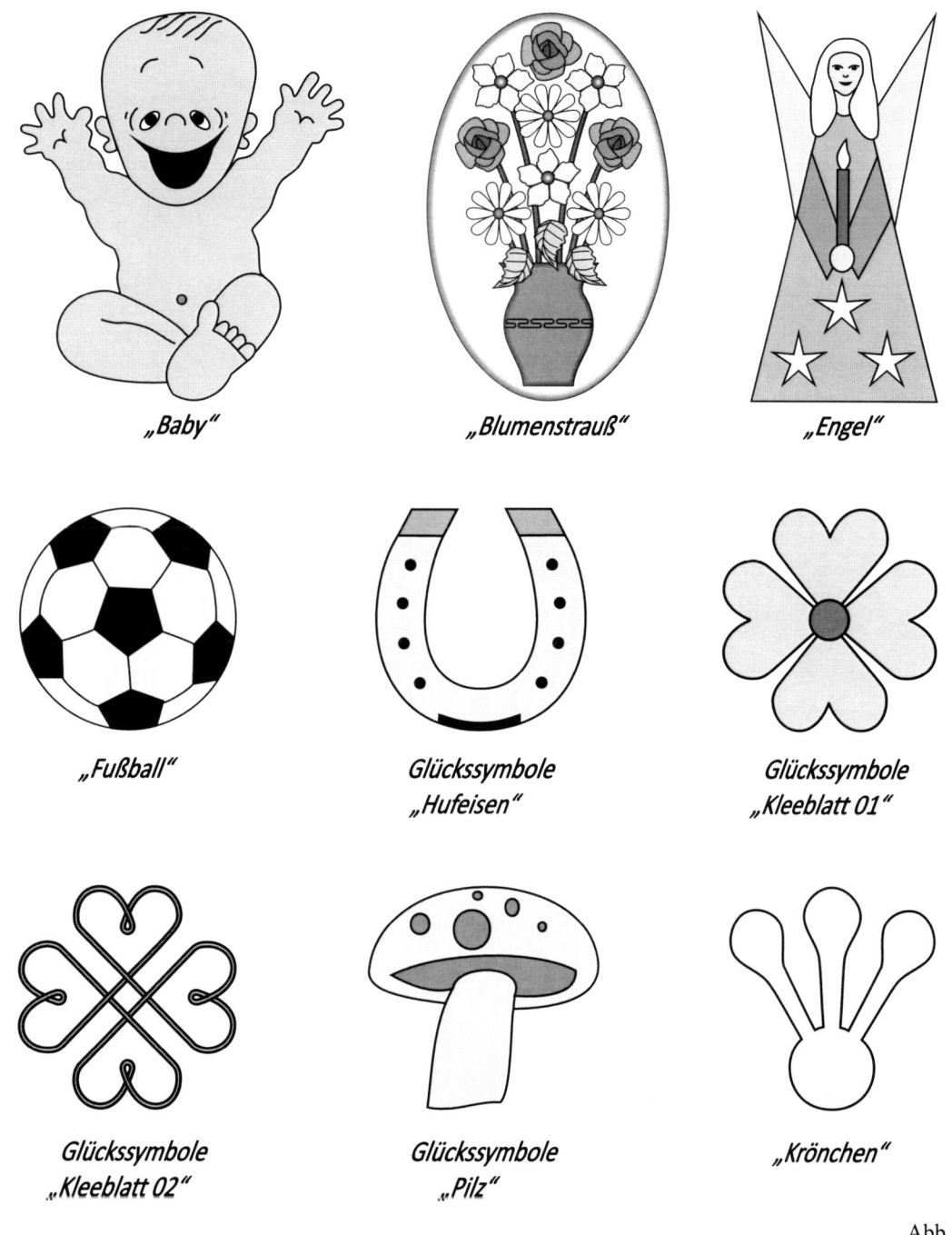

„Baby"　　　„Blumenstrauß"　　　„Engel"

„Fußball"　　　Glückssymbole „Hufeisen"　　　Glückssymbole „Kleeblatt 01"

Glückssymbole „Kleeblatt 02"　　　Glückssymbole „Pilz"　　　„Krönchen"

Abb. 87

Das Fachbuch „Die Garniertüte", Eigenverlag Heinrich Fischer, Darmstadt. Adresse: **www.garniertuete.de**

Garniervorlagen Verschiedene Motive Übersicht 02

Die Auswahlvorlagen finden Sie auf dem USB-Stick zum Buch im **Verzeichnis „Arbeitsvorlagen"** und dort im **Unterverzeichnis „Verschiedene Motive".** Die Bezeichnungen unter den Motiven informieren Sie über den jeweiligen **Verzeichnis- und Dateinamen.** Die Garniervorlagen, außer den Mandalas, sind meist in 11 verschiedenen Größen in den jeweiligen Verzeichnissen enthalten. Arbeitsinfos dazu finden Sie auf **Seite 117.**

Beispiel der Pfad für die 5. Auswahlvorlage in Kurzform:

Arbeitsvorlagen / Verschiedene Motive / Osterhase 01 / Osterhase 01 Größe 05.jpw

| Mandalas „Mandala 01" | Mandalas „Mandala 02" | Mandalas „Mandala 03" | Mandalas „Mandala 04" |

„Osterhase 01" „Osterhase 02" „Pfau"

„Pferd" „Schaukelpferd" „Sonstige Motive 01"

Abb. 88

Das Fachbuch „Die Garniertüte", Eigenverlag Heinrich Fischer, Darmstadt. Adresse: **www.garniertuete.de**

Garniervorlagen Verschiedene Motive Übersicht 03

Die Auswahlvorlagen finden Sie auf dem USB-Stick zum Buch im Verzeichnis **„Arbeitsvorlagen"** und dort im
Unterverzeichnis „Verschiedene Motive". Die Bezeichnungen unter den Motiven informieren Sie über den jeweiligen
Verzeichnis- und Dateinamen. Die Garniervorlagen, außer dem Schachbrett, sind meist in 11 verschiedenen Größen in
den jeweiligen Verzeichnissen enthalten. Arbeitsinfos dazu finden Sie auf **Seite 117.**

Beispiel der Pfad für die 2. Auswahlvorlage in Kurzform:

Arbeitsvorlagen / Verschiedene Motive / Schmetterling 01 / Schmetterling 01 Größe 01.jpw

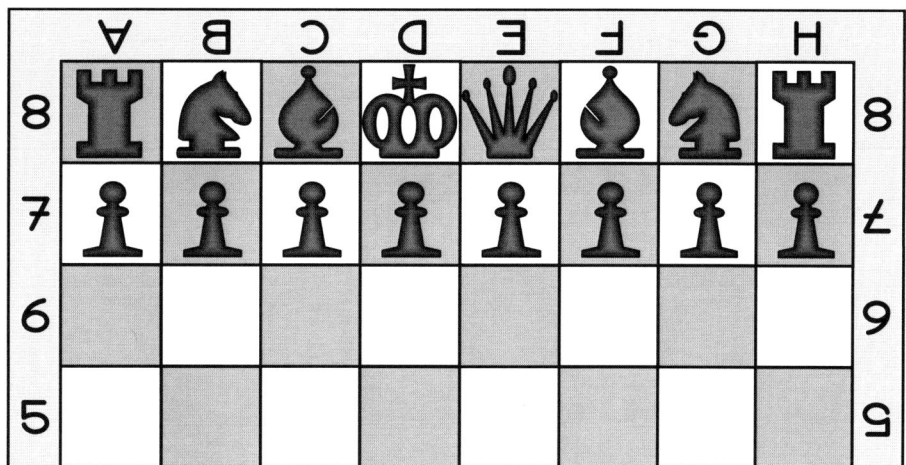

„Schachbrett"

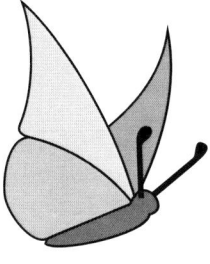

„Schmeterling 01"

„Schmeterling 02"

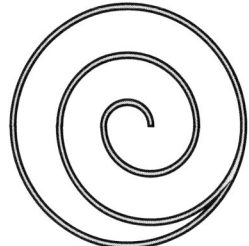

„Spirale"

„Taube"

„Teddybär"

„Weihnachtsmann"

Abb. 89

Garnier- und Ausschneidevorlagen Wiege

Die Auswahlvorlagen finden Sie auf dem USB-Stick zum Buch im **Verzeichnis „Arbeitsvorlagen"** und dort im **Unterverzeichnis „Hochzeitstorte"** und dort im **Unterverzeichnis „Wiege".** In diesem Verzeichnis finden Sie 11 Verzeichnisse mit den Namen Größe 01 bis 11, in denen sich jeweils ein Satz in einer bestimmten Größe befindet. Das Beispiel auf dieser Seite zeigt alle Teile, die für eine Wiege benötigt werden und die sich in jedem Verzeichnis teilweise auf mehrere Vorlagenseiten verteilen. Arbeitsinfos dazu finden Sie auf **Seite 184.**

Beispiel der Pfad für die gebräuchlichste Größe 05 in Kurzform:

Arbeitsvorlagen / Wiege / Größe 05 / Wiege Größe 05 Teil 01.jpw

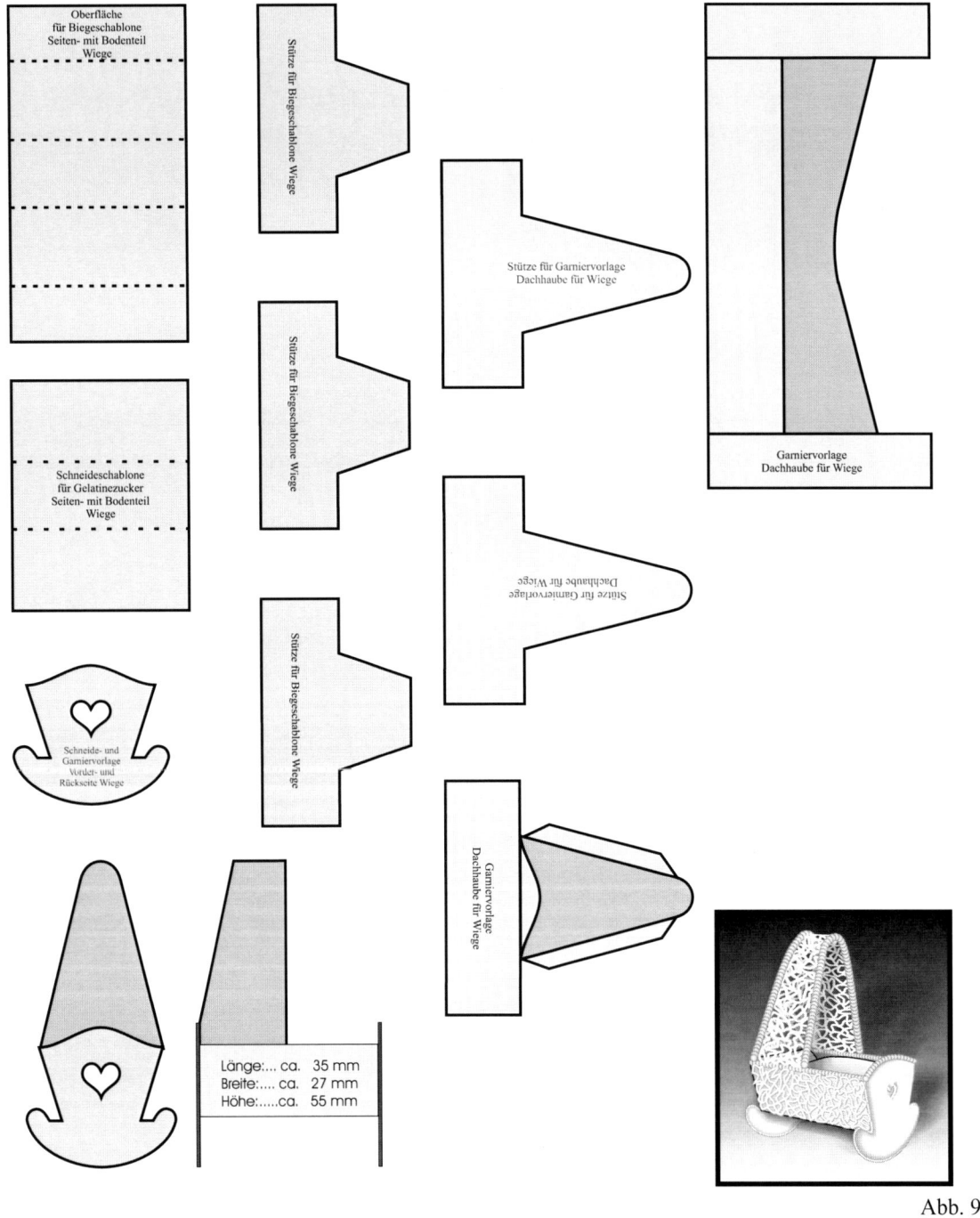

Länge:.... ca.   35 mm
Breite:..... ca.   27 mm
Höhe:.....ca.   55 mm

Abb. 90

Das Fachbuch „Die Garniertüte", Eigenverlag Heinrich Fischer, Darmstadt. Adresse: **www.garniertuete.de**

Fotos der Hochzeitstorte

Drehansichten

Die Fotos der Hochzeitstorte mit Drehansichten finden Sie auf dem USB-Stick zum Buch im **Verzeichnis „Fotos Hochzeitstorte"** und dort im **Unterverzeichnis „1 Drehansichten"**.

Wenn Sie im Spezialprogramm des USB-Sticks „**ImageViewer**" z. B. das 1. Bild der Hochzeitstorte anklicken, erscheint die Hochzeitstorte in einem Vorschaufenster zunächst als normales Bild. Unterhalb des Bildes ist eine Leiste mit Symbolen, mit denen Funktionen ausgelöst werden können (unterste Abbildung auf dieser Seite). In dieser Leiste finden Sie das mit einem Kreis markierte Symbol. Wenn Sie darauf klicken, beginnt die Diashow. Nun werden automatisch alle Bilder des Verzeichnisses nacheinander gezeigt. Dadurch ergibt sich der Eindruck, wie wenn die Torte und die im Detail gezeigten Etagen sich ruckartig drehen würden. Bitte beachten Sie hierzu die „**ImageViewer Bedienungsanleitung**", in der hierzu wesentlich mehr Informationen mit Bild und Text beschrieben sind.

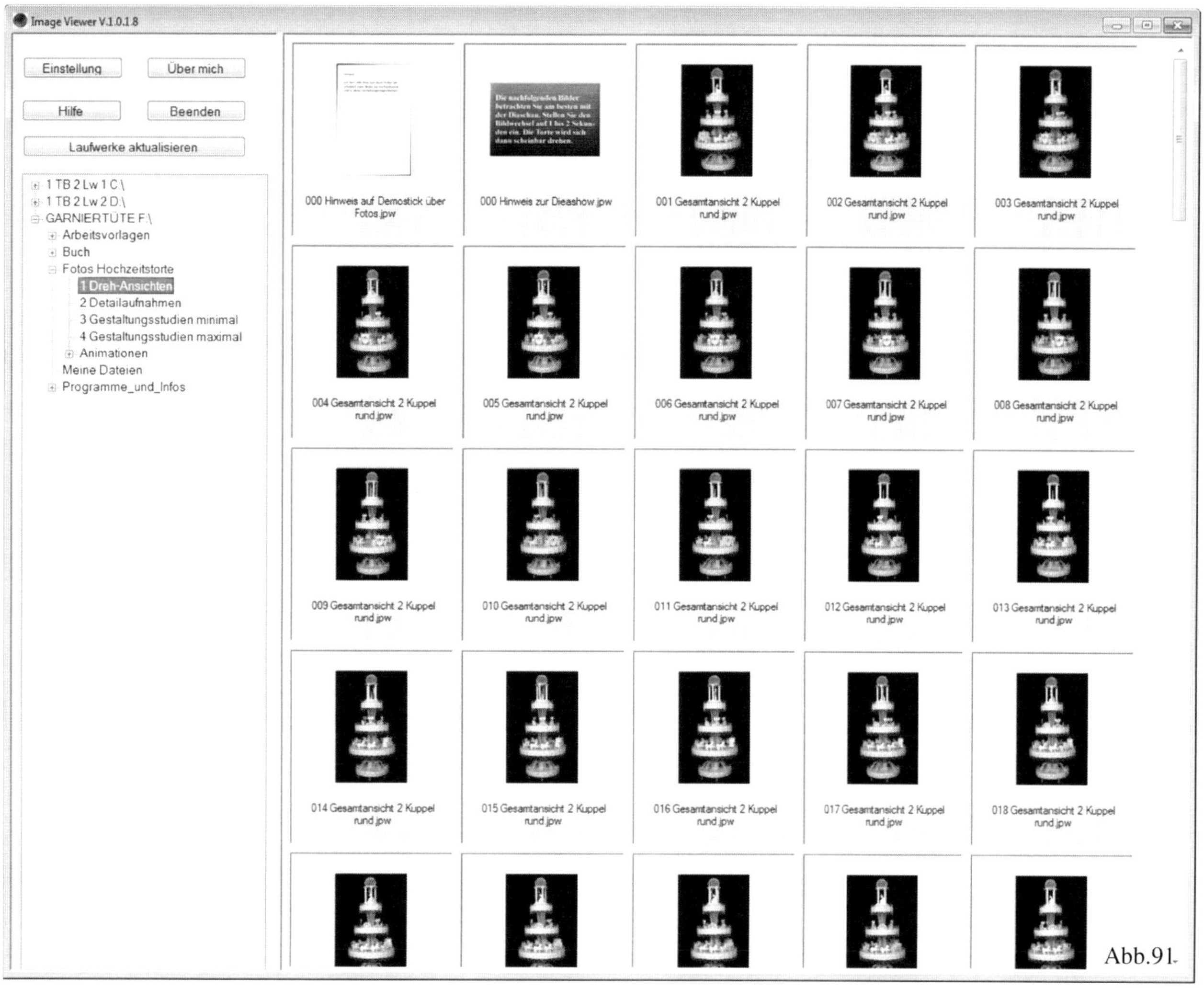

Abb.91.

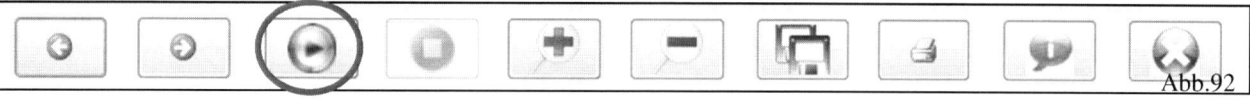

Abb.92

Das Fachbuch „Die Garniertüte", Eigenverlag Heinrich Fischer, Darmstadt. Adresse: **www.garniertuete.de**

Fotos der Hochzeitstorte

Detailaufnahmen

Die Fotos mit Detailaufnahmen der Hochzeitstorte finden Sie auf dem USB-Stick zum Buch im **Verzeichnis „Fotos Hochzeitstorte"** und dort im **Unterverzeichnis „2 Detailaufnahmen"**.

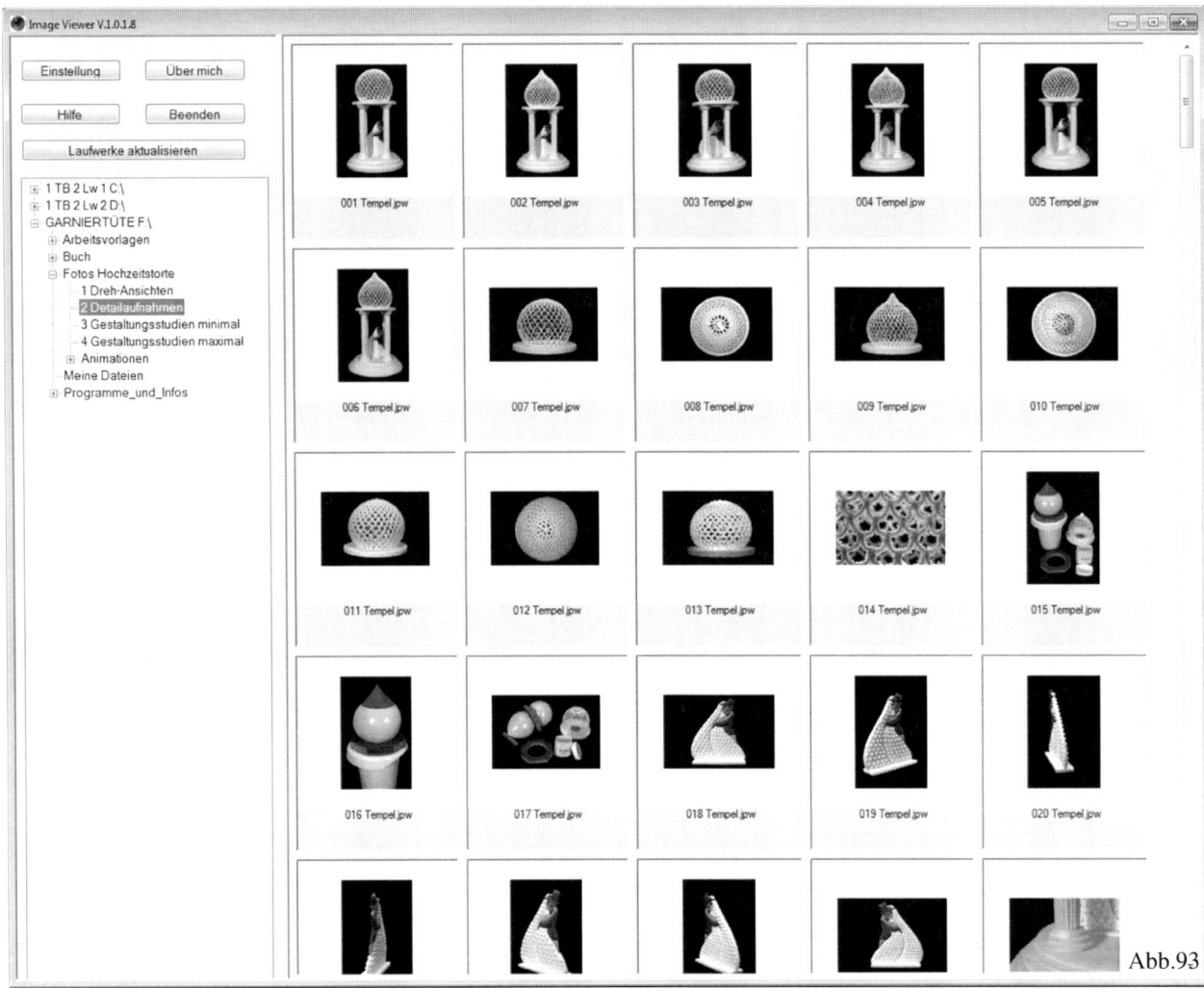

Abb.93

Das Fachbuch „Die Garniertüte", Eigenverlag Heinrich Fischer, Darmstadt. Adresse: **www.garniertuete.de**

Fotos der Hochzeitstorte

Gesaltungsstudien

Die Fotos mit Gestaltungsstudien der Hochzeitstorte finden Sie auf dem USB-Stick zum Buch im **Verzeichnis „Fotos Hochzeitstorte"** und dort im **Unterverzeichnis „3 Gestaltungsstudien minimal"** und **„4 Gestaltungsstudien maximal"**.

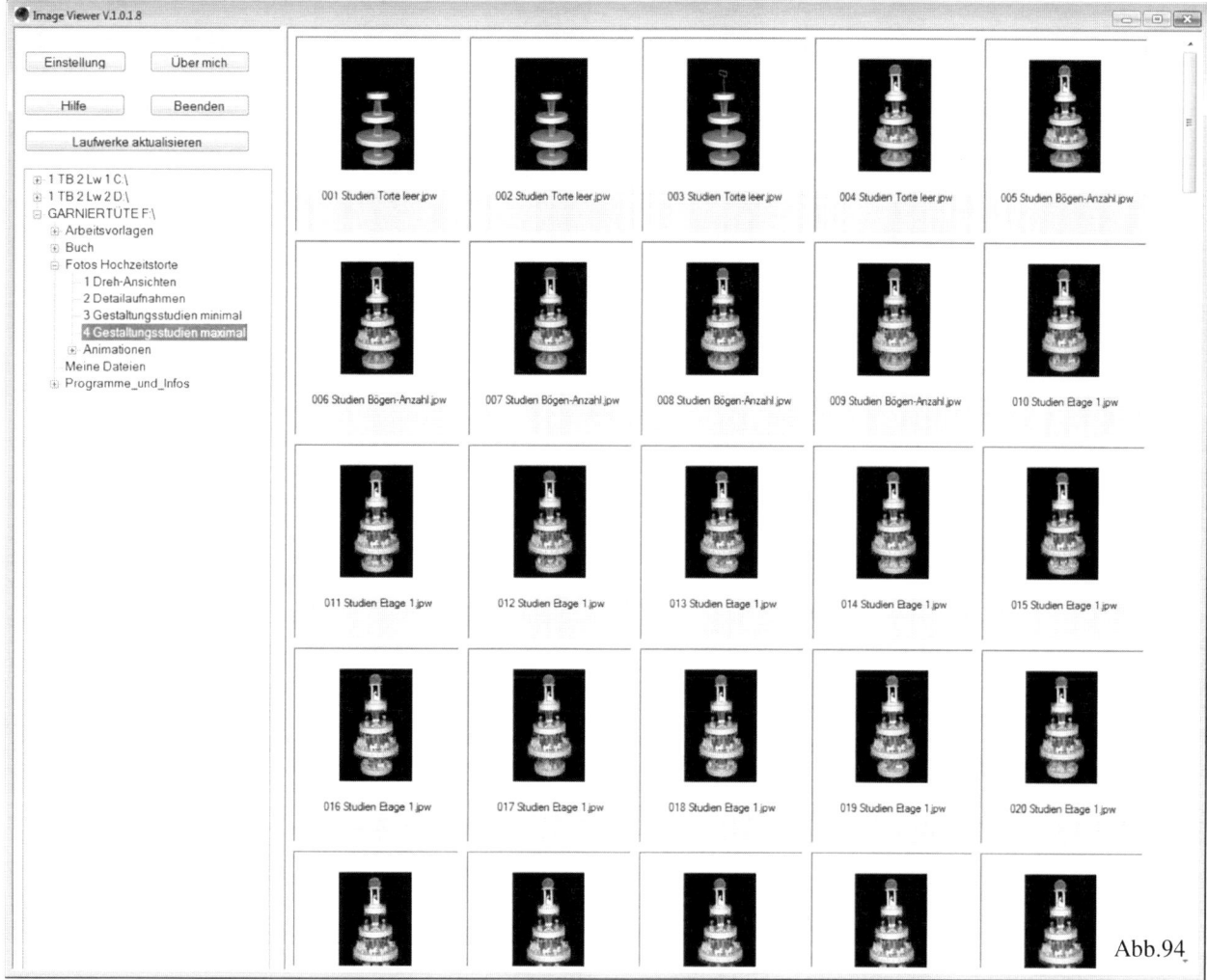

Abb.94

Das Fachbuch „Die Garniertüte", Eigenverlag Heinrich Fischer, Darmstadt. Adresse: **www.garniertuete.de**

Das Buch „Die Garniertüte" – alle Seiten als Bilddateien

Die Bilddateien des gesamten Buches **„Die Garniertüte"** finden Sie auf dem USB-Stick zum Buch im Verzeichnis **„Buch"**, **sofern Sie einen Stick mit den Buchdateien gekauft haben, ansonsten fehlt dieses Verzeichnis!** Diese Bilddateien können Sie nur mit dem 2. Spezialprogramm des USB-Sticks **„ImageViewer"** ansehen, das Sie mit einem Doppelklick auf die Datei **„Buch-Lese-Programm durch Doppelklick hier starten.bat"** öffnen. **Wenn Sie mit dem 1. Programm „ImageViewer" die Dateien ansehen möchten, erscheinen statt der Bildvorschauen nur Fehlermeldungen!** Die Dateien sind nach den Kapiteln des Buches sortiert. In dem Verzeichnis **„Buch"** befindet sich zusätzlich eine PDF-Datei mit dem gesamten Inhaltsverzeichnisses des Buchs, das Sie z. B. mit dem **„Adobe Reader"** ausdrucken können, das Sie von der Internetseite http://www.adobe.com/ kostenlos herunterladen und dann installieren können. **Die Bilddateien des Buches sind codiert und Sie können diese lediglich ansehen aber nicht ausdrucken.** Wenn Sie einzelne Abschnitte der Bilddateien in andere Programme kopieren möchten, benutzen Sie bitte die Druck-Taste Ihrer Tastatur, wodurch ein Bildschirmfoto erstellt wird, das Sie in andere Programme direkt einfügen können. Bitte beachten Sie hierzu die **„ImageViewer Bedienungsanleitung"**, in der hierzu wesentlich mehr Informationen mit Bild und Text beschrieben sind.

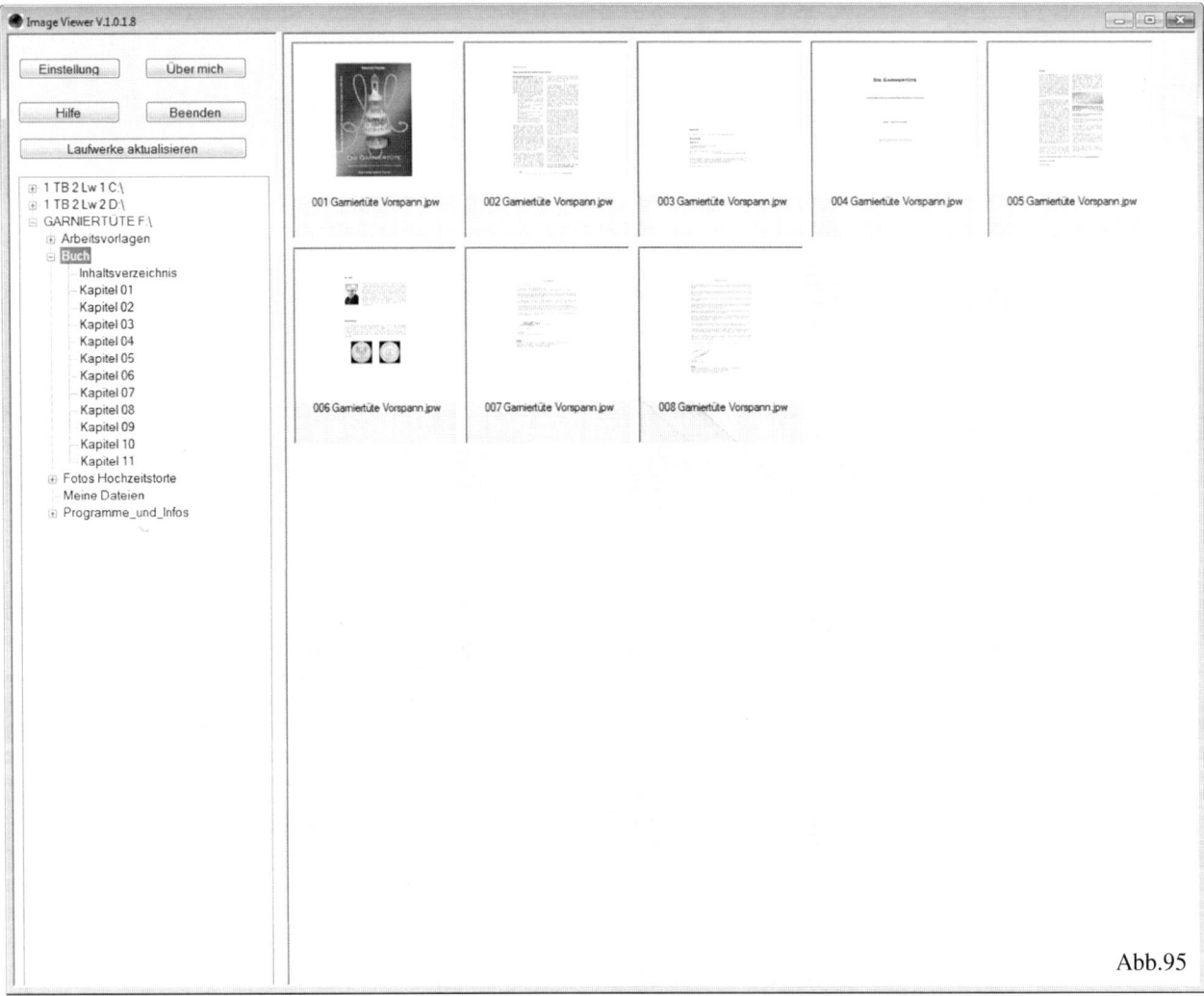

Abb.95

Das Fachbuch „Die Garniertüte", Eigenverlag Heinrich Fischer, Darmstadt. Adresse: **www.garniertuete.de**